普通高等教育"十一五"国家级规划教材
应用技术型高等教育"十二五"规划教材

数据库技术（第二版）
——Access 2010 及其应用系统开发

李禹生　李承犁　刘渊源　等编著

中国水利水电出版社
www.waterpub.com.cn

内 容 提 要

本书全面介绍 Access 2010 数据库管理系统（Access DBMS）的各项功能，讲解关系数据库的基本概念以及面向对象程序设计的方法，并在此基础上介绍数据库应用系统开发的基本原理与方法，介绍 Access 数据库系统的网络应用及其安全机制设置技术。

本书采用以实例"图书馆管理信息系统"贯穿全书的方式，以理论联系实际的方法讲解知识，介绍操作技能，叙述详尽，概念清晰。读者可以通过一边学习、一边实践的方式，掌握 Access 数据库及其应用系统开发技术。

本书内容全面，结构完整，深入浅出，图文并茂，通俗易懂，可读性、可操作性强。既可作为本科、高职高专院校学生学习数据库应用技术的教材，也可作为数据库应用系统开发人员的技术参考书。

本书配有实例数据库，其中包含教学使用的设计过程实例，并配有电子教案，读者可以到中国水利水电出版社网站和万水书苑上免费下载，网址为 http://www.waterpub.com.cn/softdown/ 和 http://www.wsbookshow.com。

图书在版编目（CIP）数据

数据库技术：Access 2010 及其应用系统开发 / 李禹生等编著. -- 2版. -- 北京：中国水利水电出版社，2015.6

普通高等教育"十一五"国家级规划教材 应用技术型高等教育"十二五"规划教材

ISBN 978-7-5170-3108-6

Ⅰ. ①数… Ⅱ. ①李… Ⅲ. ①关系数据库系统-高等学校-教材 Ⅳ. ①TP311.138

中国版本图书馆CIP数据核字（2015）第083116号

策划编辑：雷顺加　责任编辑：张玉玲　加工编辑：孙丹　封面设计：李佳

书　名	普通高等教育"十一五"国家级规划教材 应用技术型高等教育"十二五"规划教材 数据库技术（第二版）——Access 2010 及其应用系统开发
作　者	李禹生　李承犁　刘渊源　等编著
出版发行	中国水利水电出版社 （北京市海淀区玉渊潭南路1号D座　100038） 网址：www.waterpub.com.cn E-mail：mchannel@263.net（万水） 　　　　sales@waterpub.com.cn 电话：（010）68367658（发行部）、82562819（万水）
经　售	北京科水图书销售中心（零售） 电话：（010）88383994、63202643、68545874 全国各地新华书店和相关出版物销售网点
排　版	北京万水电子信息有限公司
印　刷	北京蓝空印刷厂
规　格	184mm×260mm　16开本　17.625 印张　432 千字
版　次	2007年6月第1版　2007年6月第1次印刷 2015年6月第2版　2015年6月第1次印刷
印　数	0001—3000 册
定　价	36.00 元

凡购买我社图书，如有缺页、倒页、脱页的，本社发行部负责调换

版权所有·侵权必究

再版前言

Microsoft Access 关系数据库管理系统是一种小型关系数据库管理系统，其高效、可靠的数据管理方式，面向对象的操作理念，使其受到很多小型数据库应用系统开发者的青睐。

本书基于 Access 2010 新功能及其操作界面，全面介绍 Microsoft Access 关系数据库管理系统的各项功能、操作方法，以及使用 Microsoft Access DBMS 开发数据库应用系统的基本原理与方法。

全书共分 10 章，构成了 Access 数据库应用技术的整个知识体系。其主要内容有：关系数据库的基础理论；数据库应用系统开发与 Access 数据库基础知识，包括信息系统开发的基本方法和 Access 基本功能介绍等；Access 数据库及面向对象的概念、功能、应用与操作，包括数据库对象、表对象、查询对象、窗体对象、宏对象和模块对象的操作及应用方法等；VBA 的功能与应用知识，包括 VBA 语句、函数、运算和变量的应用，VBA 数据库对象的描述及其引用等；应用 Access 开发数据库应用系统的技术，以一个实例"图书馆管理信息系统"介绍 Access 在数据库应用系统开发中的具体应用；关于 Access 数据库应用系统的发布、安全机制设置以及基本的网络应用基础等。

本书以"图书馆管理信息系统"作为实例，并以该实例贯穿始终，理论联系实际，叙述详尽，概念清晰。本书注重通过实例讲解知识、介绍操作技能，采用层层递进的方式组织教学过程。读者在学习完本书后，不仅可以掌握 Access 应用技术，还通过实践完成了一个数据库应用系统实例的设计过程，进而具备应用 Access 开发小型数据库应用系统的基本能力。

总之，本书凝聚了作者多年教学及数据库应用系统开发的经验，也是湖北省教育科学"十二五"规划 2011 年度重点课题"网络教学资源平台上的个性化自主学习环境构建研究（2011A046）"的研究成果之一，内容丰富，结构完整，概念清楚，深入浅出，通俗易懂，可读性、可操作性强。

全书由武汉轻工大学李禹生教授统稿。参加本书编写的人员有李禹生、李承犁、刘渊源、欧阳峥峥、蒋丽华、吴巍、林菁、邓涛、刘兵、陈学文、贾瑜、向云柱、高艳霞、韩昊、严华等。本书由谭立烽教授任主审，在编写过程中还得到了许多同行的帮助和指导，在此一并表示感谢。

限于编者水平，书中难免有遗漏甚至不妥之处，希望读者批评指正。作者 Email：prof.li@163.com。

编　者
2015 年 3 月

目 录

再版前言

第 1 章 关系数据库及其应用系统 ... 1
本章学习目标 ... 1
1.1 关系数据库技术基础 ... 1
1.1.1 数据库技术概述 ... 1
1.1.2 关系数据库的基本概念 ... 5
1.1.3 基本关系运算与 SQL ... 7
1.1.4 关系型数据库管理系统（RDBMS）... 10
1.2 数据库应用系统基础 ... 12
1.2.1 数据库应用系统的组成 ... 12
1.2.2 数据库的规范化设计 ... 13
1.2.3 数据库应用系统功能的规范化设计 ... 16
1.3 数据库应用系统开发方法 ... 19
1.3.1 系统分析 ... 19
1.3.2 应用系统设计 ... 19
1.3.3 数据库应用系统实现 ... 20
1.3.4 数据库应用系统测试 ... 20
1.4 面向对象的数据库应用系统设计概念 ... 20
1.4.1 对象的概念 ... 21
1.4.2 类的概念 ... 22
1.4.3 属性的概念 ... 22
1.4.4 事件与方法的概念 ... 23
1.5 数据库应用系统开发实例——图书馆管理信息系统（LIBMIS）... 23
1.5.1 系统需求分析 ... 23
1.5.2 系统设计 ... 25
习题 1 ... 30

第 2 章 数据库管理系统 Access 基础 ... 31
本章学习目标 ... 31
2.1 Access 2010 基础 ... 31
2.1.1 Access 的特性 ... 31
2.1.2 Access 的安装与启动 ... 32
2.1.3 Access 的功能区 ... 35
2.1.4 Access 的导航窗格和工作区 ... 40
2.2 Access 2010 基本对象 ... 41
2.2.1 Access 2010 数据库对象 ... 41
2.2.2 Access 2010 数据表对象 ... 42
2.2.3 Access 2010 查询对象 ... 42
2.2.4 Access 2010 窗体对象 ... 42
2.2.5 Access 2010 报表对象 ... 43
2.2.6 Access 2010 宏对象 ... 43
2.2.7 Access 2010 模块对象 ... 43
2.3 Access 2010 帮助系统 ... 43
2.3.1 "搜索"帮助 ... 45
2.3.2 "目录"帮助 ... 45
2.3.3 "上下文"帮助 ... 47
2.4 Access 2010 功能选项 ... 47
2.4.1 Access 2010 "常规"选项卡 ... 48
2.4.2 Access 2010 "数据表"选项卡 ... 48
2.4.3 Access 2010 自定义功能区选项卡 ... 49
2.5 Access 2010 数据库对象 ... 50
2.5.1 Access 数据库文件 ... 50
2.5.2 创建 Access 数据库 ... 51
2.6 基于 Access 的图书馆管理信息系统（LIBMIS）... 52
2.6.1 数据库对象 ... 53
2.6.2 数据库中的数据表对象集合 ... 53
2.6.3 数据库中的查询对象集合 ... 53
2.6.4 数据库中的窗体对象集合 ... 54
2.6.5 数据库中的报表对象集合 ... 55
2.6.6 数据库中的宏对象集合 ... 55
2.6.7 LIBMIS 的运行及功能 ... 56
习题 2 ... 56

第 3 章 Access 表对象设计 ······ 57
本章学习目标 ······ 57
3.1 创建 Access 表对象 ······ 57
   3.1.1 应用设计视图创建 Access 表对象 ······ 58
   3.1.2 应用数据表视图创建 Access 表对象 ··· 60
   3.1.3 应用设计视图修改 Access 表对象结构 ······ 61
3.2 Access 表对象的基本属性 ······ 63
   3.2.1 字段的数据类型属性 ······ 63
   3.2.2 字段的常规属性 ······ 64
   3.2.3 索引的意义及其选择 ······ 67
   3.2.4 字段的查阅属性 ······ 68
3.3 Access 表对象操作 ······ 71
   3.3.1 Access 表对象的复制操作 ······ 71
   3.3.2 Access 表对象的删除操作 ······ 72
   3.3.3 Access 表对象的更名操作 ······ 72
3.4 Access 表对象的关联 ······ 73
   3.4.1 一对一关联 ······ 73
   3.4.2 一对多关联 ······ 73
   3.4.3 子数据表 ······ 74
   3.4.4 建立 Access 表对象关联的操作 ······ 75
3.5 LIBMIS 数据库中的表对象设计示例 ······ 78
习题 3 ······ 79

第 4 章 Access 数据表视图应用 ······ 80
本章学习目标 ······ 80
4.1 Access 数据表视图的功能选项 ······ 80
   4.1.1 表格工具字段选项卡 ······ 81
   4.1.2 表格工具表选项卡 ······ 82
4.2 在数据表视图中进行数据编辑 ······ 83
   4.2.1 增加数据记录 ······ 83
   4.2.2 删除数据记录 ······ 84
   4.2.3 修改数据记录 ······ 84
   4.2.4 查找、查找并替换字段数据 ······ 84
   4.2.5 复制与粘贴字段数据 ······ 85
   4.2.6 编辑 LIBMIS 数据库中各表数据 ······ 86
4.3 设置数据表视图的格式 ······ 87
   4.3.1 设置行高和列宽 ······ 88
   4.3.2 设置数据字体 ······ 88
   4.3.3 设置数据表格式 ······ 89
   4.3.4 数据表中数据的打印及打印预览 ······ 90
   4.3.5 隐藏字段的含义及其操作 ······ 90
   4.3.6 冻结字段的含义及其操作 ······ 90
4.4 在数据表视图上进行数据检索 ······ 91
   4.4.1 数据排序 ······ 91
   4.4.2 数据筛选 ······ 93
4.5 向 Access 数据库表外部导出数据 ······ 94
   4.5.1 导出为文本文件 ······ 95
   4.5.2 导出为 Excel 工作表 ······ 95
   4.5.3 导出为 XML 文件 ······ 96
4.6 从 Access 数据库外部获取数据 ······ 96
   4.6.1 导入数据 ······ 96
   4.6.2 链接数据 ······ 100
习题 4 ······ 101

第 5 章 Access 查询对象设计 ······ 102
本章学习目标 ······ 102
5.1 Access 查询对象概述 ······ 103
   5.1.1 创建查询对象的方法 ······ 103
   5.1.2 建立查询的实质 ······ 107
   5.1.3 结构化查询语言简介 ······ 108
   5.1.4 运行查询的方法 ······ 110
5.2 设计选择查询 ······ 111
   5.2.1 选择查询的设计视图 ······ 111
   5.2.2 基表联接的意义 ······ 112
   5.2.3 排序和显示的作用 ······ 113
   5.2.4 "条件"行的作用及其设置方法 ······ 113
5.3 选择查询的应用设计 ······ 114
   5.3.1 设计计算查询列 ······ 114
   5.3.2 设计汇总查询 ······ 117
   5.3.3 设计参数查询对象 ······ 118
   5.3.4 LIBMIS 数据库中的其他查询对象 ······ 119
5.4 交叉表查询的应用设计 ······ 122
   5.4.1 使用向导创建交叉表查询 ······ 123
   5.4.2 在查询设计视图中修改交叉表查询 ······ 126
5.5 生成表查询的应用设计 ······ 127

5.5.1　生成表查询的应用 ……………… 127
　　5.5.2　生成表查询的设计 ……………… 127
　　5.5.3　生成表查询的实质 ……………… 128
5.6　更新查询的应用设计 ………………… 129
　　5.6.1　更新查询的应用 ………………… 129
　　5.6.2　更新查询的设计 ………………… 129
　　5.6.3　更新查询的实质 ………………… 130
5.7　追加查询的应用设计 ………………… 130
　　5.7.1　追加查询的应用 ………………… 130
　　5.7.2　追加查询的设计 ………………… 130
　　5.7.3　追加查询的实质 ………………… 131
5.8　删除查询的应用设计 ………………… 131
　　5.8.1　删除查询的应用 ………………… 131
　　5.8.2　删除查询的设计 ………………… 132
　　5.8.3　删除查询的实质 ………………… 133
习题 5 ………………………………………… 133

第 6 章　Access 窗体对象设计 ………… 134
本章学习目标 ………………………………… 134
6.1　窗体对象概述 ………………………… 134
　　6.1.1　窗体的作用 ……………………… 135
　　6.1.2　窗体的类别 ……………………… 137
　　6.1.3　窗体的结构和各类窗体的显示特性 …… 137
6.2　窗体向导 ……………………………… 139
　　6.2.1　应用窗体向导进行简单窗体设计 …… 140
　　6.2.2　使用窗体设计向导进行子窗体设计 …… 142
6.3　窗体设计视图 ………………………… 146
　　6.3.1　窗体设计视图功能区"设计"选项卡 …………………………………… 146
　　6.3.2　窗体属性的应用 ………………… 148
6.4　窗体基本控件 ………………………… 150
　　6.4.1　标签控件（Label）……………… 150
　　6.4.2　文本框控件（Text）…………… 151
　　6.4.3　组合框控件（Combo）和列表框控件（List）…………………………… 153
　　6.4.4　命令按钮控件（Command）…… 158
　　6.4.5　图像控件（Image）……………… 160
　　6.4.6　子窗体/子报表控件（Child）…… 160

　　6.4.7　其他基本控件 …………………… 160
6.5　在窗体设计视图中进行窗体设计 …… 161
　　6.5.1　完成"图书数据录入"窗体的设计 …… 161
　　6.5.2　完成"读者数据录入"窗体的设计 …… 164
6.6　实用窗体设计 ………………………… 167
　　6.6.1　复杂数据源窗体设计 …………… 168
　　6.6.2　复杂控件窗体设计 ……………… 171
　　6.6.3　命令选择型窗体设计 …………… 174
6.7　在窗体运行视图中操作数据 ………… 176
　　6.7.1　查看并修改数据 ………………… 176
　　6.7.2　添加与或删除记录 ……………… 176
　　6.7.3　数据排序与数据查找 …………… 176
　　6.7.4　数据筛选操作 …………………… 177
　　6.7.5　窗体的打印和打印预览 ………… 178
习题 6 ………………………………………… 178

第 7 章　Access 程序设计基础 ………… 180
本章学习目标 ………………………………… 180
7.1　VBA 程序设计语言基础 ……………… 180
　　7.1.1　数据类型 ………………………… 180
　　7.1.2　常量、变量与数组 ……………… 181
　　7.1.3　运算符与表达式 ………………… 187
7.2　程序流程控制 ………………………… 190
　　7.2.1　分支结构 ………………………… 190
　　7.2.2　循环结构 ………………………… 194
　　7.2.3　程序流程控制应用举例 ………… 195
7.3　VBA 编程环境 ………………………… 196
　　7.3.1　进入 VBE ………………………… 196
　　7.3.2　VBE 窗口组成 …………………… 197
7.4　VBA 模块与子过程 …………………… 206
　　7.4.1　VBA 模块 ………………………… 206
　　7.4.2　VBA 子过程 ……………………… 207
7.5　VBA 程序调试与出错处理 …………… 209
　　7.5.1　VBA 程序错误的类型与检测 …… 209
　　7.5.2　VBA 程序调试方法 ……………… 210
　　7.5.3　VBA 程序错误陷阱处理 ………… 210
7.6　Access 程序设计实例 ………………… 211
　　7.6.1　循环结构程序设计 ……………… 211

7.6.2 循环分支结构程序设计 ·············· 212

习题 7 ································· 213

第 8 章 Access 报表对象设计 ············ 214

本章学习目标 ·························· 214

8.1 报表对象概述 ···················· 214

8.1.1 报表对象的作用 ············· 214

8.1.2 报表对象的结构 ············· 216

8.1.3 报表对象的数据源 ··········· 217

8.2 报表向导的应用 ·················· 217

8.2.1 二维报表设计 ··············· 217

8.2.2 标签报表设计 ··············· 221

8.3 报表设计视图 ···················· 226

8.3.1 报表设计视图功能区"设计"选项卡 ······················ 226

8.3.2 报表对象的基本属性 ········· 229

8.4 报表基本控件 ···················· 230

8.4.1 标签（Label） ··············· 231

8.4.2 文本框（Text） ·············· 231

8.4.3 图像（Image） ··············· 232

8.5 应用报表设计视图设计报表对象 ····· 232

8.5.1 "图书借阅数据分析报表"设计 ··· 232

8.5.2 "催还书通知单"标签报表设计 ··· 233

8.6 报表的打印及打印预览 ············· 233

8.6.1 报表预览 ··················· 233

8.6.2 报表对象的打印及其打印预览驱动 ·· 234

习题 8 ································· 235

第 9 章 Access 宏对象设计 ············· 236

本章学习目标 ·························· 236

9.1 Access 所具有的基本操作 ········· 236

9.1.1 记录操作类 ················· 236

9.1.2 窗体操作类 ················· 238

9.1.3 报表操作类 ················· 240

9.1.4 应用程序类 ················· 240

9.1.5 杂项类 ····················· 241

9.2 Access 宏对象概述 ··············· 242

9.2.1 宏对象的作用 ··············· 242

9.2.2 将宏对象转换为 VBA 程序模块 ··· 243

9.3 创建宏对象 ······················ 244

9.3.1 在宏设计视图中创建宏对象 ··· 244

9.3.2 创建具有程序流程的宏对象 ··· 246

9.4 宏对象的编辑与修改 ·············· 248

9.4.1 添加操作 ··················· 248

9.4.2 删除操作 ··················· 250

9.4.3 更改操作 ··················· 250

9.5 宏对象的调试与执行 ·············· 250

9.5.1 直接运行宏 ················· 250

9.5.2 单步执行宏操作 ············· 251

9.6 应用宏对象 ······················ 253

9.6.1 利用宏生成 VBA 程序代码 ··· 253

9.6.2 启动时自动运行的宏 AutoExec ··· 254

9.6.3 响应组合键的宏组 AutoKeys ······ 255

习题 9 ································· 256

第 10 章 LIBMIS 数据库集成与测试 ······ 257

本章学习目标 ·························· 257

10.1 LIBMIS 表对象集成 ············· 257

10.1.1 "读者数据表"对象 ········· 257

10.1.2 "图书数据表"对象 ········· 258

10.1.3 "借阅数据表"对象 ········· 258

10.1.4 "读者类别"和"出版社"表对象 ························ 259

10.2 LIBMIS 查询对象集成 ··········· 260

10.2.1 "读者基本数据查询"对象 ··· 260

10.2.2 "读者借阅数据查询"对象 ··· 260

10.2.3 "图书归还数据查询"对象 ··· 261

10.2.4 "图书借阅数据分析查询"对象 ··· 261

10.2.5 "读者借阅数据分析查询"对象 ··· 262

10.2.6 "超期归还数据查询"对象 ··· 263

10.3 LIBMIS 窗体对象集成 ··········· 263

10.3.1 "读者数据录入"窗体对象的功能与操作 ·················· 263

10.3.2 "图书数据录入"窗体对象的功能与操作 ·················· 264

10.3.3 "借阅数据录入"窗体对象的功能与操作 ·················· 264

- 10.3.4 "图书归还数据录入"窗体对象的功能与操作 …………………………… 264
- 10.3.5 "借阅数据分析"窗体对象的功能与操作 …………………………… 266
- 10.3.6 "超期归还数据处理"窗体对象设计 …………………………………… 267
- 10.3.7 "图书馆管理信息系统"窗体对象 …………………………………… 268
- 10.4 LIBMIS 报表对象集成 …………………… 269
  - 10.4.1 "图书借阅数据分析报表"对象 … 269
  - 10.4.2 "读者借阅数据分析报表"对象 … 269
  - 10.4.3 "催还书通知单"标签报表对象 … 270
- 10.5 LIBMIS 宏对象设计参数 ………………… 271
- 10.6 测试数据集的设计 ……………………… 271
  - 10.6.1 读者数据录入测试数据集设计 …… 272
  - 10.6.2 图书数据录入测试数据集设计 …… 272
  - 10.6.3 借阅数据录入测试数据集设计 …… 273
- 习题 10 ……………………………………… 273
- 参考文献 …………………………………… 274

第 1 章 关系数据库及其应用系统

- 学习关系型数据库的基础知识,了解关系运算和关系型数据库管理系统的基本概念
- 学习数据库应用系统的组成和规范化设计的概念
- 了解数据库应用系统开发的一般方法(系统分析、设计、实现和测试)所包含的内容
- 了解面向对象的数据库应用系统设计概念
- 理解将要贯穿本书始终的数据库应用系统实例"图书馆管理信息系统"的构成

材料、能源、信息一直是人类社会发展的三大基础。随着计算机技术应用的发展,信息资源的深入开发利用正在成为人类进入信息社会的重要标志。在信息社会中,信息已经成为生产力中最重要的因素,成为社会发展的战略资源。通过信息资源的开发利用来提高人的素质,加快科技文化的进步,促进物质和能源的高效率利用,是国民经济信息化的本质所在。

在信息资源开发应用研究领域,信息(Information)和数据(Data)是两个密不可分的基本概念。通常我们说,数据是简单客观实体的符号化标识,信息是根据需要对数据进行加工处理后得到的结果,而一条正确的信息又总是较为复杂的或潜在的客观实体的符号化标识,也就是说,信息是标识复杂客观实体的数据。因此,可以这样定义信息:信息是具有一定含义的数据,是经过加工处理后的数据,是对某一活动有价值的数据。

应用计算机技术进行数据的收集、存储和加工处理,进而获取所需要的各类信息,这就是数据库应用系统开发的基本任务所在。而数据库应用系统开发的关键也就是数据组织技术和数据处理技术的有效运用。

1.1 关系数据库技术基础

1.1.1 数据库技术概述

在应用计算机进行数据处理的技术发展过程中,历经了程序数据处理技术、文件数据处理技术和数据库数据处理技术三个阶段。发展至今,绝大多数的数据处理应用系统都是采用数据库数据处理技术实现的。

采用数据库数据处理技术实现的数据处理应用系统称为数据库应用系统,而相关的应用技术称为数据库技术。

采用数据库技术开发数据处理应用系统,应该充分应用数据库的技术特点,合理规划数据库,有效组织数据,编写功能完备、结构清晰、方便应用的数据处理程序。

从应用的角度看,数据库技术具有以下主要特点。

1. 实现数据的高度集成

在一个数据处理应用系统中，数据往往来源于各个相关的应用，而这些数据本身又相互关联。例如在一个图书馆管理信息系统中，图书数据来源于图书采编管理应用，借阅、归还数据来源于图书外借管理应用，读者数据来源于读者管理应用等。所有这些数据之间存在着紧密的相互关联。只有集中管理所有这些数据，保持各项数据间的正确关联，才能完成必需的综合数据处理功能。

因此，所谓数据集成，就是采取统一的方法集中管理数据及其数据之间的关联。采用数据库技术实现数据集成，可以利用数据库管理系统（DBMS）提供的数据管理功能，对数据处理应用系统中的各项数据实施有效的集中管理。

2. 提供有效的数据共享

在一个数据库应用系统中，集中管理的数据必须提供给各项应用共同使用，这就是所谓的数据共享。

例如，在上述图书馆管理信息系统中，图书采编管理应用应该综合分析近一段时间内的图书外借管理应用数据来确定图书采购的种类与数量，各类读者借阅期限与借阅册数的限定又应该参照当前馆藏图书的数量予以确定等，这就形成了数据共享的要求。

利用数据库技术提供的数据共享功能，就可以在数据集中管理的基础上为各项应用提供必要的共享数据。

3. 减少数据冗余

如果不采用数据库技术，数据处理应用系统中的每一项应用都必须拥有自己的数据文件。而一项应用所拥有的数据文件中的若干项数据可能也会为另一项应用所使用，因此，就有必要将这些数据同时存储在另一项应用所拥有的数据文件中。即有些数据会在若干不同应用的数据文件中分别保存，这种情况称为数据冗余。大量冗余数据的存在将导致应用系统维护上的困难。

可以设想，在一个非数据库方式的图书馆管理信息系统中，图书采编管理应用必须单独保存一份属于自己的图书借阅数据文件。在这种情况下，图书外借管理应用在每一次借还书业务发生时，除了必须改写自己的借阅数据文件以外，还必须记住改写由图书采编管理应用保存着的那一份图书借阅数据文件，这将给应用系统中的数据维护带来很大的麻烦。

正是由于数据库技术实现了应用系统中所有数据的集中管理，并提供了有效的数据共享功能，从而不再需要各项应用单独保存自己的数据文件，也就减少了大量的数据冗余。

注意，在数据库应用系统中，不必要的数据冗余是有害的，而必要的数据冗余又是不可避免的，有时还是必需的。例如，在图书馆管理信息系统中，数据库中的"图书编号"和"读者编号"数据将在相关应用的数据集中各自保存一份，显然，这两项数据属于冗余数据，而这一类冗余数据的存在却是必需的。关于这一点，在后续课程的实例讲解中可以看得非常清楚。

4. 保证数据一致性

所谓数据一致性，是指保存在数据库中不同数据集合中的相同数据项必须具有相同的值。显然，这是必要的。数据一致性概念的存在，是由于数据库中存在着必需的数据冗余。我们将冗余数据中的某一份称为数据正本，其余各份称为数据副本。在采用数据库技术实现的数据处理应用系统中，冗余数据是受控的。当数据正本发生变更时，必须保证所有数据副本得到相同的变更，这就是数据一致性的概念。

数据库应用系统中的很多项应用都是基于不同的数据副本获得数据处理结果的。可以想象，当一个公司的两位经理分别基于不同的数据副本查看同一时期的销售报表时，看到的销售数据不同，他们会是一种什么感受，就可以理解保证数据一致性的重要性。

5. 实施统一的数据标准

所谓数据标准，是指数据项的名称、数据类型、数据格式、有效数据的判定准则等数据项特征值的取值规则。在数据库应用系统中，实施统一的数据标准有利于数据共享和数据交换的实现、有利于避免数据定义的重叠、有利于解决数据使用上的冲突、有利于应用系统扩展更新时的数据扩充与更改。

6. 控制数据的安全、保密和完整性

针对数据库所进行的各项操作都必须根据操作者所拥有的权限进行鉴别，鉴别机制由数据库管理系统（DBMS，Data Base Management System）提供，各个操作者的权限设定则由数据库管理员（DBA，Dada Base Administrator）负责建立。由此，数据库应用系统的数据安全、保密和完整性就得到了可靠的保障。

7. 实现数据的独立性

所谓数据独立性，是指存储在数据库中的数据独立于处理数据的所有应用程序而存在。也就是说，既然数据是客观实体的符号化标识，它就是一个客观存在，不会因为某一项应用的需要而改变它的结构，因此是独立于应用而存在着的客观实体。而某一项应用是处理数据获取信息的过程，也就是应用程序只能根据客观存在着的数据来设计所需要的数据处理方法，而不会去改变客观存在着的数据本身。

例如，在一个图书馆管理信息系统中，一段时间内的图书借阅数据记录集合如表 1-1 所示，它记录的是实际的图书借阅与归还业务过程，是一个客观事实。

表 1-1 图书借阅数据表

图书数据							借阅数据						
图书编号	书名	作者	出版社	出版日期	定价	借阅	借阅日期	读者编号	姓名	单位	类别	册数限制	借阅期限
TP311.13/17	数据库应用教程	黄志军	科学出版社	2006-7-1	29.8	No	2013-10-7	D1401903	张绍明	食品学院	博士研究生	9	90
TP311.13/Y221N2	数据库技术课程设计案例精编	杨昭	水电社	2010-7-1	19.0	Yes	2013-11-1	D1401903	张绍明	食品学院	博士研究生	9	90
TP311.138/Z	数据库应用程序设计基础教程	周山芙	清华社	2011-6-1	29.0	No	2013-12-14	S1305310	赵堃	数计学院	本科生	5	60
TP311.13/Y221N2	数据库技术课程设计案例精编	杨昭	水电社	2010-7-1	19.0	No	2013-12-14	T00123	周昕宇	数计学院	教工	9	100
TP311.13/17	数据库应用教程	黄志军	科学出版社	2006-7-1	29.8	Yes	2013-12-14	T00123	周昕宇	数计学院	教工	9	100
TP311.138/S	Visual FoxPro 6.0 程序设计教程	孙淑霞	电子社	2011-8-1	29.0	No	2013-12-14	S1305310	赵堃	数计学院	本科生	5	60
TP311.138/W	Visual FoxPro 7.0 应用编程150例	王兴晶	电子社	2010-9-1	42.0	No	2013-12-14	S1305310	赵堃	数计学院	本科生	5	60

续表

| 图书数据 |||||| 借阅数据 ||||||||
图书编号	书名	作者	出版社	出版日期	定价	借阅	借阅日期	读者编号	姓名	单位	类别	册数限制	借阅期限
TP311.138/W	Access 2002 范例入门与应用	王宁	邮电社	2011-1-1	38.0	Yes	2014-1-26	T00123	周昕宇	数计学院	教工	9	100
F713.36/I57	电子商务中的数据仓库技术	张铭	机械社	2011-1-1	35.0	No	2014-1-26	T00123	周昕宇	数计学院	教工	9	100
TP311.138/P	中文版 Access 2003 宝典	赵传启	电子社	2011-1-1	99.0	No	2014-1-26	S1305310	赵堃	数计学院	本科生	5	60
TP311.138/P	中文版 Access 2003 宝典	赵传启	电子社	2011-1-1	99.0	Yes	2014-1-26	T00123	周昕宇	数计学院	教工	9	100

在实际业务过程中，往往需要通过对这些客观数据进行必要的处理，来获取相关的图书借阅信息。例如，可能需要分别统计各类图书在这一段时间内的借阅次数，就形成了一个应用需求。为了实现这一应用需求，可以针对图书借阅数据记录集合编写一段应用程序，该程序的运行结果称之为图书借阅数据分类统计视图，如表 1-2 所示。

表 1-2　图书借阅数据分类统计视图

借阅次数	图书编号	书名	作者	出版社	出版日期	定价
2	TP311.138/W	Visual FoxPro 7.0 应用编程 150 例	王兴晶	电子社	2010-9-1	42.00
2	TP311.138/P	中文版 Access 2003 宝典	赵传启	电子社	2011-1-1	99.00
1	TP311.13/Y221N2	数据库技术课程设计案例精编	杨昭	水电社	2010-7-1	19.00
1	TP311.138/Z	数据库应用程序设计基础教程	周山芙	清华社	2011-6-1	29.00
1	TP311.138/W	Access 2002 范例入门与应用	王宁	邮电社	2011-1-1	38.00
1	TP311.138/S	Visual FoxPro 6.0 程序设计教程	孙淑霞	电子社	2011-8-1	29.00
1	TP311.13/17	数据库应用教程	黄志军	科学出版社	2006-7-1	29.80
1	F713.36/I57	电子商务中的数据仓库技术	张铭	机械社	2011-1-1	35.00

当然也可能提出另外一种需求：分别统计每一位读者在特定的一段时间内的借阅册数，这显然是另一个应用需求。为了实现这一应用需求，就需要编写另一段应用程序，使其运行于图书借阅数据记录集合之上，从而获得的运行结果称之为读者借阅数据分类统计视图。如表 1-3 所示。

在这两个例子中，两个应用程序都是在处理同一个数据集合，只是采用不同的处理方法得到不同的数据分类统计视图。图书借阅数据记录集合的数据组织形式只是在描述实际的图书借阅过程，而不用去考虑应用程序会如何处理这批数据，因此说明了数据是独立于应用程序而存在的。为了满足不同的应用需求，可以编写不同的应用程序，而无须去更改数据记录集合。这就是数据独立性，显然，数据独立性的实现为各类应用程序的开发提供了极大的灵活性。

表 1-3　读者借阅数据分类统计视图

借阅次数	读者编号	姓名	单位	类别	册数限制	借阅期限
5	T00123	周昕宇	数计学院	教工	9	100
4	S1305310	赵堃	数计学院	本科生	5	60
1	D1401903	张绍明	食品学院	博士研究生	9	90

8. 减少应用程序开发与维护工作量

正是由于在数据库应用系统中很好地实现了数据的独立性，这就使得在进行应用程序开发时，不再需要考虑所处理的数据组织问题，因而减少了应用程序的开发与维护工作量。

但是要注意，在数据库应用系统开发初期，必须完善地规划数据库、设计数据库中的各个数据集、规范数据库中相关数据间的关联，这是一项极其重要的工作。只有一个满足规范化设计要求的数据库，才能真正实现各类不同的应用需求。

9. 方便应用系统用户的使用

数据库应用系统是要交付给用户使用的，作为系统的开发设计者，必须充分认识到这一点。因此，系统设计者有义务使自己所设计的应用系统能够充分满足用户应用的需要。并且，必须保证应用系统的运行与操作符合用户的操作习惯，方便用户的使用，容忍并提示用户的误操作。

1.1.2　关系数据库的基本概念

在客观世界中，一组数据可以用于标识一个客观实体，这组数据就被称为数据实体。在数据库中，有些数据实体之间存在着某种关联，人们采用数据模型来描述数据实体间关联的形式。

在数据库技术领域，经典的数据模型有三种，分别是：①层次数据模型，采用树型结构描述数据实体间的关联；②网状数据模型，采用网状结构描述数据实体间的关联；③关系数据模型，采用二维表结构描述数据实体间的关联。

在这三种经典的数据模型中，关系数据模型具有较高的数据独立性和较严格的数学理论基础，并且具有结构简单和提供非过程性语言等优点，因而得到了较大规模的应用。采用关系数据模型构造的数据库系统，被称为关系数据库系统（RDBS，Relation DataBase System）。关系数据库系统是目前使用最为广泛的数据库系统，Access 就是其中之一。

在关系型数据库中，数据元素是最基本的数据单元。可以将若干个数据元素组成数据元组，若干个具有相同数据元素的数据元组即组成一个数据表（即关系），而所有相互关联的数据表则可以组成一个数据库。这样的数据库集合被称为基于关系模型的数据库系统，其相应的数据库管理软件即为关系数据库管理系统（RDBMS，Relation DataBase Management System）。

在具体实现的各类关系数据库管理系统（RDBMS）中，对于数据元素、数据元组、数据表以及数据库等术语的名称及其含义略微存在一些差别。下面介绍 Access 关于这些关系数据库术语的定义。

1. 数据元素

数据元素存放于字段（Field）中，一个数据表中的每一个字段均具有一个唯一的名字（称为字段名）。一个字段也就是数据表中的一列。根据面向对象的观点，字段是数据表容器对象中的子对象，并具有一些相关的属性。可以为这些字段属性设定不同的取值，来实现应用中的不同需要。字段的基本属性有字段名称、数据类型、字段大小等。

2. 数据元组

在 Access 中，数据元组被称为记录（Record）。一个数据表中的每一个记录均具有一个唯一的编号，称为记录号。一个记录即构成数据表中的一行。

3. 数据表

具有相同字段的所有记录的集合称为数据表。一个数据库中的每一个数据表均具有一个唯一的名字，称为数据表名。数据表是数据库中的子对象，也具有一系列属性。同样可以为数据表属性设置不同的属性值，来满足实际应用中的不同需要。

4. 数据库

数据库的传统定义是以一定的组织方式存储的一组相关数据项的集合，主要表现为数据表的集合。但是，随着数据库技术的发展，现代数据库已不再仅仅是数据的集合，还应包括针对数据进行各种基本操作的对象的集合。

Access 以它自己的格式将数据存储在基于 Access Jet 的数据库引擎里，可以直接导入或者链接。与传统的数据库概念有所不同，Access 采用的数据库方式是，在一个单个的*.accdb 文件中包含应用系统中所有的数据对象（包括数据表对象和查询对象），及其所有的数据操作对象（包括窗体对象、报表对象、宏对象和 VBA 模块对象）。因此，采用 Access 开发的数据库应用系统会被完整地包含在一个单个的*.accdb 磁盘文件中。

正是 Access 的这种"包罗万象"的*.accdb 文件结构，使得其数据库应用系统的创建和发布变得非常简洁，因而成为一种深受数据库应用系统开发者喜爱的关系数据库管理系统。图 1-1 所示为 Access 数据库结构示意。

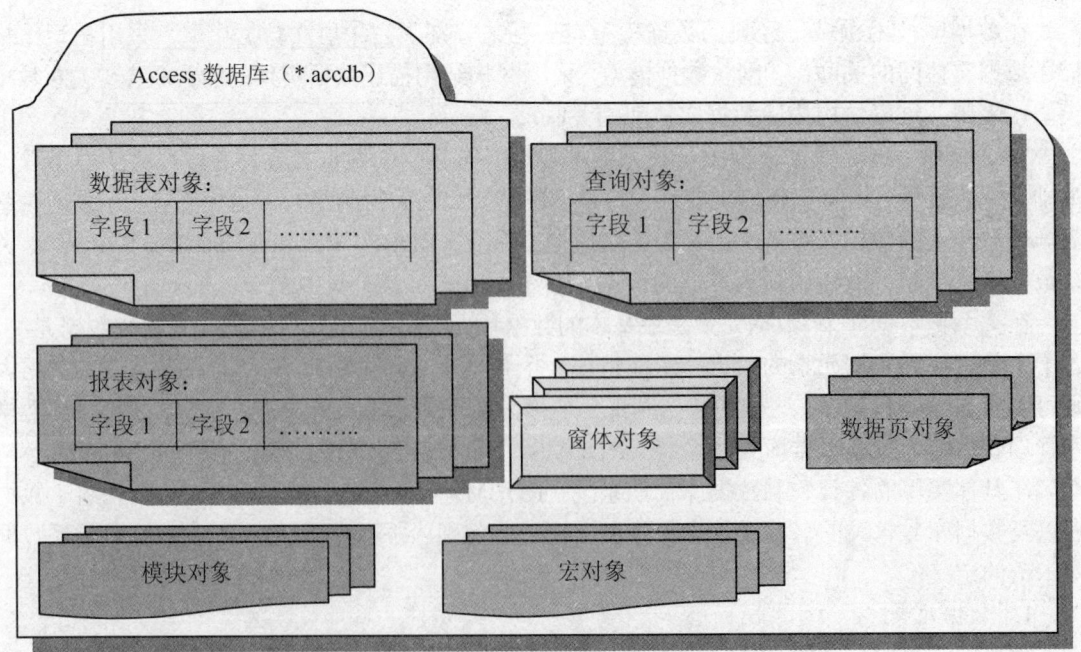

图 1-1　Access 数据库结构示意

1.1.3 基本关系运算与 SQL

针对关系数据库的数据操作有两个基本特点：①任一次操作均可针对多个元组进行；②其数据操作语言具有非过程化特征。由此使得操作者只需按照规定的语法格式说明其操作的目的与对象，而无须逐一指定操作步骤，即可完成针对一批数据的相关操作。

关系数据库的数据操作体现为关系运算，而关系运算的实施则可通过对应的数据库操作语言。不同种类的关系数据库管理系统提供不同的数据库操作语言，称为该关系数据库管理系统的宿主语言。但是，目前所有种类的关系数据库管理系统全都支持一种被称为结构化查询语言（SQL，Structured Query Language）的关系数据库操作语言。SQL 已经成为国际标准。

1. 关系运算

关系运算是针对关系数据库数据进行的操作运算，既可以针对关系中的记录实施，也可以针对关系中的字段实施，还可以针对若干个关系实施。基本的关系运算包括选择运算、投影运算和连接运算三种。

（1）选择运算

选择运算是从指定的关系中选取满足给定条件的若干元组以构成一个新关系的运算，其表现形式为：

SELECT 关系名 WHERE 条件

其中，条件是由常数、字段名及其通过相应的比较运算符和逻辑运算符连接形成逻辑运算式组成的。

例如，针对表 1-1 所示数据记录集合实施选择运算，期望从中获取 "2013/11/01" 至 "2013/12/15" 日期内的图书借阅数据清单，其选择运算可表示为：

SELECT 图书借阅数据表 WHERE 借阅日期>=[2013/11/01] AND 借阅日期<=[2013/12/15]

该选择运算的操作结果是一个新的关系，如表 1-4 所示。

表 1-4 通过选择运算获得的关系

图书编号	读者编号	书名	作者	出版社	出版日期	定价	借阅	借阅日期
TP311.13/Y221N2	D1401903	数据库技术课程设计案例精编	杨昭	水电社	2010-7-1	19.0	Yes	2013-11-1
TP311.138/Z	S1305310	数据库应用程序设计基础教程	周山芙	清华社	2011-6-1	29.0	No	2013-12-14
TP311.13/Y221N2	T00123	数据库技术课程设计案例精编	杨昭	水电社	2010-7-1	19.0	No	2013-12-14
TP311.13/17	T00123	数据库应用教程	黄志军	科学出版社	2006-7-1	29.8	Yes	2013-12-14
TP311.138/W	D1401903	Visual FoxPro 7.0 应用编程 150 例	王兴晶	电子社	2010-9-1	42.0	Yes	2013-12-14
TP311.138/S	S1305310	Visual FoxPro 6.0 程序设计教程	孙淑霞	电子社	2011-8-1	29.0	No	2013-12-14
TP311.138/W	S1305310	Visual FoxPro 7.0 应用编程 150 例	王兴晶	电子社	2010-9-1	42.0	No	2013-12-14

(2) 投影运算

投影运算是从指定的关系中选取指定的若干字段从而构成一个新关系的运算,其表现形式为:

PROJECT 关系名(字段名1,字段名2,……,字段名n)

例如,在图书馆管理信息系统中,图书借阅数据表如表1-1所示。对其实施投影运算,并期望从中获取仅含"图书编号"、"书名"、"作者"、"出版社"、"出版日期"和"定价"六个字段的数据表"图书编目数据表",其投影运算可表示为:

PROJEC 图书编目数据表(图书编号,书名,作者,出版社,出版日期,定价)

该投影运算的操作结果是一个新的关系,如表1-5所示。

表1-5 通过投影运算获得的关系

图书编号	书名	作者	出版社	出版日期	定价
TP311.13/17	数据库应用教程	黄志军	科学出版社	2006-7-1	29.8
TP311.13/Y221N2	数据库技术课程设计案例精编	杨昭	水电社	2010-7-1	19.0
TP311.138/Z	数据库应用程序设计基础教程	周山芙	清华社	2011-6-1	29.0
TP311.13/Y221N2	数据库技术课程设计案例精编	杨昭	水电社	2010-7-1	19.0
TP311.13/17	数据库应用教程	黄志军	科学出版社	2006-7-1	29.8
TP311.138/W	Visual FoxPro 7.0 应用编程150例	王兴晶	电子社	2010-9-1	42.0
TP311.138/S	Visual FoxPro 6.0 程序设计教程	孙淑霞	电子社	2011-8-1	29.0
TP311.138/W	Visual FoxPro 7.0 应用编程150例	王兴晶	电子社	2010-9-1	42.0
TP311.138/W	Access 2002 范例入门与应用	王宁	邮电社	2011-1-1	38.0
F713.36/I57	电子商务中的数据仓库技术	张铭	机械社	2011-1-1	35.0
TP311.138/P	中文版 Access 2003 宝典	赵传启	电子社	2011-1-1	99.0
TP311.138/P	中文版 Access 2003 宝典	赵传启	电子社	2011-1-1	99.0

(3) 连接运算

连接运算是选取若干个指定关系中的字段并把满足给定条件的元组从左至右连接,从而构成一个新关系的运算,其表现形式为:

JION 关系名1 AND 关系名2 …… AND 关系名n WHERE 条件

其中,条件是由常数、字段名及其通过相应的比较运算符和逻辑运算符连接形成逻辑运算式组成的。

例如,在图书馆管理信息系统中,可以将读者数据表设计为如表1-6所示的形式。

表1-6 读者数据表

读者编号	姓名	单位	类别
D1401903	张绍明	食品学院	博士研究生
M1405905	李志强	数计学院	硕士研究生
M1305921	程昆杉	数计学院	硕士研究生

续表

读者编号	姓名	单位	类别
S1305310	赵堃	数计学院	本科生
S1405311	刘金华	数计学院	本科生
T00123	周昕宇	数计学院	教工
T00136	陈振宇	管理学院	教工
T00746	李响	机械学院	教工

而将各类读者借阅图书的册数限制与借阅期限限制设计为读者类别数据表，如表1-7所示。

表 1-7 读者类别数据表

读者类别	册数限制	借阅期限
本科生	5	60
博士研究生	9	90
教工	9	100
进修生	5	60
硕士研究生	7	60
专科生	5	30

则可以应用连接运算式：

    JION 读者数据表 AND 读者类别数据表 WHERE 读者数据表!类别=读者类别数据表!读者类别

实施针对两个关系的连接运算，可获得如表1-8所示的新关系。

表 1-8 连接两个关系形成的数据表

读者编号	姓名	单位	类别	册数限制	借阅期限
D1401903	张绍明	食品学院	博士研究生	9	90
M1405905	李志强	数计学院	硕士研究生	7	60
M1305921	程昆杉	数计学院	硕士研究生	7	60
S1305310	赵堃	数计学院	本科生	5	60
S1405311	刘金华	数计学院	本科生	5	60
T00123	周昕宇	数计学院	教工	9	100
T00136	陈振宇	管理学院	教工	9	100
T00746	李响	机械学院	教工	9	100

2. 结构化查询语言 SQL 简介

  结构化查询语言集数据定义、数据查询、数据更新和数据控制于一体，既可以作为独立语言由终端用户以联机交互方式使用，也可以作为某一关系数据库管理系统的子语言嵌入在其支持的宿主语言中使用。

对于 Access 而言，其宿主语言为 VBA（Visual Basic Application），同时全面支持 SQL，并允许将 SQL 作为子语言嵌套在 VBA 中使用。

SQL 是一个完善的结构化查询语言体系，它在 Access 中的使用主要体现在数据库中查询对象的创建过程。我们将在第 4 章中结合 Access 查询对象的应用介绍相关的 SQL 语句，届时可以看到，在关系数据库中进行的各种关系运算均可采用 SQL 语句予以实现。

1.1.4 关系型数据库管理系统（RDBMS）

一个数据库应用系统是由计算机硬件、数据库管理软件、数据库应用软件、数据和应用人员组成的一个集合体，其中，数据库管理软件是应用系统中的核心软件，被称为数据库管理系统（DBMS，DataBase Management System）。关系型数据库的管理软件即被称为关系型数据库管理系统（RDBMS，Relation DataBase Management System）。Access 就是 Microsoft 公司的一个小型关系型数据库管理系统。

关系型数据库管理系统的总体功能是为用户屏蔽数据库在计算机上存储与操作的物理级细节，处理所有用户使用 DBMS 支持的宿主语言或 SQL 发出的数据库存储请求，全面实施数据库控制管理和数据库存储管理。所谓数据库应用系统开发，就是在某一种数据库管理系统的支持下，使用其支持的开发工具、宿主语言和 SQL 构架符合应用需求的数据集合和应用程序对象。

由此说来，学习数据库应用系统开发就必须学习相应的数据库管理系统的功能，了解它的构成和特性。介绍 Access RDBMS 的功能及其使用其功能开发数据库应用系统的方法，是本书的主要目的。此处先介绍一般关系型数据库管理系统所具备的功能及其组成，以便建立对于关系型数据库管理系统的一般概念，从而为后续关于 Access RDBMS 的深入学习奠定一个必要的基础。

1. RDBMS 的功能

RDBMS 的核心功能是实现数据库物理模式与其应用模式之间的变换，使得用户能够逻辑地、抽象地处理数据，而无须顾及数据在计算机物理层中的存储形式。正是由于 RDBMS 的这一核心功能，使得应用程序能够独立于数据库存储模式，从而实现了应用程序与数据之间的逻辑独立性。

在数据库理论中，应用模式可分为两层。底层称为模式或概念模式，顶层称为子模式，它是模式的某一部分的抽取。因此，数据模式形成具有三层结构、两级数据独立性的 ANSI/SPARC 模型。如图 1-2 所示为 ANSI/SPARC 模型。

具体地说，RDBMS 功能可以划分为：

（1）数据库描述功能

RDBMS 将数据描述语言（DDL，Data Description Language）所描述的内容从源代码形式转换为目标代码形式存入数据字典中，从而实现数据库描述功能。

（2）数据库管理功能

RDBMS 实现的数据库管理功能包括对整个数据库系统运行的控制，用户的并发存取控制，数据安全性、完整性检验，实施对数据库数据的查询、插入、修改以及删除的操作等。

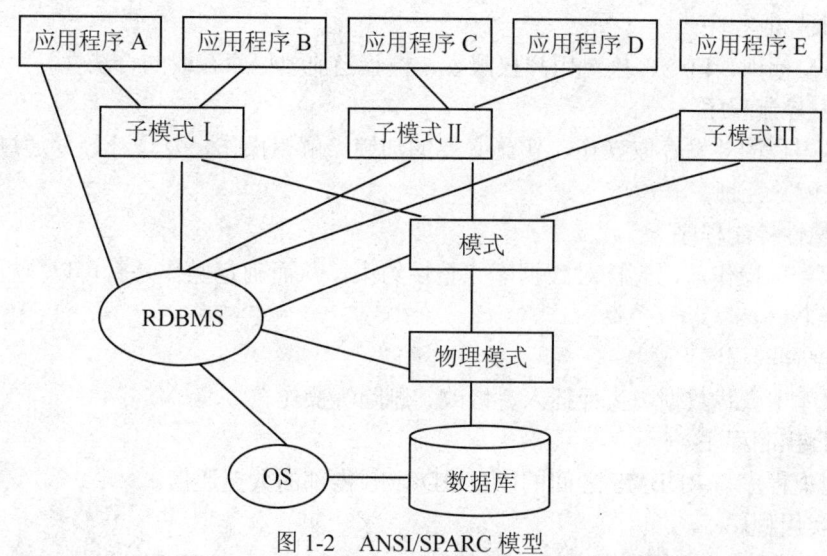

图 1-2 ANSI/SPARC 模型

（3）数据库维护功能

RDBMS 实现的数据库维护功能包括初始数据的装载，运行日志的更新维护，数据库性能的监控，在数据库性能变坏或需求发生变化时的数据库重构与重组，数据库的备份以及当系统硬、软件发生故障时数据库的恢复等。

（4）数据通信功能

RDBMS 的数据通信功能负责数据传递，这些数据可能来自应用程序、终端（包括远程终端）、某种介质或其他系统，也可能是系统内运行的进程所产生。数据通信功能的实现需要与操作系统、数据通信管理系统等底层系统软件协同实现。

2. RDBMS 的组成

从程序的角度看，RDBMS 实际上是完成上述功能的程序集合。不同的 RDBMS 所包含的程序模块不尽相同，一般可以由如下三类程序模块组成：

（1）语言翻译处理程序

语言翻译处理程序主要包括：

1）数据描述语言翻译程序

负责将各级模式的源定义翻译形成目标形式。

2）数据操作语言处理程序

负责将应用程序中的数据操作语句转换为宿主语言的过程调用。

3）终端查询语言处理程序

负责解释终端查询指令的语义，从而决定实际操作的执行过程。

4）数据库控制语言处理程序

负责解释每一条数据控制命令的含义，以此决定并执行相应的动作。

（2）系统运行控制程序

系统运行控制程序主要包括：

1）系统总控程序

控制、协调 RDBMS 各程序模块的活动。

2）存取控制程序

核对用户标识、口令，核对用户权限表，检验当前数据库存取的合法性。

3）并发控制程序

协调多用户的并发存取操作，实施必要的加锁、解锁操作，发现死锁并通过撤消某个事务的方法来解除死锁。

4）完整性控制程序

在执行一项操作前，先核对数据库完整性约束，从而确定操作是否可以执行，或撤消已有操作的结果。

5）数据存取程序

从数据库中查找数据，执行插入、修改、删除等操作。

6）通信控制程序

实现用户程序与 RDBMS 之间的以及 RDBMS 内部的数据通信。

（3）实用程序

RDBMS 提供的实用程序主要包括：

1）数据装载程序

数据装载程序负责在打开一个数据库时，加载数据库原始数据。

2）数据库重组程序

当数据库体积增长而导致系统性能下降时，数据库重组程序负责清除已经逻辑删除的数据记录，并重新组织数据库存储空间。

3）数据库重构程序

当需求发生变化或系统性能表现出需要改变数据库结构时，数据库重构程序负责进行数据库结构的重构维护。

4）数据库恢复程序

当数据库遭到破坏时，数据库恢复程序负责将数据库恢复到某个正常状态。

5）日志程序

日志程序负责记录针对数据库进行的所有操作活动，记录的信息包括用户名、所进行的操作活动、数据的改变情况等。

6）统计分析程序

统计分析程序负责监控个体操作的执行时间与存储空间占用情况，做出系统性能估算。

此外，RDBMS 还须具有信息格式维护程序、数据转储程序、数据编辑程序和报表生成程序等实用程序。

1.2 数据库应用系统基础

1.2.1 数据库应用系统的组成

在计算机及其相关网络设施的支持下，利用数据库管理系统具备的各项功能，可以构建符合实际需求的数据库。然后，利用数据库管理系统提供的二次开发功能，或使用某一种数据库应用前端开发工具，可以编制满足应用需求的应用程序。

由此可见，一个数据库应用系统，包括必要的计算机及其网络设施、一个合适的数据库管理系统、相应的数据及其基本操作集合——数据库，以及一组满足需求的应用程序。

数据库应用系统运行的基础是计算机硬件系统，计算机硬件系统的配置必须满足数据库应用系统对于存储容量、运行速度以及信息交换能力等项目的需求。

关于计算机存储容量的计算，必须在考虑数据库管理系统本身所需要的存储及运行空间、应用程序所需要占用的存储及运行空间之外，充分估算数据库数据所需要占用的存储空间。必须保证计算机系统能够保证具有足够的存储容量，以支持数据库应用系统的运行需求。

关于计算机的运行速度，必须充分考虑数据库应用系统的最大并发任务数，以及每一个任务所能容忍的最大时延。所谓并发任务，是指同时有多个用户使用数据库所发生的操作，而所能容忍的最大时延则是指当某一个用户发出数据库操作指令后，所能容忍的等待时间。在进行计算机硬件配置时，应该保证其运行速度足够快，才能够满足数据库应用系统用户的操作需求。

1.2.2 数据库的规范化设计

在数据库应用系统中，数据库是应用系统的基础和核心。因此，合理地设计数据库是数据库应用系统设计的关键。

首先，必须在满足应用需求的基础上建立能够正确反映应用事务的数据库模型，这个数据库模型由若干数据实体构成。然后考察各个数据实体之间的关联，此时，必需对数据库模型进行规范化处理。规范化的目的是为了减少冗余数据，提供有效的数据检索方法，避免不合理的插入、删除、修改等数据操作，保持数据一致性。

在关系数据库理论中，一个数据库可以有三种不同的规范化形式。

1. 第一规范化形式

第一规范化形式是指在一个关系（数据表）中没有重复出现的数据组项。即一个满足第一规范化形式的关系中的每一个属性（字段）都是不可分的数据项。第一规范化形式简称为一范式或 1NF。

在关系数据库中，任何一个数据表都必然是一个满足 1NF 的关系。

2. 第二规范化形式

如果在一个满足 1NF 的关系中，所有非关键字数据元素都完全依赖于关键字，即如果给定一个关键字，则可以在这个数据表中唯一确定一条记录，则称这个关系满足第二规范化形式，简称二范式或 2NF。

在数据库应用系统中，如果存在不满足 2NF 的数据表，则将导致数据插入或删除的异常，同时会使得在修改数据时，操作会显得很复杂，稍有不慎就将导致数据的不一致性。

3. 第三规范化形式

如果数据库设计不完善，就会在一些满足 2NF 的关系中存在某些数据项间接依赖于关键字的情况，称这种依赖为"传递依赖"。对于那些满足 2NF 的关系，且其中不存在传递依赖的数据项，则称这个关系满足第三规范化形式，简称三范式或 3NF。

一个满足 3NF 的数据库将有效地减少数据冗余。

通过对数据库的三种规范化形式的讨论，可以得出这样的结论：数据库的规范化设计应该保证数据库中的所有数据表都能满足 2NF，并应力求绝大多数数据表满足 3NF。

让我们来观察图书馆管理信息系统中的数据库规范化设计过程。在这个实际应用中,图书借阅数据表很有可能呈表 1-1 所示的形式。显然,这是一个不满足 1NF 的数据表,根本就不是一个关系。

为了使其形成可以作为关系数据库中的数据表,必须进行数据表的规范化处理。其方法是,首先处理表头,使其成为只具有一行表头标题的数据表,从而形成一个满足 1NF 的数据表。如表 1-9 所示。

表 1-9 处理成为 1NF 的图书借阅数据表

图书编号	书名	作者	出版社	出版日期	定价	借阅	借阅日期	读者编号	姓名	单位	类别	册数限制	借阅期限
TP311.13/17	数据库应用教程	黄志军	科学出版社	2006-7-1	29.8	No	2013-10-7	D1401903	张绍明	食品学院	博士研究生	9	90
TP311.13/Y221N2	数据库技术课程设计案例精编	杨昭	水电社	2010-7-1	19.0	Yes	2013-11-1	D1401903	张绍明	食品学院	博士研究生	9	90
TP311.138/Z	数据库应用程序设计基础教程	周山芙	清华社	2011-6-1	29.0	No	2013-12-14	S1305310	赵堃	数计学院	本科生	5	60
TP311.13/Y221N2	数据库技术课程设计案例精编	杨昭	水电社	2010-7-1	19.0	No	2013-12-14	T00123	周昕宇	数计学院	教工	9	100
TP311.13/17	数据库应用教程	黄志军	科学出版社	2006-7-1	29.8	Yes	2013-12-14	T00123	周昕宇	数计学院	教工	9	100
TP311.138/W	Visual FoxPro 7.0 应用编程 150 例	王兴晶	电子社	2010-9-1	42.0	Yes	2013-12-14	D1401903	张绍明	食品学院	博士研究生	9	90
TP311.138/S	Visual FoxPro 6.0 程序设计教程	孙淑霞	电子社	2011-8-1	29.0	No	2013-12-14	S1305310	赵堃	数计学院	本科生	5	60
TP311.138/W	Visual FoxPro 7.0 应用编程 150 例	王兴晶	电子社	2010-9-1	42.0	No	2013-12-14	S1305310	赵堃	数计学院	本科生	5	60
TP311.138/W	Access 2002 范例入门与应用	王宁	邮电社	2011-1-1	38.0	Yes	2014-1-26	T00123	周昕宇	数计学院	教工	9	100
F713.36/I57	电子商务中的数据仓库技术	张铭	机械社	2011-1-1	35.0	No	2014-1-26	T00123	周昕宇	数计学院	教工	9	100
TP311.138/P	中文版 Access 2003 宝典	赵传启	电子社	2011-1-1	99.0	No	2014-1-26	S1305310	赵堃	数计学院	本科生	5	60
TP311.138/P	中文版 Access 2003 宝典	赵传启	电子社	2011-1-1	99.0	Yes	2014-1-26	T00123	周昕宇	数计学院	教工	9	100

分析上表,可以看到其中没有哪一个数据项能够唯一标识一个数据元组。即表中不存在一个关键字段,因此它不是一个满足 2NF 的数据表。为此,还须对其进行进一步的规范化处理,使其成为满足 2NF 的数据表。处理方法是将其分解为三个数据表,使之成为满足 2NF 的数据表。如表 1-10 至表 1-12 所示。其中,表 1-10 的关键字段为"图书编号",表 1-11 的关键字段为"读者编号",表 1-12 的关键字段为"借阅序号"。

表 1-10 满足 2NF 的图书数据表

图书编号	书名	作者	出版社	出版日期	定价	馆藏数量
F713.36/I57	电子商务中的数据仓库技术	张铭	机械社	2011-1-1	35.00	2
TP311.13/17	数据库应用教程	黄志军	科学出版社	2006-7-1	29.80	5
TP311.138/P	中文版 Access 2003 宝典	赵传启	电子社	2011-1-1	99.00	2
TP311.138/S	Visual FoxPro 6.0 程序设计教程	孙淑霞	电子社	2011-8-1	29.00	4
TP311.138/W2	Visual FoxPro 7.0 应用编程 150 例	王兴晶	电子社	2010-9-1	42.00	3
TP311.138/W214	Access 2002 范例入门与应用	王宁	邮电社	2011-1-1	38.00	4
TP311.138/Z	数据库应用程序设计基础教程	周山芙	清华社	2011-6-1	29.00	6
TP311.13/Y221N22	数据库技术课程设计案例精编	杨昭	水电社	2010-7-1	19.00	6

表 1-11 满足 2NF 的读者数据记录表

读者编号	姓名	单位	类别	册数限制	借阅期限
D1401903	张绍明	食品学院	博士研究生	9	90
M1305921	程昆杉	数计学院	硕士研究生	7	60
S1305310	赵堃	数计学院	本科生	5	60
T00123	周昕宇	数计学院	教工	9	100
T01651	陈俊	经管学院	教工	9	100
Z1405611	朱晓明	数计学院	专科生	5	30

表 1-12 满足 2NF 的借阅数据表

借阅序号	图书编号	读者编号	借阅状态	借阅日期	应归还日期	实归还日期	处罚记录
1	TP311.13/17	D1401903	No	2013-10-7	2014-1-5	2013-12-14	
2	TP311.13/Y221N22	D1401903	Yes	2013-11-1	2014-1-30		
3	TP311.138/Z6	S1305310	No	2013-12-14	2014-1-13	2013-12-24	
4	TP311.13/Y221N22	T00123	No	2013-12-14	2014-3-19	2014-1-27	
5	TP311.13/17	T00123	Yes	2013-12-14	2014-3-19		
6	TP311.138/W2	D1401903	Yes	2013-12-14	2014-3-14		
7	TP311.138/S8	S1305310	No	2013-12-14	2014-1-13	2014-1-13	
8	TP311.138/W2	S1305310	No	2013-12-14	2014-1-13	2014-1-27	超期处罚
19	TP311.138/W214	T00123	Yes	2014-1-26	2014-5-6		
20	F713.36/I57	T00123	No	2014-1-26	2014-5-6	2014-1-27	
21	TP311.138/P898	S1305310	No	2014-1-26	2014-3-27	2014-1-27	
22	TP311.138/P898	T00123	Yes	2014-1-26	2014-5-6		

尽管满足 2NF 的数据表可以正常应用于关系数据库应用系统，但为了进一步减少数据冗余，还应对数据表作进一步的规范化处理，以期将数据库中的数据表尽可能设计成为满足 3NF 的数据表。

例如，在表 1-11 中，"册数限制"与"借阅期限"数据取决于"类别"数据，即"册数限制"与"借阅期限"字段数据通过"类别"字段传递依赖于"读者编号"字段，因此表 1-11 不满足 3NF。为了将表 1-11 规范处理成为满足 3NF 的数据表，可以将其拆分为"读者数据表"和"读者类别"数据表，分别如表 1-13 和表 1-14 所示。

表 1-13 满足 3NF 的读者数据表

读者编号	姓名	单位	类别
D1401903	张绍明	食品学院	博士研究生
M1305921	程昆杉	数计学院	硕士研究生
S1305310	赵堃	数计学院	本科生
T00123	周昕宇	数计学院	教工
T01651	陈俊	经管学院	教工
Z1405611	朱晓明	数计学院	专科生

表 1-14 满足 3NF 的读者类别数据表

读者类别	册数限制	借阅期限
本科生	5	60
博士研究生	9	90
教工	9	100
进修生	5	60
硕士研究生	7	60
专科生	5	30

至此，"图书馆管理信息系统"中的基本数据表经过规范化处理后，所形成的四个数据表（"图书数据表"、"借阅数据表"、"读者数据表"和"读者类别"数据表）均为满足 3NF 的数据表。

由此规范化处理过程可见，数据表的规范化设计过程就是逐步地分析处理原有的人工信息处理表格。首先简化表头，使之成为 1NF 数据表；接着分解数据表并设定关键字，使之成为 2NF 数据表；如果可能，继续拆分数据表以消除对关键字段的传递依赖，使之成为 3NF 数据表。

1.2.3 数据库应用系统功能的规范化设计

数据库应用系统功能设计的主要任务是采用"自顶向下"的原则，将系统必须具备的功能分解为若干个功能模块，并明确描述各个功能模块的具体功能以及相互调用关系。所谓自顶向下，是指首先设计应用系统的整体功能，接着将系统整体功能分解为一组子功能，如果某一子功能依然比较复杂，则还须拆分该子功能为明细功能，直至每一个明细功能仅完成一项单一应用操作为止。

显然，如何划分系统功能，如何确定每一个功能模块所需具备的单一应用操作，以及如何设计各个功能模块之间的相互调用关系，是数据库应用系统中功能设计的要点。在进行系统功能设计时，应该遵循如下几个规范化设计原则：功能模块间的耦合原则、功能模块的内聚性原则和功能模块调用的扇入/扇出原则。

1. 功能模块间的耦合原则

功能模块间的耦合是指功能模块间的相互依赖关系，功能模块间的相互依赖性强，则称它们的耦合程度高。功能模块间的耦合程度高，则表明它们之间的联系复杂，导致的必然结果就是，对任一功能模块的修改都将要求并行修改与之紧密相联系的那些功能模块，因此也就导致了整个系统功能修改与维护的复杂性，这是应该设法避免的。

所谓功能模块间的耦合原则，就是在进行系统功能设计时，应该尽可能地降低功能模块间的耦合程度。

功能模块间的耦合程度低，说明系统功能设计合乎规范，这将有助于减少系统功能修改与维护的复杂性。影响功能模块间的耦合程度的最主要因素是模块之间信息传递的复杂性。如果两个模块之间仅存在调用与被调用的关系，而不存在任何信息传递，则表明这两个模块之间的耦合程度最低。这种类型的耦合称为简单耦合，是系统功能设计中最理想的情况。但遗憾的是，能够实现简单耦合的模块并不常见。经常遇见的情况是，两个功能模块之间不仅存在着调用与被调用的关系，而且存在着信息传递的关系。按照耦合程度由低到高的顺序，可将功能模块间的耦合类型分为数据耦合、控制耦合、公共耦合和内容耦合。

（1）数据耦合

如果两个功能模块之间不仅存在着调用与被调用的关系，而且需要相互交换数据，也就是模块之间的通信方式是数据传递或称参数交换，这种耦合类型称为数据耦合。数据耦合是一种常用的模块耦合类型。

（2）控制耦合

如果模块 A 与模块 B 之间不仅存在着调用与被调用的关系，而且模块 A 还通过向模块 B 传递信息来控制模块 B 的内部逻辑，则称这种耦合类型为控制耦合。控制耦合是一种应该尽量少用的耦合类型。

（3）公共耦合

如果两个功能模块都和同一个公用数据域有关，或与某几个公共环境变量紧密相连，则称这两个功能模块间存在公共耦合。公共耦合会给应用系统的维护带来困难，应该尽量避免使用。

（4）内容耦合

如果一个模块运行与另一个模块的当前内部数据有关，则称这种耦合为内容耦合。这是一种极其有害的耦合类型，在系统功能设计中必须避免。

2. 功能模块的内聚性原则

功能模块的内聚性是指功能模块内部各项操作动作的组合强度，内聚性的强弱将直接影响系统功能实现的优劣。一般来说，功能模块内部应该具有很强的内聚性，它的各个操作动作都是密切相关的，是为了完成一个共同的功能而组合在一起的。

功能模块的内聚性是度量模块功能强度的一个相对指标，主要表现在模块内部各项操作为了执行模块功能而组合在一起的相关程度。模块内部操作组合的形式按照由高到底的顺序为：功能组合、顺序组合、通信组合、过程组合、暂时组合、逻辑组合、偶然组合。

（1）功能组合

如果一个功能模块内部的各个组成部分的操作动作全都为执行同一个功能而存在，并且只执行这一个功能，则称该功能模块的这种组合形式为功能组合。功能组合模块的内聚性最高，是功能模块的最佳组合形式。

（2）顺序组合

如果一个功能模块内部的各个组成部分执行的几个操作动作有这样的特征：前一个操作动作所产生的输出数据是下一个操作动作的输入数据，则称该功能模块的这种组合形式为顺序组合。顺序组合的模块具有较高的内聚性，对于难以实现功能组合的功能模块而言，顺序组合也是一种很好的模块组合形式。

（3）通信组合

如果一个功能模块内部的各个组成部分的操作动作全都使用相同的输入数据或产生相同的输出数据，则称该功能模块的这种组合形式为通信组合。通信组合模块的内聚性低于顺序组合模块，在某些情况下，也是一种可以接受的模块组合形式。

（4）过程组合

如果一个功能模块内部的各个组成部分的操作动作各不相同，彼此也没有什么联系，却须受同一个控制流的支配来决定各自的执行顺序，则称该功能模块的这种组合形式为过程组合。过程组合模块的内聚性较低，在系统功能设计中应尽量避免采用。

（5）暂时组合

如果在一个功能模块内部的各个组成部分中，各项操作动作均与时间有关，则称该功能模块的这种组合形式为暂时组合，也称为时间组合。暂时组合模块的内聚性较低，同时会导致与其他模块之间的耦合程度提高，致使系统维护困难。因此，暂时组合是一种不可采用的模块组合形式。

（6）逻辑组合

如果在一个功能模块内部的各个组成部分中，各项操作动作逻辑上相似，但功能却彼此无关，则称该功能模块的这种组合形式为逻辑组合。逻辑组合模块的内聚性很低，系统功能维护非常困难，是一种必须避免的模块组合形式。

（7）偶然组合

如果在一个功能模块内部的各个组成部分中，各项操作动作彼此没有任何关系，则称该功能模块的这种组合形式为偶然组合。偶然组合纯属系统功能设计不当造成的结果，只要认真地进行系统功能分析与设计，是不会产生偶然组合模块的。

3. 功能模块调用的扇入/扇出原则

模块的扇出（Fan Out）表达了一个功能模块对它的直属下级模块的控制范围。模块的扇出系数是指其直属下级功能模块的个数。

一个功能模块的扇出系数大，表明其直属下级多，即被其控制的子模块多，这意味着这个功能模块的功能繁多，因此它的内聚性可能较低。所以应该尽量把一个功能模块的扇出系数控制在较小的范围内。一般来说，各功能模块的扇出系数可以控制在 7 以内。

但是，一个功能模块的扇出系数太小也可能会出现问题。在这种情况下，一定要注意这个功能模块的上级模块或者其下属模块的扇出系数是否会很大。通常的做法是，通过简化模块结构来均匀分配各个功能模块的扇出系数。

模块的扇入（Fan In）表达了一个功能模块与其直接上级模块的关系。模块的扇入系数是指其直接上级功能模块的个数。

一个功能模块的扇入系数大，表明其会被多个上级模块所调用，其公用性很强，对于提高系统的可维护性是极为有利的。因此，在进行系统功能模块设计时，应该尽可能提高各个功能模块的扇入系数。

1.3 数据库应用系统开发方法

有关软件系统的开发理论与方法是一个专门的学科领域，称为软件工程（Software Engineering）。没有这些理论与方法的指导，数据库应用系统的开发是很难成功的。此处介绍一些最基本的知识与方法，希望能够帮助读者分析本书介绍的一个简单实例，并通过具体的实践去学习并掌握数据库应用系统的开发方法。

1.3.1 系统分析

根据软件工程提供的理论和方法，数据库应用系统的开发应该首先进行系统分析。在这一工作过程中，应主要完成：

（1）应用系统的业务流程分析

在这一步工作中，需要调查、了解并描述待开发的数据库应用系统中的各项业务以及诸业务间的相互关联，并形成分析文档以供开展下一步工作之需。

（2）应用系统的数据流程分析

在这一步工作中，必须清晰地描述出数据库应用系统中的所有数据在各个业务环节中的处理方式、处理结果及其在诸业务间的流动轨迹（数据流程）。

（3）应用系统的功能分析

在这一步工作中，通过归纳、整理各业务环节与各项数据间的相互关系，总结系统功能、归并或解析数据集合、确定数据和功能间的处理关系。

1.3.2 应用系统设计

数据库应用系统开发的第二步工作是在系统分析的基础上进行系统设计。在这一工作过程中，主要完成：

（1）应用系统的数据库设计

在这一步工作中，应该根据系统分析阶段形成的相关文档，参考计算机数据库技术发展的现状，采用计算机数据库的成熟技术，设计并描述出本应用系统的数据库结构及其内容组成。在数据库设计过程中，应该严格遵循数据库的规范化设计要求。

（2）应用系统的功能设计

在这一步工作中，必须根据系统分析过程中获得的功能分析结果，结合数据库设计的初步模型，设计完成应用系统中的各功能模块。这里包括各功能模块的调用关系、功能组成等内容。在系统功能设计过程中，应该考虑系统功能的规范化设计要求。

（3）应用系统的输入与输出设计

在这一步工作中，考虑的是数据库应用系统中各功能模块的界面设计。

对于输入模块，应该考虑的问题包括：它以什么样的形式呈现在操作者的面前，操作员应以何种方式在界面上完成各种操作，怎样容忍操作员的操作错误，如何减少操作员可能的错误操作等。

对于输出模块，应该考虑的问题包括其输出格式、输出内容、输出方式应该如何设计等。可以这样说，一个数据库应用系统设计的成败在很大程度上取决于其输入/输出设计的优与劣。

1.3.3 数据库应用系统实现

数据库应用系统开发的第三步工作是在应用系统设计的基础上实现系统的各项设计。在这一工作过程中，应主要完成：

（1）应用系统开发工具的选择

一个信息处理系统应该基于计算机数据库技术基础实现，这已成为大家的共识。当今，计算机数据库管理系统软件及其信息处理系统开发工具种类很多，因此，选择的余地是很大的。一般而论，开发工具的选择应依据信息处理系统本身的特性而定，这是基本原则。由于本书介绍Access数据库管理系统的应用，所以后续实例就采用Access作为实例信息处理系统的开发工具。事实上，Access确实是一个非常优秀的数据库管理系统，同时它也是一个功能非常强大的数据库应用系统开发工具。

（2）应用系统数据库的实现

这一步的工作就是使用所选择的开发工具，逐步地在计算机上建立数据库文件及其所包含的各个数据表，建立数据关联，创建数据库应用系统中各个数据与功能对象实例，并设定所有对象的相关属性值。

（3）应用系统功能的实现

在这一步工作中，应该完成应用系统中各对象对于相关事件的处理能力的设定，即安排各个对象在其遇到相关事件时的处理方法，也就是针对事件编程。

1.3.4 数据库应用系统测试

一个数据库应用系统的各项功能都已经实现了，但不能说系统开发完成，还必须经过严格的系统测试工作，才真正能够将开发完成的应用系统投入运行使用。因此，应该认识到系统测试是应用系统开发的第四步工作。系统测试工作常被人们称为信息处理系统成败之关键所在，其主要内容是尽可能多地查出并改正数据库应用系统中存在的错误。关于这一部分的内容将在第11章中通过实例的讲解加以介绍。

1.4 面向对象的数据库应用系统设计概念

面向对象技术提供了一个具有全新概念的数据库应用系统开发模式，它将面向对象分析（OOA，Object-Oriented Analysis）、面向对象设计（OOD，Object-Oriented Design）和面向对象程序设计（OOP，Object-Oriented Programming）集成在一起。其核心概念是"面向对象"。

所谓面向对象（Object-Oriented），可以这样定义：面向对象=对象+类+属性的继承+对象之间的通信。如果一个数据库应用系统是使用这样的概念设计和实现的，则称这个应用系统是面向对象的。一个面向对象的应用系统中的每一个组成部分都是对象，所需实现的操作则通过建立对象与对象之间的通信来完成。

1.4.1 对象的概念

1. 对象的定义

客观世界中的任何一个事物都可以看成是一个对象，或者说，客观世界是由很多对象组成的。正是所有这些对象及其相互之间联系的存在，才构成了一个五彩缤纷的世界。

例如，一个人是客观世界中的一个对象，他（她）具有自己的姓名、性别、身高、体重和相貌，这些称为一个对象的属性；当遇到某种事件时，他（她）会做出相应的反应，这种反应称为一个对象对某一事件的操作。

因此，可以这样定义对象，一个对象就是它本身的一组属性和它可执行的一组操作。

2. 数据库应用系统中对象的分类

数据库应用系统的对象一般可以分为两类：实体对象和过程对象。

（1）实体对象

例如，在商品营销过程中，一个供货企业是一个对象，在供货企业中工作的一位员工也是一个对象；同样的，当前的库存商品是一个对象，已经销售了的商品也是一个对象。所有这些对象都具有一个特征——实体特征，即它们是客观存在的。这一类对象可称为实体对象。

在数据库应用系统中，实体对象的主要形式为数据库中的数据表对象。数据表对象记录的是数据库中的数据实体，它们是客观存在的。

（2）过程对象

在商品营销过程中还有一类对象，它们是一个活动，在未被启动时，人们感受不到它们的存在。例如，在商品营销过程中的一次销售业务，管理人员对当前经营情况的一次查阅等。这样的对象所具有的特征是过程特征，即它们反映了活动的存在。

在 Access 数据库应用系统中，过程对象的主要形式为数据库中的窗体对象、查询对象和报表对象。Access 数据库中的过程对象用于实施针对数据库中实体对象的操作，并通过这些操作来改变某些实体对象的属性值，或驱动其他的过程对象。

3. 数据库应用系统开发中的面向对象设计

在建立了对象的概念后，就可以说，数据库应用系统的设计过程就是逐步定义系统中的每一个对象，并赋予它们相关的属性和操作的过程。以系统的观点看，对象中还可以包含对象，被包含在一个对象中的对象称为子对象，而可以包含子对象的对象则称为容器对象。Access 数据库中的所有基本对象都是容器对象。

显然，为了开发一个 Access 数据库应用系统，首先应该发现并定义系统中存在的所有实体对象，在必要的情况下，还需要对这些实体对象进行规范化处理，这个过程就是前面所介绍的数据库设计过程。然后应该分析系统运行所需要的那些过程实体并进行定义，直至它们确实能够对相应的事件做出正确的操作，这个过程就是前面所介绍的系统功能设计过程。

值得注意的是，传统的面向过程设计方法是围绕系统功能进行的，而面向对象设计方法则是围绕对象进行的。也就是说，面向对象设计是将系统功能封装到对象之中，作为对象的操作予以实现的。

1.4.2 类的概念

实际上，有很多对象都是相似的，即很多对象具有相同的属性和相同类别的操作。类的概念就建立在这样的基础上，我们把具有相同属性和相同类别操作的对象统称为一个类。一个应用系统中的对象都是某一个类的实例。

根据类的定义：类是一组具有相同数据结构和相同类型操作的对象的集合，可以说，类是对象的抽象，而对象是类的具体实例。例如，在人类社会中，"首都"可以是一个类，而北京是中国的首都，巴黎是法国的首都，伦敦是英国的首都等。这些城市都是"首都"这个类的具体实例，它们都具有一些相同的属性：大城市、中央政府所在地等；它们还有一些相同类型的操作：政治中心、经济中心、文化中心和军事指挥中心等。尽管这些城市同属于"首都"这一个类，但它们的相同属性却具有不同的值：它们分别是不同国家的首都，它们影响政治、发展经济、传播文化以及指挥军事的方式不同。这就使这些城市中的每一个都是一个不同于其他同类的具体对象。

在关系数据库应用系统中，一个数据表可以看成是一个对象。因为所有的数据表对象均具有二维表格的特点（这表明数据表对象的属性相同），且都是用于存储数据的对象（这表明数据表对象的基本操作相同），所以可以将数据表归结为一个类。如果数据库应用系统的开发工具提供可能需要的所有对象的类，那么在进行数据库应用系统开发时，就只需利用这些类创建一个又一个合乎应用需求的对象实例，从而可以极大地提高数据库应用系统开发的工作效率。

当今，凡是支持面向对象设计的应用系统开发平台，都提供一系列的类。这就使在这样的开发平台上进行应用系统开发的过程，成为利用开发平台提供的类创建符合应用要求的对象的过程。

Access 就是一个支持面向对象设计的数据库应用系统开发平台，它所提供的类主要包括数据表对象类、查询对象类、窗体对象类、报表对象类、页对象类、宏对象类和模块对象类等。一个 Access 数据库应用系统的开发，也就是要根据系统分析的结果，创建相应的 Access 数据表对象实例、窗体对象实例、报表对象实例、页对象实例、宏对象实例和模块对象实例。由于 Access 提供了丰富的类和很友好的创建各种对象的可视化操作界面，从而使在 Access 开发平台上进行数据库应用系统开发可以获得很高的开发效率。

1.4.3 属性的概念

属性是对象固有的特征。比如人是一个类，这个类中的所有对象一般均具有这些属性：姓名、性别、身高、体重等。当这些属性具有某一属性值时，则产生了一个对象实例，如（张三，男，1.75m，70kg）即可以标识一个特定的人。显然，属性只是型，而属性值才是实。即只有给定所有的属性值，才能真正标识一个唯一的对象。

在关系数据库应用系统中，不同类型的对象具有不同的属性集。例如，Access 数据库中的一个数据表对象总是具有这样的属性：数据表名以及一系列的字段。给定一个数据表名，并定义其中的一系列字段，则构造成了一个数据表对象。例如表 1-1 所示的数据表对象就不同于表 1-6 所示的数据表对象，尽管它们拥有相同的属性（数据表名和一系列的字段），但是这些属性的取值不同。所以，它们是两个不同的数据表对象实例。

属于同一个类的对象是不允许任意两个对象实例的所有属性值都相同的,也就是说,属于同一类的两个对象至少有一个属性的取值不同,这个属性称为这一类对象的关键属性,也称为关键字。如果属于同一个类的两个不同对象具有更多的相异属性值,则这两对象将具有不同的形式和表现。例如,两个 Access 窗体对象的 BackColor 属性值不同,则这两个窗体对象在运行时的背景颜色就会不同。显然,在设计某一个对象时,将有相当一部分工作是在根据应用需求而设定这个对象的各个属性值。

根据类的概念可知,属于不同类的对象将具有不同的属性集。比如在 Access 数据库中,报表对象就具有几乎完全不同于数据表对象的属性集。这就是说,在进行关系数据库应用系统设计时,应该根据应用系统对各项应用的要求,合适地选择属于某一个类型的对象并为其设定所需要的属性值。

1.4.4 事件与方法的概念

既然客观世界是由对象组成的,那么客观世界中的所有行动都是由对象发出,且能够为某些对象感受到。我们把这样的行动称为事件。

在关系数据库应用系统中,事件分为内部事件和外部事件。系统中对象的数据操作和功能调用命令等都是内部事件,而鼠标的移动、单击和键盘的敲击等都是外部事件。并非所有的事件都能被每一个对象感受到,例如,鼠标在某一位置上单击,该事件则只能被安置在这一位置上的对象感受到。

当某一个对象感受到一个特定事件发生时,这个对象应该可以做出某种响应。例如,将鼠标指向一个运行窗体上标记为"退出"的按钮对象处并单击,则这个窗体会被关闭。这是因为这个标记为"退出"的按钮对象感受到了这个事件,并以执行关闭窗体的操作来响应这个事件。因此,把方法定义为一个对象响应某一事件的一个操作序列。

显然,为了完成一个数据库应用系统的开发工作,在根据需要创建了应用对象并设定了对象的各个属性之后,还必须为相关对象设计其响应某些事件的方法。一个方法也就是一个操作序列,即程序。而这样一种程序设计的过程,就称为面向对象的程序设计。

1.5 数据库应用系统开发实例——图书馆管理信息系统(LIBMIS)

图书馆管理信息系统是一个比较典型的数据库应用系统实例,其基本功能就是实现读者信息与图书信息的存储与检索、图书的借阅与归还处理,以及图书借阅数据统计分析与读者超期归还图书的事务处理等。

本节以一个简化了的图书馆管理信息系统为实例,简要介绍数据库应用系统开发的各个步骤,形成设计方案。后续各章将基于这个设计方案,逐步介绍 Access 数据库应用系统设计技术的主要内容。期望读者在学习过程中,通过实践书中实例,最终完成这个简化了的图书馆管理信息系统。

1.5.1 系统需求分析

图书馆管理信息系统针对简化了的高校图书馆日常管理事务而设计。该图书馆藏书数十万册,需要服务的读者万余人,分为 6 种类型。各种类型的读者权限不同,主要差异在于可以同时借阅的图书数量不同，允许借阅的时间期限不同。

这里设计的图书馆管理信息系统需要完成读者信息管理、馆藏图书信息管理、借阅图书信息管理、归还图书信息管理、图书借阅频率数据统计以及图书借阅超期数据处理等功能。

1. 业务与数据流程分析

在图书馆管理信息系统中，图书馆管理人员需要完成的工作如下。

（1）读者数据录入

该图书馆读者主要包括 6 种类型，分为教工读者、博士研究生读者、硕士研究生读者、本科生读者、专科生读者和进修生读者。其中多数为学生读者，流动性较大。因此，图书馆管理人员必须定期录入新的读者信息，删除那些已经离开学校的读者。将这一项工作称为"读者数据录入"。

（2）图书数据录入

学校每年均计划有图书资料购置费，用于图书资料采购。新购入的图书需要编目，然后上架外借。此时，必须将新购图书编目数据，包括"图书编号"、"书名"、"作者"、"出版社"、"出版日期"、"定价"、"馆藏数量"和"内容简介"等数据录入到数据库中存储，如此方能允许读者借阅这些图书。将这一工作职责称为"图书编目数据录入"。

（3）图书借阅数据录入

图书借阅是图书馆的一项日常工作。读者在书架上找到自己需要借阅的图书，就会来到图书馆管理员的工作台前。图书馆管理员登记读者编号，确定其有权借阅之后，登记图书编号等相关借阅数据，完成图书借阅操作。将这一工作称为"图书借阅数据录入"。

（4）图书归还数据录入

图书归还也是图书馆的一项日常工作。读者携带自己准备归还的图书来到图书馆管理员的工作台前，图书馆管理员登记读者编号，选定准备归还的图书，记录归还日期，收回图书，即完成了图书归还操作。将这一工作职责称为"图书归还数据录入"。

（5）图书借阅数据分析

每年的新书采购如何确定采购数目？这是各个图书馆能否满足读者需求的关键之一。方法可以有很多，适当分析图书借阅频率，采购那些借阅频率相对较高的图书类别应该是一种必备的措施。因此，图书馆需要能够分析指定时间段内的图书借阅频度，即统计某一段日期内的图书借阅次数，按照借阅次数由高到低的顺序列出清单，作为采购图书种类的参考依据。将这一统计图书借阅次数的工作职责称为"图书借阅数据分析"。

（6）超期归还数据处理

常常会有这样的情况出现，读者借阅图书后长期不归还。图书馆需要定期或不定期地向超过借阅期限的读者发送催还书通知单。为此，需要图书馆管理员检索出这些读者，针对他们打印催还书通知单。将这一职责称为"超期归还数据处理"。

归纳以上所述业务数据流程，可以将其以图 1-3 所示的"图书馆管理信息系统（LIBMIS）"业务数据流程图予以描述。

2. 功能分析

实际上，在进行业务数据流程分析过程中，已经明确了数据库应用系统所需的各项功能组成。在功能分析阶段，需要进一步确定各项功能之间的相互调用及其从属关系。

如图 1-4 所示为"图书馆管理信息系统（LIBMIS）"功能结构图。

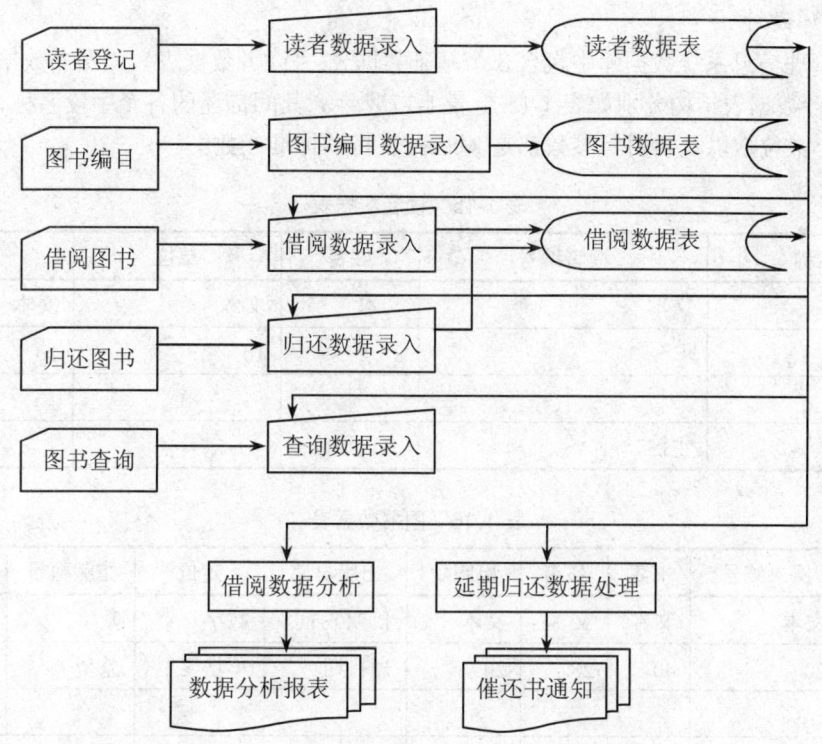

图 1-3 "图书馆管理信息系统（LIBMIS）"业务数据流程图

"图书馆管理信息系统（LIBMIS）"功能结构图

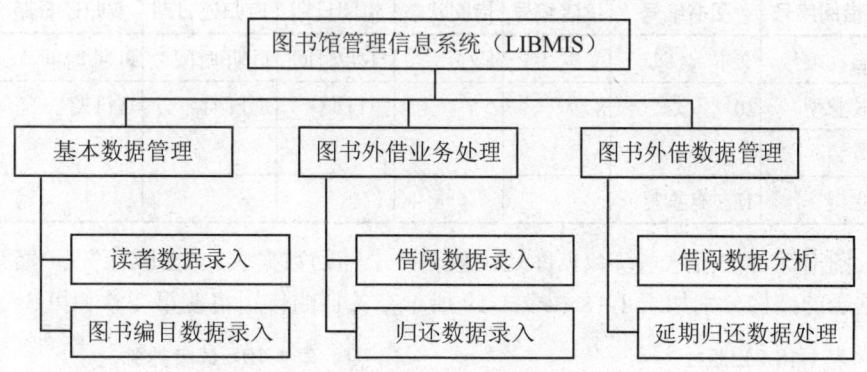

图 1-4 "图书馆管理信息系统（LIBMIS）"功能结构图

"图书馆管理信息系统（LIBMIS）"功能结构图表示该系统由 6 个功能模块分为三项业务类别组成，各项功能分别如图 1-4 中的文字所述。请读者对照图 1-3 所描述的系统数据业务流程，逐一明确每一项功能在系统数据流程中的位置，它们各自在系统中针对数据操作所起的作用，以及它们之间的相互关系。

1.5.2 系统设计

依据上述系统需求分析，可按照下面介绍的设计步骤进行图书馆管理信息系统的设计。

1. 数据库设计

图书馆管理信息系统数据库中包含3个基础数据表："读者数据表"、"图书数据表"和"借阅数据表"。各数据表结构分别如表1-15至表1-17所示，其间描述的各个字段名称、数据类型、字段宽度、小数位数以及索引等参数都是Access支持的标准参数。

表1-15 读者数据表

字段名称	读者编号	姓名	单位	类别
数据类型	文本	文本	文本	文本
字段宽度	8	8	10	10
小数位数				
索引	主键			

表1-16 图书数据表

字段名称	图书编号	书名	作者	出版社	出版日期	定价	馆藏数量	内容简介
数据类型	文本	文本	文本	文本	日期/时间	数字	数字	文本
字段大小	20	40	28	20	短日期	单精度型	整型	255
小数位数						2	0	
索引	主键							

表1-17 借阅数据表

字段名称	借阅序号	图书编号	读者编号	借阅状态	借阅日期	应归还日期	实归还日期	处罚记录
数据类型	自动编号	文本	文本	是/否	日期/时间	日期/时间	日期/时间	文本
字段大小	长整型	20	8		短日期	短日期	短日期	255
小数位数								
索引	主键						有（有重复）	

此外，图书馆管理信息系统数据库还须包含两个辅助数据表："出版社"和"读者类型"。这两个数据表的结构分别如表1-18和表1-19所示，各自的作用将在第2章和第3章中介绍。

表1-18 出版社

字段名称	出版社
数据类型	文本
字段大小	20
小数位数	
索引	主键

表1-19 读者类别

字段名称	读者类别	册数限制	借阅期限
数据类型	文本	数字	数字
字段大小	10	整型	整型
小数位数		0	0
索引	主键		

2. 功能设计

图书馆管理信息系统具有6个功能模块。

(1)"读者数据录入"模块

"读者数据录入"模块为图书馆管理员提供录入新的读者数据或者删除那些已经离开学校的读者数据时调用的操作平台。

当需要增加新的读者数据或者需要删除已经属于无效的读者数据时,操作者需要启动该功能模块。因此,"读者数据录入"模块必须提供一个供图书馆管理员使用的、可进行读者数据输入、删除和编辑修改的操作界面。

(2)"图书数据录入"模块

"图书数据录入"模块为图书馆管理员提供录入新的图书数据,或者删除那些已经销毁了的图书数据时调用的操作平台。

当需要增加新的图书数据,或者需要删除不再存在的图书数据时,操作者需要启动该功能模块。因此,"图书数据录入"模块必须提供一个供图书馆管理员使用的,可进行图书编目数据输入、删除和编辑修改的操作界面。

(3)"借阅数据录入"模块

"借阅数据录入"模块为图书馆管理员提供办理图书借阅事务的操作平台。在这个操作过程中,操作者输入读者编号,调阅该读者相关数据。如果该读者拥有借阅权限,操作者输入图书编号,并登记在案。

因此,"借阅数据录入"模块必须提供一个供图书馆管理员输入读者编号数据,显示读者信息,然后接受图书编号输入操作,并允许登记图书借阅数据的操作界面。

(4)"图书归还数据录入"模块

"图书归还数据录入"模块为图书馆管理员提供办理图书归还事务的操作平台。在这个操作过程中,操作者输入读者编号,调阅该读者借阅数据记录。然后,从中选定归还图书,改写借阅图书的借阅状态为归还状态。

因此,"归还数据录入"模块必须提供一个供图书馆管理员输入读者编号数据,显示读者借阅数据,然后接受图书选择,并允许改写图书借阅状态的操作界面。

(5)"借阅数据分析"模块

"借阅数据分析"模块允许图书馆管理员输入起始日期和终止日期,然后统计在这一段时间内的各类图书借阅次数以及各位读者借阅图书的次数,并根据借阅次数由大到小的次序列表显示。统计得到的图书借阅次数可以供图书采购时作为参考,而统计得到的读者借阅次数则可能作为图书馆鼓励读者借阅图书的依据。

因此,"借阅数据分析"模块必须提供一个供图书馆管理员输入起止日期、分别以降序列表显示图书借阅次数数据和读者借阅图书次数数据、允许分别打印"图书借阅数据分析报表"和"读者借阅数据分析报表"的操作界面。

(6)"超期归还数据处理"模块

"超期归还数据处理"模块直接显示截止到当天的、应该归还而尚未归还图书的读者信息,并提供打印对这些读者的催还书通知单。

因此,"超期归还数据处理"模块提供的是一个供图书馆管理员调阅存在超期未归还图书的读者信息,并可以驱动"催还书通知单"标签打印的操作界面。

3. 界面设计

如上所述,图书馆管理信息系统具有的6个功能模块均提供操作界面。在系统设计阶段,应该描述这些界面的样式和工作方式。图 1-5 至图 1-10 分别列出这些操作界面的样式，后续章节中将逐一介绍它们的设计与实现方法。

(1)"读者数据录入"界面设计

图 1-5 "读者数据录入"窗体界面

(2)"图书数据录入"界面设计

图 1-6 "图书数据录入"窗体界面

(3)"借阅数据录入"界面设计

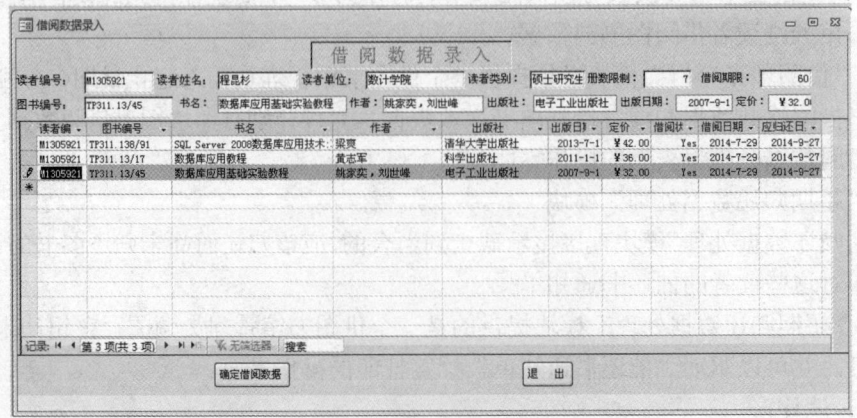

图 1-7 "借阅数据录入"窗体界面

(4) "图书归还数据录入"界面设计

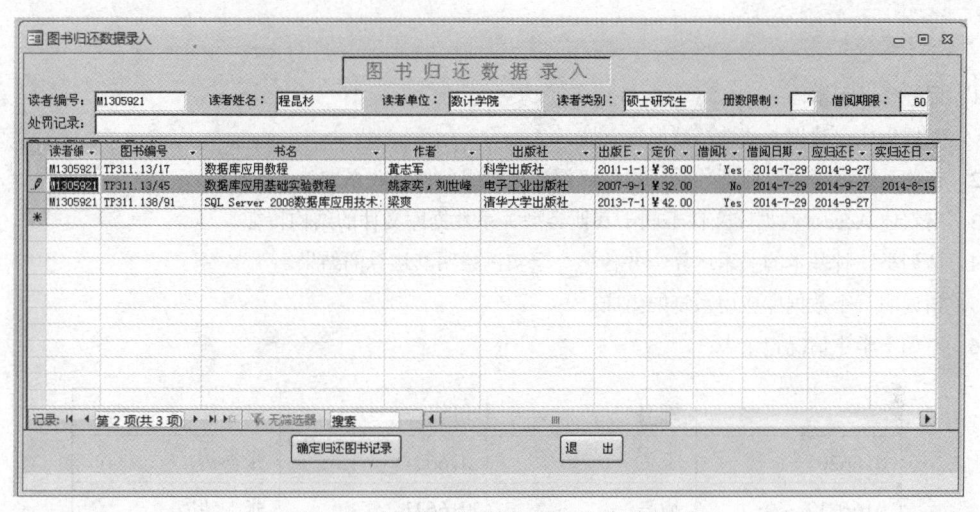

图1-8 "图书归还数据录入"窗体界面

(5) "借阅数据分析"界面设计

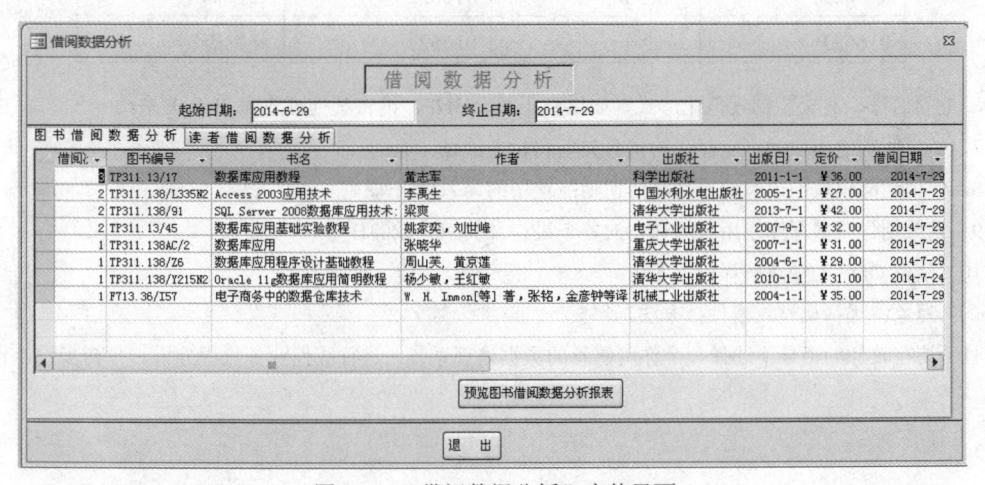

图1-9 "借阅数据分析"窗体界面

(6) "超期归还数据处理"界面设计

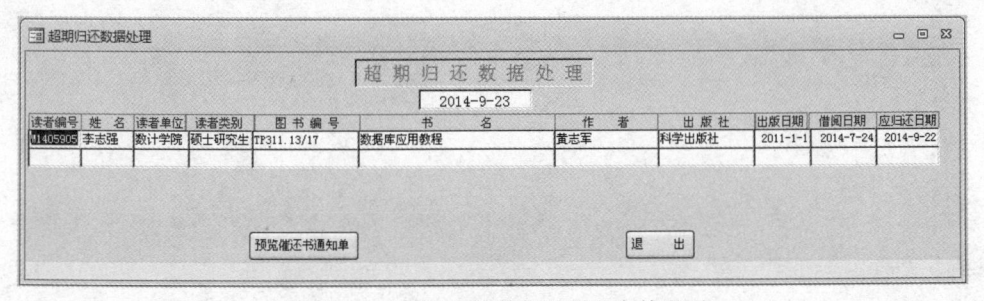

图1-10 "超期归还数据处理"表单界面

习题 1

1. 请解释以下术语：
   数据集成；数据一致性；数据独立性。
2. 在关系数据库中，何谓数据元素？何谓数据元组？何谓关系？
3. 请叙述 Access 数据库文件不同于其他类型关系数据库文件的结构特征。
4. 请列举三种基本的关系运算，并各举一个实例说明其运算的结果。
5. 请说明一个数据库应用系统的组成。
6. 有如下学生情况记录表：

学号	姓名	班级	班主任
0166205	王竞	016621	张振涛
0166212	周亮	016621	张振涛
0166215	张小溪	016621	张振涛
0166231	陈旭东	016622	赵世杰
0166235	江小军	016622	赵世杰

   它符合哪一种类型的规范化形式？如果它不符合 3NF，请将其处理成为 3NF 关系。
7. 请说明功能模块间可能存在的耦合类型和相关的设计原则。
8. 何谓功能模块的内聚性原则？何谓功能模块的扇入/扇出原则？
9. 请分别说明数据库应用系统开发的各个过程及其应完成的任务。
10. 请以 OOP 的观点解释以下术语：
    对象；类；属性；事件；方法。
11. 请在教师的指导下选择一个你所熟悉的数据处理系统，进行数据业务流程分析，并初步设计相关数据表。

第 2 章 数据库管理系统 Access 基础

本章学习目标

- 学习 Access 关系型数据库管理系统的安装要点
- 认识 Access 关系型数据库管理系统的功能构成
- 学习 Access 的进入与退出操作,学习使用 Access 的联机帮助功能
- 学习 Access 数据库基本对象及其相关概念
- 学习 Access 数据库系统的功能参数设置
- 纵观"图书馆管理信息系统(LIBMIS)"的数据库对象构成

美国 Microsoft 公司自推出其办公自动化应用软件 Office 以来,Office 系列产品正在逐步确立自己作为最有影响的应用程序套件的地位。Microsoft Office Access 是 Microsoft 公司把数据库引擎的图形用户界面和软件开发工具结合在一起的一个数据库管理系统。它是 Microsoft Office 的一个成员,分别包含于 Microsoft Office Professional、Professional Academic 和 Professional Plus 三种不同的版本之中,也可以 Microsoft Access 独立版本的形式发布。本书所介绍的 Access 2010 各种功能都是基于 Microsoft Office Professional Plus 2010 版本来介绍的,且只是介绍基本的 Access 数据库应用系统开发工具。

根据 Microsoft 公司的介绍,无论用户是要创建一个个人使用的独立桌面数据库,还是一个部门或整个公司使用的网络数据库,在需要管理和共享数据时,Access 都能为使用数据库提供有力的支持。Access 不仅包括各种传统的数据库管理工具,而且增加了与 Web 的集成,这样可以很方便地在不同的平台和用户级上实现数据共享,另外,它还包括一些附加的对易用性的改进,这样可以提高个人工作效率。相信在你读完本书并身体力行地完成各项实践操作后,也许你会发现上述介绍用语并不过分。

2.1 Access 2010 基础

2.1.1 Access 的特性

Access 是一个基于关系型数据库模型建立的数据库管理系统软件(DBMS)。它帮助用户方便地得到所需信息,并提供强大的数据处理工具。它可以帮助用户组织和共享数据库信息,以便根据数据库信息作出有效的决策。但是,仅有这样一个数据库管理系统软件(DBMS)只能进行一些信息系统所需要的简单数据处理,且对操作者有较高的操作技能要求。因此,数据库应用系统的开发者都是在 Access 数据库管理系统(Access DBMS)环境下编写相应的应用程序,以形成一个能够满足应用需求且尽可能操作简单的应用系统,这被称为二次开发。应该

说，Access 具有良好的支持二次开发特性。

无论是从应用还是开发的角度看，Access DBMS 都具有很多特性。

1. 使信息易于查找和使用

Access 为简便地查找信息提供了易于使用的工具，它可以提供与 Office 软件包中的其他应用程序的一致性和完整性。

2. 支持 Web 功能的信息共享

Access 具备 Web 应用功能，使得 Access 可以通过企业内部网络 Intranet 简便地实现信息共享，而且可以容易地将数据库定位到浏览器中，还可将桌面数据库的功能和网站的功能结合在一起。

3. 用于信息管理的强大解决方案工具

高级用户和开发人员可以创建那些将 Access 界面（客户端）的易用性及 SQL 服务器的可扩展性和可靠性结合在一起的解决方案。

4. 具有完备的数据库窗口

可在 Access 容纳并显示多种数据操作对象，增强了 Access 数据库的易用性并与 Office 软件包中其他应用软件的界面保持一致。

5. 提供名称自动更正功能

Access 可以自动解决当用户重新命名数据库对象时出现的负面效应。例如，当用户重命名表中的字段时，Access 将自动在诸如查询的相关对象中进行相应的更改。

6. 具有子数据表功能

Access 支持子数据表功能，即可以使若干相关联的数据表显示在在同一窗口中，生成一种嵌套式视图，这样就可以在同一窗口中专注于某些特定的数据并对其进行编辑。

7. 可以采用复制粘贴的方式与 Excel 共享信息

用户只需简单地将 Access 对象（表、查询等）从数据库容器复制数据，然后粘贴至 Microsoft Excel 电子表中，即可从 Microsoft Access 中将数据导出到 Microsoft Excel，从而方便了这两个 Office 软件交换数据的操作。

8. 共享组件的集成

Access 利用新的 Office Web 组件和位于浏览器中的 COM 控件，为用户提供了多种查看和分析数据的方式。

9. Microsoft SQL Server 交互性

Microsoft Access 支持 OLE DB，使用户可以将 Access 界面的易用性与 Microsoft SQL Server 的后端企业数据库的可升级性相结合。

2.1.2 Access 的安装与启动

1. Access 的安装

由于 Microsoft Access 属于 Microsoft Office 办公软件包中的一个组件，因此，所谓安装 Microsoft Access，实际上也就是安装 Microsoft Office 办公软件包。在安装 Microsoft Office 办公软件包时，当然应该根据应用上的需要，选择其中的全部或部分功能进行安装。

在一般情况下，可能出于以下两种不同的需求而必须安装 Microsoft Access。

（1）为了运行 Access 数据库应用系统

如果拥有了一份已经开发完成了的 Access 数据库应用系统，安装 Access 只是为了运行这个 Access 数据库应用系统。在这种情况下，只需在 Access 的一系列安装窗口中依次单击"下一步"按钮，直至整个安装过程结束。这就完成了所需要的 Access 安装操作。

（2）为了应用 Access 开发设计数据库应用系统

如果是为了应用 Access 开发设计数据库应用系统，就必须完整地安装 Access 数据库管理系统。我们以 Microsoft Office Professional Plus 2010 版本为例，说明如何在 Windows 7 操作系统环境下完整安装 Microsoft Access 2010。

按照正常的安装操作步骤，安装过程的第三步会出现"Microsoft officee 2010 安装选项"对话框，如图 2-1 所示，这时，必须正确地选择所需的安装功能。

选择安装功能的操作，可以通过单击安装窗口中的 Microsoft Office 2010 各组件图标完成。在每一个图标上单击，都会有一个下拉式菜单，包括从"从本机运行"、"从本机运行全部程序"、"首次使用时安装"和"不可用"四个菜单选项。如何在这个下拉式菜单中进行选择，将直接影响安装后各项功能的使用。

由于本书所介绍的内容并不是局限于 Access 的一般性应用，而主要是介绍 Access 的开发性应用，也就是说，需要 Microsoft Access 的全部功能，因此应该在 Microsoft Access 图标上单击，并在其下拉菜单中选择"从本机运行全部程序"菜单选项，如图 2-1 所示。

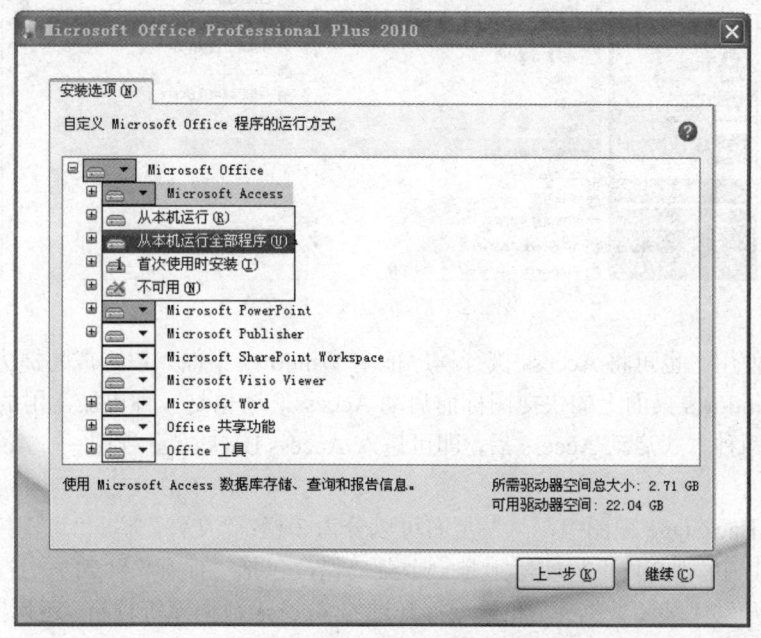

图 2-1 Access 2010 安装功能选择

注意，如果此处未能正确地选择"从本机运行全部程序"选项，则在使用 Access 进行应用开发时，会不断地得到 Access 的提示，要求安装相关功能。更有甚者连 Access 的帮助功能都不具备，使用起来将会非常不方便。

2. Access 的启动

如同 Microsoft 公司的其他各种类型软件一样，Microsoft Office Professional Plus 2010 的安装程序也会自动修改 Windows 操作系统的注册表和"开始"菜单。因此在 Microsoft Office Professional Plus 2010 安装完成以后，即可在 Windows 操作系统的"开始"菜单中自动生成一个程序组 Microsoft Office，该程序组位于"开始"→"所有程序"中。

启动 Access 的方法是，顺序单击"开始"→"所有程序"→Microsoft Office→Microsoft Access 2010，如图 2-2 所示。

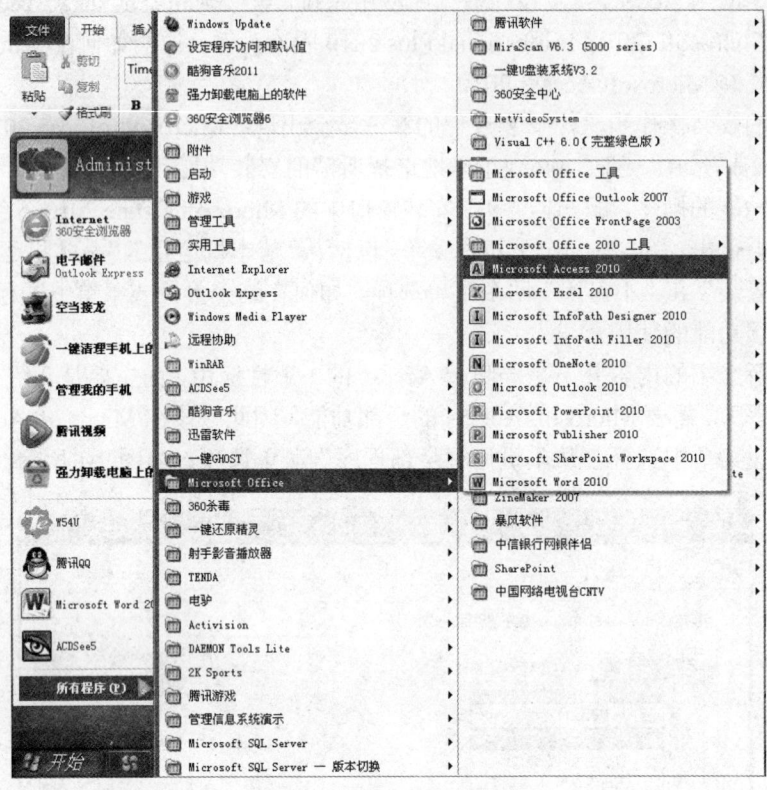

图 2-2 启动 Access 的菜单

为了方便使用，也可将 Access 执行程序拖至 Windows 桌面，以形成快捷方式。如此，即可双击位于 Windows 桌面上的快捷图标而启动 Access，这也是一种更加常用的方式。

采用上述两种方式启动 Access 后，即可进入 Access Backstage 视图——Access 后台视图，如图 2-3 所示。

在 Access Backstage 视图中，从左至右可以分为 3 栏："文件"栏、"可用模板"栏和"空数据库"栏。其中，"文件"栏实际上是一个菜单栏，包括"保存"、"对象另存为"、"数据库另存为"、"打开"、"关闭数据库"和最近打开过的 Access 数据库等项目，还包括"信息"、"最近所用文件"、"新建"、"打印"、"保存并发布"、"帮助"以及"选项"、"退出"等菜单项。当单击"文件"栏中的"新建"菜单项时，Access Backstage 视图中右侧两栏的显示方如图 2-3 所示。

显然，我们可以在 Access Backstage 视图中的"可用模板"栏内选中一个所需要的数据库模板，然后在"空数据库"栏内设定数据库文件存放的文件夹及其文件名，最后在"空数据库"栏内单击"创建"按钮，进入一个空数据库的设计视图。

当然，我们也可以在 Access Backstage 视图中的"文件"栏内单击一个最近打开过的 Access 数据库文件，从而进入这个数据库的设计视图。

图 2-3 Access Backstage 视图

例如,在如图 2-3 所示的 Access Backstage 视图中显示着一个名为 LIBMIS 的 Access 数据库对象,单击即可打开这个"图书馆管理信息系统"数据库,看到这个数据库的设计窗口,如图 2-4 所示。

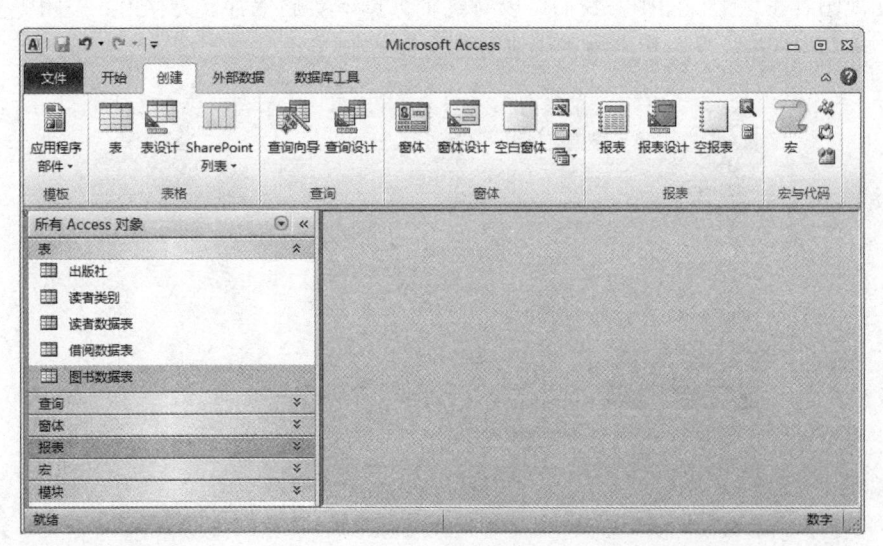

图 2-4 Access 数据库设计窗口

如果需要新建一个 Access 数据库,请参阅本章 2.5 节。

2.1.3 Access 的功能区

在 Access Backstage 视图中打开一个 Access 数据库,所出现的窗口称为 Access 数据库设计视图。在后续章节中我们会看到,Access 数据库设计视图是最主要的 Access 设计窗口之一,所有Access对象的设计与运行都是以视图的形式在这个窗口中出现，参见图2-4。

Access数据库设计视图的窗口由以下3个区域组成：

（1）功能区——是一个包含多组命令且横跨窗口顶部的带状选项卡区域，每一个选项卡区域中均包含相应的命令按钮，我们可以单击某一个选项卡中的某一个命令按钮来执行一个特定的操作。

（2）导航窗格——是一个位于窗口左侧的窗格，其中显示着当前数据库中包含的所有二级对象，包括表对象、查询对象、窗体对象、报表对象、宏对象和模块对象，我们可以在导航窗格中选定需要的Access对象，使其在位于窗口中部的工作区内打开。

（3）工作区——是一个位于窗口中部的工作区域，所有需要对之实施操作的Access对象都应该在这个区域中打开，我们可以在导航窗格中选定一个Access对象使其在工作区内打开，即可对其实施相应的操作。

Access数据库设计视图的功能区集中了Access的全部功能命令按钮，在Access中所需进行的各种操作均可通过功能区中的功能按钮选项得以实现。所有的功能命令按钮均被分布在各个选项卡区域内，在不同的操作视图中，功能区中的选项卡会不同。

实际上，功能区中的6个选项卡是基本选项卡，在不同视图中都基本相同，它们是"文件"选项卡、"开始"选项卡、"创建"选项卡、"外部数据"选项卡和"数据库工具"选项卡。

1．"文件"选项卡

在一个Access数据库设计视图中，如果单击功能区中的"文件"选项卡，其数据库设计视图窗口形式如图2-5所示。可见，这就是一个已经打开一个名为"LIBMIS"的数据库的Access Backstage视图。在这个视图中，我们可以对这个数据库实施保存、另存为、关闭等基本操作，还可以实施"压缩并修复"和"用密码进行加密"等操作。

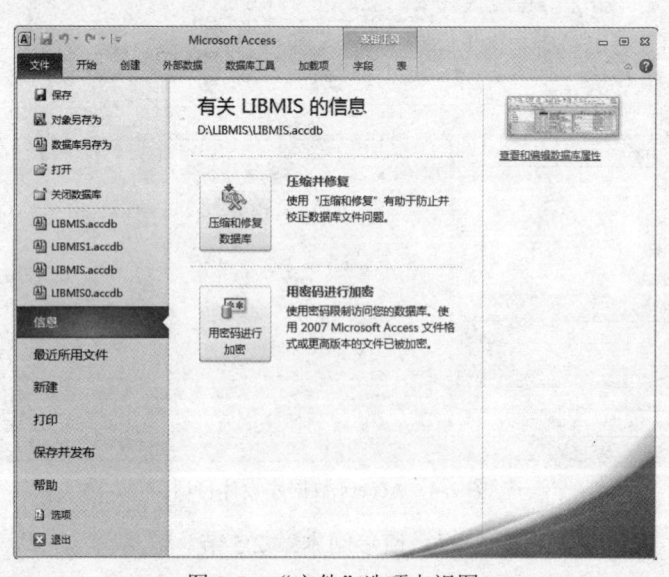

图2-5 "文件"选项卡视图

2．"开始"选项卡

在Access数据库设计视图中，单击功能区中的"开始"选项卡，其选项卡区域内的命令按钮布局如图2-6所示。

图 2-6　"开始"选项卡命令按钮

"开始"选项卡中的命令按钮可以分为 8 个命令组项：

"视图"组项仅包含一个命令按钮"视图"，是一个下拉菜单式按钮，我们可以在这个下拉式菜单按钮中选定操作对象的特定视图。

"剪贴板"组项包含 4 个命令按钮，分别是"粘贴"按钮、"剪切"按钮、"复制"按钮和"格式刷"按钮。其中，"粘贴"按钮是一个下拉菜单式按钮，我们可以在这个下拉式菜单按钮中选择特定的粘贴方式。

"排序和筛选"组项包含 7 个命令按钮，分别是"筛选器"按钮、"升序"按钮、"降序"按钮、"取消排序"按钮、"选择"按钮、"高级"按钮和"切换筛选"按钮。其中，"选择"按钮和"高级"按钮分别是两个下拉菜单式按钮，我们可以利用它们实施不同的选择和排序规则。

"记录"组项包含 7 个命令按钮，分别是"全部刷新"按钮、"新建"按钮、"保存"按钮、"删除"按钮、"合计"按钮、"拼写检查"按钮和"其他"按钮。其中，"全部刷新"按钮、"删除"按钮和"其他"按钮分别是下拉菜单式按钮，我们可以利用它们实施不同的数据记录操作方式。

"查找"组项包含 4 个命令按钮，分别是"查找"按钮、"替换"按钮、"转至"按钮和"选择"按钮。其中，"转至"按钮和"选择"按钮是两个下拉菜单式按钮，我们可以利用它们实现特定的查找功能。

"窗口"组项包含 2 个命令按钮，分别是"调整至窗体大小"按钮和"切换窗口"按钮。其中，"切换窗口"按钮是一个下拉菜单式按钮，我们可以利用它实现切换到不同窗口的功能。

"文本格式"组项包含一系列用于设置文本格式的命令按钮和用于设定文字字型/字号的下拉式文本框，我们可以利用它们实现当前操作对象的文本格式设置功能。

"中文简繁转换"组项包含 3 个命令按钮，分别是"繁转简"按钮、"简转繁"按钮和"简繁转换"按钮。我们可以利用它们实现当前操作对象的文字简繁转换功能。

3．"创建"选项卡

在 Access 数据库设计视图中，单击功能区中的"创建"选项卡，其选项卡区域内的命令按钮布局如图 2-7 所示。

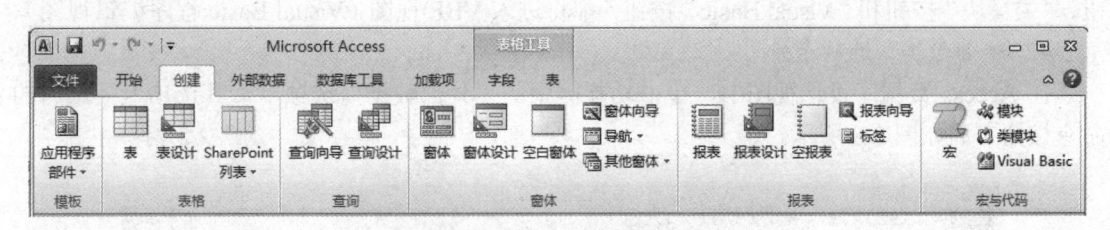

图 2-7　"创建"选项卡命令按钮

"创建"选项卡中的命令按钮可以分为 6 个命令组项：

"模板"组项仅包含一个命令按钮"应用程序部件"，是一个下拉菜单式按钮，我们可以在这个下拉式菜单按钮中选定创建窗体对象时采用的特定模板。

"表格"组项包含 3 个命令按钮,都具有创建一个 Access 表对象的功能。它们分别是"表"按钮、"表设计"按钮和"SharePoint 列表"按钮。单击"表"按钮,将进入数据表视图作为创建表对象的窗口。单击"表设计"按钮,将进入数据表设计视图作为创建表对象的窗口,这是我们最常用的方式。"SharePoint 列表"按钮是一个下拉菜单式按钮,我们可以在这个下拉式菜单按钮中选择特定的 SharePoint 列表。

"查询"组项包含 2 个命令按钮,都具有创建一个 Access 查询对象的功能。它们分别是"查询向导"按钮和"查询设计"按钮。单击"查询向导"按钮,将进入"新建查询"向导对话框,我们可以从中选择对应的查询向导来帮助我们创建查询。单击"查询设计"按钮,将进入查询设计视图作为创建查询对象的窗口,这是我们最常用的方式。

"窗体"组项包含 6 个命令按钮,都具有创建一个 Access 窗体对象的功能。它们分别是"窗体"按钮、"窗体设计"按钮、"空白窗体"按钮、"窗体向导"按钮、"导航"按钮和"其他窗体"按钮。单击"窗体"按钮,将进入窗体对象的"布局视图"作为创建窗体对象的窗口。单击"窗体设计"按钮,将进入窗体对象的"设计视图"作为创建窗体对象的窗口。单击"空白窗体"按钮,也将进入窗体对象的"布局视图"作为创建窗体对象的窗口,但是为一个空白窗体。单击"窗体向导"按钮,将进入窗体对象的"窗体向导"对话框,使得我们可以在向导的帮助下逐步完成窗体的创建工作。"导航"按钮是一个下拉菜单式按钮,我们可以在这个下拉式菜单按钮中设定新创建窗体的格式模板。"其他窗体"按钮也是一个下拉菜单式按钮,我们可以在这个下拉式菜单按钮中设定新创建窗体的类型:"多个项目"类型、"数据表"类型、"分割窗体"类型、"模块对话框"类型、"数据透视图"类型或者"数据透视表"类型。

"报表"组项包含 5 个命令按钮,前 4 个具有创建 Access 报表对象的功能,第 5 个用于创建 Access 标签对象。它们分别是"报表"按钮、"报表设计"按钮、"空报表"按钮、"报表向导"按钮和"标签"按钮。单击"报表"按钮,将以当前数据表作为数据源,进入报表布局视图。单击"报表设计"按钮,将进入报表设计视图,这是我们最常用的方式。单击"空报表"按钮,将进入为设定数据源的报表布局视图。单击"报表向导"按钮,将进入报表向导的第一个对话框,使得我们可以在其指引下逐步完成报表对象的创建操作。"单击"标签"按钮,将进入标签向导的第一个对话框,使得我们可以在其指引下逐步完成标签对象的创建操作。

"宏与代码"组项包含 4 个命令按钮,均为针对 Access 宏对象和 Access 模块对象的功能按钮。它们分别是"宏"按钮、"模块"按钮、"类模块"按钮和"Visual Basic"按钮。单击"宏"按钮,即可进入 Access 宏对象设计视图,这将是我们最常用的方式。单击"模块"按钮、"类模块"按钮和"Visual Basic"按钮,都将进入 VBE 视图(Visual Basic 程序编辑视图)。

4. "外部数据"选项卡

在 Access 数据库设计视图中,单击功能区中的"外部数据"选项卡,其选项卡区域内的命令按钮布局如图 2-8 所示。

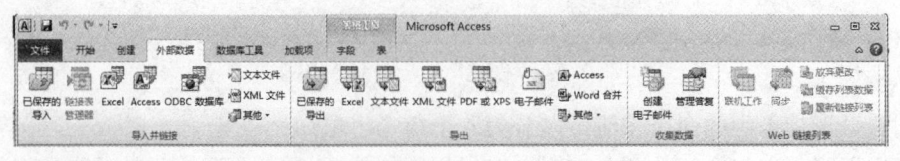

图 2-8 "外部数据"选项卡命令按钮

"外部数据"选项卡中的命令按钮可以分为 4 个命令组项:

"导入并链接"组项包含 8 个命令按钮,都用于提供导入数据或者链接外部数据的功能。它们分别提供从已保存的数据中获取数据,从 Excel 表中获取数据,从另外一个 Access 数据库中获取数据,从 OBDC 数据库中获取数据,从文本文件中获取数据,从 XML 文件中获取数据,以及从其他诸如 SharePoint 列表、HTML 文档、dBASE 文件等处获取数据等功能。

"导出"组项包含 9 个命令按钮,都用于提供导出数据的功能。它们分别提供将已保存的数据中导出到 Excel 表中、文本文件中、XML 文件中、PDF 文档中、电子邮件中、另外一个 Access 数据库中等功能,还可以用于将指定数据与指定的一份 Word 文档合并,或者提供将指定数据导出到其他诸如 Word 文档、SharePoint 列表、OBDC 数据库、HTML 文档、dBASE 文件中的功能。

"收集数据"组项包含 2 个命令按钮,包括"创建电子邮件"按钮和"管理答复"按钮,主要提供整合数据形成相关数据应用的功能。

"Web 链接列表"组项包含 5 个命令按钮,主要提供网络数据链接与共享的相关功能。

5. "数据库工具"选项卡

在 Access 数据库设计视图中,单击功能区中的"数据库工具"选项卡,其选项卡区域内的命令按钮布局如图 2-9 所示。

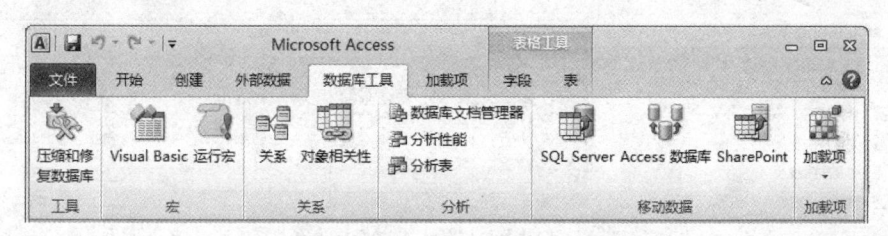

图 2-9 "数据库工具"选项卡命令按钮

"数据库工具"选项卡中的命令按钮可以分为 6 个命令组项:

"工具"组项仅有 1 个命令按钮"压缩和修复数据库",就是用于针对当前数据库的压缩和修复操作。

"宏"组项包含 2 个命令按钮:Visual Basic 按钮和"运行宏"按钮。单击 Visual Basic 按钮将进入 VBE 视图(Visual Basic 程序编辑视图)。单击"运行宏"按钮将弹出"执行宏"对话框,以便操作者输入期望执行的宏对象名称。

"关系"组项包含 2 个命令按钮:"关系"按钮和"对象相关性"按钮,单击"关系"按钮将进入 Access 关系设计视图。单击"对象相关性"按钮可生成当前数据库中所有对象的相关性数据,但是这项功能必须在设置了"跟踪名称自动更正信息"选项后方才有,而在默认状态下是没有设置这一选项的。

"移动数据"组项包含 3 个命令按钮:SQL Server 按钮、"Access 数据库"按钮和 SharePoint 按钮,用于将当前数据库中的数据分别与上述三个数据库交换数据。

"加载项"组项仅有 1 下拉式命令按钮"加载项"按钮,用于调用 Access 数据库加载项管理器。

在 Access 功能区中,除了这 5 个基本选项卡之外,当操作者选定不同的 Access 对象进行操作时,还将会出现其他的功能区选项卡。我们将在后续章节结合各自的应用场合予以说明其用途。

6. Access 功能区的折叠与展开

在 Access 功能区的最右侧处有一个 Access 功能区折叠与展开按钮，可用于展开或者折叠 Access 功能区。当 Access 功能区呈展开状态时，单击这个按钮可以折叠 Access 功能区；当 Access 功能区呈折叠状态时，这个按钮的箭头是向下的，单击这个按钮可以展开 Access 功能区。请尝试一下，以后便于使用。

2.1.4 Access 的导航窗格和工作区

1. Access 导航窗格

在 Access 数据库设计视图中，位于左部的即为 Access 导航窗格，导航窗格中显示着当前数据库中的对象。如图 2-10 所示。导航窗格顶端是一个下拉式选项菜单，可以从中设定导航窗格中的浏览类别和按组筛选方式。

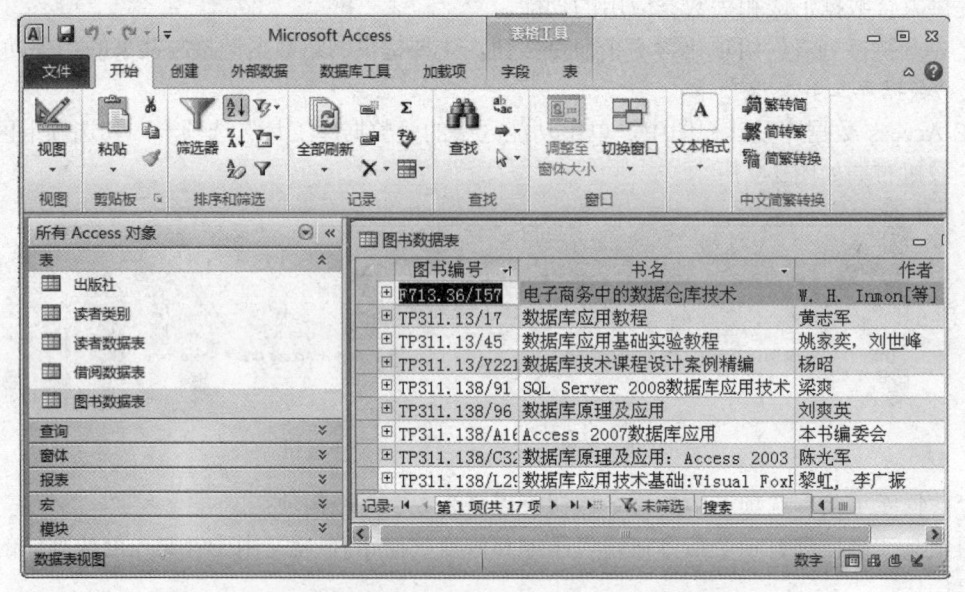

图 2-10　Access 数据库设计视图中的导航窗格和数据表视图工作区

设定浏览类别将设定导航窗格中显示对象的排列方式。在设定浏览类别时，可供选择的方式包括"自定义"、"对象类型"、"表和相关视图"、"创建日期"和"修改日期"5 项，分别表示要求按照自定义方式排列、按照对象类型排列等。图 2-10 所示排列方式即为设定按照对象类型排列的情形。

设定按组筛选将设定导航窗格中显示哪些对象。在设定按组筛选时，可供选择的内容包括"表"、"查询"、"窗体"、"报表"、"宏"、"模块"和"所有 Access 对象"7 项，可以组合方式多选。图 2-10 所示按组筛选方式即为设定所有 Access 对象的情形。

在设定了按组筛选以后，每一组对象显示的顶部均有一个分组折叠条，标识着该分组对象的名称，单击这个分组折叠条可以折叠或展开该分组。例如，在图 2-10 所示状态下，当前数据库中的所有表对象均显示在导航窗格内，如果这时单击表分组折叠条，将导致表分组折叠起来，不显示表对象，而仅有表分组折叠条显示。同样，也可以单击查询分组折叠条，展开查询分组，显示当前数据库中的所有查询对象。

对于任一个显示在导航窗格内的对象，双击这个对象的名称，使这个对象显示在 Access 数据库设计视图工作区中。如此，我们即可对其实施所需要的操作。换句话说，凡是需要操作的 Access 对象，都应该在 Access 数据库设计视图工作区中进行。

2. Access 数据库设计视图工作区

工作区位于 Access 数据库设计视图中部，是针对 Access 对象实时操作的区域。不同 Access 对象的操作方式均不一样，我们将在后续章节中逐一介绍。

2.2　Access 2010 基本对象

面向对象是当今计算机技术应用发展的主导。程序员通过面向对象程序设计来实现所需要的各项功能，操作员通过面向对象的操作来获取所需的操作结果。因此，理解并掌握对象的概念是学习当今计算机技术的基础。

在客观世界中，可以将任何一个事物看成一个对象。或者说，客观世界是由千千万万个对象组成的。一个数据库应用系统总是包含着若干个数据库，因此，一个数据库即为应用系统中的一个对象。

任一个对象都具有一系列的属性，设定一个对象实际上也就是设定该对象的各个属性值。不同的对象具有不同的属性。例如，一个 Access 数据库对象具有名字属性、所有者属性、创建日期属性等。对于数据库对象而言，有一个非常重要的属性叫成员属性，设定其成员属性值，即设定了该数据库对象是由哪些对象所组成的。能够包含其他对象的对象，被称为容器对象。Access 数据库对象是 Access 中的一级容器对象，其中可以包含 Access 数据表对象、查询对象、窗体对象、报表对象和宏对象、VBA 模块对象。Access 数据表对象、查询对象、窗体对象和报表对象都是数据库容器对象中的二级容器对象，其间可以包含其他的一些对象，而这些对象往往被称之为控件。

所谓面向对象的程序设计，指的是在程序设计过程中逐个地创建对象，并全面地描述所有对象的各项属性，使所有用来构成系统的对象都具有系统所需要的属性值。这些属性值包括数据的存储方式、数据的表现形式、各个对象之间的关系以及各个对象中所包含数据的操作规程。

Access 实质上就是一个面向对象的可视化数据库管理工具，它提供了一个完整的对象类集合。我们在 Access 环境中的所有操作与编程都是面向这些对象进行的。Access 的对象是数据库管理的核心，是其面向对象设计的集中体现。用一套对象来反映数据库的构成，极大地简化了数据库管理的逻辑图像。通过面向对象的相关运算，就可以操作一个数据库的所有部分。因此，学习 Access 首先需学习 Access 的对象，以及这些对象的属性设置与操作方法。本节先介绍 Access 各基本对象的概貌及其相关概念，使大家对 Access 的基本对象有一个初步的认识。在以后的各章节里，将详细说明各个 Access 对象的属性与操作方法。

2.2.1　Access 2010 数据库对象

数据库对象是 Access 2010 的基本容器对象（Container），它是一些关于某个特定主题或目的的信息集合，以一个单一的数据库文件（*.accdb）形式存储在磁盘中，具有管理本数据库中所有信息的功能。在这个文件中，用户可以将自己的数据分别保存在各自独立的存储空间中，这些空间称作数据表，可以使用联机窗体来查看、添加及更新数据表中的数据，可以使用查询来查找并检索所要的数据，也可以使用报表以特定的版面布置来分析及打印数据，还可以创建 Web 页来实现与 Web 的数据交换，允许用户从 Internet 或 Intranet 上查看、更新或分析数据库的数据。总之，创建一个数据库对象是使用 Access 建立信息系统的第一步工作。

2.2.2 Access 2010 数据表对象

数据表对象是 Access 中置于数据库容器中的一个二级容器对象，用于存储有关特定实体的数据集合。特定实体的数据集合可以这样理解：如在"图书馆管理信息系统"中，图书的馆藏数据集合就可以设置成为"图书数据表"这样一个特定实体的数据集合，而图书的借阅数据集合则可以设置成为"借阅数据表"这样一个特定实体的数据集合等。

对每个实体分别创建各自的数据表对象，意味着每种数据只需存储一次，这将提高数据库的效率，减少数据操作错误。数据表对象以行、列格式组织数据，表中一行称为一条记录，一列称为一个字段。可见，创建数据表对象是用 Access 建立数据库应用系统工作的第二步。

2.2.3 Access 2010 查询对象

查询对象也是 Access 中置于数据库容器中的一个二级容器对象，利用查询可以通过不同的方法来查看、更改和分析数据，也可以将查询作为窗体和报表的数据源。最常见的查询对象类型是选择查询。选择查询将按照指定的准则，从一个或多个数据表对象中获取数据，并按照所需的排列次序显示。可见，查询对象的功能是提供数据库操作人员与数据表中数据的交互界面。

查询对象的运行形式与数据表对象的运行形式几乎完全相同，但它只是数据表对象包含数据的某种抽取与显示，本身并不包含任何数据。切记，查询对象必须基于数据表对象建立。

2.2.4 Access 2010 窗体对象

窗体对象也是 Access 中置于数据库容器中的一个二级容器对象，其间包含的对象称为窗体控件，主要用于提供数据库的操作界面。窗体对象的构成包括五个节，分别是：窗体页眉节、页面页眉节、主体节、页面页脚节及窗体页脚节（关于窗体的设计与应用将在第 5 章中再作详细的讲解）。一般情况下，只是使用其中的部分窗体节。大部分窗体使用主体节、页面页眉节和页面页脚节即可满足一般性应用需求。

窗体的功能较多，大致可以分为以下三类：

（1）提示型窗体

显示一些文字及图片等信息，没有实际性数据，也基本没有什么功能，主要用于数据库应用系统的主界面。

（2）控制型窗体

设置相应菜单和一些命令按钮，用以完成各种控制功能。

（3）数据型窗体

用于实现用户对数据库中相关数据的操作界面，是数据库应用系统中使用最多的窗体类型。

总之，窗体对象应该是认真学习、重点掌握的最主要的 Access 对象之一。

2.2.5 Access 2010 报表对象

报表是以打印的格式表现用户数据的一种有效方式。Access 以数据库容器中的二级容器对象形式提供报表对象，使得用户可以控制报表上每个对象（也称为报表控件）的大小和外观，并可以按照所需的方式选择所需显示的信息以便查看或打印输出。报表中大多数信息来自基础的表、查询或 SQL 语句（它们是报表数据的来源）。报表中的其他信息存储在报表的设计中。作为数据库应用系统的设计者，应该为最终用户设计完善的报表对象实例，使其能够通过系统的功能选择得到所需报表。

2.2.6 Access 2010 宏对象

Access 的宏对象是 Access 数据库对象中的一个基本对象。宏的意思是指一个或多个操作的集合，其中每个操作实现特定的功能，例如打开某个窗体或打印某个报表。宏可以使某些普通的、需要多个指令连续执行的任务通过一条指令自动完成，而这条指令就称为宏。例如，可设置某个宏，在用户单击某个命令按钮时运行该宏，以打印某个报表。

宏可以是包含一个操作序列的一个宏，也可以是若干个宏的集合所组成的宏组，一个宏或宏组的执行与否还可以使用一个条件表达式进行控制，即可通过给定的条件来决定在哪些情况下运行宏。

2.2.7 Access 2010 模块对象

Access 的模块对象是 Access 数据库对象中的一个基本对象，模块是将 Visual Basic for Applications（VBA）的声明和过程作为一个单元进行保存的集合，也就是程序的集合。设置模块对象的过程也就是使用 VBA 编写程序的过程。尽管 Access 是面向对象的数据库管理系统，但其在针对对象进行的程序设计过程中，结构化程序设计的模块化方法得到了完整的继承，即模块中的每一个过程都应该是一个函数（Function）过程或者是一个子程序（Sub）过程。

在 Access 中，VBA 模块有两个基本类型：类模块和标准模块。

但有一点在这里应该提醒读者，尽管 Microsoft 在其推出 Access 产品之初就将该产品定位为不用编程的数据库管理系统，而实际上，只要你企图在 Access 的基础上进行二次开发来实现一个数据库应用系统，用 VBA 编写适当的程序就一定是必不可少的。换句话说，若需开发一个 Access 数据库应用系统，其间必然包括模块对象。

2.3 Access 2010 帮助系统

Access 2010 帮助系统的主要入口在 Access Backstage 视图中，单击 Access Backstage 视图文件栏内的帮助按钮，即可进入 Access 2010 帮助系统。如图 2-11 所示。

在 Access 2010 帮助系统主入口界面上提供有一系列链接项，使得我们可以寻求到各类帮助信息。其中，最主要的应该算是 Microsoft Office 帮助项目了。

单击"Microsoft Office 帮助"链接，即可进入"Access 帮助"窗格，如图 2-12 所示。

图 2-11　Access 2010 帮助系统主入口界面

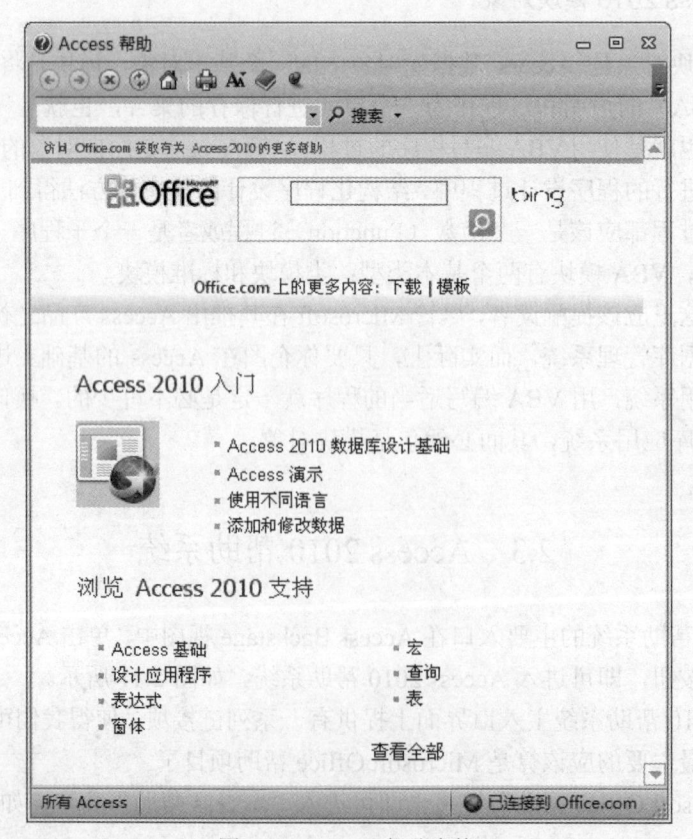

图 2-12　Access 帮助窗格

还有一种方式进入如图 2-12 所示的 Access 帮助窗格,即在 Access 窗口的右上角单击"帮助"按钮 。实际上,我们使用更多的是通过单击这个"帮助"按钮 进入 Access 帮助窗格。

熟练掌握 Access 2010 帮助系统的使用,对学习或应用 Access 进行数据库应用系统开发是非常有益的。可以将 Access 帮助系统提供的帮助形式分为三类:"搜索"帮助、"目录"帮助和"上下文"帮助。

2.3.1 "搜索"帮助

在 Access 帮助窗格上部,有一个搜索文本框。在这个搜索文本框内输入搜索关键词,然后单击"搜索"文本框右侧的"搜索"按钮 ,即可得到关于搜索关键词的帮助信息文本。

例如,可以在 Access 帮助窗格上部的"搜索"文本框中输入关键字"窗体",然后单击"搜索"文本框右侧的"搜索"按钮 ,即可获得如图 2-13 所示的搜索结果。

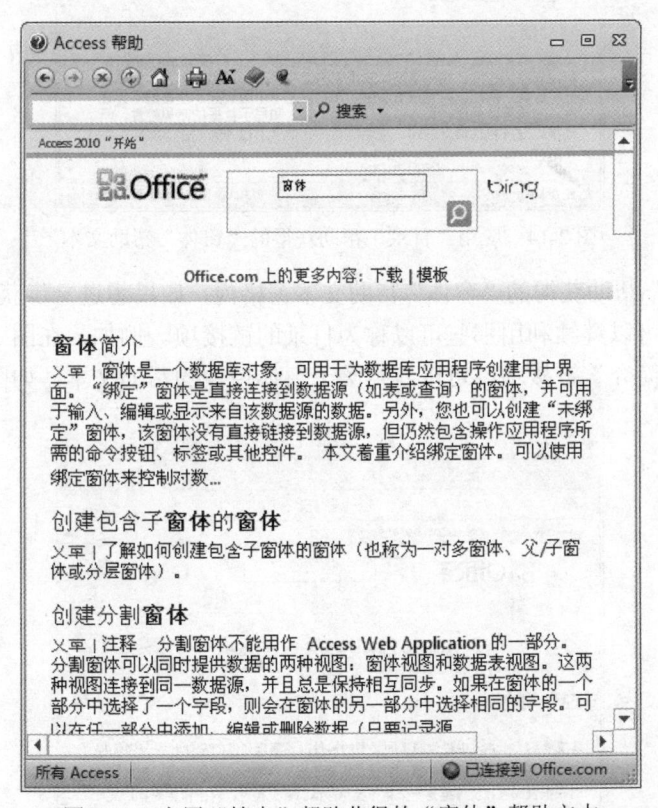

图 2-13 应用"搜索"帮助获得的"窗体"帮助文本

2.3.2 "目录"帮助

在 Access 帮助窗格中,存在若干链接项。这些链接项即构成 Access 帮助的目录。我们可以根据需要单击其中的一个链接项,即可进入一段相应的帮助文本窗格。而在这些帮助文本窗格中,又会有一些链接项,可以使用它们继续获取进一步的帮助文本。

例如,为了获得关于窗体的帮助文本,即可以首先在 Access 帮助窗格中单击"窗体"链接项,得到帮助文本,如图 2-14 所示。

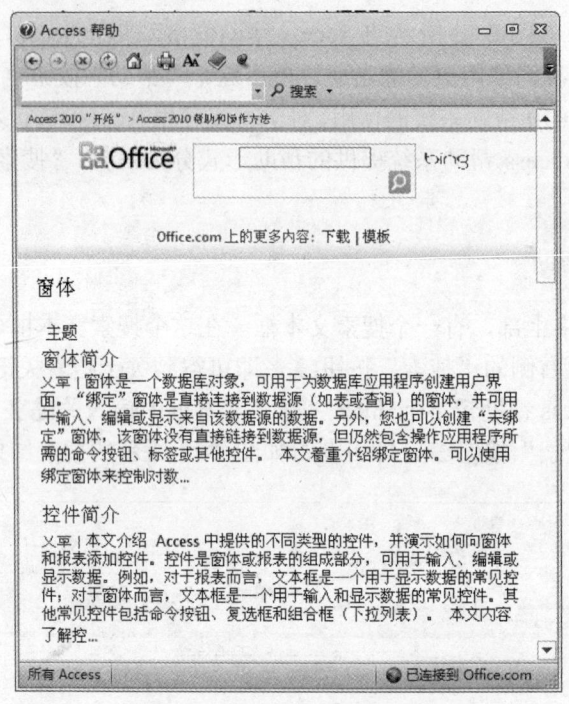

图 2-14 应用"目录"帮助获得的"窗体"帮助文本

在应用"目录"帮助获得的"窗体"帮助文本窗格内，如果想进一步获取关于窗体控件的相关帮助文本，还可以继续利用那些可以称为目录的链接项。例如，在图 2-14 所示的帮助文本中，单击"控件简介"链接项，可以获得关于窗体控件的帮助文本，如图 2-15 所示。

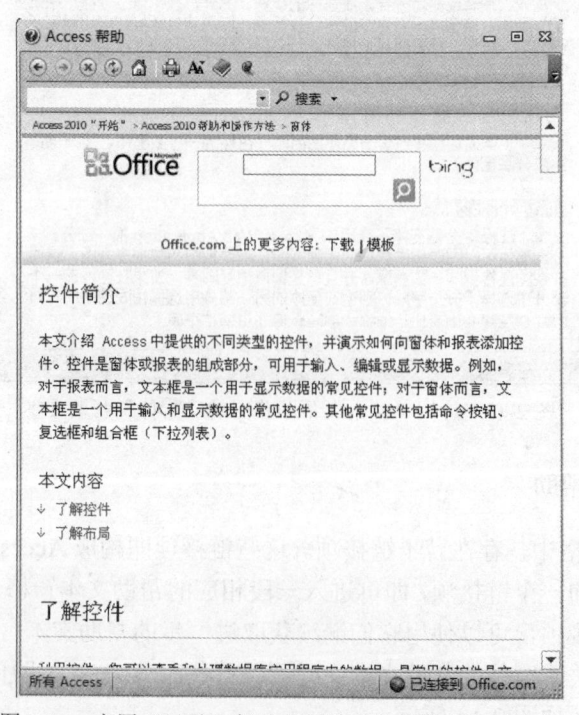

图 2-15 应用"目录"帮助获得的"控件简介"帮助文本

2.3.3 "上下文"帮助

事实上，Access 的帮助几乎是无处不在的。在各个 Access 对象的设计视图中，都会有简短的帮助信息伴随其左右。例如，我们可以进入"图书数据表"对象设计视图，并令光标停留在"图书编号"字段名称处。此时，窗口的右下部就会出现一段帮助文本，是关于数据表对象中字段名称的命名规则说明，这就是"上下文"帮助，如图 2-16 所示。

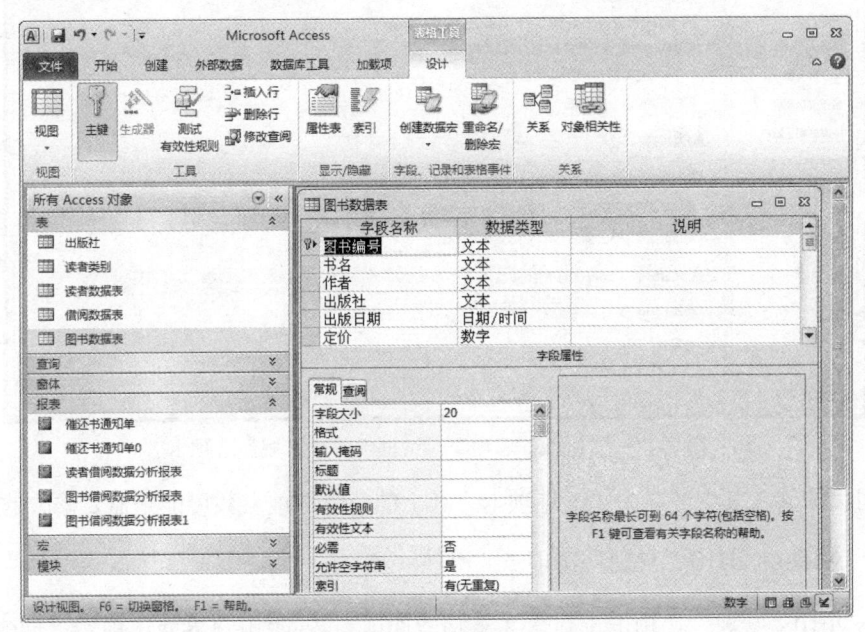

图 2-16　Access"上下文"帮助示例

2.4　Access 2010 功能选项

　　Access 的结构属性（如数据表视图的格式、文字与数据的字体、各类对象的显示模式、数据库文件夹的默认存储位置、数据库打开模式以及年份的位数等），共计 107 个参数，均由 Access 的功能选项默认值确定。同时，Access 提供一个操作界面，使用户可以修改 Access 的功能选项默认值，以获取自己所期望的 Access 结构特征。Access 使用 Windows 注册表为每一个 Access 用户存储所有的默认属性值，这就使每一个 Access 用户可以为自己定制喜爱的 Access 结构特征。

　　如果需要修改 Access 的功能选项值，可以在 Access Backstage 视图中单击"选项"链接项，即调用"Access 选项"对话框，如图 2-17 所示。在"Access 选项"对话框中，我们可以查看或者修改 Access 的功能选项值，以获取自己所期望的 Access 运行特征。

　　"Access 选项"对话框左侧排列着 11 个链接，单击任一个链接均会进入一个 Access 功能选项卡，它们分别是："常规"、"当前数据库"、"数据表"、"对象设计器"、"校对"、"语言"、"客户端设置"、"自定义功能区"、"快速访问工具栏"、"加载项"和"信任中心"。每一个选项卡上都显示着一些相关的功能选项值，多数都允许我们予以修改。在安装 Access 的时候，

Access 即设定了所有这些功能选项的值,称之为 Access 默认功能选项值。绝大多数 Access 默认功能选项值都是不用修改的,它们常常是设置合理的。

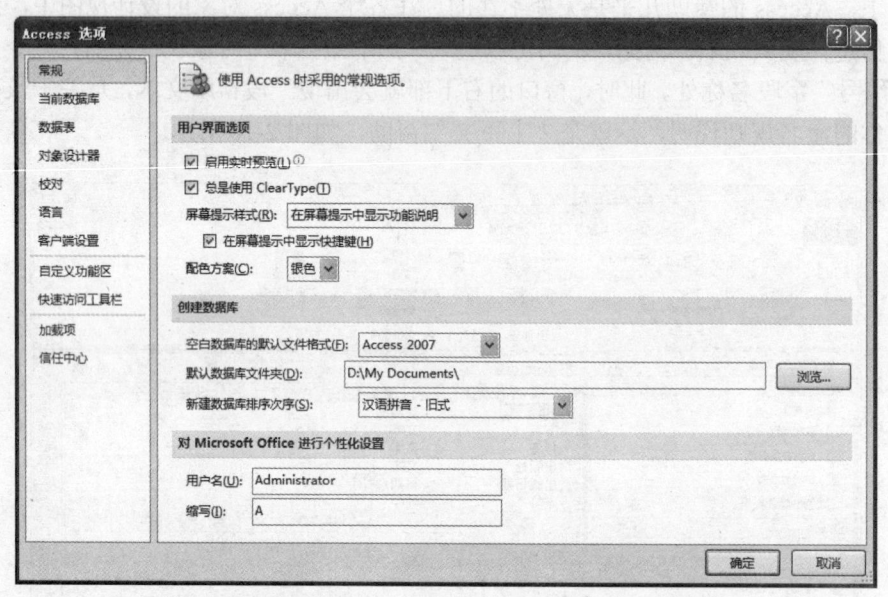

图 2-17 "Access 选项"对话框中的"常规"选项卡

我们可以来看看其中的 3 个功能选项卡,其上的功能选项参数可能是需要修改的。

2.4.1 Access 2010 "常规"选项卡

Access 2010 "常规"选项卡上包含 3 组功能选项参数:"用户界面选项"、"创建数据库"和"对 Microsoft Office 进行个性化设置",总共包括 10 个选项值,都是可以根据我们自己的需要重新设置的,如图 2-17 所示。

我们可以试着修改一些功能选项参数,来观察这些功能选项参数的取值意义。例如,我们可以将"配色方案"由原设定值"银色"修改"蓝色",所引起的改变将是使得视图基本色改变为蓝色。显然,我们可以根据自己的喜好来设置这个配色方案值。

值得注意的是,功能选项"空白数据库的默认格式"的默认参数值为"Access 2007",而且没有"Access 2010"选项值。这是因为这两个版本的 Access 数据库文件格式是相同的。在这个选项设置中,我们可以设置 Access 数据库文件格式为 Access 2007 以下版本的格式。

在 Access 2010 "常规"选项卡上,建议修改功能选项参数"默认数据库文件夹",将其设置为我们自己创建的一个文件夹。如此,可以保证每次保存新创建的 Access 数据库文件时,都可以将 Access 数据库文件自动保存到这个文件夹中。本书的实例就是保存在"D:\LIBMIS"文件夹中的,因此,本书会将"默认数据库文件夹"功能选项参数值设置为"D:\LIBMIS"。

2.4.2 Access 2010 "数据表"选项卡

Access 2010 "数据表"选项卡上包含 2 组功能选项参数:"网格线和单元格效果"和"默认字体",总共包括 10 个选项值,主要用于定义 Access 数据表对象显示时的外观形式,都是可以根据我们自己的需要重新设置的,如图 2-18 所示。

第 2 章 数据库管理系统 Access 基础

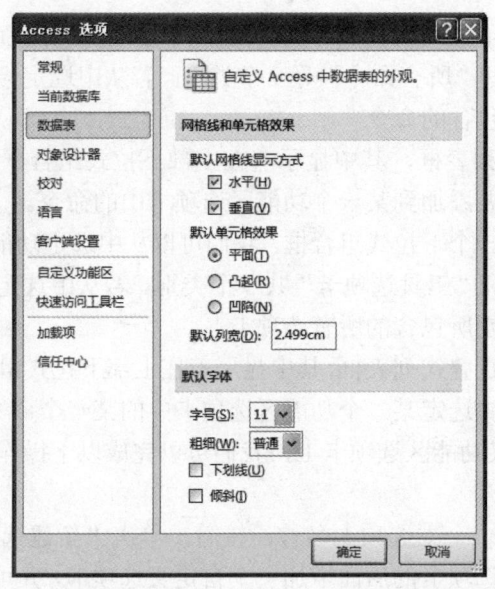

图 2-18 "Access 选项"对话框中的"数据表"选项卡

2.4.3 Access 2010 自定义功能区选项卡

我们在 2.1.3 节介绍了 Access 功能区中的 6 个基本选项卡上的命令按钮功能。显然，熟练地使用这些命令按钮将能够帮助我们有效地对 Access 对象实施操作。

功能区中这些选项卡上的命令按钮是否可以调整或者增减呢？答案是肯定的，可以在 Access 2010 自定义功能区选项卡上进行。

Access 2010 自定义功能区选项卡分为左右 2 个主要部分和若干功能按钮，如图 2-19 所示。

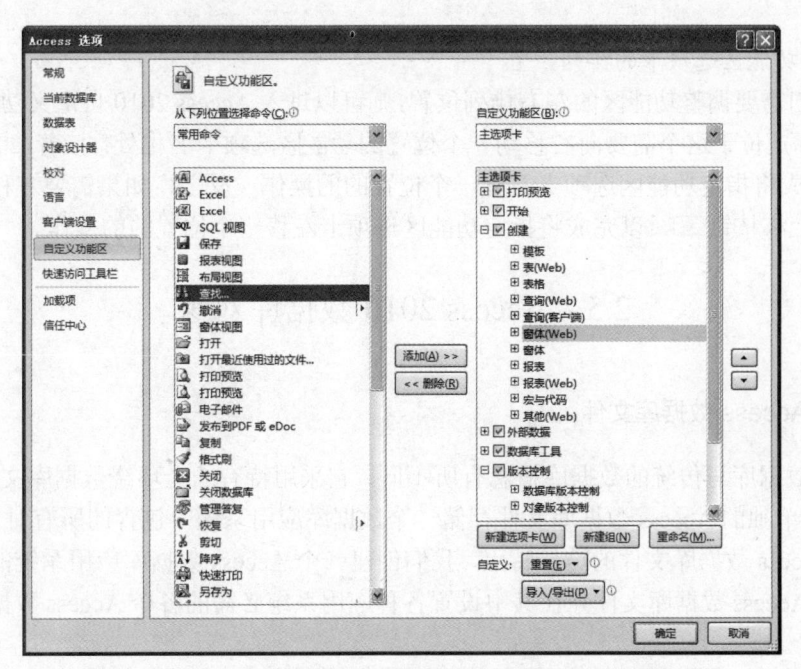

图 2-19 "Access 选项"对话框中的"自定义功能区"选项卡

左侧部分上部是一个下拉式组合框,我们可以从中选定功能区命令类别,包括"常用命令"、"不在功能区中的命令"和"所有命令"等 9 个类别。若从中选定一个命令类别,下部的列表框中就会显示这个类别所包含的命令。

左侧部分下部是一个列表框,其中显示着在上部下拉式组合框中选定命令类别的所有命令。我们可以从中选定需要添加到某一个功能区选项卡中的命令。

右左侧部分上部也是一个下拉式组合框,我们可以从中选定功能区选项卡类别,包括"所有选项卡"、"主选项卡"和"工具选项卡"共 3 个类别。若从中选定一个选项卡类别,下部的列表框中就会显示这个类别所包含的所有选项卡。

右侧部分下部是一个折叠式列表框,其中显示着在上部下拉式组合框中选定选项卡类别的所有选项卡。我们可以从中选定某一个功能区选项卡中的某一个命令。

在 Access 2010 自定义功能区选项卡上,我们可以完成以下操作:

1. 新建选项卡

首先,将光标定位于一个主选项卡名称;接着,单击"新建选项卡"按钮 [新建选项卡(W)]。即可在功能区中这个定位主选项卡的后面增加一个自定义选项卡,并可以为其命名。在这个新建的功能区选项卡上会存在一个命令分组,但是其中没有任何命令。

2. 在自定义选项卡上添加命令

首先,将光标定位于新建的选项卡上那个新建的命令分组名称处;接着,选定准备添加的命令;然后,单击"添加"按钮 [添加(A) >>];即可完成在一个自定义功能区选项卡上的指定命令分组内添加命令的操作。

3. 在功能区选项卡上删除命令

首先,将光标定位于一个功能区选项卡上的那个准备删除的命令或者命令组名称处;接着,单击"删除"按钮 [<< 删除(R)];即可完成在一个功能区选项卡上删除指定命令或者命令分组的操作。

4. 调整功能区选项卡的排列位置

如果我们需要调整功能区的左右排列位置,则可以进入 Access 2010 自定义功能区选项卡。首先,将光标定位于这个需要向右移动一个位置的功能区选项卡名称处;接着,单击下移按钮 [▽],即可完成将指定功能区选项卡右移一个位置的的操作。反之,如果需要要左移一个位置,则应该单击上移按钮 [△],以完成将指定功能区选项卡左移一个位置的的操作。

2.5 Access 2010 数据库对象

2.5.1 Access 数据库文件

Access 数据库与传统的数据库概念有所不同,它采用特有的全环绕数据库文件(accdb 文件),以一个单独的 Access 数据库文件存储一个数据库应用系统中包含的所有对象。

基于 Access 数据库文件的这一特点,我们创建一个 Access 数据库应用系统的过程几乎就是创建一个 Access 数据库文件并在其中设置各种应用系统必需的各个 Access 数据库子对象的过程。

因此,开发一个 Access 数据库应用系统的第一步工作是创建一个 Access 数据库对象,其操作结果就是在磁盘上生成一个扩展名为.accdb 的文件。第二步工作则是在 Access 数据库中创建相应的数据表，并建立各数据表间的连接关系。然后，再逐步创建其他必需的 Access 对象，最终即可形成完备的 Access 数据库应用系统。而整个数据库应用系统仅以一份磁盘文件的形式存储在文件系统中，显得极其简洁。这也是很多小型数据库应用系统开发者偏爱 Access 的原因之一。

实际上，对 Access 数据库管理系统来说，一个数据库对象是一个一级容器对象，其他 Access 对象均置于该容器对象之中，称为 Access 数据库子对象。因此，一个 Access 数据库对象是其他所有 Access 对象的基础，即其他的 Access 对象必须建立在一个数据库对象之中。由此，我们可以将 Access 数据库文件理解为一个工程项目文件，它记录着整个数据库应用系统的所有属性与特征。

2.5.2　创建 Access 数据库

一般来说，我们可以通过两种不同的操作方法来创建一个 Access 数据库对象。

1. 创建空 Access 数据库

启动 Access 后，在图 2-3 所示的 Access Backstage 视图中，我们需要三个步骤的操作：

（1）选定"空数据库"图标，参见图 2-3。

（2）设定新建数据库文件的文件存储路径及其文件名。这需要单击 Access Backstage 视图右下部的"浏览到某个位置来存放数据库"按钮 ，即可打开"文件新建数据库"对话框，如图 2-20 所示。在"文件新建数据库"对话框中，首先应该正确选择保存位置，它指定的是新建数据库文件所在的磁盘和文件夹，图 2-20 所示为"D:\LIBMIS"。接着在"文件名"列表框中输入一个合适的数据库文件名，图 2-20 所示为"LIBMIS1"。然后在"保存类型"列表框中选择"Microsoft Access 2007 数据库（*.accdb）"，一般情况下，这就是默认类型，可以不加修改。

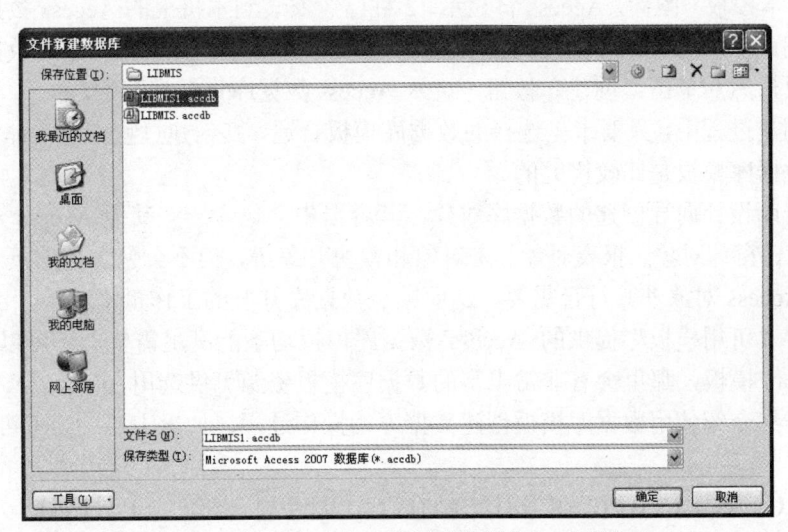

图 2-20　Access "文件新建数据库"对话框

（3）在完成了上述两项操作之后，单击 Access "文件新建数据库"对话框上的"确定"按钮 ，即返回 Access Backstage 视图，参见图 2-3。这时，需要单击 Access Backstage

视图右下部的"创建"按钮,即可进入空 Access 数据库的设计视图窗口。在这个窗口中显示的是上面指定名称的数据库容器对象,如图 2-21 所示。

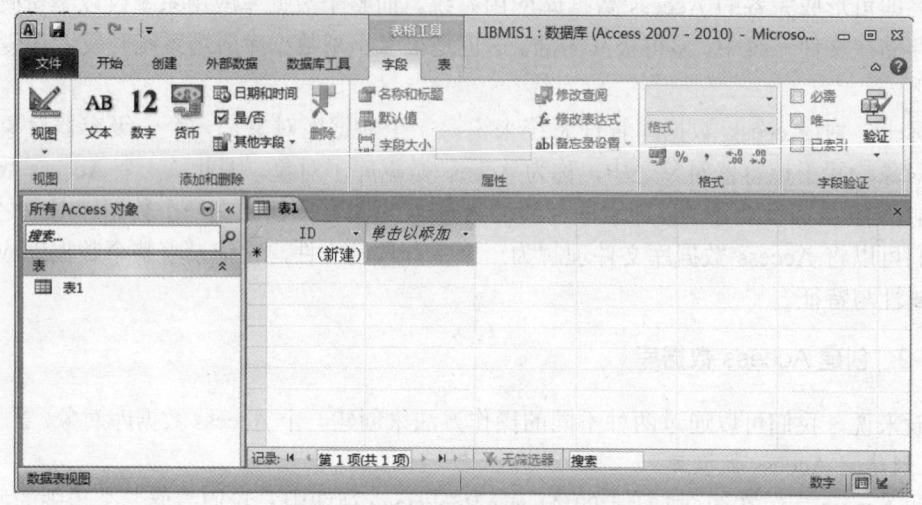

图 2-21　空 Access 数据库设计视图

注意,此时这个新创建的数据库容器对象中尚无任何其他数据库对象存在,是一个空的数据库容器。接下来需进行的工作就是在该数据库容器中创建所需的其他对象。

2. 利用 Access 模板创建 Access 数据库

启动 Access 后,在图 2-3 所示的 Access Backstage 视图中,我们还可以选定一个"可用模板"来快速创建 Access 数据库。实际上,"空数据库"本身就是一种 Access 数据库模板,除此之外,还有"空白 Web 数据库"、"最近打开的模板"、"样本模板"和"我的模板"等几个选项。

单击"样本模板"图标,Access 将显示 12 种已经安装到本机上的 Access 数据库模板供我们选择。我们可以从 Access 提供的这些数据库模板中选择一个与即将创建的数据库形式相近的数据库模板,然后单击"创建"按钮,进入 Access 数据库设计视图中。

在这个创建过程中,只要事先选择的数据库模板合适,其创建过程将显得非常快捷,因此选择合适的数据库模板是比较讲究的。

利用数据库设计向导创建的数据库对象,其容器中会包含一些其他 Access 对象,如表对象、查询对象、窗体对象、报表对象、宏对象和模块对象等,但不会包含数据页对象。可以通过修改这些 Access 对象使其符合需要,从而减少数据库开发的工作量。

如果觉得"可用模板"提供的 Access 数据库模板均不能满足需要,还可以通过 Internet 调用 Office.com 模板,那里会有非常丰富的数据库模板资源可供选用。

本书不详细介绍使用数据库模板创建数据库的操作过程,如果需要,读者可以自己尝试。

2.6　基于 Access 的图书馆管理信息系统(LIBMIS)

在 1.5 节,我们完成了"图书馆管理信息系统(LIBMIS)"的分析与设计过程,接着就要开始进入这个小型数据库应用系统的实现过程了。

本书将以这个小型数据库应用系统作为实例贯穿始终，逐步介绍应用 Access 数据库管理系统实现这个小型数据库应用系统的全过程。

为此，我们先来了解一下 LIBMIS 包含的所有 Access 对象，以便对于后续逐层次的学习有一个全面的认识。

LIBMIS 的对象组成主要包括：一个数据库对象、五个数据表对象、六个查询对象、七个窗体对象和三个报表对象，以及一些辅助性的子窗体对象和宏对象。

2.6.1 数据库对象

LIBMIS 数据库对象是存储于磁盘上的一个数据库文件，其文件名为 LIBMIS.accdb。

2.6.2 数据库中的数据表对象集合

图 2-22 所列为 LIBMIS 数据库中的数据表对象集合。其中 5 个是图书馆管理信息系统必备的数据表对象，它们分别是"读者数据表"、"借阅数据表"、"图书数据表"、"读者类别"数据表和"出版社"数据表，另外一些是本书后面将要用到的一些数据表对象。

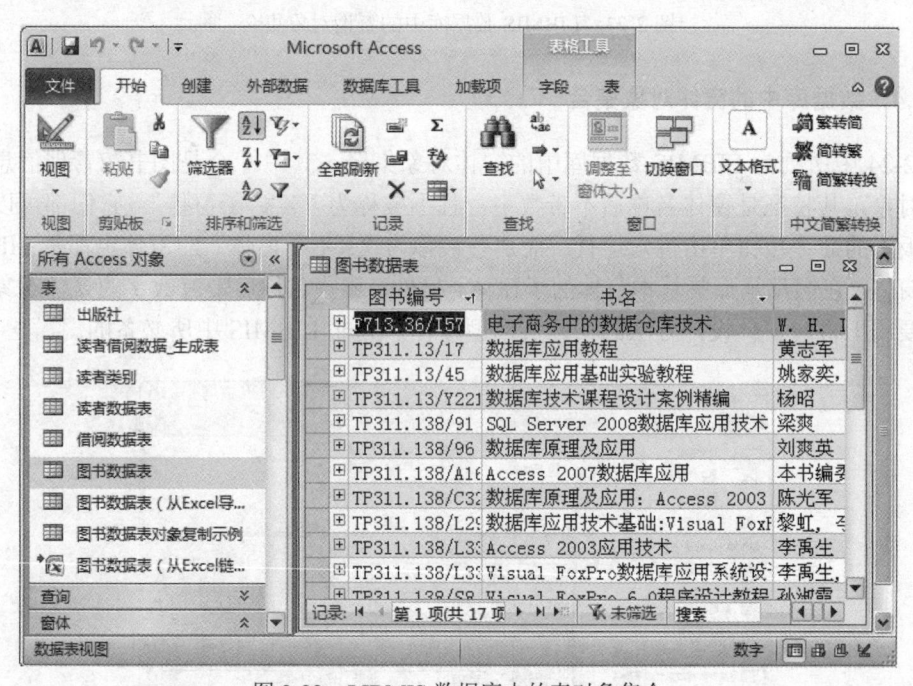

图 2-22　LIBMIS 数据库中的表对象集合

2.6.3 数据库中的查询对象集合

图 2-23 中所列为 LIBMIS 数据库中的查询对象集合。其中 6 个选择查询是图书馆管理信息系统必备的查询对象，这些查询多数都依赖于对应的窗体。这 6 个选择查询分别是"读者基本数据查询"、"读者借阅数据查询"、"图书归还数据查询"、"读者借阅数据分析查询"、"图书借阅数据分析查询"和"超期归还数据查询"。另外一些是本书后面将要用于讲解的查询实例。

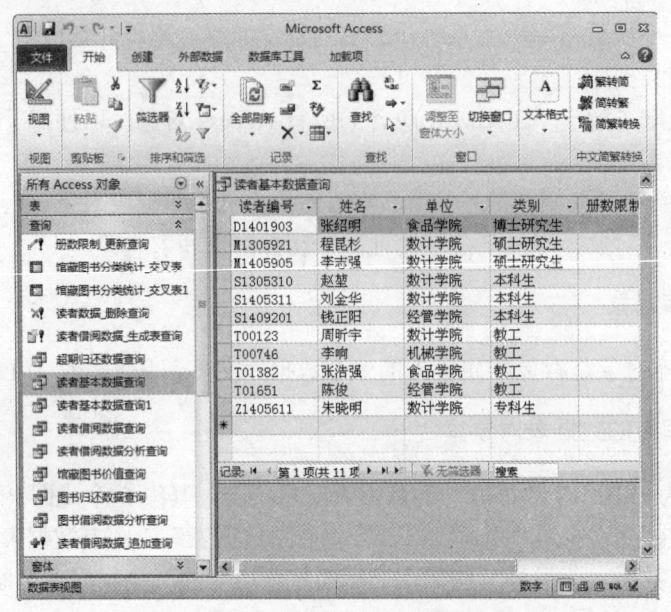

图 2-23　LIBMIS 数据库中的查询对象集合

2.6.4　数据库中的窗体对象集合

图 2-24 中所列为 LIBMIS 数据库中的窗体对象集合。其中 7 个是图书馆管理信息系统基本窗体对象，其特征是窗体名称后不带数字，且不被称为"XX 子窗体"。它们都可以由系统控制面板上的命令按钮单击进入运行。而那些被称为"XX 子窗体"的窗体也都是 LIBMIS 中的必备窗体，它们都是那些基本窗体的子窗体。另外，那些名称后带有数字的窗体对象是本书后面将要用于讲解窗体设计方法的一些实例型窗体，并非 LIBMIS 中所必备的。

图 2-24　LIBMIS 数据库中的窗体对象集合

2.6.5 数据库中的报表对象集合

图 2-25 中所列为 LIBMIS 数据库中的报表对象集合。此处所列报表对象都是基于相应窗体对象运行的，在那些窗体对象上都安置有对应的命令按钮来驱动这些报表对象，而这些报表对象所使用的数据都依赖于那些窗体对象的数据源。

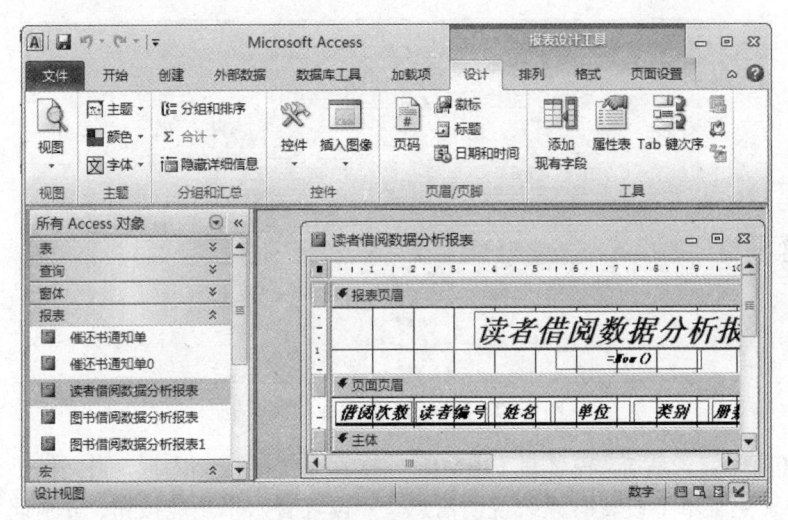

图 2-25　LIBMIS 数据库中的报表对象集合

2.6.6 数据库中的宏对象集合

在 Access 中，多个操作序列的运行可以通过宏或者选择 VBA 编程来实现。在什么样的情况下使用宏，在什么样的情况下使用模块，没有一定之规。根据作者的习惯，在 LIBMIS 数据库中使用 VBA 多于使用宏，且这些程序模块多数都是采用绑定于控件的 VBA 程序方法实现的。本小节所列宏对象多数都是为了讲解相关知识点的需要，而作为介绍实例建造的。图 2-26 中所列为 LIBMIS 数据库中的宏对象集合。

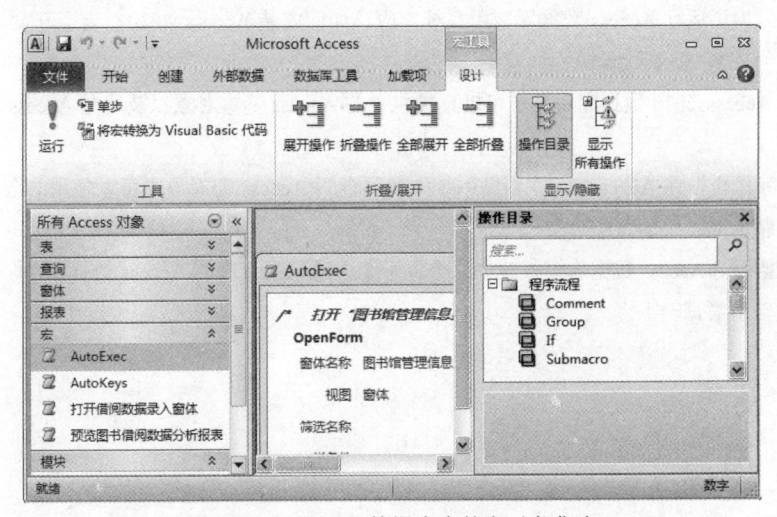

图 2-26　LIBMIS 数据库中的宏对象集合

2.6.7　LIBMIS 的运行及功能

在"图书馆管理信息系统（LIBMIS）"中设置了一个窗体控制面板作为系统主菜单，是一个名为"图书馆管理信息系统"的窗体对象。该主菜单由一个名为 AutoExec 的宏驱动。一旦打开本数据库，"图书馆管理信息系统"窗体就会自动运行。其运行形式如图 2-27 所示。

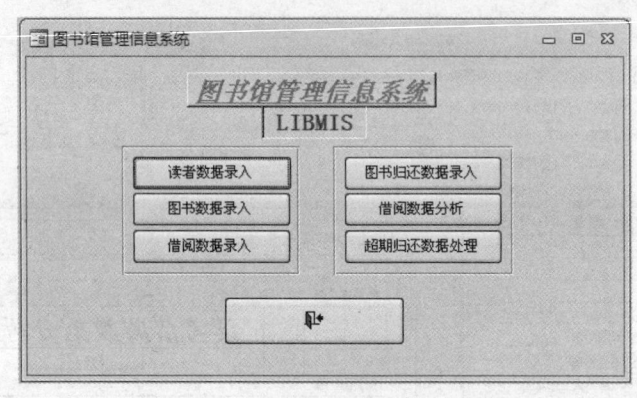

图 2-27　LIBMIS 数据库控制面板

"图书馆管理信息系统"窗体是 LIBMIS 数据库系统的控制面板，它提供了该数据库应用系统的主菜单。主菜单上设置有系统说明信息，并设置有六个功能按钮，分别调用六个不同的窗体，以完成相应的管理功能。窗体下端的退出按钮用于退出本系统。

关于本节所列各个数据库对象，将在本书的后续章节一一详尽讲解，并要求读者按照实例讲解逐一建立。相信在读完本书并身体力行地完成 LIBMIS 中各个数据库对象后，读者能够拥有一个简单的图书馆管理信息系统，并真正掌握应用 Access 所提供的各项工具进行数据库应用系统二次开发的方法。

习题 2

1. 请说明：为了运行 Access 数据库应用系统，应该如何安装 Access 2010；为了开发 Access 数据库应用系统，应该如何安装 Access 2010。

2. 请说明 Access 2010 数据库对象中可以直接包含的 Access 基本对象以及这些 Access 基本对象各自的主要用途。

3. 通过实际操作，在 Access 2010 帮助系统中找到查阅 Access 宏对象中可以使用的全部操作列表。写出该操作列表在帮助系统中的查阅目录。

4. 如果需要利用 Access 数据库模板建立一个关于个人通讯录管理的 Access 数据库，你认为应该选用哪一个数据库模板？请尝试一下。

第 3 章 Access 表对象设计

本章学习目标

- 学习设计 Access 表对象的操作方法
- 理解 Access 表对象各项属性的含义，并学习其设计方法
- 理解 Access 表对象关联的意义，并学习表对象关联的设计方法
- 模仿本章示例，设计完成 LIBMIS 数据库中的 5 个表对象
- 模仿本章示例，设置 LIBMIS 数据库中 5 个表对象间的关联

如第 2 章所述，开发 Access 数据库应用系统的第一步工作是建立 Access 数据库对象，其操作结果就是在磁盘上生成一个扩展名为.accdb 的磁盘文件。接着第二步工作是逐步在这个数据库容器对象中创建应用所需的其他 Access 对象。根据数据库应用系统中的数据独立性原则，我们应该首先在数据库中创建相应的表对象，并建立各个表对象之间的关联，以提供数据实体的存储构架。然后，再逐步创建其他用于处理数据的 Access 对象，最终形成完备的数据库应用系统。

本章介绍 Access 数据表对象的创建、设计与操作方法。

3.1 创建 Access 表对象

创建完成一个空的 Access 数据库对象之后，就应该在该数据库容器中创建表对象。

Access 表对象是 Access 数据库中最基本的对象，是数据库中所有数据的载体。换句话说，数据库中的数据都存储在数据表中，并在数据表中接受各种操作与维护。数据库中其他对象对数据库中数据的任何操作都是基于数据表对象进行的。因此，有关数据表对象的设计是 Access 数据库应用系统中最基础的设计内容。

Access 数据表对象由两个部分构成：表对象的结构和表对象的数据，这是学习 Access 时必须明确的两个基本概念。

数据表对象的结构是指数据表的框架，也称为数据表对象的属性。这些属性主要包括：

（1）字段名称

字段构成数据表的一列，每一个字段均具有一个唯一的名字，被称为字段名称。一个数据表将包含若干个字段，因此一个字段是数据表对象中的一个子对象，字段名称就是子对象名称。

（2）数据类型

根据关系数据库理论，一个数据表中的同一列数据必须具有共同的数据特征，称为字段的数据类型。Access 数据表字段的数据类型可以有 12 种，分别为"文本"、"备注"、"数字"、"日期/时间"、"货币"、"自动编号"、"是/否"、"OLE 对象"、"超链接"、"附件"、"计算"和"查询向导"。

（3）字段大小

一个数据表中的一列所能容纳的字符或数字的个数称为列宽，在 Access 中称为字段大小。不同数据类型的字段大小表示方式不同，例如，文本数据类型的字段大小用字节数表示；数字型字段的字段大小用数据精度表示；而日期/时间数据类型的字段大小则用数据格式表示等。

上述三个属性是字段对象的最基本属性，都是需要明确设置的。此外，数据表中的字段对象还具有其他一些属性，包括"索引"、"格式"等，仅对那些需要设置的字段重新设置，这些属性值的设置将决定各个字段对象在被操作时的特性。

3.1.1 应用设计视图创建 Access 表对象

在一般情况下，应用 Access 表设计视图完成表对象的创建与设计都应该是最佳选择。

为了应用 Access 表设计视图创建 Access 表对象，首先，应该打开我们已经创建完成的 Access 数据库。接着，在这个数据库设计视图的功能区中单击"创建"选项卡。然后，单击"创建"→"表格"→"表设计"命令按钮。进入 Access 表设计视图，如图 3-1 所示。

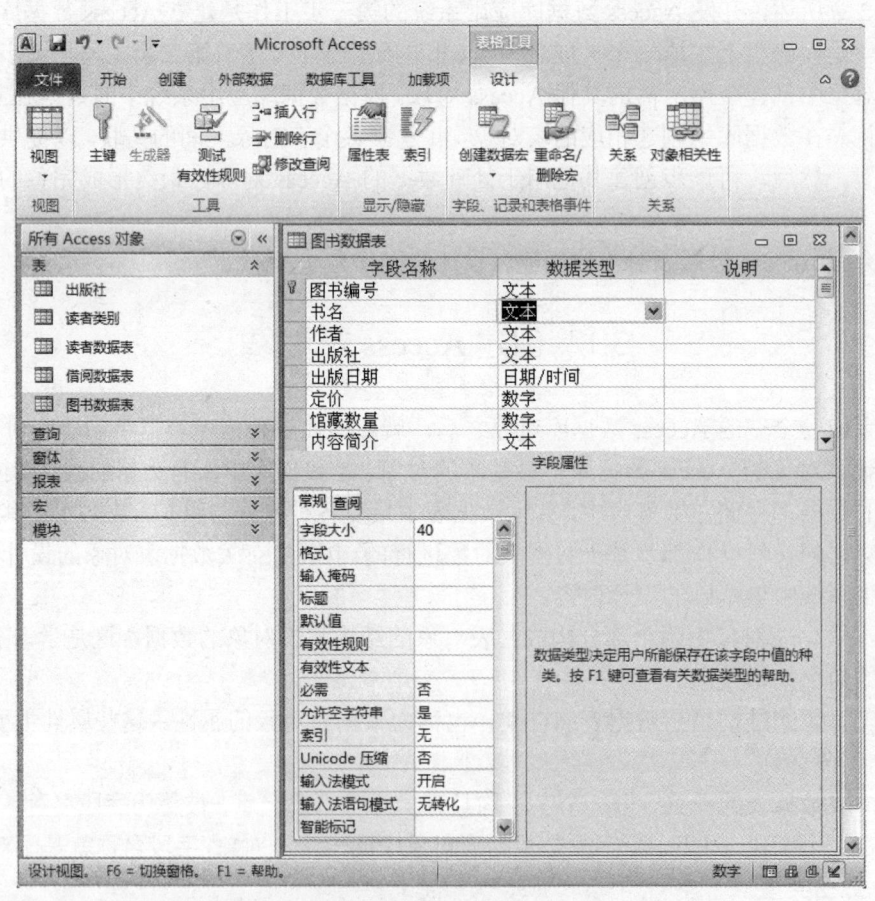

图 3-1 应用表设计视图创建"图书数据表"

Access 表设计视图位于 Access 数据库设计视图窗口的工作区中，分为上下两个部分。

Access 表设计视图上半部分呈表格形式，这个表格的每一行用于定义 Access 数据表对象的一个字段，包括字段的三个基本属性"字段名称"、"数据类型"和"说明"。

例如，为了创建 LIBMIS 数据库中的"图书数据表"，其设计依据参见第 1 章中的表 1-16 所示。首先，应该在 Access 表设计视图第一行的"字段名称"栏内输入"图书编号"，在"数据类型"栏内选定"文本"，不填写"说明"栏内的信息。接着，在 Access 表设计视图第二行的"字段名称"栏内输入"书名"，在"数据类型"栏内选定"文本"，同样不填写"说明"栏内的信息。如此类似，逐行地将"图书数据表"中的各个字段基本属性填入 Access 表设计视图上部的表格中，如图 3-1 所示。

Access 表设计视图下半部分呈列表形式，其中列出的是各个字段的其他属性，我们可以在这里为各字段设定其他的相关属性值。

例如，在为"图书数据表"设定第一个字段"图书编号"的"字段名称"和"数据类型"后，可以看到 Access 表设计视图下半部的"字段大小"属性值为 255。这显然不符合预定的设计参数，因此需要将其修改为 20。同样地，当光标位于第二个字段"书名"处时，其"字段大小"属性的默认值也是 255，需要将其修改为 40。如此类似，可以逐个地设置"图书数据表"各字段其他属性，如图 3-1 所示。

当我们调用 Access 表设计视图时，Access 功能区中会增加一个名为"表格工具设计"的功能选项卡，其中的命令按钮可以分为 5 个命令组项，都是在 Access 数据表对象设计过程中可能用到的相关命令。

"视图"命令组项仅包含一个命令按钮"视图"，是一个下拉式菜单式按钮，我们可以在这个下拉式菜单按钮中为当前正在设计的数据表对象选定视图，包括"数据表视图"、"数据透视表视图"、"数据透视图视图"和"设计视图"。本节只介绍设计视图的形式与应用，其他视图形式与应用留待后叙。在 Access 数据表设计视图的右下角处有一排按钮，它们是"视图"命令组项菜单的快捷命令按钮，从左至右一一对应 4 个菜单项。

"工具"命令组项包含 6 个命令按钮。其中，"主键"按钮用于设定当前字段为主键字段。例如，当我们设计"图书数据表"的"图书编号"字段时，就需要单击这个"主键"按钮，以将"图书编号"字段设定为主键字段。其他的命令按钮分别为"生成器"按钮、"测试有效性规则"按钮、"插入行"按钮、"删除行"按钮和"修改查询"按钮，在需要使用时再行介绍。

"显示/隐藏"命令组项包含 2 个命令按钮。其中，"属性表"按钮用于调阅当前字段的所有属性参数数据。"索引"按钮用于调阅当前数据表对象中已经设定的所有索引参数数据。

"字段、记录和表格事件"命令组项包含 2 个命令按钮。其中，"创建数据宏"按钮用于创建一个宏命令，当这个字段数据发生改变时执行这个宏命令，形成数据改变事件的处理方法。"重命名/删除宏"按钮用于为本字段宏命令重新命名或者删除。

"关系"命令组项包含 2 个命令按钮。其中，"关系"按钮用于调用 Access 关系设计视图，使得我们可以在其中设置数据表之间的关系。"对象相关性"按钮用于调用 Access 数据库对象相关性检验功能。

在 Access 数据表设计视图中，当我们逐一设定表对象所包含的各个字段，并确定各个字段的相应属性值后，就完成了一个 Access 数据表对象结构的设计操作。完成表结构设计操作后，单击设计视图右上角的关闭按钮，即弹出询问是否保存的对话框，如图 3-2 所示。

在询问是否保存的对话框中单击"是"按钮，即弹出"另存为"对话框，如图 3-3 所示。此时，需输入新建表的名称。如同其他 Windows 软件，新创建的文件都是在保存时进行命名操作的。尽管 Access 的数据表对象并不是一份磁盘文件，但依然采用存盘时命名的操作方式。

图 3-2 是否保存新建表对话框   图 3-3 "另存为"对话框

输入当前创建的表对象名称"图书数据表",然后单击"另存为"对话框中的"确定"按钮,即完成了用 Access 表设计视图创建"图书数据表"的全部操作。

3.1.2 应用数据表视图创建 Access 表对象

为了应用 Access 数据表视图创建 Access 表对象,首先,应该打开我们已经创建完成的 Access 数据库。接着,在这个数据库设计视图的功能区中单击"创建"选项卡。然后,单击"创建"选项卡上"表格"命令组项中的"表"命令按钮。如此,即进入 Access 数据表视图,如图 3-4 所示。

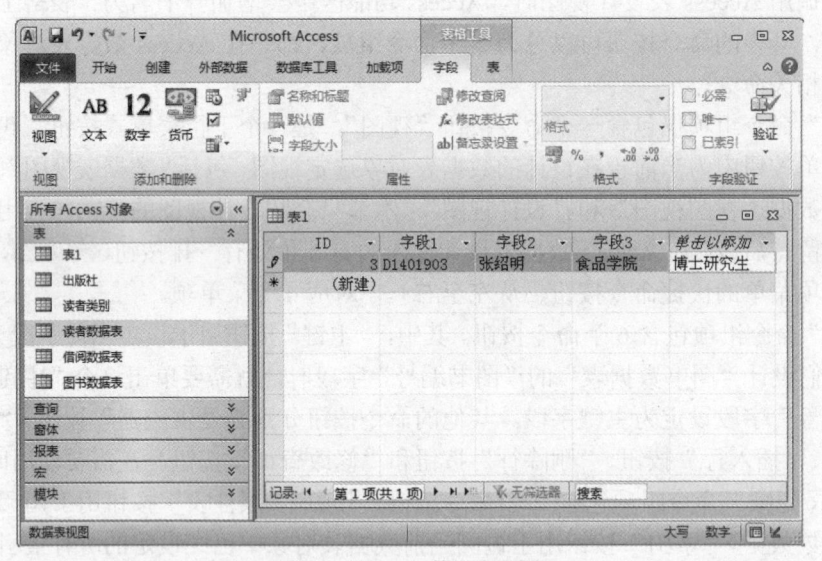

图 3-4 Access 数据表视图

实际上,数据表视图主要用于 Access 表对象的数据编辑,同时也具备创建 Access 表对象的初步功能。其创建 Access 表对象的方式是,在数据表视图显示的表格中逐一填写数据,然后关闭数据表视图。这时,Access 将询问表对象名称,得到确认后,Access 将根据填写的表格数据为这个新创建的表对象设置各个字段的相关属性。

因此,在数据表视图中创建表结构的方法是,直接在数据表视图中输入数据。输入了多少列的数据,所创建的表就有多少个字段,各字段名称分别为"字段 1"、"字段 2"等,各字段的数据类型则由 Access 根据所输入的数据做出判断。若某列输入的是字符,则被认作"文本";若某列输入的是数值,则被认作"数字"。各字段大小根据 Access 默认值取定,如"文本"大小为 50,"整数"为"长整型"。例如,可以依据第 1 章中的表 1-13 所示数据设计 LIBMIS 数据库中的"读者数据表"。首先,在"字段 1"处填写一个读者编号"D1401903",按 Enter 键后会出现"字段 2";接着,在"字段 2"处填写一个姓名"张绍明",按 Enter 键会出现"字段 3"。依次操作，直至输入完成"读者数据表"中的一条记录数据。其操作结果如图 3-4 所示。

完成一个记录的数据输入后，单击数据表视图右上角的"关闭"按钮 ⊠，即弹出询问是否保存的对话框，如图 3-2 所示。

在询问是否保存的对话框中单击"是"按钮，即弹出"另存为"对话框。在"另存为"对话框中，输入新建表的名称——"读者数据表"，如图 3-5 所示。

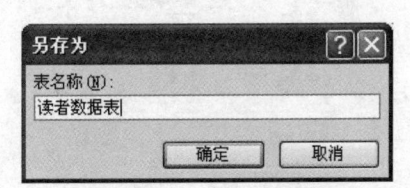

图 3-5　输入新建表的名称

输入当前创建的表对象名称"读者数据表"后，单击"另存为"对话框中的"确定"按钮，即完成了用 Access 表设计视图创建"读者数据表"的操作。

对于任意一个数据表对象，Access 一般都要求定义一个主关键字段，称为主键。根据关系数据库的基本概念，这是必要的。主关键字段的含义是，在一个数据表中不允许任两条记录的主关键字段值相同。

当应用数据表视图创建 Access 数据表对象时，Access 会强制定义一个主关键字段，并将其命名为"ID"，设定其数据类型为"自动编号"，参见图 3-4。

一般而言，应用 Access 数据表视图创建的表对象，其结构总是不能满足实际应用需求的，需要再进入 Access 设计视图进行设计修改。

3.1.3　应用设计视图修改 Access 表对象结构

由于种种原因，一个创建完成了的数据表对象结构难免会需要修改，这项操作只能在 Access 表设计视图中进行。

为了修改一个 Access 表对象结构，首先需要在 Access 数据库设计视图的导航窗格中选中需修改结构的表对象。然后，可有 3 种方式进入其设计视图。

第一种方式，在导航窗格中双击这个表对象名，即会进入其数据表视图。然后，在功能区中单击"开始"选项卡，单击"视图"命令组项中的"视图"菜单按钮，从中单击"设计视图"菜单项，即可进入选定数据表对象的设计视图，如图 3-6 所示。

第二种方式，在导航窗格中双击这个表对象名，即进入其数据表视图。然后，在数据表视图右下角处的"视图选项"快捷按钮 中单击位于最左边的"设计视图"按钮，即可进入选定数据表对象的设计视图。

第三种方式，在导航窗格中右击这个表的对象名，即会弹出快捷菜单。然后，在这个快捷菜单中单击"设计视图"菜单项，即可进入选定数据表对象的设计视图。

哪一种方式好一些呢？请读者根据自己的喜好选择。

例如，我们可以在 LIBMIS 数据库设计视图窗口的导航窗格内，选中采用 3.1.2 介绍方法创建的"读者数据表"对象，在这个数据表名上右击，在弹出的快捷菜单上单击"设计视图"菜单项，即可进入初创的"读者数据表"设计视图。

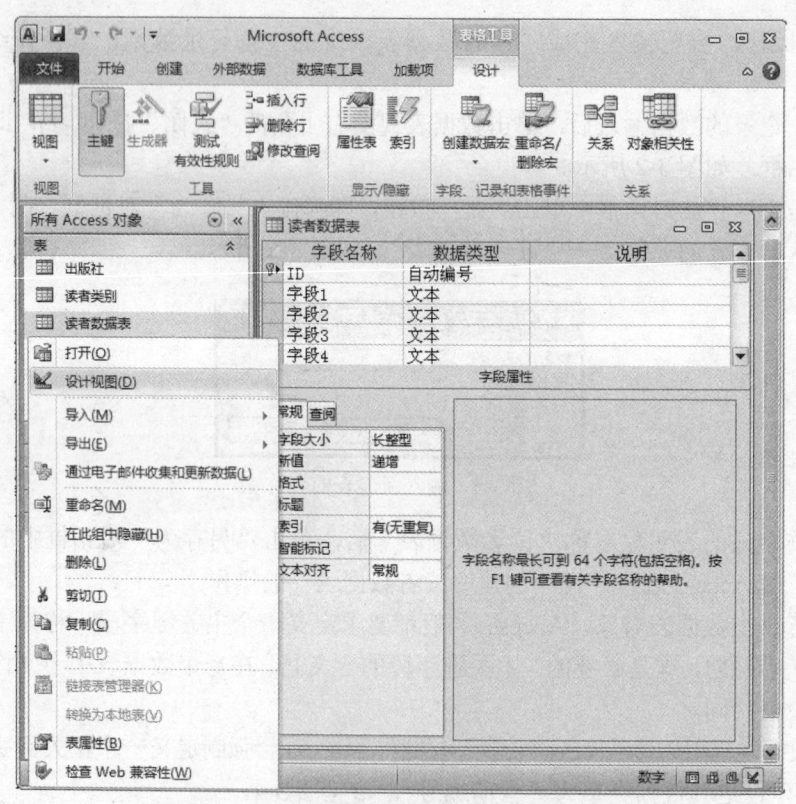

图3-6 进入初创的"读者数据表"设计视图

观察图3-6所示的"读者数据表"结构，可以看到它完全不满足我们的设计要求，必须予以修改。修改表结构的所有操作与创建表结构的操作基本相同。下面讲述字段的增加、删除和移动位置操作。

1. 增加字段

将鼠标指向需增加的字段所在行上并右击，在随之出现的快捷菜单上单击"插入行"（或单击功能区中"表格工具设计"选项卡上的"插入行"按钮 ），即可在指定的行处插入一个空行。然后，可在这个空行中输入所需增加的字段名称并设置相关属性。

2. 删除字段

将鼠标指向需删除的字段所在行上并右击，在随之出现的快捷菜单上单击"删除行"（或单击功能区中"表格工具设计"选项卡上的"删除行"按钮 ），即可完成删除指定字段的操作。

3. 移动字段的位置

在需移动位置的字段所在行的左端标志块上单击，然后按住鼠标左键并拖动鼠标至目的位置处，松开鼠标左键，该字段即被移至新的位置上了。

例如，在初创的"读者数据表"设计视图中，我们可以这样来修改表结构：

首先，取消"ID"字段的主键属性。需要将光标定位于"ID"字段行上，单击功能区中"表格工具设计"选项卡上的"主键"按钮。

接着，需要删除"ID"字段。将光标定位于"ID"字段行上，单击功能区中"表格工具设计"选项卡上的"删除行"按钮 。

然后，需要修改"字段1"的相关属性。将字段名改为"读者编号"，维持数据类型为"文本"，将字段大小改为"8"，将本字段设置为"主键"。

最后，采用类似"字段1"的修改方法，依据第1章表1-15所示参数分别修改"字段2"、"字段2"、"字段4"的相应属性，如图3-7所示。

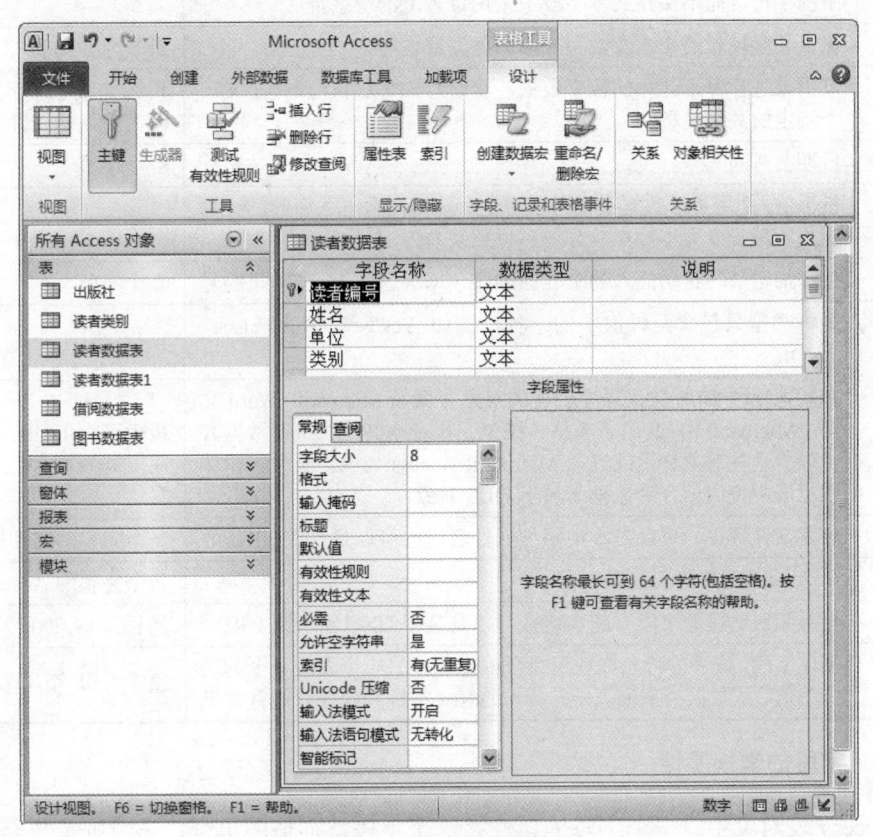

图 3-7 修改字段属性

3.2 Access 表对象的基本属性

Access 数据表对象中所包含的基本属性主要有四类：数据类型属性、常规属性、索引属性和查阅属性，以下分别加以介绍。

3.2.1 字段的数据类型属性

数据表中存储的数据可能是文字，也可能是数值，还可能是日期，甚至可能是一个超级链接，我们称之为数据可能具有各种数据类型。这就要求数据库能够支持多种数据类型。

Access 支持非常丰富的数据类型，因此能够满足各种各样的信息系统开发需求。但是，一般性的应用需求很难用到所有的数据类型，而只是使用其中的一部分。认真地学习 Access 提供的基本数据类型，将有助于理解其他那些复杂的数据类型。现将 Access 提供的所有数据类型列入表 3-1 中。

表 3-1 字段的基本数据类型

数据类型	使用对象	大小
文本	文本或文本与数字的组合,例如地址;也可以是不需要计算的数字,例如电话号码、零件编号或邮编。Access 只保存输入到字段中的字符,而不保存文本字段中未用位置上的空字符	最长为 255 个字符
备注	保存长度较长的文本及数字,例如备注或说明	最长为 64,000 个字符
数字	可用来进行算术计算的数字数据,设置"字段大小"属性定义一个特定的数字类型	1、2、4 或 8 个字节,与"字段大小"的属性定义有关
日期/时间	日期及时间	8 个字节
货币	货币值。使用货币数据类型可以避免计算时四舍五入引起的计算误差。精确度为小数点左方 15 位数及右方 4 位数	8 个字节
自动编号	在添加记录时自动插入的唯一的顺序(每次递增1)或随机编号	4 个字节
是/否	这种类型只包含两种值中的一种,例如 Yes/No、True/False、On/Off	1 位
OLE 对象	在其他使用 OLE 协议程序创建的对象(例如 Microsoft Word 文档、Microsoft Excel 电子表格、图象、声音或其他二进制数据),可以将这些对象链接或嵌入 Microsoft Access 表中。必须在窗体或报表中使用结合对象框来显示 OLE 对象	最大可为 1 GB(受磁盘空间限制)
附件	磁盘文件标识。可以是本地磁盘文件名,也可以是一个 URL。	一个完整的文件标识
计算	一个 Access 计算表达式	一个完整的 Access 表达式
超链接	保存超级链接的字段。超级链接可以是某个 UNC 路径或 URL	最长为 64,000 个字符
查阅向导	创建字段,该字段将允许使用组合框来选择另一个表或一个列表中的值。从数据类型列表中选择此选项,将打开向导以进行定义	通常为 4 个字节

3.2.2 字段的常规属性

在 Access 表对象中,一个字段的属性是这个字段特征值的集合,该特征值集合将控制字段的工作方式和表现形式。

字段属性可分为常规属性和查阅属性两类。其中,字段常规属性如图 3-8 所示。在这些常规属性中,"字段大小"属性、"格式"属性和"索引"属性是三个最基本的属性,也是最常用的属性。以下分别介绍各个常规属性的含义。

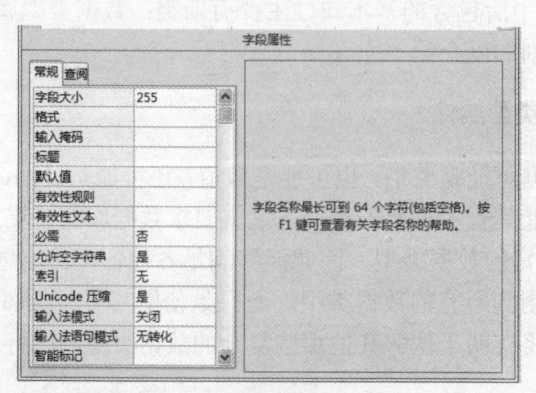

图 3-8 字段常规属性设置

1. 字段大小

只有当字段数据类型设置为"文本"或"数字"时，它的"字段大小"属性才是可设置的，其可设置的值的取值范围将随着数据类型的不同而不同。当设定字段类型为文本型时，字段大小的可设置值为 1～255，表示该字段可容纳的字符个数最少为 1 个字符，最多为 255 个字符。当设定字段类型为数字型时，字段大小的可设置值如表 3-2 所示。

表 3-2 数字型字段大小的属性取值

可设置值	说明	小数位数	存储量大小
字节	保存从 0 到 225（无小数位）的数字	无	1 个字节
整型	保存从-32,768 到 32,767（无小数位）的数字	无	两个字节
长整型	（默认值）保存从-2,147,483,648 到 2,147,483,647 的数字（无小数位）	无	4 个字节
单精度型	保存从-3.402823E38 到-1.401298E-45 的负值，从 1.401298E-45 到 3.402823E38 的正值	7	4 个字节
双精度型	保存从-1.79769313486231E308到-4.94065645841247E-324 的负值，从 4.94065645841247E-324 到 1.79769313486231E308 的正值	15	8 个字节

2. 格式

格式属性对不同的数据类型使用不同的设置。两种基本数据类型的格式设置取值如表 3-3 所示。

表 3-3 二种数据类型的字段格式取值

日期/时间型		数字/货币型	
设置	说明	设置	说明
常规日期	示例：2007-6-19 17:34:23	常规数字	示例：3456.789
长日期	示例：2007 年 6 月 19 日星期二	货币	示例：¥3,456.79
中日期	示例：07-06-19	欧元	示例：£3,456.79
短日期	示例：2007-6-19	固定	示例：3456.79
长时间	示例：17:34:23	标准	示例：3,456.79
中时间	示例：下午 5:34	百分比	示例：123.00%
短时间	示例：17:34	科学计数	示例：3.46E03

3. 输入掩码

使用"输入掩码"属性，是为了控制用户在文本框类型控件中的输入值。例如，可以为"电话号码"字段创建一个输入掩码，以便向用户显示如何准确地输入新号码，如(010) 027-83956230 等。通常使用"输入掩码向导"帮助完成设置该属性的工作，只需要在"输入掩码"属性栏右侧单击"向导"按钮 ... ，即可进入输入掩码向导完成操作。

4. 标题

"标题"属性值将取代字段名称在表中的位置。即在表中，表列的栏目名将是"标题"属性值，而不是"字段名称"值。

5. 默认值

在表中新增加一个记录，并尚未填入数据时，如果希望 Access 自动为某字段填入一个特定的数据，则应为该字段设定"默认值"。此处设置的默认值将成为新增记录中 Access 为该字段自动填入的值。一般应用"表达式生成器"完成该属性的设置，只需要在"默认值"属性栏右侧单击"生成器"按钮 ⋯，即可进入表达式生成器完成设置默认值的操作。

6. 有效性规则

"有效性规则"属性用于指定对输入到本字段中数据的要求。当输入的数据违反了"有效性规则"的设置时，将显示"有效性文本"属性中设置的提示信息。一般应用"表达式生成器"完成有效性规则的设置，只需要在"有效性规则"属性栏右侧单击"生成器"按钮 ⋯，即可进入表达式生成器完成设置有效性规则的操作。

7. 有效性文本

当输入的数据违反了"有效性规则"的设定时，"有效性文本"属性值将会作为显示给操作者提示信息。

8. 必需

"必需"属性取值仅有"是"和"否"两项。当取值为"是"时，表示必须填写本字段，即不允许本字段数据为空。当取值为"否"时，表示可以不必输入本字段数据，即允许本字段数据为空。

9. 允许空字符串

该属性仅对指定为"文本"型的字段有效，其属性取值仅有"是"和"否"两项。当取值为"是"时，表示本字段中可以不填写任何字符。

10. 索引

本属性可以用于设置单一字段索引。索引可加速对索引字段的查询，还能加速排序及分组操作。本属性取值为"无"时，表示本字段无索引；取值为"有（有重复）"时，表示本字段有索引，且各记录中的数据可以重复；取值为"有（无重复）"时，表示本字段有索引，且各记录中的数据不允许重复。

11. Unicode 压缩

该属性取值仅有"是"和"否"两项。当取值为"是"时，表示本字段中数据可以存储和显示多种语言的文本。例如，如果所创建的应用程序包含国际用户的地址信息，则将可以在表中看到日语姓名和旁边的希腊语姓名，这使国际用户创建数据库更加灵活。此功能也允许在窗体和报表中实现多语言支持。有了 Unicode 对 Access 的支持，用户将有能力在一个数据库内存储所有的字符集。有些字符需要比其他字符占用较多的存储空间。例如，包含中文的数据库将比只包含数字/字符的数据库大。Access 2010 将自动压缩字段中的数据来使数据库尺寸最小化。

12. 输入法模式

本属性用于设置文本类型字段获得焦点时的非英文输入法模式，主要包括中日韩等三国语言的输入法模式。我们一般可以将其设置为"开启"或者"关闭"，用以使得当该文本类型字段获得焦点时是否开启中文输入法。

13. 输入法语句模式

本属性用于设置输入语句的自动调整模式，主要用于拼音文字语言的调整。其取值可以有正常、复数、讲述和不转换共四种方式供我们选定。显然，我们一般应该选定不转换模式。

14. 文本对齐

本属性用于文本字段数据显示时的对齐方式。其取值可以有常规、左、居中、右和分散共五种方式供我们选定，我们可以根据实际应用需要设定文本对齐属性值。

3.2.3 索引的意义及其选择

在上一节讲解字段常规属性时，我们简单介绍了索引属性的设置方法。本节将详细介绍索引属性设置的作用及其意义。

设置索引属性可加速对索引字段的查询，还能加速排序及分组操作，因此是一个非常重要的属性选项。Access 提供两种形式的索引。

1. 字段索引

专指针对单个字段的索引，其设置方法及其取值操作可在表设计视图的字段常规属性栏中进行，即通过设定需索引字段的"索引"属性值来实现字段索引的建立。参见 3.2.2 节所述。

2. 组合索引

在需要将若干个字段组合在一起建立索引时，就必须使用组合索引。在数据表设计视图中，单击单击功能区中"表格工具设计"选项卡上的"索引"按钮，即出现"索引"对话框，如图 3-9 所示。

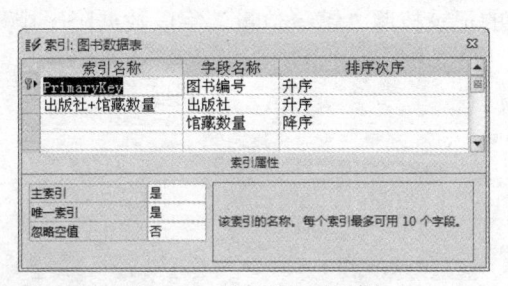

图 3-9 "索引"对话框

从图 3-9 中可以看到，"图书数据表"中的"图书编号"字段的索引名称为 PrimaryKey，它表示这是一个字段索引，且为关键字字段索引，是在创建该表结构时将"图书编号"字段设定为主键而形成的。而第二行中的索引名称为"出版社+馆藏数量"的索引是一个组合索引，是两个字段"图书数量"和"馆藏数量"组成的一个组合索引。这个组合索引只能在图 3-9 所示的"索引"对话框中完成建立。

在"索引"对话框中建立一个组合索引的操作方法是：首先，在"索引名称"列中输入所需要的索引名称；在图 3-9 所示示例中，我们将其命名为"出版社+馆藏数量"。然后，在"字段名称"列中，通过下拉列表框选择要建立的组合索引中的各个字段；在图 3-9 所示示例中，我们分别设定了"出版社"字段和"馆藏数量"字段。最后，在"排序次序"列中，分别为选定字段设定排序次序；在图 3-9 所示示例中，我们分别设定了"出版社"字段的排序次序为"升序"和"馆藏数量"字段的排序次序为"降序"。

为了观察图 3-9 所示组合索引的作用，我们可以首先在数据表视图中为"图书数据表"填入一些数据，如图 3-10 所示。然后，当需要针对同一出版社馆藏数量进行查询时，在"出版社"字段名上单击右键，弹出快捷菜单，参见图 3-10。

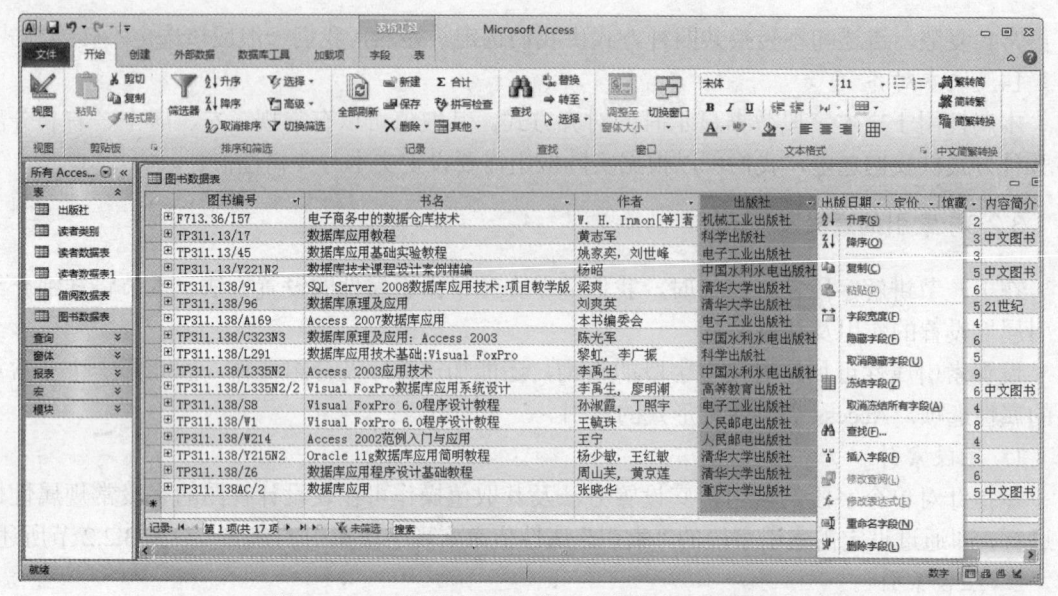

图 3-10　在数据表视图中利用快捷菜单指定排序列

在这个快捷菜单上单击"升序",即可看到上述组合索引生效后的数据表,如图 3-11 所示。由此可以看到该组合索引的作用,它使得数据表中记录的排列顺序为:"出版社"字段数据按照升序排列,相同出版社的记录按照"馆藏数量"字段数据降序排列。

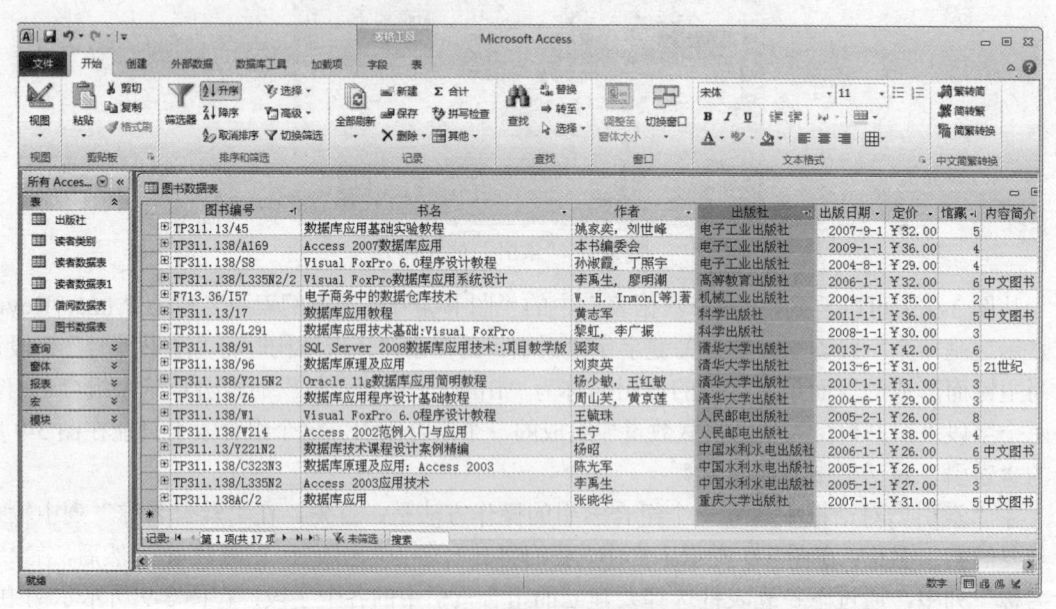

图 3-11　"出版社+馆藏数量"组合索引的作用

3.2.4　字段的查阅属性

让我们先来看看"图书数据表"中数据输入时的情形。如果我们新购入一册中国水利水电出版社出版的图书,就需要在"图书数据表"中增加一个数据记录。这时,需要进入"图书数据表"的数据表视图中,将光标定位最后一个记录的后一行中的"图书编号"字段处,输入这本书的图书编号，然后在同一行中依次输入"书名"和"作者"两个字段的数据。接着，当需要输入"出版社"字段数据时，我们是否会希望能够采用选择的方式来替代汉字输入的方式呢？如果出现这样的需求，我们就可以考虑为这个字段设置查阅属性了。

在表设计视图中，通过单击"字段属性"→"查阅"选项卡，可以对相关字段设置查阅属性。在"查阅"属性选项卡上，显示有各个属性行以便设置各个属性取值，以下分别介绍相关查阅属性的含义。

1. "显示控件"属性

"显示控件"属性值指定用于显示某一字段的默认控件。此属性设置是一个用于选定字段控件的下拉式列表。对于"文本"或"数字"类型的字段，此属性可以设置为"文本框"、"列表框"或"组合框"。对于"是/否"数据类型的字段，此属性可以设置为"复选框"、"文本框"或"组合框"。设置此属性和任何相关控件的类型属性都会影响字段在"数据表"视图和"窗体"视图中的显示，它将导致该字段根据所设置的控件及其属性呈现不同的显示效果或者采用不同的输入形式。

不同类型的字段，其"显示控件"的可设置值不同。而随着"显示控件"的不同取值，该字段的其他查阅属性项目也就不同，且其组合种类很多。此处仅以"文本"类型字段的"显示控件"设定为"组合框"时的相关属性为例加以说明。

图 3-12 中所示为"图书数据表"中"出版社"字段的查阅属性设计参数，由于我们希望采用选择的方式替代汉字输入的方式来输入出版社的名称，因此需要将"出版社"字段查阅属性中的"显示控件"属性设置为"组合框"。如此，将使得在"图书数据表"视图中为"出版社"字段输入数据时，会出现一个下拉式列表。操作者可以在这个列表中选择输入值，也可以直接输入数据，但必须与列表数据中的某一项相同；否则，不予接受。显然，这就实现了我们希望的输入方式，同时可以保证其输入数据的正确性，有效地减轻数据输入工作量。

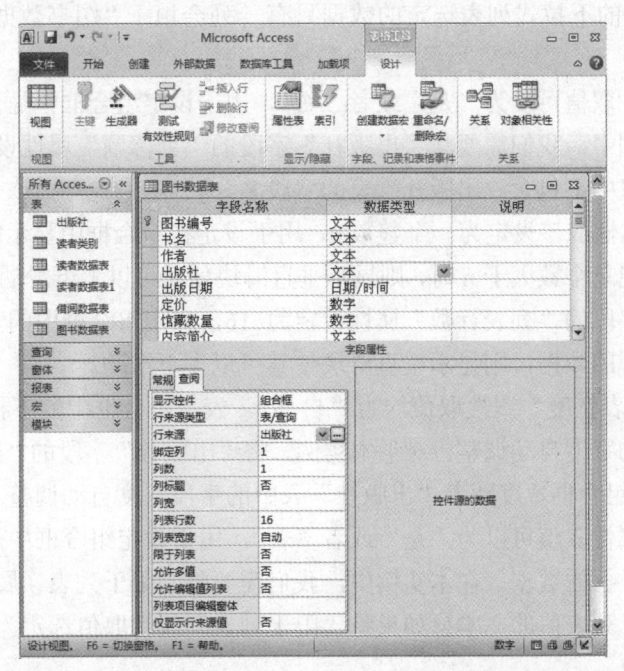

图 3-12 "图书数据表"中"出版社"字段的查阅属性设计参数

2. "行来源类型"属性

如果设定"显示控件"属性为"组合框",则必须设置"行来源类型"属性值,以设定组合框中数据来源的类型。"行来源类型"属性取值可以为"表/查询"、"值列表"或者"字段列表"。

对于本实例,需要在"图书数据表"中"出版社"字段的查阅属性中,指定组合框中的下拉式列表数据来源于一个表或一个查询,即将其"行来源类型"属性设定为"表/查询"。

3. "行来源"属性

当一个字段的"行来源类型"属性设定为"表/查询"后,则必须设置"行来源"属性值,以设定组合框中数据来源。此时,"行来源"属性取值可以是当前数据库中已有的所有数据表对象和查询对象。

对于本实例,需要在"图书数据表"中"出版社"字段的查阅属性中,指定组合框中的下拉式列表数据来源于"出版社"数据表对象,即将其"行来源"属性设定为"出版社"表对象。关于"出版社"数据表的形式及其作用,请参阅 1.5.2 节所述。

4. 字段的其他查阅属性

毫无疑问,上述三个查阅属性是最主要的字段查阅属性。除此之外,还有一些查阅属性的设置也是不容忽略的。

"绑定列"属性可以设定为一个整数 n,用于设定组合框绑定行来源数据表中的第 n 个字段。在本实例中,我们需要将"出版社"字段的"绑定列"属性设定为 1,表示组合框中的下拉式列表显示的数据是"出版社"数据表中的第 1 个字段。

"列数"属性也应该设定为一个整数 n,用于设定在组合框中选定的数据记录可以有 n 列数据回填于目标数据表中。在本实例中,我们需要将"出版社"字段的"列数"属性设定为 1,表示组合框中的下拉式列表选定的数据只有一列会填于"图书数据表"中的"出版社"字段中。

"列标题"属性取值可以为"是"或者"否",用于设定组合框中是否显示行来源数据表的字段名。在本实例中,我们需要将"出版社"字段的"列标题"属性设定为"否",表示组合框中的下拉式列表中不包含"出版社"表的字段名。

"列表行数"属性应该设定为一个整数 n,用于设定在组合框中显示的数据记录个数,当行来源数据表中的记录个数大于 n 时,则显示垂直滑块使其可以上下滑动。在本实例中,我们可以将"出版社"字段的"列表行数"属性设定为 16,表示组合框中的下拉式列表中最多显示 16 行,超过 16 行的数据,则显示垂直滑块使其可以上下滑动。

一般而言,"列表宽度"属性取值均为"自动",表示组合框中的下拉式列表宽度随行来源数据表指定字段的宽度自动调整。对于本实例,将"出版社"字段的"列表宽度"属性设定为"自动",将使得组合框宽度随着"出版社"表中的字段宽度自动调整。

"限于列表"属性取值可以为"是"或者"否",用于设定组合框中是否允许自行输入不同于行来源数据表数据的数据。在本实例中,我们需要将"限于列表"属性设置为"否",即允许用户输入不同于列表值的文本;如果将"限于列表"属性取值选定为"是",该组合框取值仅限于列表中的值。

3.3 Access 表对象操作

针对 Access 表对象的常规操作主要包括：复制操作、删除操作和更名操作。

3.3.1 Access 表对象的复制操作

1. 在同一个数据库中复制表的操作

打开一个 Access 数据库，在数据库设计视图的导航窗格中选中准备复制的表对象后，单击功能区中"开始"选项卡上的"复制"按钮 或者按下组合键 Ctrl+C。然后，再单击功能区中"开始"选项卡上的"粘贴"按钮或者按下组合键 Ctrl+V，即会弹出"粘贴表方式"对话框，如图 3-13 所示。

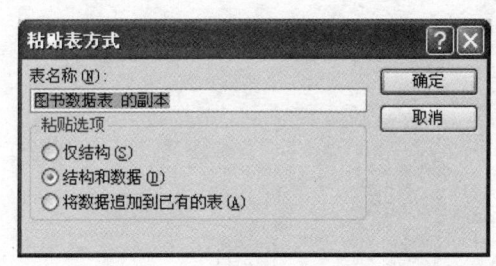

图 3-13 "粘贴表方式"对话框

在这个对话框中，粘贴选项是三个单选项，它们的含义分别是："只粘贴结构"表示只将准备复制的表对象的结构复制形成一个新表；"结构和数据"表示将准备复制的表对象结构及其全部数据复制后形成一个新表；"将数据追加到已有的表"表示将准备复制的表对象中的全部数据复制后追加到一个已存在的表中，选定该选项要求确实有一个已存在的表且此表结构与被复制表的结构相同，方能保证复制数据的正确性。选择合适的粘贴选项，单击"确定"按钮，即完成了在同一个数据库中复制数据表的操作。

2. 从一个数据库中复制表到另一个数据库中的操作

打开准备复制的表对象所在的数据库，在该数据库设计视图的导航窗格中选中准备复制的表对象，单击功能区中"开始"选项卡上的"复制"按钮 或者按下组合键 Ctrl+C，然后关闭这个数据库。再打开准备接收复制表的数据库，在这个数据库设计视图中，单击功能区中"开始"选项卡上的"粘贴"按钮或者按下组合键 Ctrl+V，也同样弹出"粘贴表方式"对话框，接下来的操作不再赘述。

3. 何时需要进行复制表的操作

从上述操作的说明可以看到，在 Access 数据库设计视图中，复制表的操作依然是依靠 Windows 操作系统提供的大型剪贴板来实现的，理解了这一点就不难掌握表的复制操作。但何时需要进行复制表的操作呢？一般可以有以下三种情况。

（1）需要将一个结构相同的数据表中的数据全部追加到另一个数据表中时。这两个数据表可以在同一个数据库中，也可以存在于两个不同的数据库中。此时，在"粘贴表方式"对话框中应选择"将数据追加到已有的表"。

（2）当需要将外部数据库中的一个表导入本数据库而成为本数据库中的一个表对象时。

此时，在"粘贴表方式"对话框中也应选择"追加数据到已有的表"。

（3）当需要在本数据库中创建一个新表，且该表结构与某一个表结构相似时。可以复制那个具有相似结构的表结构形成一个新表，然后再来修改这个新表的结构，从而减轻创建新表操作的工作量。

例如，为了在 LIBMIS 数据库中创建"借阅数据表"，我们可以在 LIBMIS 数据库视图的导航窗格中选中"图书数据表"，按下组合键 Ctrl+C 后，再按下组合键 Ctrl+V。接着，在"粘贴表方式"对话框中将"表名称"更改为"借阅数据表"。然后，进入"借阅数据表"设计视图，按照表 1-17 所示设计参数将其修改完成，即可快速完成"借阅数据表"的设计，如图 3-14 所示。

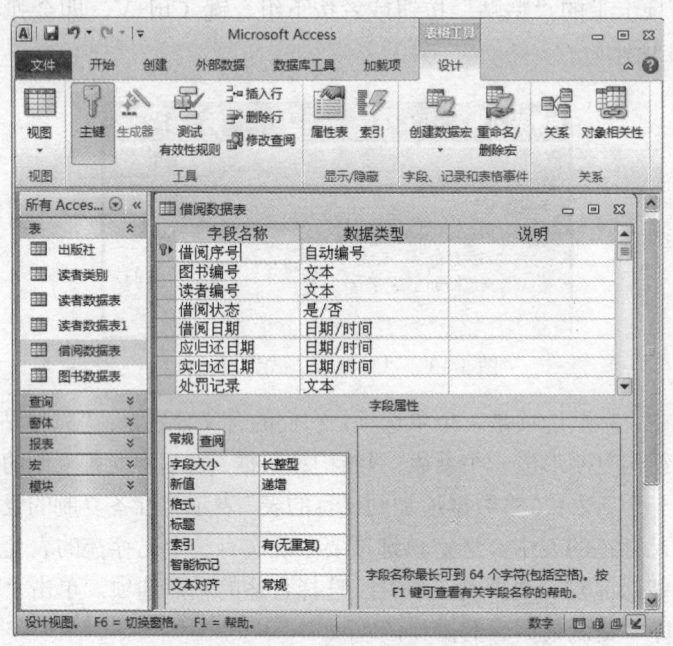

图 3-14 在设计视图中完成"借阅数据表"的设计

3.3.2 Access 表对象的删除操作

在发现数据库中存在多余的表对象时，可以删除它们。在数据库设计视图中的操作过程有两种：一是在数据库设计视图的导航窗格中选中需要删除的表对象（用鼠标单击），然后按下 Delete 键；二是在数据库设计视图的导航窗格中右击需要删除的表对象，在随之出现的快捷菜单中单击"删除"命令。针对删除操作，Access 会弹出一个确认对话框询问是否真的需要进行删除操作，只有得到肯定的回答后，Access 才会执行删除操作。

3.3.3 Access 表对象的更名操作

时常出现这样的情况，在数据库中有时发现已创建的表对象名字取得不合适，而希望更换一个数据表名称，这时就需要进行表的更名操作了。在数据库设计视图中进行表的更名操作过程是：在数据库设计视图的导航窗格中右击需要更名的表对象，在随之出现的快捷菜单中单击"重命名"命令。此时，光标停留在这个表对象的名称上，即可更改该表对象的名称。

由于更改一个数据表对象的名称可能会影响到数据库中其他对象调用这个数据表的操作，Access 2010 会自动纠正该表对象在其他对象中的引用名。为了实现此操作，Access 将唯一的标识符与创建的每个对象的名称映射信息存储在一起，名称映射信息使得 Access 能够在出现错误时纠正绑定错误。当 Access 检测到在最后一次"名称自动更正"之后又有对象被更改时，它将在出现第一个绑定错误时对该对象的所有项目执行全面的名称更正。这种机制不仅对表的更名有效，而且对数据库中的任何对象的更名都是有效的，包括表中字段名称的更改。

3.4 Access 表对象的关联

在数据库应用系统中，一个数据库中常常包含若干个数据表，用以存放不同类别的数据集合。而这些数据集合存放于同一个数据库中，是由于它们之间存在着相互联接的关系。这种数据集合间的相互联接关系称为关联。在关系数据库的实现中，主要存在两种关联：一对一的关联和一对多的关联。Access 是一个关系型数据库管理系统，上述两种关联是通过设定数据库中表对象的关联来实现的。

数据表关联的目的是实现关系联接运算，即将两个数据表中的相关记录联接形成一个新关系中的一条记录，这个新关系称为关联数据表。

3.4.1 一对一关联

一对一关联是指两个数据表对象（A 表和 B 表）中的各条记录之间存在这样一种对应的关系，A 表中的每一记录仅能在 B 表中有一个匹配的记录，且 B 表中的每一记录仅能在 A 表中有一个匹配记录。因此，为两个数据表对象建立一对一关联后，即可将这两个数据表中联接关键字段值相等的记录联接成为一条记录构建关联数据表。一对一关联要求两个关联数据表中的联接关键字段分别是这两个数据表的主关键字段。

例如，如果一个商品零售企业拥有一个商品仓库，其数据保存为"库存数据记录"，同时拥有若干个零售商店，其商品数据保存为"店存数据记录"。每一个商店的商品均由企业统一配送，则"库存数据记录"表对象与每一个商店的"店存数据记录"表对象之间即存在一对一的关联。

具体地说，在"库存数据记录"表中，"货号"字段中的数据必须互不相同，用以表示不同的商品。只有在"库存数据记录"表中存在的商品才可以通过"商品配送"操作添加到"店存数据记录"表中，且同一商品在"店存数据记录"表中的货号必须与"库存数据记录"表中的货号相同，如此方能保证各种查询和统计数据的正确性。这就表示"库存数据记录"表中的记录与"店存数据记录"表中的记录必须是一对一的关联，且"库存数据记录"表称为主表，"店存数据记录"表称为从表，而两个数据表间的联接关键字是"货号"字段。

3.4.2 一对多关联

一对多关联不同于一对一关联，它不要求两个关联数据表中的联接关键字段分别是这两个数据表的主关键字段，这意味着联接关键字段值相等的记录可能不只一条。如此一来，一对多关联就存在两种不同的形式。第一种形式为，取主表中的所有记录，并逐一从从表中选取那些与主表中联接关键字段值相等的记录，联接形成关联数据表中的一条记录。第二种形式为，取从表中的所有记录,并逐一从主表中选取那些与从表中联接关键字段值相等的记录,联接形成关联数据表中的一条记录。

我们以 LIBMIS 数据库为例讨论第一种一对多关联的形式。在"图书数据表"和"借阅数据表"之间存在着一对多的关联,"图书数据表"中记录的图书可以分多次外借。因此,在"图书数据表"中,同一本图书将在"借阅数据表"中被记录多次。这就表示"图书数据表"中的记录与"借阅数据表"中的记录实际是一对多的关联,且"图书数据表"是主表,"借阅数据表"是从表,两个数据表间的联接关键字是"图书编号"字段。在以此形成的关联数据表中,一些"图书数据表"中的记录将在"借阅数据表"中重复记录几次,重复记录的次数取决于一本图书的借阅次数。

据此进行分析可知,在 LIBMIS 数据库中,5 个数据表之间存在的关联为:

(1)"图书数据表"与"借阅数据表"具有一对多关联,关联字段为"图书编号"。
(2)"图书数据表"与"出版社"具有一对多关联,关联字段为"出版社"。
(3)"读者数据表"与"借阅数据表"具有一对多关联,关联字段为"读者编号"。
(4)"读者数据表"与"读者类别"具有一对多关联,关联字段为"类别"。

3.4.3 子数据表

自 Access 2000 版本开始,Access 数据表对象支持子数据表。所谓子数据表,是指在一个数据表视图中显示已与其建立关联的数据表视图。观察图 3-15 所示的"图书数据表"的子数据表显示形式,可以看到子数据表对相互关联着的数据表数据进行综合查询提供了方便。

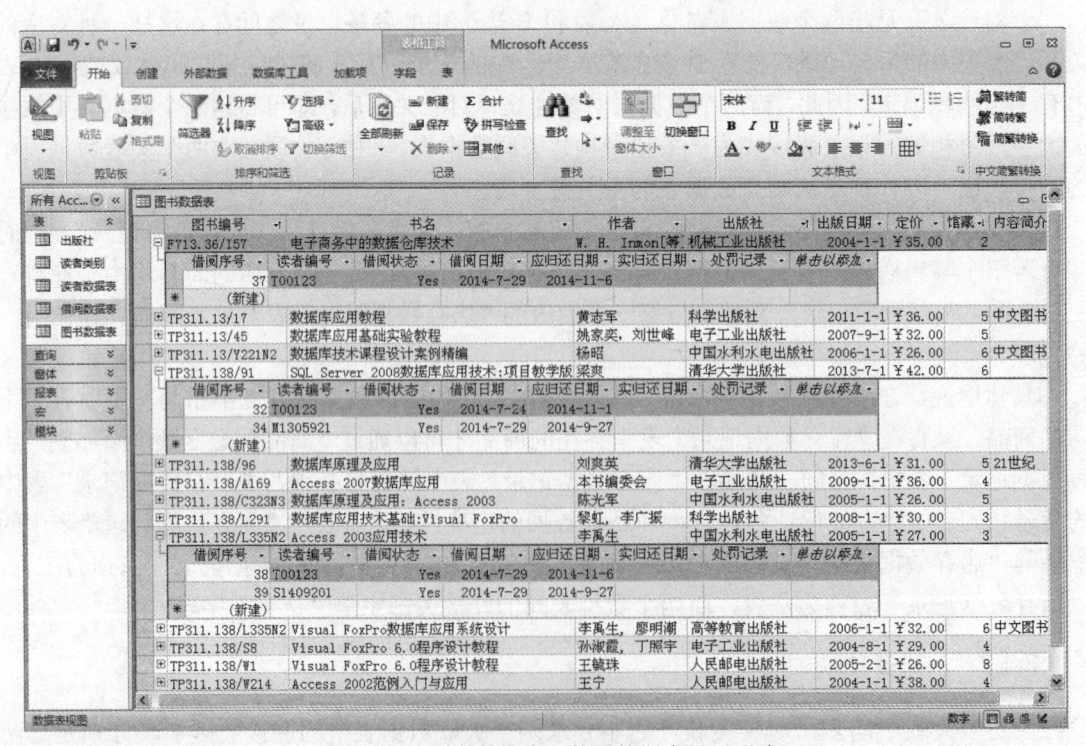

图 3-15 "图书数据表"的子数据表显示形式

在建有关联的主数据表视图上,每一条记录左端均有一个关联标记"□"。在未显示子数据表时,关联标记"□"内为一个"+"号,此时单击某一个记录的关联标记"□",即可显示该记录对应的子数据表记录的数据，而该记录左端的关联标记"□"内变成为一个"-"号。

若需展开所有记录的子数据表数据，可以在数据库设计视图的菜单栏上单击"格式"→"子数据表"→"全部展开"命令。若需将所有展开的子数据表折叠，可以在数据库设计视图的菜单栏上单击"格式"→"子数据表"→"全部折叠"命令。

3.4.4 建立 Access 表对象关联的操作

建立 Access 表对象关联的操作，需要在数据库设计视图中调用"关系"设计视图窗口。进入一个 Access 数据库设计视图后，打开一个数据表对象的设计视图，即可单击功能区中"表工具设计"选项卡上的"关系"按钮，进入"关系"设计视图窗口。在这个"关系"设计视图窗口中，我们可以按照如下步骤进行表对象的关联设置操作。

1. 选定需要建立关联的表对象

在如图 3-16 所示的"关系"设计视图窗口中，若已定义了一些数据表关系，则该窗口内会显示这些关系；若尚未定义任何关系，该窗口内没有任何内容。若需定义新的关系，可在该窗口内单击鼠标右键，在随即弹出的快捷菜单中单击"显示表"命令，或在关系设计视图的菜单栏上单击"关系"→"显示表"命令，即会弹出"显示表"对话框。

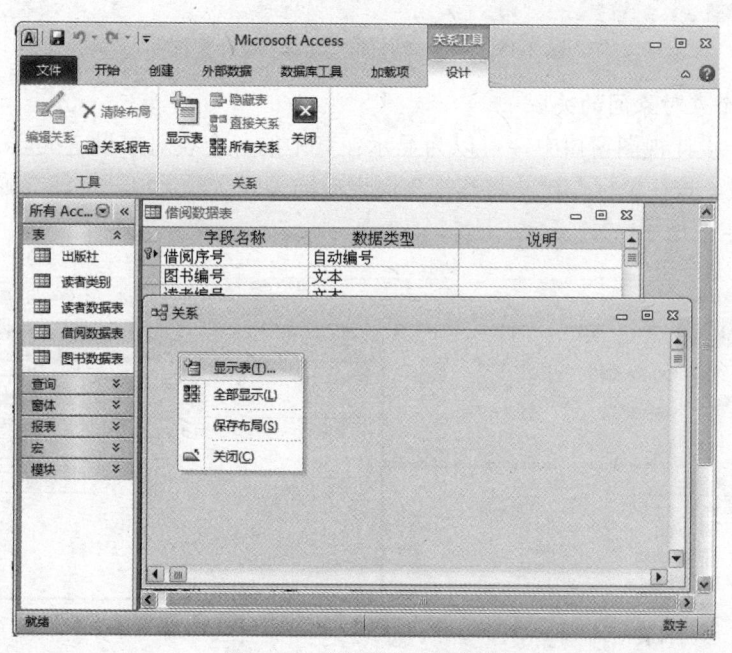

图 3-16 "关系"设计视图

在随之弹出的"显示表"对话框（如图 3-17 所示）中，依次选择需要对其设定关系的表对象，并单击"添加"按钮，使得这些表对象显示在"关系"设计视图窗口内。然后单击"关闭"按钮，关闭"显示表"对话框。

在 LIBMIS 数据库中，需要在"图书数据表"、"借阅数据表"、"读者数据表"、"出版社"、"读者类别"五个表对象间建立关联。因此，需要将 LIBMIS 数据库中的上述五个表对象添加至关系窗口中。图 3-17 所示即为在关系窗口中逐一添加了这五个表对象后的情形。

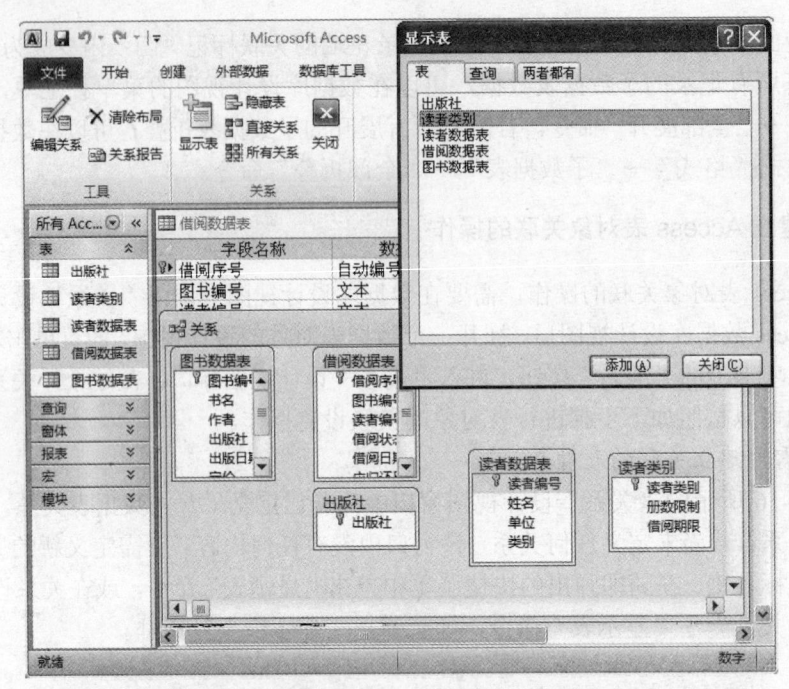

图 3-17 添加表时的"关系"设计视图

2. 设定各个表对象间的关联

在"关系"设计视图窗口中,可以为显示在其中的各个表对象设定关联。用鼠标指向主表中的关联字段,按住鼠标左键,将其拖曳至表中的关联字段上放开,就会弹出"编辑关系"对话框,如图 3-18 所示。

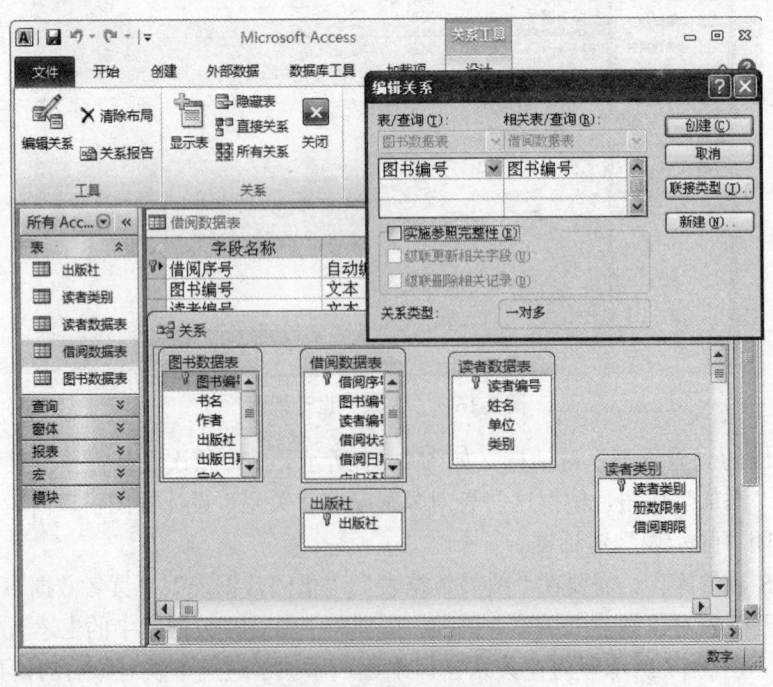

图 3-18 "编辑关系"对话框

为了建立"图书数据表"中"图书编号"字段与"借阅数据表"中"图书编号"字段之间的联接关系,应在"图书数据表"中的"图书编号"字段处按住鼠标左键,将鼠标拖曳至"借阅数据表"中的"图书编号"字段上放开。随之弹出的"编辑关系"对话框。

在图 3-18 中可以看到,主表是"图书数据表",相关表(即从表)是"借阅数据表",关系类型是一对多(意为:不要求这两个相联接的表中记录一一对应),且不设置实施参照完整性,而将参照完整性规则(不允许在相关表的外键字段中输入不存在于主表主键中的值,不允许从主表中删除在相关表中存在匹配记录的记录,不允许从主表中更改在相关表中存在匹配记录的记录主键值)交由应用程序实施。然后,单击"创建"按钮,即可看到在"图书数据表"的"图书编号"字段与"借阅数据表"的"图书编号"字段之间出现了一条连线,它表明所需要两表间关联建立完成。

按照这样的方法,需要依次设定主表"读者数据表"和从表"借阅数据表"之间由"读者编号"字段建立的一对多关系;设定主表"读者类别"和从表"读者数据表"之间由"读者类别"表字段建立的一对多关系;设定主表"出版社"表和从表"图书数据表"之间由"图书编号"字段建立的一对多关系。

这个数据库中所有数据表对象间的关系设置如图 3-19 所示。

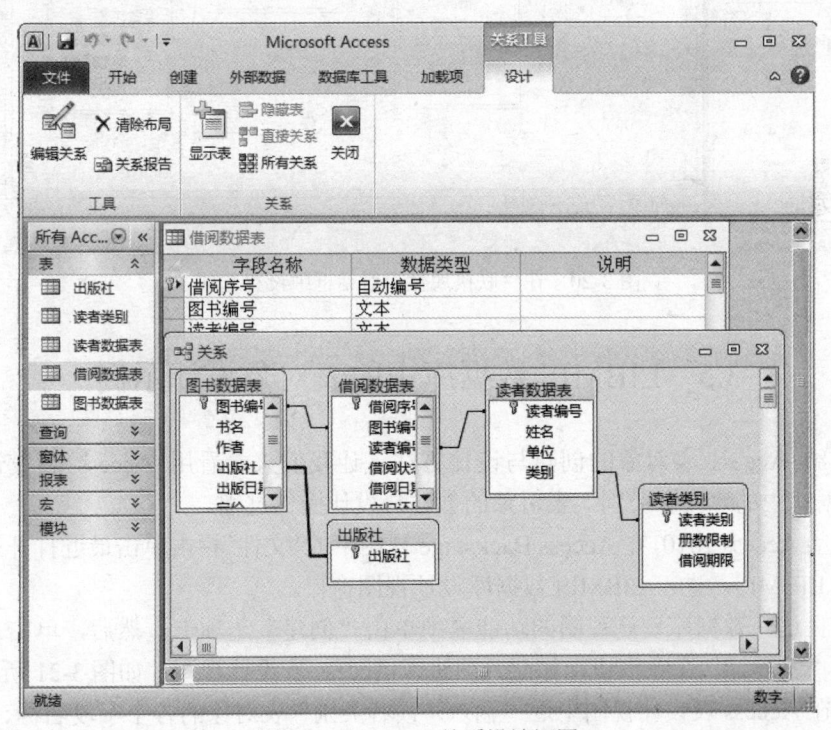

图 3-19　LIBMIS 关系设计视图

3. 选择联接类型

在"编辑关系"对话框中单击"联接类型"按钮,即可弹出"联接属性"对话框,如图 3-20 所示。从图中可见,Access 数据库支持三种不同类型的联接属性。

这三种不同类型联接属性分别是:只包含来自两个表的联接字段相等处的行,包含所有"主表"的记录和那些联接字段相等的"从表"的记录,包括所有"从表"的记录和那些联接字段相等的"主表"的记录。应该根据实际需要从中选定一种联接属性类型。对于 LIBMIS 这样一个实例，应该选择"只包含来自两个表的联接字段相等处的行"单选按钮。

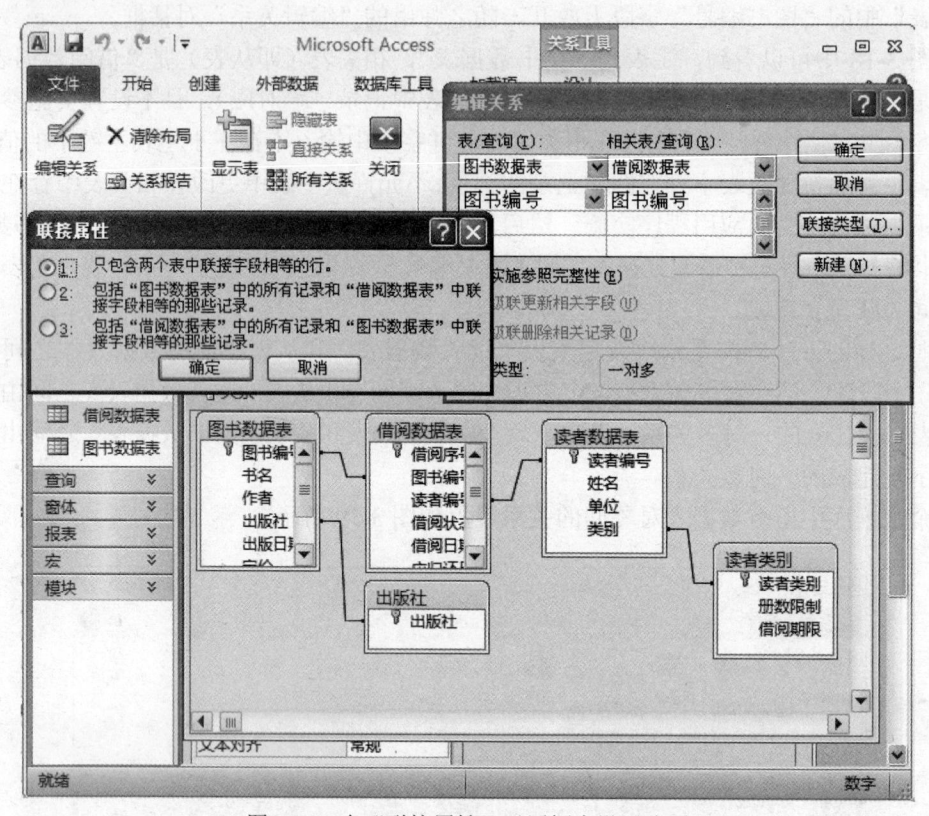

图 3-20 在"联接属性"对话框中设置选项

3.5 LIBMIS 数据库中的表对象设计示例

为了总结 Access 表对象的创建与设计方法，让我们来看看用 Access 表设计视图进行 LIBMIS 数据库中的"读者类别"表对象的创建与设计操作过程。

首先启动 Access 2010，在 Access Backstage 视图中的"文件"栏内单击最近打开过的 Access 数据库文件 LIBMIS，进入 LIBMIS 数据库设计视图窗口。

接着，在这个数据库设计视图的功能区中单击"创建"选项卡。然后，单击"创建"→"表格"→"表设计"命令按钮。如此，即进入 Access 表设计视图，如图 3-21 所示。

然后，在 Access 表设计视图中逐一输入"读者类别"表对象的各个字段名称、数据类型、字段大小等相关属性。这些字段的各个属性取值请参见表 1-19 的说明。

最后，必须将"读者类别"表对象的"读者类别"字段设定为主关键字。其操作方法是，将光标停在"读者类别"字段行的任意处，在功能区中的"表格工具设计"选项卡上单击"主键"按钮。操作完成后，可以在"读者类别"字段行的左端标志块上看到一个🔑标记。

"读者类别"表对象各个字段的其他常规属性和查阅属性都可采用 Access 的默认值，这也正是 Access 的一个非常方便的设置，它将各个属性参数的默认值均设置为最常用的取值。

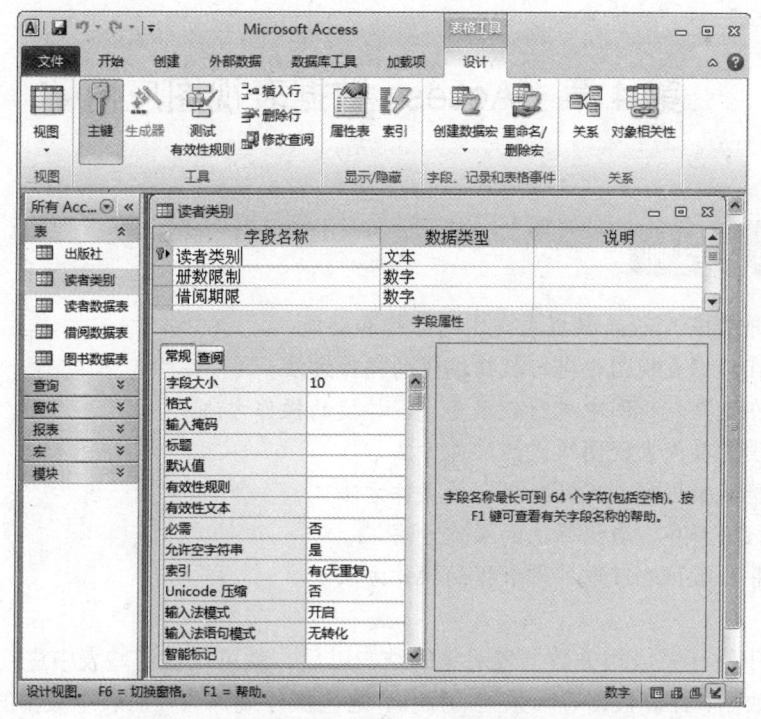

图 3-21　应用表设计视图设计"读者类别"表结构

设计操作完毕，单击设计窗口右上角的 按钮，即弹出"是否保存新建表"对话框（如图 3-2 所示），单击"是"按钮。接着，在弹出的"另存为"对话框（如图 3-3 所示）中输入数据表名"读者类别"，单击"确定"按钮。就可在当前数据库设计视图的"表"对象选项卡中看到新建成的"读者类别"表对象，即完成了"读者类别"表对象结构的设计操作。

在 LIBMIS 数据库中，还需要创建"出版社"表对象。建议读者按照上述方法并依据表 1-18 的说明完成这个表对象的设计。

习题 3

1. 请逐一说明 Access 数据表对象结构组成中最主要的五个属性。
2. 请说明在关系数据库的数据表中主关键字段的含义及其作用。
3. 如何修改数据表的结构？
4. 请在 LIBMIS 数据库中完成"出版社"表对象创建与设计，设计依据为表 1-18 的说明。
5. 请列出 Access 支持的索引类型，并说明建立索引的作用。
6. 何谓字段的查阅属性设计？在什么样的情况下需要进行字段的查阅属性设计？
7. 何谓表对象之间的关系设定？在什么样的情况下需要进行表对象之间的关系设定？
8. 请列举 Access 支持的三种类型的表对象联接属性，并分别说明各自的联接效果。

第 4 章 Access 数据表视图应用

本章学习目标

- 学习并掌握 Access 数据表视图的结构和功能
- 掌握在数据表视图中进行数据编辑的操作方法
- 掌握在数据表视图中进行数据查找、替换的操作方法
- 掌握设置数据表视图格式的操作方法
- 了解隐藏数据列、冻结数据列的操作方法
- 掌握数据排序、数据筛选的操作方法
- 掌握导出数据和获取外部数据的操作方法

在数据库中设计完成相关数据表对象的结构以后，就可以在这些表中进行填写数据、修改数据、删除数据、计算数据等一系列的操作，这些操作统称为针对表中数据的编辑操作。除此之外，还可以针对表中数据进行查找、替换、排序与筛选以及导入与导出操作等。所有这些针对数据表中数据进行的操作，都需要在 Access 数据表视图中进行。本章主要介绍 Access 数据表视图的结构与功能，以及各项针对数据表数据操作的方法。

4.1 Access 数据表视图的功能选项

对表中数据所进行的所有操作都在数据表视图中进行。进入数据表视图的方法是：在数据库设计视图的导航窗格内选中准备对其进行操作的表对象，然后双击这个表对象名。数据表视图形式如图 4-1 所示。

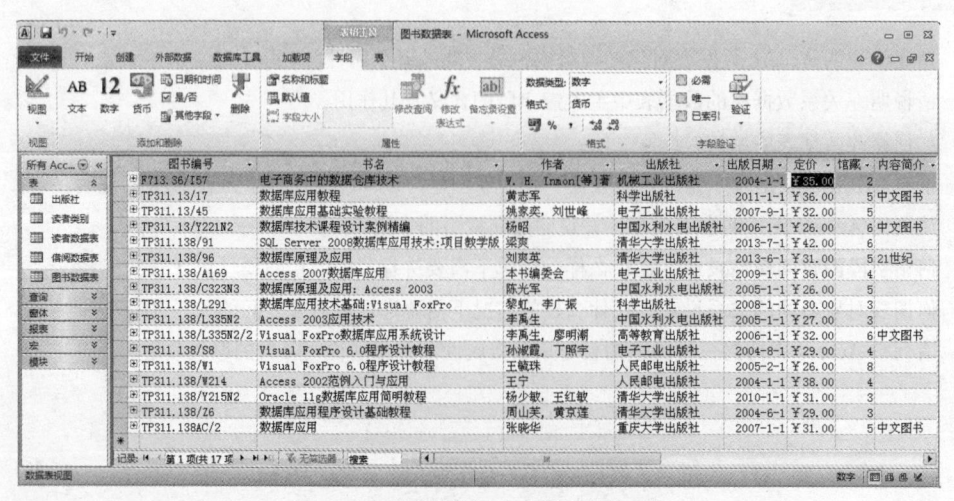

图 4-1 "图书数据表"数据表视图

在 Access 表对象的数据表视图中，显示的不再是这个表对象的结构属性，而是这个表对象中存储的数据。数据表视图的每一列称为一个字段，每一行称为一条记录。例如，"图书数据表"拥有 8 个字段，目前拥有 17 条记录。

在 Access 数据表视图窗口的功能区中，增加了两个功能选项卡："表格工具字段"选项卡和"表格工具表"选项卡。这两个选项卡上集成了一些能够在数据表视图中应用的功能按钮。

4.1.1 表格工具字段选项卡

在 Access 数据表视图中，单击功能区中的"表格工具字段"选项卡，其选项卡区域内的命令按钮布局如图 4-1 上部所示。

"表格工具字段"选项卡中的命令按钮可以分为 5 个命令组项。

1. "视图"组项

"视图"组项仅包含一个命令按钮"视图"，是一个下拉菜单式按钮，我们可以在这个下拉式菜单按钮中选定操作对象的特定视图，其功能等同于"开始"选项卡上的"视图"组项按钮"视图"。

2. "添加和删除"组项

"添加和删除"组项包含 7 个命令按钮，均用于在当前数据表中添加或者删除字段。

（1）"文本"按钮用于在当前光标所在字段的右边添加一个"文本"数据类的字段。

（2）"数字"按钮用于在当前光标所在字段的右边添加一个"数字"数据类的字段。

（3）"货币"按钮用于在当前光标所在字段的右边添加一个"货币"数据类的字段。

（4）"日期和时间"按钮用于在当前光标所在字段的右边添加一个"日期和时间"数据类的字段。

（5）"是/否"按钮用于在当前光标所在字段的右边添加一个"是/否"数据类的字段。

（6）"其他"按钮是一个下拉菜单式按钮，我们可以在这个下拉式菜单按钮中选定一个数据类型，即可将此数据类的字段添加到前光标所在字段的右边。

（7）"删除"按钮用于将当前光标所在字段删除。一旦单击这个按钮，Access 将弹出询问对话框，要求确定删除操作后方才实施删除字段的操作。

3. "属性"组项

"属性"组项包含 6 个命令按钮，均用于在当前数据表中更改光标所在字段的相关属性。前三个命令按钮的功能比较常用，后三个命令按钮的功能仅在某些特殊表对象上可能使用。

（1）"名称和标题"按钮用于更改当前光标所在字段的名称、标题和说明三项属性值。

（2）"默认值"按钮。单击这个按钮将调用 Access 表达式生成器，以使得可以为当前光标所在字段设置新的默认值。

（3）"字段大小"采用一个文本框的形式呈现，我们可以在这个文本框中输入数字，用于设定当前光标所在字段的宽度。

4. "格式"组项

"格式"组项包含 7 个格式属性设置项，分别用于设置光标所在字段的格式属性。

（1）"数据类型"属性设置项是一个下拉式组合框，可以在此重新设定光标所在字段的数据类型。对于已经设定为"文本"数据类型的字段，本组项中的其他格式属性均不可重新设定，这些属性设置项表现为灰色。

（2）"格式"属性设置项也是一个下拉式组合框，用于设定对应数据类型字段的格式属性。例如，当前光标定位于"定价"字段时，由于这个字段的数据类型为"数字"，这就使得我们可以使用"格式"属性设置项重新设置其定价显示格式为"常规数字"、"货币"、"欧元"或者是"固定"等等。参见图 4-1 所示。

（3）其他 5 个属性设置项都是以按钮的形式呈现，仅当前字段数据类设置为"数字"时，方为有效。单击 按钮可以设置当前字段为"货币"格式。单击 % 按钮可以设置当前字段数据显示为百分比格式。单击"，"按钮可以设置当前字段数据显示为每三位一个逗号的格式。每单击 按钮一下，可以设置当前字段数据小数位增加一位。每单击 按钮一下，可以设置当前字段数据小数位减少一位。

5. "字段验证"组项

"字段验证"组项包含 4 个格式属性设置项，分别用于设置光标所在字段的数据规则属性。

（1）"必需"属性设置项以一个单选框的形式提供，用于设置当前字段数据是否可以空着不填，图 4-1 所示为允许"定价"字段空着不填。

（2）"唯一"属性设置项也以一个单选框的形式提供，用于设置当前字段在不同记录中的数据是否可以相同，图 4-1 所示为允许"定价"字段在不同记录中的数据相同。

（3）"已索引"属性设置项仍然以一个单选框的形式提供，用于设置当前字段的索引，图 4-1 所示为"定价"字段未建索引。

（4）"验证"属性设置项以一个下拉式菜单按钮的形式呈现，用于设置当前字段数据的验证规则以及数据验证提示信息。

4.1.2 表格工具表选项卡

在 Access 数据表视图中，单击功能区中的"表格工具表"选项卡，其选项卡中包括 5 个命令组项，各组项中的命令按钮布局如图 4-2 所示。

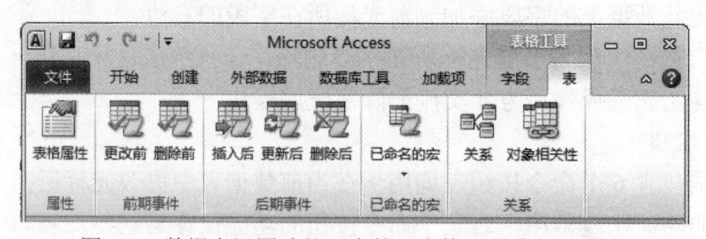

图 4-2 数据表视图功能区中的"表格工具表"选项卡

1. "属性"组项

"属性"组项仅包含一个命令按钮"表格属性"，单击这个按钮，Access 将弹出一个"输入表属性"对话框。我们可以根据需要在这个对话框中为当前数据表对象设置"排序依据"、"筛选依据"、"方向"和"断开连接时为只读"共四项表属性。

2. "前期事件"组项

"前期事件"组项包含两个命令按钮，均用于为当前数据表设置前期事件的处理方法。在 Access 数据库应用系统中，对事件的处理方法可以两种形式设置，一种是设置对应的宏对象，另一种是设置对应的内置模块对象，它们都可以在某一事件发生时得到运行，从而形成处理该事件的功能。

（1）单击"更改前"命令按钮将调用 Access 宏编辑器，我们可以在这个编辑器中编写宏指令，进而产生一个 Access 宏对象。这个 Access 宏对象将在当前数据表数据被更改前得以执行。

（2）单击"删除前"命令按钮也将调用 Access 宏编辑器，而我们也可以在这个编辑器中编写宏指令，进而产生一个 Access 宏对象。但是，这个 Access 宏对象将在当前数据表数据被删除前得以执行。

3. "后期事件"组项

"后期事件"组项包含 3 个命令按钮，均用于为当前数据表设置后期事件的处理方法。与前期事件处理方法的设置相似，单击"后期事件"组项中的某一个命令按钮，也将调用 Access 宏编辑器。同样地，我们也可以在这个编辑器中编写宏指令，进而产生一个 Access 宏对象。而这个 Access 宏对象将在当前数据表数据被更改后得以执行。

这 3 个命令按钮分别为："插入后"、"更新后"和"删除后"，单击其中一个按钮后，所设置的宏对象将分别在当前数据表中插入记录后得以执行，当前数据表数据得到更新后得以执行，以及当前数据表数据被删除后得以执行。

4. "已命名的宏"组项

"已命名的宏"组项仅包含一个下拉式菜单按钮"已命名的宏"，单击这个按钮，菜单中包含"创建已命名的宏"、"编辑已命名的宏"和"重命名/删除宏"三个菜单项。单击一个菜单项即可实施针对某一个宏对象的操作。

5. "关系"组项

"关系"组项包含 2 个命令按钮，均用于为当前数据库表设置关系。

（1）单击"关系"命令按钮将调用 Access 关系编辑器，我们可以在关系编辑器中设置当前数据库中个表对象之间的关系。关于 Access 关系编辑器的应用方法，详见 3.4.4 节内容。

（2）单击"对象相关性"命令按钮将调用 Access 对象相关性编辑器，我们可以在这个编辑器中设定当前数据库中的各个相关对象之间的关联。

4.2　在数据表视图中进行数据编辑

4.2.1　增加数据记录

在关系数据库中，一个数据表被称为一个二维表，一个二维表的一行称为一个记录，增加数据记录也就是在表的末端增加新的一行，可以有 3 种操作方法。

1. 直接添加

直接用鼠标将光标点到表的最后一行上，该行行首的标志为 ＊。输入所需添加的数据，即完成了增加一个新记录的操作。

2. 应用"记录指示器"按钮

单击"记录指示器" 记录: ◀ 第1项(共17项) ▶ ▶ 上最右侧的"增加新记录"按钮 ▶*，光标自动跳到表的最后一行上，即可输入所需添加的数据。

3. 应用功能区命令按钮

单击功能区中"开始"→"记录"→"新建"按钮，光标自动跳到表的最后一行上，即可输入所需添加的数据。

也可以单击功能区中"开始"→"查找"→"转至"按钮,在下拉式菜单中单击"新建"菜单项,光标也会自动跳到表的最后一行上,即可输入所需添加的数据。

4.2.2 删除数据记录

当数据表中的一些数据记录不再有用时,可以从数据表中删除它们,这称为删除记录。方法如下:

首先,必须选中需要删除的那些记录(这些记录必须是连续的,否则只能分为几次删除)。可以点中欲删除的首记录最左端的记录标志拖曳至欲删除的尾记录最左端的记录标志处放开鼠标左键;也可以单击欲删除的首记录最左端的记录标志,然后再按住 Shift 键并单击尾记录最左端的记录标志。被选中的欲删除记录将呈一片灰蓝色。

接着,可以有三种不同的方法删除被选中的记录:

(1) 按"删除"键 Delete;

(2) 单击鼠标右键,在随着出现的快捷菜单中单击"删除记录"菜单项;

(3) 单击功能区中"开始"选项卡上的"记录"命令组项中的"删除"按钮。

无论采用哪一种删除记录的方法,Access 都会弹出一个删除确认对话框,如图 4-3 所示。在删除确认对话框中单击"是"按钮,方可完成数据记录的删除操作。

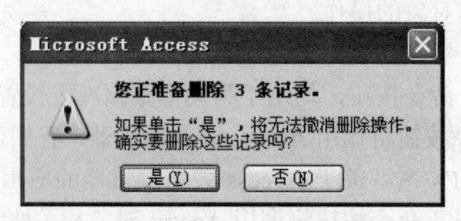

图 4-3 Access 数据记录删除确认对话框

请注意,在数据库中数据是最宝贵的资源,删除记录的操作应该谨慎。

4.2.3 修改数据记录

数据表视图本身就是一个全屏幕编辑器,只需将光标移动到所需修改的数据处并选中该数据,输入新的数据,就可以修改光标所在处的原有数据。

4.2.4 查找、查找并替换字段数据

1. 查找字段数据

数据库中保存的记录通常都是很多的。若需查找某一个特定数据,靠操纵数据表在屏幕中上下滚动来查找数据将非常困难。可以借助 Access 提供的查找功能来实现快速查找。在数据表视图窗口的功能区中,单击"开始"→"查找"→"查找"按钮,即可弹出"查找和替换"对话框,如图 4-4 所示。

在"查找和替换"对话框的"查找"选项卡上,有 3 个选项将直接影响查找的结果。"查找范围"下拉列表框可列出当前表的所有字段名,选择一个以确定将在哪一个字段中查找数据;"查找内容"下拉列表框用于输入所需查找的数据;"匹配"下拉列表框可列出各种匹配方式。在图 4-4 中所填入的三个选项内容表示,希望在"图书数据表"中的"出版社"字段下

找到名为"中国水利水电出版社"的图书数据记录。确定 3 个查找选项后，单击"查找下一个"按钮，Access 将会把光标定位于满足查找条件的第一条记录处。

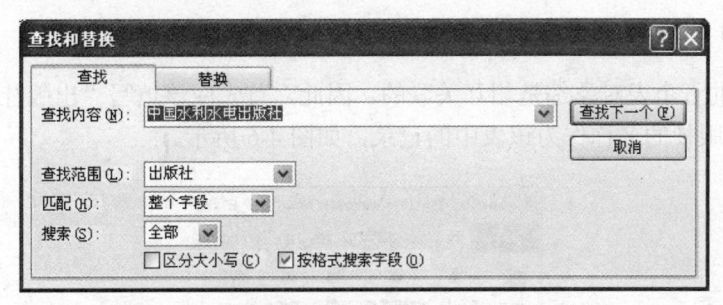

图 4-4 "查找和替换"对话框（"查找"选项卡）

2. 查找并替换字段数据

时常会有这样的需要，表中的某一字段下的很多数据都需要改为同一个数据，这时就可以使用"查找并替换字段数据"功能。在数据表视图窗口的功能区中，单击"开始"→"查找"→"替换"按钮，或在图 4-4 所示对话框中单击"替换"选项卡，如图 4-5 所示。

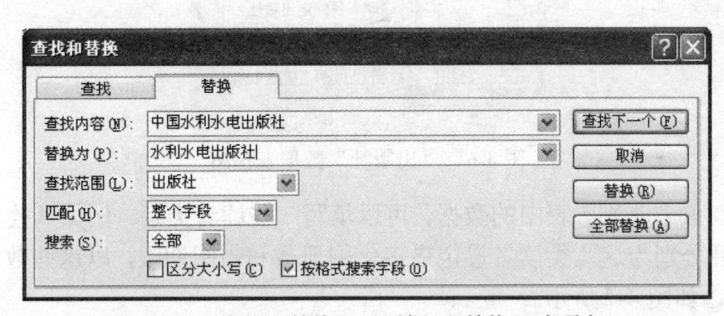

图 4-5 "查找和替换"对话框（"替换"选项卡）

与图 4-4 相比，图 4-5 所示对话框中多了一个"替换为"下拉列表框。在该下拉列表框中应填入将要替换成的值。图 4-5 所示数据表示，希望在"图书数据表"中的"出版社"字段下找到其字段值为"中国水利水电出版社"的记录，并将其改为"水利水电出版社"。确定查找和替换选项后，单击"替换"按钮，Access 将会把光标定位位置处的字符串更改为"替换为"指定的字符串。轮流地单击"查找下一个"按钮与"替换"按钮，即可实现交互式查找和替换操作。也可以单击"全部替换"按钮，以实现将所有满足"查找内容"指定值的字符串全部更改为"替换为"指定的字符串。

4.2.5 复制与粘贴字段数据

如同在 Excel 中一样，Access 可以在当前表中复制或移动字段数据。

为了复制字段数据，首先，选中需要复制的连续记录中的连续字段中的数据，使之形成一块灰蓝色的矩形区域。接着，在数据表视图窗口的功能区中单击"开始"选项卡"剪贴板"命令组项中的"复制"按钮（或在键盘上按下组合键 Ctrl+C）。然后，选中需要得到复制品的相同大小的区域。最后，在数据表视图窗口的功能区中单击"开始"选项卡"剪贴板"命令组项中的"粘贴"按钮（或在键盘上按下组合键 Ctrl+V），即完成了字段数据的复制操作。

移动字段数据类似于复制字段数据的操作。其差别仅在于第二步操作：应在数据表视图窗口的功能区中单击"开始"选项卡"剪贴板"命令组项中的"剪切"按钮。

4.2.6 编辑 LIBMIS 数据库中各表数据

LIBMIS 中的五个表对象都是相互关联的。因此，首先应该填写"出版社"表中的数据，可以填写一些出版社的名称作为该表中的记录，如图 4-6 所示。

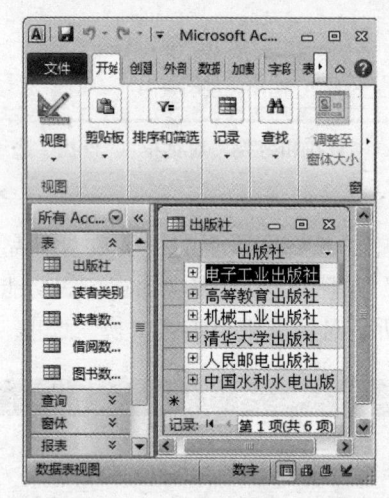

图 4-6 "出版社"数据表视图

然后，填写"读者类别"表中的数据，可以填写一些读者类别，例如"教工"、"本科生"、"专科生"等，并分别为这几类读者设定最多借阅册数和借阅期限，以这些数据作为"读者类别"表中的记录，如图 4-7 所示。

图 4-7 "读者类别"数据表视图

接着，应该填写"图书数据表"中的数据，可以填写一些图书的"图书编号"、"书名"、"作者"和"出版社"等数据作为其中的记录。请参考图 4-1 所示的数据填写。

最后，填写"读者数据表"中的数据，可以填写一些读者的"读者编号"、"姓名"、"单位"和"类别"数据作为其中的记录。请参考图 4-8 所示的数据填写。

图 4-8 "读者数据表"数据表视图

至于"借阅数据表"中的数据填写，由于其与上述各表数据的关联非常紧密，需要重点考虑数据的关联性。可以参考图 4-9 所示的数据填写。

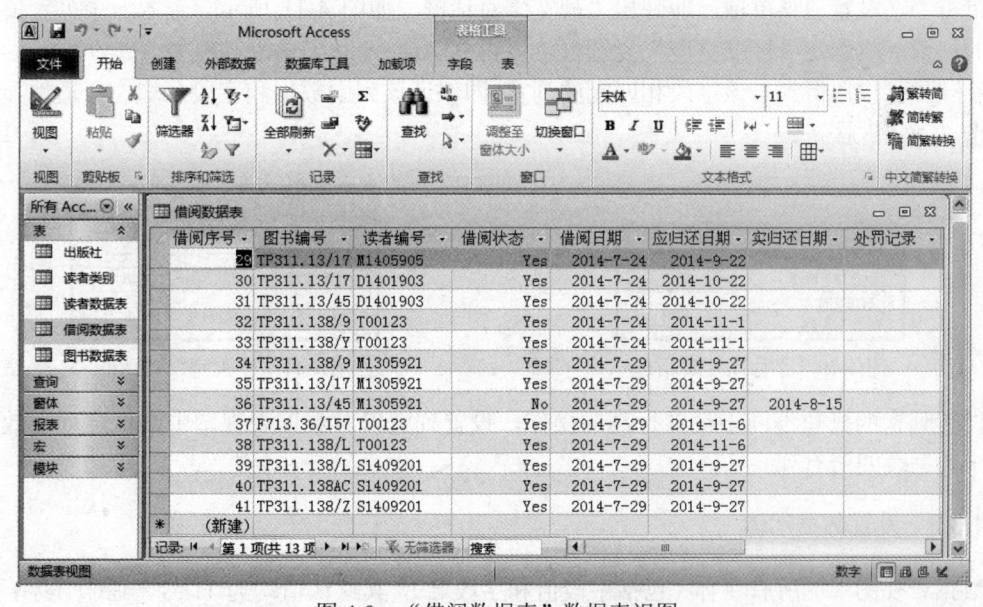

图 4-9 "借阅数据表"数据表视图

4.3 设置数据表视图的格式

4.2 节所示数据表视图的格式均为 Access 的默认数据表视图格式。实际上，可以根据操作者的个人喜好或数据库应用系统的实际需求，自行修改设定数据表视图的格式，包括数据表的行高和列宽、字体、样式等的修改与设定。

4.3.1 设置行高和列宽

1. 数据表视图中的行高设置

（1）采用拖曳方式调整行高

在数据表最左端，将鼠标移至表中两个记录的交界处，鼠标就会变成形式，按住鼠标左键不放上下拖曳，即可改变表的行高。

（2）采用数值方式设置行高

将鼠标点停留在数据表最左端处，右击即可弹出快捷菜单，在这个菜单栏上单击"行高"菜单项，即弹出"行高"对话框，如图 4-10 所示。输入一个行高数值得到期望的行高，或选定"标准高度"复选框，得到 Access 认定的默认行高（13.5 像素），然后单击"确定"按钮。

对于行高的调整或者设置，都将导致整个数据表中所有记录行的高度采用同一个行高。

2. 数据表视图中的列宽设置

（1）采用拖曳方式调整列宽

将鼠标移至表中两个字段名的交界处，鼠标就会变成形式，按住鼠标左键不放左右拖曳，即可改变数据表中位于符号右侧字段的列宽。

（2）采用数值方式设置列宽

将鼠标移至表中需要更改列宽的那一列字段名处，右击即可弹出快捷菜单，在这个菜单栏上单击"字段宽"菜单项，即弹出"列宽"对话框，如图 4-11 所示。输入一个列宽值得到期望的列宽，或选定"标准宽度"复选框，以得到 Access 认定的默认列宽（2.499cm），或单击"最佳匹配"按钮得到与该字段相匹配的列宽（即保证该列中数据和字段名均能合适地显示），再单击"确定"按钮。

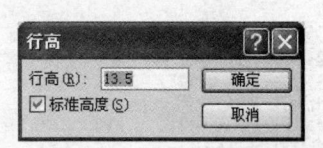

图 4-10 "行高"对话框　　　　图 4-11 "列宽"对话框

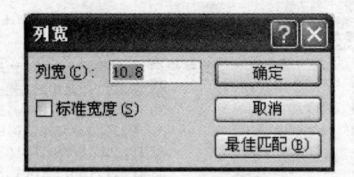

设置列宽的操作不同于设置行高的操作，设置列宽仅对数据表视图中的指定列有效，而非整个数据表的所有列。

4.3.2 设置数据字体

数据表视图中的所有字体（包括字段值和字段名），其默认值均为 11 号普通宋体字，这是由 Access 功能选项参数确定。若需要更改数据字体设置，当然可以通过设定 Access 功能选项参数来实现。关于 Access 功能选项参数设置的操作方法，可参阅图 2-18 所示"Access 选项"对话框中的"数据表"选项卡，并在选定"数据表"选项卡的基础上进行设置操作。

如果需要为某一个数据表设置其独特的显示字体，则可以在其数据表视图功能区中的"开始"选项卡上，通过设置"文本格式"组项中的相关参数得以实现。可以设置的参数很丰富，包括字体、字形、字号、对齐方式、网格线和色彩等。注意，如此设定的字体、字型、字号及其颜色仅对当前数据表视图有效。

4.3.3 设置数据表格式

为了设置数据表视图格式，需要数据表视图功能区中的"开始"选项卡上，单击"文本格式"组项中的 按钮。这时，Access 将弹出"设置数据表格式"对话框，显示着当前数据表格式的对应属性值，并允许修改，如图 4-12 所示。

图 4-12 "设置数据表格式"对话框

我们可以根据需要设置数据表格式。例如，可以设置单元格效果为"凸起"，设置背景色为"茶色"，设置网格线颜色为"深蓝"，然后单击"确定"按钮，即完成了数据表视图的设置操作。图 4-13 所示即为上述属性值设置的数据表格式效果，可以将其与图 4-9 所示数据表格式作比较。

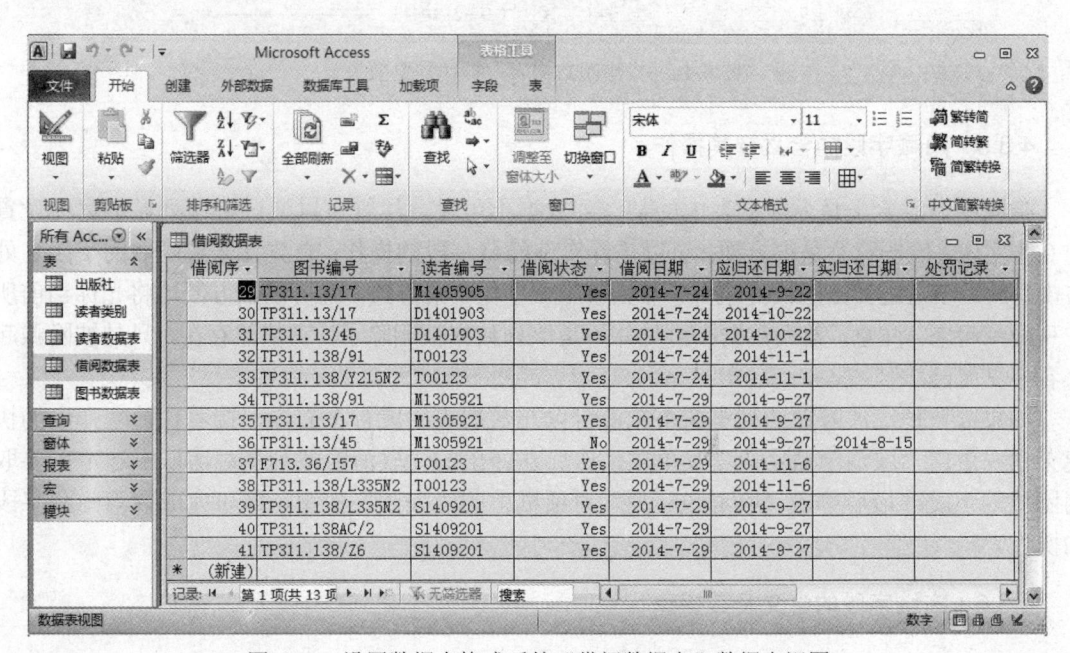

图 4-13 设置数据表格式后的"借阅数据表"数据表视图

4.3.4 数据表中数据的打印及打印预览

在数据表视图中调整好合适的显示格式以后,即可在打印机上打印出来。打印获得的效果与数据表视图中的显示效果基本相同,因此可以得到美观的输出表格。

为了调用打印或者打印预览功能,需要单击数据表视图窗口功能区内的"文件"选项卡,随之出现"文件"选项卡视图。在这个"文件"选项卡视图中,单击命令组项"打印"按钮,可以看到三个命令按钮"快速打印"、"打印"和"打印预览"。

在正式打印之前,一般都希望在屏幕上预览一下打印格式是否美观合适,打印数据是否正确,这个操作称为打印预览。单击命令组项"打印"中的"打印预览"按钮,即可实施数据表的打印预览操作。图 4-14 所示即为前述特定显示格式的打印预览效果。

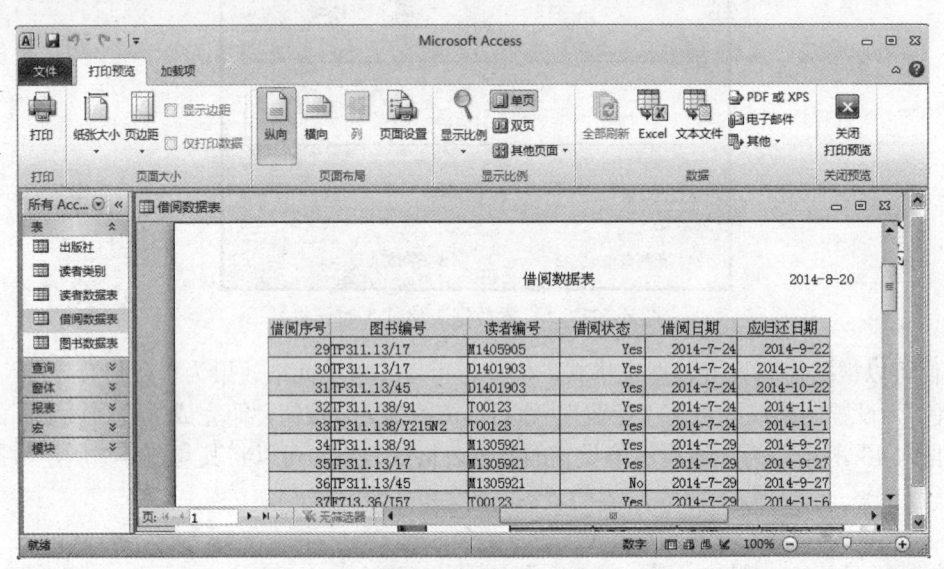

图 4-14 "借阅数据表"打印预览效果

4.3.5 隐藏字段的含义及其操作

隐藏字段的含义是令数据表中的某一列数据不可见,尽管可以通过将该列显示宽度设置为 0 来实现,但毕竟不是很方便。可以这样实施隐藏字段的操作:首先在需要隐藏的字段名处右击,然后在随之弹出的快捷菜单中单击"隐藏字段"菜单项,就可以很方便地将光标当前所在列隐藏起来。注意,某列数据不可见并不是该列数据被删除了,它依然存在,只是被隐藏起来看不见而已。

如果需要把已经隐藏的列重新可见,可以在数据表字段行上右击,接着在随之弹出的快捷菜单中单击"取消隐藏字段"菜单项,然后在弹出的"取消隐藏列"对话框中选定需要取消隐藏的字段,最后单击"取消隐藏列"对话框上的"关闭"按钮,即可完成取消隐藏字段的操作。

4.3.6 冻结字段的含义及其操作

若遇到一个很宽的数据表,屏幕上无法显示其全部字段,就会给输入或查看数据带来一些困难。例如，一个单位的职工工资表就会具有很多字段，显示很宽。在这个职工工资表输入数据时，往往会希望在输入表中右端数据时，其最左端的"工号"和"姓名"两列能够固定显示在屏幕的左端，它们不随其他字段的左右移动而移动，这样的需求就可以通过设置冻结字段来实现，如图 4-15 所示。

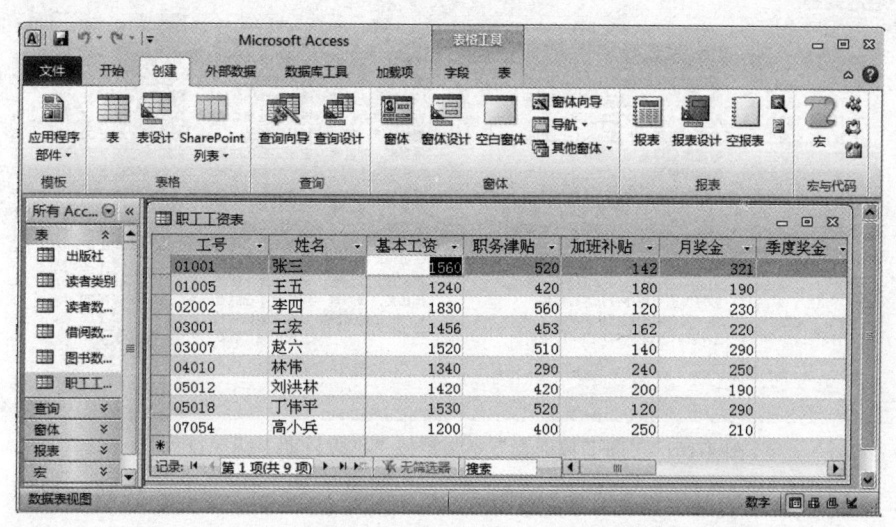

图 4-15 冻结"职工号"和"姓名"两列后的数据表视图

冻结字段的操作方法是，在数据表视图中，选中第一个需冻结的字段名上并拖曳鼠标至最后一个需冻结的字段名上（这些字段必须是连续排列的），单击鼠标右键，在随之弹出的快捷菜单中单击"冻结字段"菜单项，就完成了冻结字段的操作。图 4-15 所示为冻结"职工号"和"姓名"两个字段后的情形，此时，冻结列和非冻结列之间的垂直分界线呈深色。

设定的冻结字段将保存至取消冻结字段操作之后。取消冻结字段操作方式是，在数据表字段行上右击，接着在随之弹出的快捷菜单中单击"取消冻结所有字段"菜单项，即可完成取消冻结字段的操作。

4.4 在数据表视图上进行数据检索

在数据表视图上进行数据检索，包括数据排序和数据筛选两项操作。

4.4.1 数据排序

在数据表视图中查看数据时，通常都会希望数据记录是按照某种顺序排列，以便于浏览。

在不特别设定排序的情况下，数据表视图中的数据总是依照数据表中的关键字段按照升序来显示的。若需数据记录按照另外一种顺序排列，可以有以下几种方式：

（1）应用功能区命令按钮实施字段数据排序

首先，将光标定位于需要排序字段的任一行处；然后，单击功能区"开始"选项卡上"排序和筛选"命令组项中的"升序"或者"降序"命令按钮，即可得到按该字段数据的升序或者降序排列显示的效果。图 4-16 所示即为"图书数据表"中的数据按照"出版日期"降序排列显示的情况。

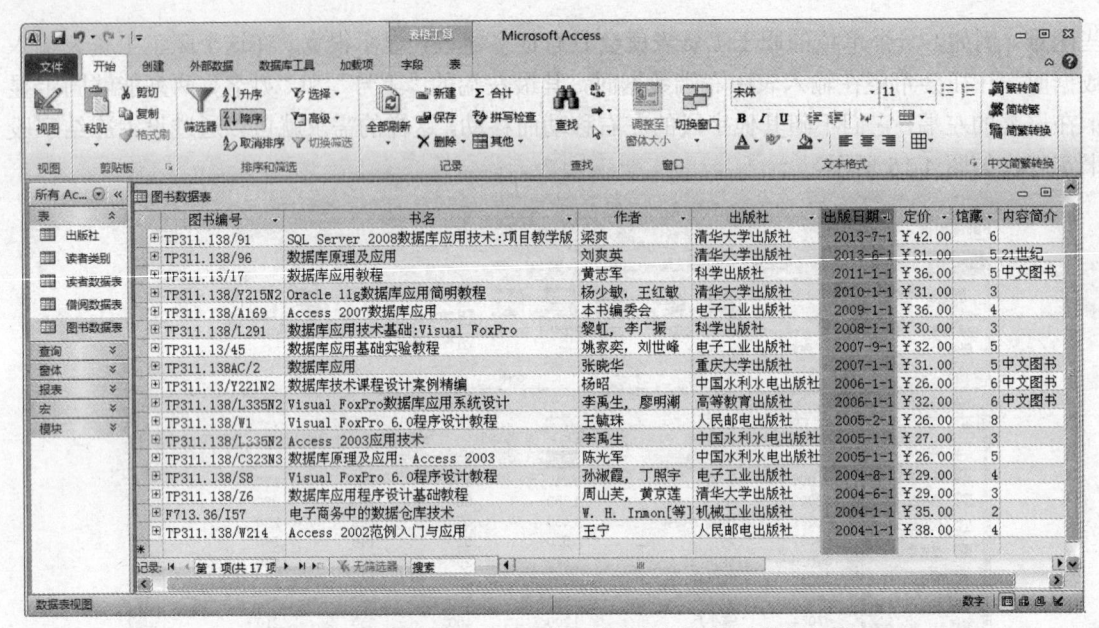

图 4-16 "图书数据表"中数据按"出版日期"降序排列

(2) 应用字段筛选器实施字段数据排序

仔细观察，可以看到数据表视图中的每一个字段名的右下角都有一个 ▼ 按钮，称之为字段筛选器按钮。单击这个按钮，即可弹出字段筛选器。我们可以在字段筛选器中设置字段数据排序。

例如，在"图书数据表"视图中，单击"出版社"字段上的字段筛选器按钮，并在其对应的字段筛选器中单击"升序"选项，即可使得"图书数据表"中的数据记录按照"出版社"数据的升序排列，如图 4-17 所示。

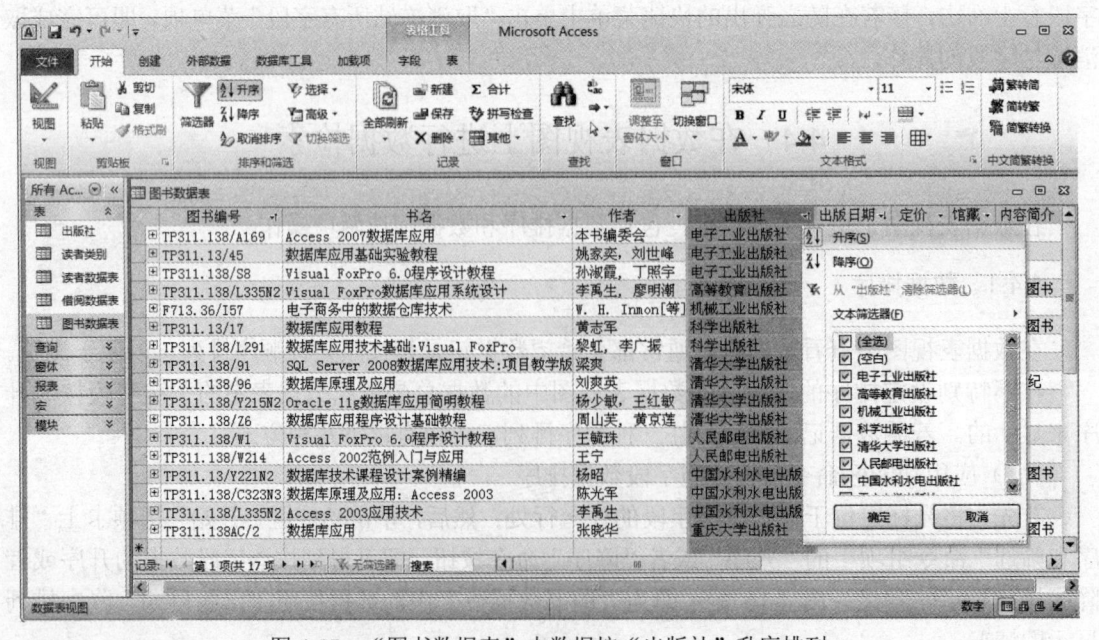

图 4-17 "图书数据表"中数据按"出版社"升序排列

（3）应用快捷菜单实施字段数据排序

在需要排序的字段上单击鼠标右键，在随之弹出的快捷菜单中单击"降序"（或"升序"）菜单项，也可得到按该字段数据的升序或降序排列显示。例如，在"图书数据表"的"出版日期"字段上单击右键，在随之弹出的快捷菜单中单击"降序"菜单项，同样可以得到图4-16所示的排序显示效果。

4.4.2 数据筛选

数据筛选的意义是，在众多的数据记录中只显示那些满足某种条件的数据记录。例如，在"图书数据表"中要查阅馆藏图书中某一个出版社图书的目录一览，就需要在全部数据记录中筛选出"出版社"字段值为该出版社名称的记录。只显示这些数据记录，就满足了上述的查询需求。Access 2010 提供2种筛选器"字段筛选器"和"选择筛选器"供我们使用。

1. 应用字段筛选器

字段筛选器可以两种方式调用：①在数据表视图窗口功能区中的"开始"选项卡上，单击"排序和筛选"组项内的"筛选器"按钮；②在数据表视图中，单击某一个字段名右下角处的"字段筛选器"按钮 ；都可以调用字段筛选器。

字段筛选器的形式如图4-18所示，不仅可以用于字段数据排序，还可用于字段数据筛选。在字段筛选器中罗列着当前字段的所有数据，每一项数据都是一个多选框。我们可以根据需要勾选需要筛选出需要的数据，然后单击字段筛选器中的"确定"按钮，即可使得数据表视图中仅显示筛选中的数据。

例如，我们想查阅"图书数据表"中由中国水利水电出版社出版的书籍，可以这样来试试筛选操作：首先，进入"图书数据表"视图，并将光标置于"出版社"字段的任一行上；接着，单击功能区"开始"选项卡上"排序和筛选"组项内的"筛选器"按钮；然后，在字段筛选器中仅勾选"中国水利水电出版社"复选项；最后，单击字段筛选器中的"确定"按钮，即可使得数据表视图中仅显示由中国水利水电出版社出版的图书数据，如图4-18所示。

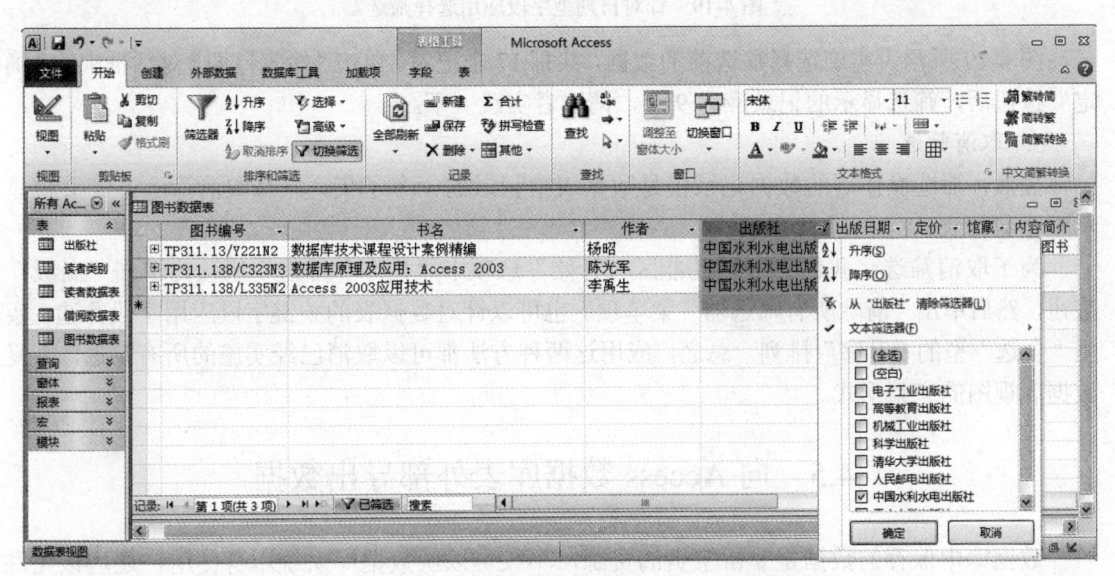

图4-18 筛选"中国水利水电出版社"出版图书数据

2. 应用选择筛选器

如果我们希望查阅 2005 年至 2010 年出版的图书数据，就需要应用选择筛选器来实现需求。也就是说，应用选择筛选器可以满足针对某一项数据的选择性筛选需求。

在数据表视图窗口功能区中的"开始"选项卡上，单击"排序和筛选"组项内的"选择"按钮，即可调用选择筛选器。

现以查阅 2005 年至 2010 年出版的图书数据为例说明操作方式。首先，进入"图书数据表"视图，并将光标置于"出版日期"字段的任一行上；接着，单击功能区"开始"选项卡上"排序和筛选"组项内的"选择"按钮；然后，在选择筛选器中单击"期间"菜单项；最后，在随之弹出的"始末日期"对话框中分别填入"最旧"日期为 2005-1-1，"最新"日期为 2009-12-31，并单击"确定"按钮，如图 4-19 所示。

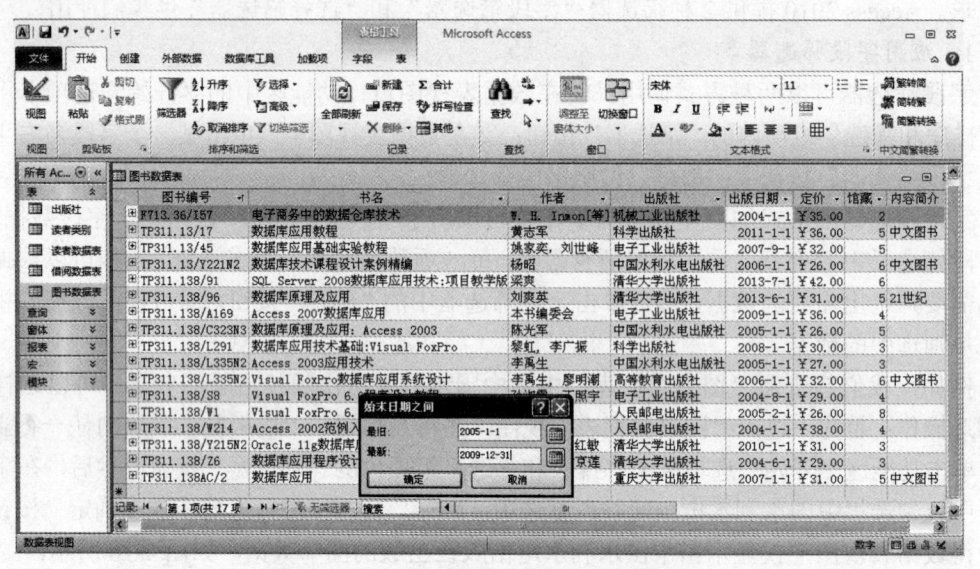

图 4-19　针对日期型字段应用选择筛选器

图 4-19 所示为实施选择筛选前的数据，共有 17 个记录。单击"始末日期"对话框中的"确定"按钮后，筛选显示的记录应为 9 个，请读者实践一下。

3. 取消筛选

显然，筛选操作后的数据记录仅是数据表中记录的一个子集，只有取消筛选方能重新显示整个数据表。

为了取消筛选，我们可以在功能区"开始"选项卡"排序和筛选"组项内单击"高级"按钮，然后单击"清除所有筛选器"菜单项。也可以针对数据表的关键字段应用字段筛选，实施"全选"型的"升序"排列。总之，应用这两种方法都可以取消已经实施的所有筛选，恢复数据表视图的完整形式。

4.5　向 Access 数据库表外部导出数据

数据库中保存的数据是非常宝贵的资源，不仅可以供数据库系统本身使用，还应该允许其他的应用项目共享。Access 数据库数据的共享一般可以通过两种途径来实现：第一种是由外部应用项目通过 ODBC 等通用开放式数据库链接工具实现对 Access 数据库的外部链接，来完成对 Access 数据库数据的共享；第二种是由 Access 数据库提供的数据导出功能，按照外部应用项目所需要的格式及其数据形式导出数据，从而实现数据的共享。

本节介绍第二种方式的使用方法，需要使用的工具按钮均集中在数据表视图功能区"外部数据"选项卡上的"导出"命令组项中。可以实现多种格式的数据导出，本节主要介绍常用的三种导出数据格式。

4.5.1 导出为文本文件

文本文件通常是各类型应用软件之间交换数据的必备文件格式，即各类应用软件一般都提供文本文件的导入/导出功能。这是因为文本文件是所有文本编辑软件都支持的文件格式，也是所有应用软件都支持的文件格式。

在需要导出的表对象的数据表视图中，单击功能区"外部数据"选项卡上"导出"命令组项中的"文本文件"命令按钮，即可弹出"导出－文本文件"对话框。在这个对话框中，我们可以设定导出文本文件的存储位置和文件名，还可以指定导出选项，如图 4-20 所示。最后，单击对话框中的"确定"按钮，即完成了数据导出为文本文件的操作。

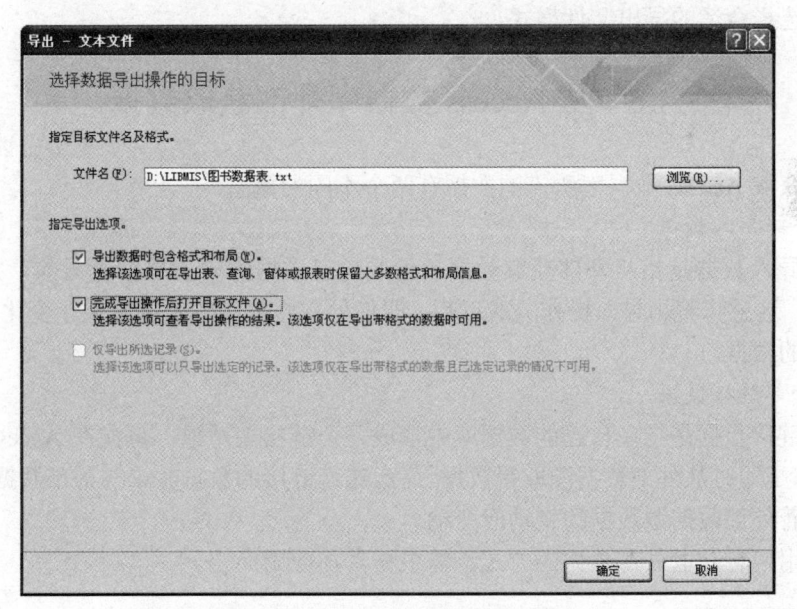

图 4-20　"导出－文本文件"对话框

4.5.2 导出为 Excel 工作表

Excel 是 Office 软件包中的一个电子表格软件，针对数据表的很多应用操作在 Excel 中都显得非常明快、简捷。因此，将 Access 数据表导出为 Excel 工作表是很有意义的。其操作方法与 4.5.1 节相似，只需在数据表视图功能区"外部数据"选项卡上的"导出"命令组项中，单击"Excel"命令按钮，即可弹出"导出－Excel 电子表格"对话框。在这个对话框中，我们可以设定导出 Excel 文件的存储位置、文件名和 Excel 版本格式，还可以指定导出选项。最后，单击对话框中的"确定"按钮，即完成了数据导出为 Excel 文件的操作。

由于将 Access 数据表导出为 Excel 工作表是比较常见的需求，Access 直接支持与 Excel 文件之间的复制粘贴功能。只需在数据表视图中单击功能区"开始"选项卡上"剪贴板"命令组项中的"复制"命令按钮，然后打开一个 Excel 文件，在 Excel 工作表中单击"粘贴"按钮，即完成了将 Access 数据表数据导出为 Excel 工作表数据的操作。

4.5.3 导出为 XML 文件

毫无疑问，XML 是目前应用最为广泛的一种数据交换语言，经常被用于各类数据库应用系统之间的通信。因此，将 Access 数据库中的数据表导出为一份 XLM 文件往往是必要的。

将 Access 数据表导出为 XLM 文件的操作步骤为：首先，进入 Access 数据表视图；接着，在功能区"外部数据"选项卡上的"导出"命令组项中，单击"XLM 文件"按钮，即可弹出"导出－XLM 文件"对话框；然后，在"导出－XLM 文件"对话框中设定 XML 文件的存储位置和文件名，并单击"确定"按钮，即可弹出"导出 XML"对话框；最后，在"导出 XML"对话框中设定数据（XML）文档和数据架构（XSD）文档，根据需要还可以设定数据样式表（XSL）文档，并单击"确定"按钮。

实际上，Access 所支持的导出文件格式非常很丰富，远不止上述三种类型。读者可以根据实际需要选择合适的导出文件格式。

4.6 从 Access 数据库外部获取数据

从外部获取 Access 数据库所需的数据有两个不同的概念。

1. 从外部导入数据

从外部导入数据是指从外部获取数据后形成自己数据库中的数据表对象，并与外部数据源断绝链接。这意味着当导入操作完成以后，即使外部数据源的数据发生了变化，也不会再影响已经导入的数据。

2. 从外部链接数据

从外部链接数据是指在自己的数据库中形成一个链接表对象，每次在 Access 数据库中操作数据时，都是即时从外部数据源取得数据。这意味着链接的数据并未与外部数据源断绝链接，而将随时随着外部数据源数据的变动而变动。

何时该用何种获取外部数据的方式，需根据具体应用而定。

4.6.1 导入数据

导入数据的操作应在数据库视图中进行，并且在 Access 导入向导的支持下逐步完成。

在数据库视图功能区的"外部数据"选项卡中，首先需要单击"导入并链接"命令组项内的某一个按钮，接着在随即弹出的"获取外部数据"对话框中，指定数据源并指定数据在当前数据库中的存储方式和存储位置，然后单击"确定"按钮，即可进入 Access 导入数据表向导的操作。

Access 导入数据表向导的操作将随着导入数据文件的格式不同而有所不同。以下以导入 Excel 格式的文件"图书数据表"的操作为例，说明其操作步骤及其每一步操作的含义。读者可以通过这个导入实例来类推其他格式文件导入的操作方法，其中的要点是理解被导入文件格式的特点，及其与 Access 表对象格式的对应关系。

在数据库视图功能区的"外部数据"选项卡中，单击"导入并链接"命令组项内的 Excel 按钮。接着，在随即弹出的"获取外部数据－Excel 电子表格"对话框中，指定数据源为"D:\LIBMIS\图书数据表.xlsx"，并指定数据在当前数据库中的存储方式和存储位置为"将数据源导入当前数据库的新表中"，如图 4-21 所示。然后，单击"确定"按钮，即进入 Access 导入数据表向导的操作。

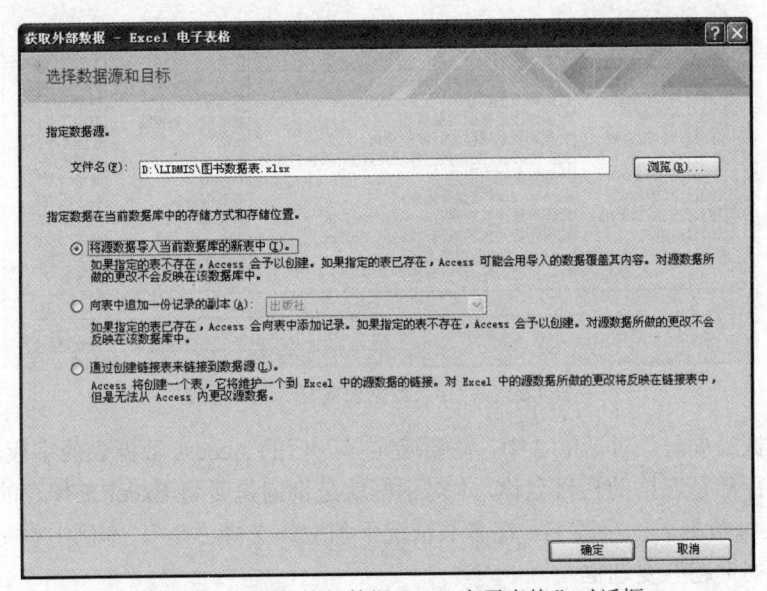

图 4-21 "获取外部数据-Excel 电子表格"对话框

"导入数据表向导"对话框 1 如图 4-22 所示。由于一个 Excel 工作簿通常是由多个工作表构成的，而一个工作表又可以由若干个命名区域组成，因此"导入数据表向导"首先询问导入数据所在的工作表或命名区域。在图 4-22 所示对话框中选择的是名为"图书数据表"的 Excel 工作表。

图 4-22 "导入数据表向导"对话框 1

在导入数据表向导"对话框 1 中，单击"下一步"按钮，即进入"导入数据表向导"对话框 2，如图 4-23 所示。

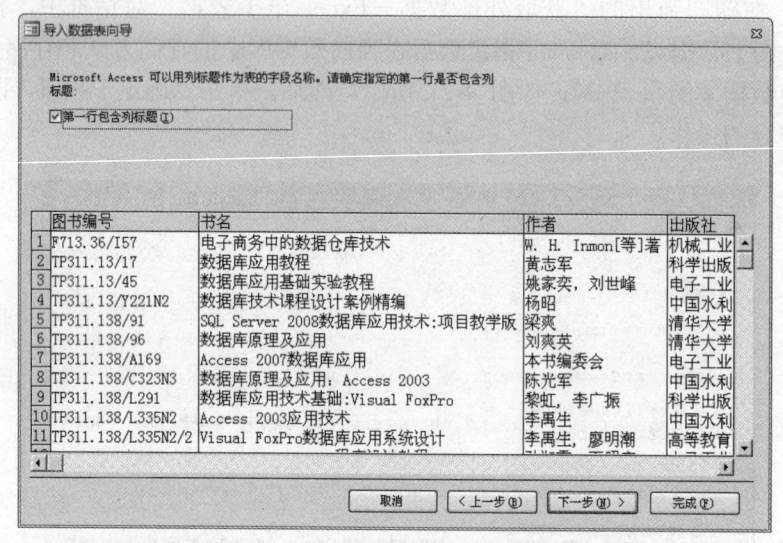

图 4-23 "导入数据表向导"对话框 2

在导入数据表向导"对话框 2 中，需要确定导入后的 Access 数据表的字段名。通常 Excel 工作表的第一行都是表格的栏目名称，本对话框就是询问是否将 Excel 工作表的栏目名称作为导入后的 Access 数据表的字段名。在多数情况下都应该选择"是"，本例中也是如此，即选中"第一行包含列标题"复选框。

此处有一点值得注意，如果 Excel 工作表的栏目名称占有不止一行，则不可以导入整个工作表，而只能导入工作表中的命名区域，且该命名区域中只有顶部一行称为字段名。

确定导入表的字段名后，单击"下一步"按钮，即进入"导入数据表向导"对话框 3，如图 4-24 所示。

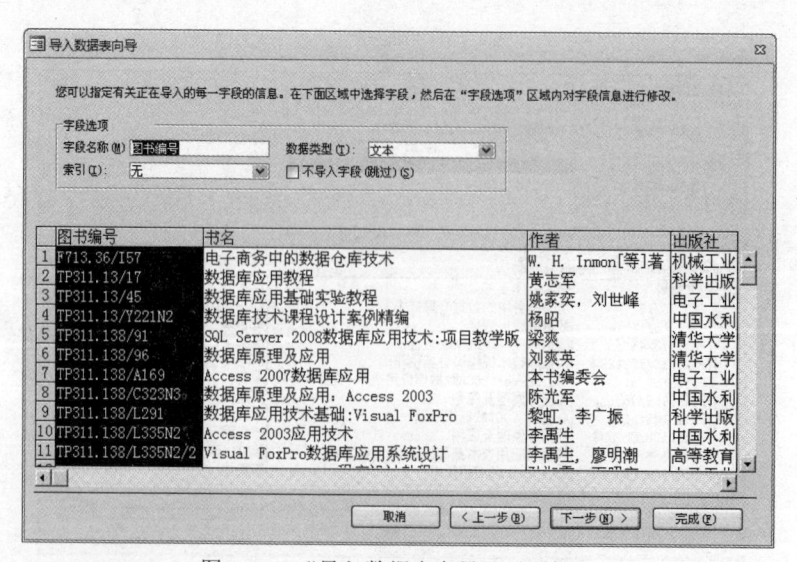

图 4-24 "导入数据表向导"对话框 3

在图 4-24 所示"导入数据表向导"对话框 3 中必须逐一设定：

（1）确定哪些字段不需要导入。在对话框的中部逐个单击它们，每选择一个不需导入的字段，就选中"不导入字段（跳过）"复选框，此项操作需逐个地进行。

（2）为导入后的 Access 数据表指定相关字段的索引。在对话框的中部单击需为之建立索引的字段，在该字段被选中的状态下，单击列表框"索引"，在其中选择所需的索引类型，此项操作也需逐个地进行。本例选择导入所有字段，且仅有"图书编号"字段具备索引，且其索引类型为"有（无重复）"。

逐一完成上述两项设定以后，单击"下一步"按钮，即进入"导入数据表向导"对话框 4，如图 4-25 所示。

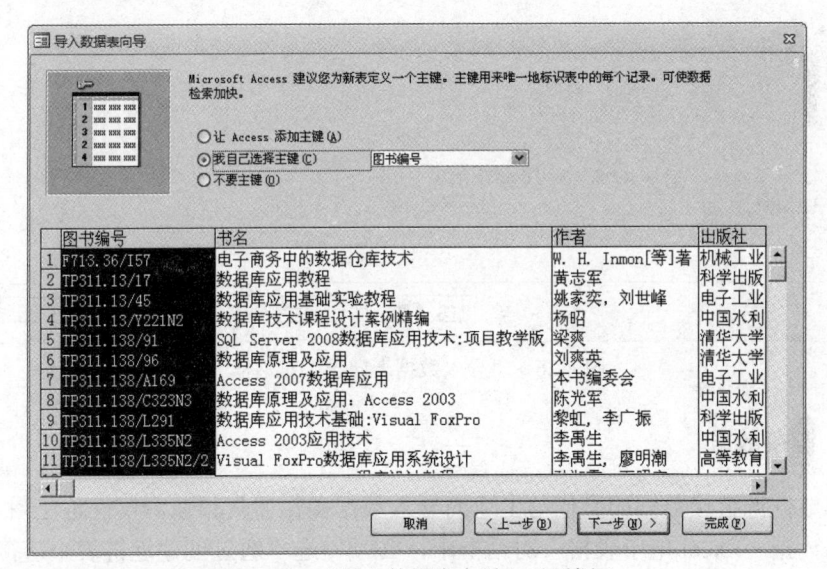

图 4-25　"导入数据表向导"对话框 4

在图 4-25 所示的"导入数据表向导"对话框 4 中，必须为导入形成的数据表对象指定一个字段作为主关键字段。根据关系数据库的基本概念，任一个 Access 数据表都应该具有一个主关键字段。主关键字段的含义是，存储于该字段中的数据决不允许有重复的值。因此，一定应该检查被导入的数据，保证其即将被指定为主关键字段的那一列数据中无相同数据，否则就会导致数据导入的失败。如果不能保证每一个被导入列的数据具有唯一性，此处需选择"让 Access 添加主键"单选按钮。

在本实例中，标题栏为"图书编号"的列中数据具有唯一性，本例选择"自己选择主关键字"，并指定"图书编号"字段为主关键字段。单击"下一步"按钮，即进入"导入数据表向导"对话框 5，如图 4-26 所示。

在"导入数据表向导"对话框 5 中，需指定由导入数据生成的数据表对象名，此处可以命名为"图书数据表（从 Excel 导入）"。命名操作完成后单击对话框中的"完成"按钮，即完成了由一个 Excel 电子表导入形成一个新的 Access 数据表对象的操作过程。

归纳本例的操作过程，应该看到导入数据的操作是在"导入数据表向导"的引导下逐步完成的。从不同的数据源导入数据，Access 将启动与之相对应的导入向导。本例只描述了从 Excel 工作簿中导入数据的操作过程。通过对这个操作过程的说明，应该理解在整个操作过程中所需要选定或输入的各个参数的含义,进而去理解从不同的数据源导入数据时所需要的不同参数的意义。

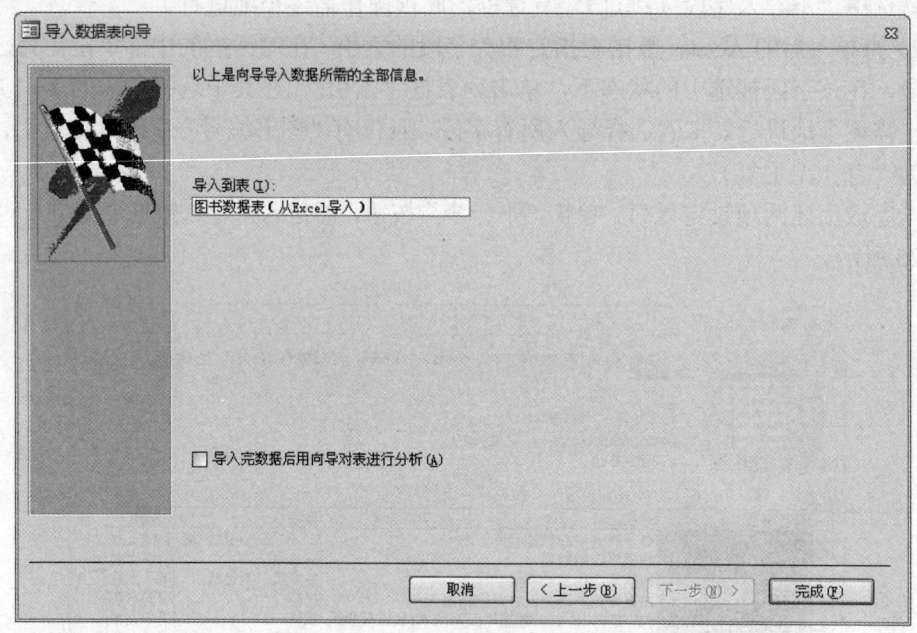

图 4-26 "导入数据表向导"对话框 5

4.6.2 链接数据

从外部数据源链接数据的操作与上述的导入数据操作非常相似,仅仅是在图 4-21 所示的"获取外部数据－Excel 电子表格"对话框中,必须勾选"通过创建连链表来链接到数据源"单选项。然后,单击对话框中的"确定"按钮,调用 Access 链接数据表向导完成链接数据的操作。

Access 链接数据表向导的形式与操作均与 Access 导入数据表向导相同,但是一定要理解链接数据表对象与导入数据表对象是完全不同的。导入数据表对象就如同在 Access 数据库设计视图中新建的数据表对象一样,是一个与外部数据源没有任何联系的 Access 表对象。也就是说,导入表在其导入过程中是从外部数据源获取数据的过程,而一旦导入操作完成,这个表就不再与外部数据源存在任何联系了。

链接表则不同,它只是在 Access 数据库内创建了一个数据表链接对象,从而允许在打开链接时从数据源获取数据,即数据本身并不在 Access 数据库内,而是保存在外部数据源处。因而,在 Access 数据库内通过链接对象对数据所做的任何修改,实质上都是在修改外部数据源中的数据。同样,在外部数据源中对数据所做的任何改动也都会通过该链接对象直接反映到 Access 数据库中来。

导入表与链接表的差别在 Access 数据库视图中也可以看得很清楚,它们的图标完全不一样。图 4-27 所示的"图书数据表(从 Excel 链接)"表对象是一个与 Excel 工作表相链接的数据表对象,而"图书数据表(从 Excel 导入)"表对象是一个将 Excel 工作表数据导入后得到的数据表对象。链接到不同的外部数据源的链接表对象,其数据表图标也会是不相同的。

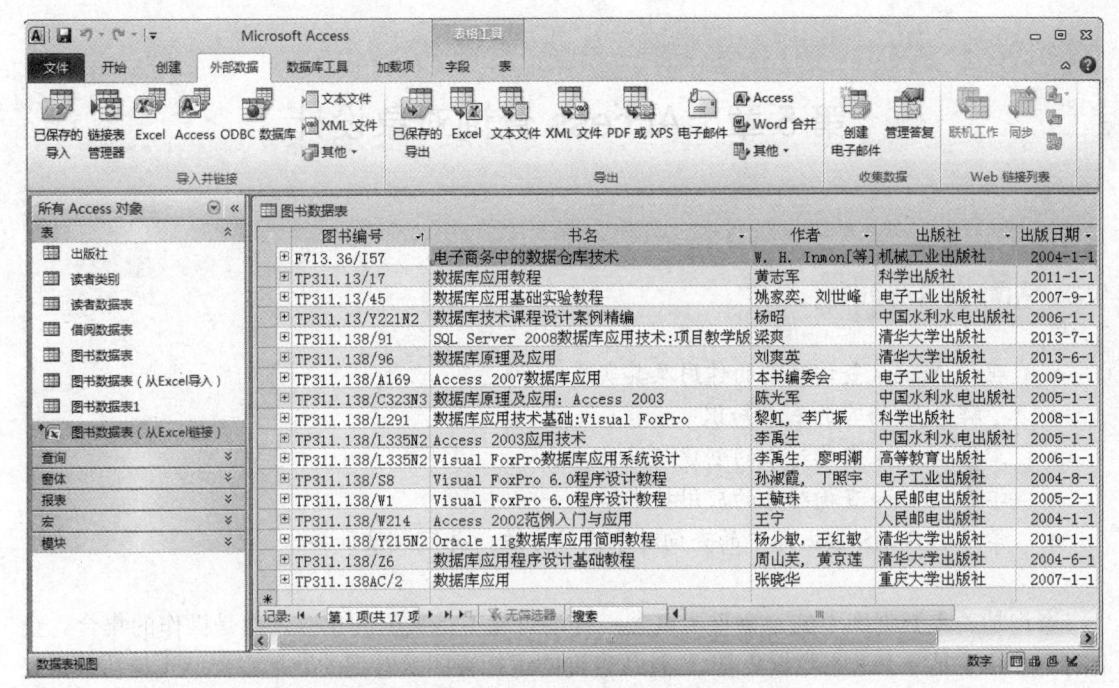

图 4-27 LIBMIS 数据库表对象一览

习题 4

1. 请在如图 4-8 所示的"读者数据表"中将所有"类别"为"教工"的数据更改为"教师",并写出操作步骤。
2. 请在如图 4-9 所示的"借阅数据表"中将所有尚未归还的图书数据记录筛选出来,并写出操作步骤。
3. Access 数据表视图的格式可以修改吗?在什么情况下需要进行数据表视图格式的修改?如何实现所期望的格式修改效果?
4. 在什么情况下需要进行 Access 数据表的导出操作?如何进行 Access 数据表的导出操作?
5. 请叙述"从外部导入数据"和"从外部链入数据"的差别,并说明在什么情况下需要进行这些操作。
6. 请将"读者数据表"导出为 Excel 文件,并写出操作步骤。
7. 请将第 6 题导出的 Excel 文件链接成 LIBMIS 数据库中的一个链接表对象,并写出操作步骤。

第 5 章　Access 查询对象设计

本章学习目标

- 理解 Access 查询对象的作用及其实质
- 了解 SQL 语言的基本知识
- 掌握 Access 查询对象的创建与设计方法
- 学习 Access 查询对象的应用技术
- 学习 LIBMIS 数据库中的查询对象设计方法，并完成设计操作

查询是关系数据库中的一个重要概念，查询对象不是数据的集合，而是操作的集合。查询的运行结果是一个动态数据集合，尽管从查询的运行视图上看到的数据集合形式与从数据表视图上看到的数据集合形式完全一样，尽管在数据表视图中所能进行的各种操作也几乎都能在查询的运行视图中完成，但无论它们在形式上是多么的相似，其实质是完全不同的。可以这样来理解，数据表是数据源之所在，而查询是针对数据源的操作命令，相当于程序。

由查询生成的动态数据集合根据应用目标的不同，可以将 Access 的查询对象分为六种不同的类型：①如果将查询用于显示数据，并形成数据编辑界面，其查询对象的类型为选择查询。②如果将查询用于生成一个数据表对象，其查询对象的类型为生成表查询。③如果将查询用于在一个数据表对象中追加数据，其查询对象的类型为追加查询。④如果利用查询对象的运行成批地修改一个数据表中的数据，其查询对象的类型为更新查询。⑤如果应用查询对象将数据源表中的数据进行转至并分类统计，其查询对象的类型为交叉表查询。⑥如果将查询用于在一个数据表对象中删除数据，其查询对象的类型为删除查询。

在 Access 中，查询的实现可以通过两种方式，一种是在数据库中建立查询对象，另一种是在 VBA 程序代码或模块中使用结构化查询语言 SQL（Structured Query Language）。本章介绍 Access 查询对象的基本概念、操作方法和应用方式，讲解 SQL 的基本知识，并分析 Access 查询对象与 SQL 的关系。

应用 Access 的查询对象是实现关系数据库查询操作的主要方法，借助于 Access 为查询对象提供的可视化工具，不仅可以很方便地进行 Access 查询对象的创建、修改和运行，而且可以使用这个工具生成合适的 SQL 语句，直接将其粘贴到需要该语句的程序代码或模块中。这将会非常有效地减轻编程工作量，也可以避免在程序中编写 SQL 语句时产生各种错误。

Access 查询对象的类型非常丰富，可以分为六个类别，分别称为"选择查询"、"生成表查询"、"追加查询""更新查询"、"交叉表查询"和"删除查询"。其中，"选择查询"的应用最为广泛。Access 查询对象完全可以满足一般数据库应用系统的查询需求，也几乎涵盖了 SQL 所有语句的生成需求。

5.1 Access 查询对象概述

在数据库应用系统开发过程中，时常会遇到这样的一些需求，一是数据库中保存着信息系统中的全部数据，但用户只希望看到其中的一部分；二是数据库中的某些相关数据分别存放于若干个数据表中，但用户希望显示它们互相连接到一起时的集合状态；三是希望看到数据表中某些数据的分类汇总计算的结果；四是希望看到数据表转置后的分类统计结果等。满足用户这样的一些需求，正是 Access 查询对象的用途所在。利用查询可以通过不同的方法来查看、更改以及分析数据。也可以将查询作为窗体和报表的记录源。因此，Access 的查询对象确实是利用 Access 开发信息系统的一个非常重要的工具。

一个 Access 查询对象实质上是一条 SQL 语句，而 Access 提供的查询设计视图实质上是为我们提供了一个编写相应 SQL 语句的可视化工具。在 Access 提供的查询设计视图上，通过直观的操作，可以迅速建立所需要的 Access 查询对象，也就是编写一条 SQL 语句，从而增加了设计的便利性，减少了编写 SQL 语句过程中可能出现的错误。

5.1.1 创建查询对象的方法

在 Access 数据库中创建查询对象是通过调用查询设计视图，并在其中进行相关操作完成的。在 Access 查询设计视图中，既可以在 Access 数据库中新建一个查询对象，也可以针对数据库中已经存在的查询对象进行修改。

1. 创建查询对象的操作

在数据库设计视图功能区的"创建"选项卡上，单击"查询"命令组项内的"查询设计"按钮即进入查询设计视图，如图 5-1 所示。

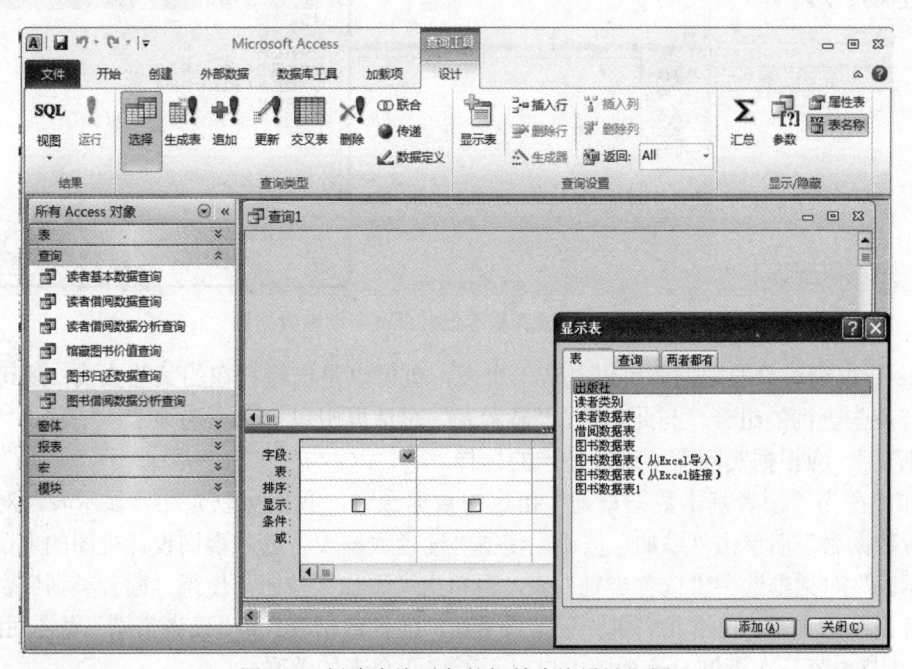

图 5-1 创建查询对象的初始查询设计视图

由于是创建一个查询对象，所以在查询设计视图中没有任何内容，仅有"显示表"对话框提示着需要设定查询对象数据源。

在查询设计视图中新建查询对象的第一步操作是指定数据源。因此，一旦由"创建"选项卡上的"查询设计"按钮进入查询设计视图，Access 首先在查询设计视图中弹出"显示表"对话框，用以提示操作者指定数据源。这时，操作者需要在"显示表"对话框中逐个地指定数据源，并逐一单击"添加"按钮，将其加入查询设计视图上半部的数据源显示区域内。

现以 LIBMIS 数据库中的"读者基本数据查询"查询对象为例，逐步说明 Access 选择查询对象创建以及设计的基本方法。

首先，应该在 LIBMIS 数据库设计视图的"创建查询"选项卡上的"查询"选项组内单击"查询设计"按钮，即可进入"查询设计视图"。接着，开始在 LIBMIS 数据库中新建"读者基本数据查询"的第一步操作——为查询对象设定数据源，如图 5-2 所示。

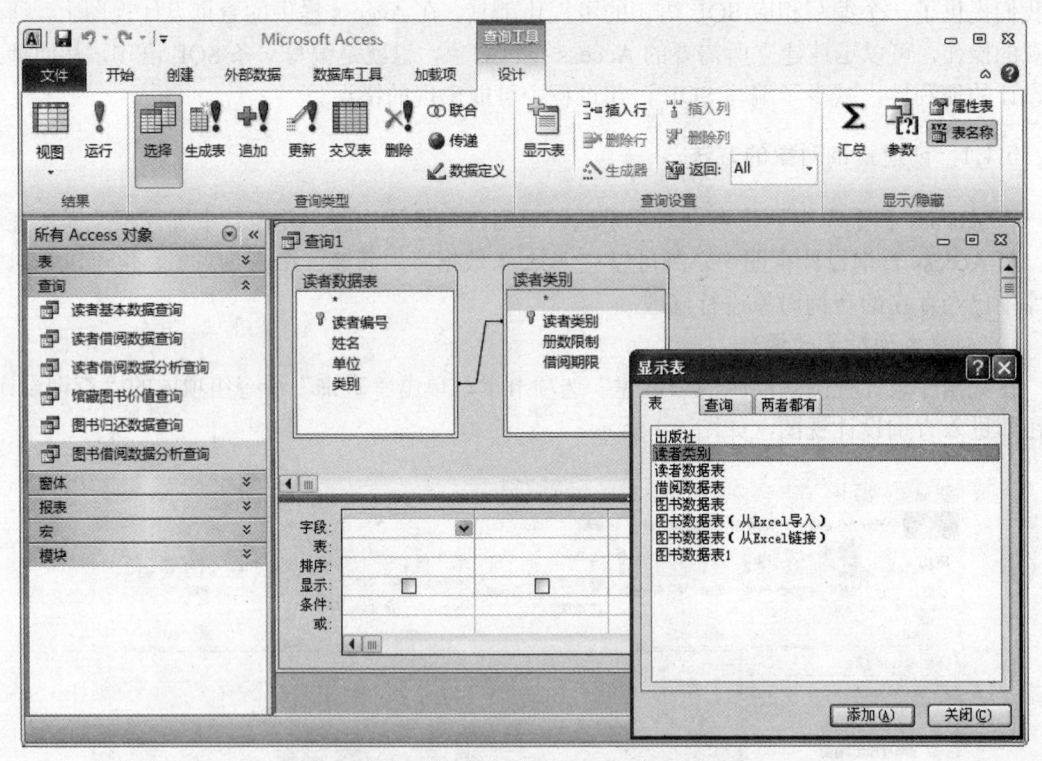

图 5-2 为"读者基本数据查询"设定数据源

Access 查询对象的数据源可以是若干个表，也可以是已经存在的某些查询，还可以是若干个表与某些查询的组合。与此对应，"显示表"对话框中包含三个选项卡："表"、"查询"、"两者都有"。应根据实际需要进行适当的选择。

例如，在为"读者基本数据查询"指定的数据源时，我们可以先在"显示表"对话框选中"读者数据表"后单击"添加"按钮，使得"读者数据表"进入查询设计视图的上部；接着在"显示表"对话框选中"读者类别"表，再单击"添加"按钮，使得"读者类别"表也进入查询设计视图的上部。由于我们事先已经设置了"读者数据表"和"读者类别"表之间的关联，参见 3.4.4 节内容，在查询设计视图中也显示着这两个表的关联。

选择并添加完毕查询数据源后，单击"显示表"对话框上的"关闭"按钮，就完成了为查询对象指定数据源的操作。

新建查询对象的第二步操作是定义查询字段，也就是从选定的数据源中选择需要在查询中显示的数据字段。既可以选择数据源中的全部字段，也可以选择数据源中的部分字段，且各个查询字段的排列顺序既可以与数据源中的字段排列顺序相同，还可以与数据源中的字段排列顺序不同。这一步操作可以通过两种方法完成。

（1）新建包含数据源全部字段的查询

将数据源表中的"＊"符号拖曳至设计视图下部的"字段"行中；或下拉"字段"行的列表框，从中选取"＊"符号。这时，"字段"行中即出现"＊"符号，"表"行中出现该字段所在的表名，"显示"行中的复选框中出现"√"符号。这个新建查询对象的操作也就完成了。

如此方式建立的查选对象在运行时，将显示数据源表中所有记录中的所有字段数据。即符号"＊"代表着全部字段。以"读者基本数据查询"对象的创建为例，我们即可采用分别将"读者数据表"和"读者类别"表中的"＊"字段拖曳至设计视图下部的"字段"行中，如图 5-3 所示。

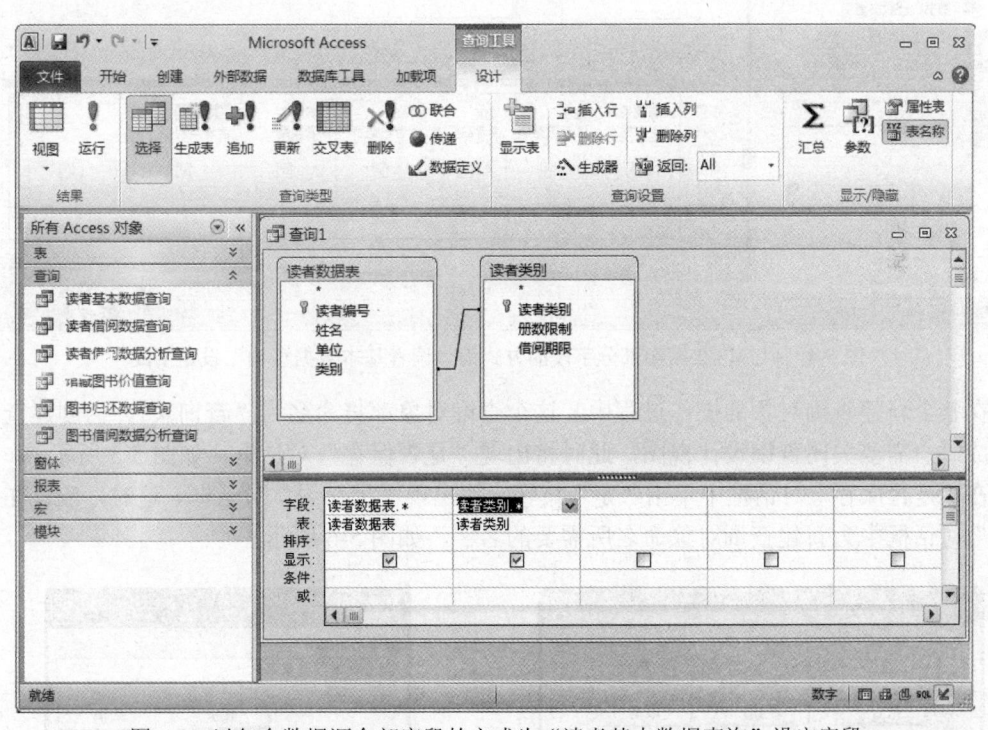

图 5-3 以包含数据源全部字段的方式为"读者基本数据查询"设定字段

（2）新建包含数据源部分字段的查询

将数据源表中那些需要显示在查询中的字段名称逐个地拖曳至"字段"行的各列中，或逐个地下拉"字段"行列表框，从中选取需要显示的字段。这时，"字段"行中出现选中的字段名，"表"行中出现该字段所在表的表名，"显示"行中的复选框中出现"√"（它表明该查询字段将被显示，取消这个标记则意味着得到了一个不被显示的查询字段）。选择部分数据字段的操作相当于第 1 章中所介绍的投影运算。

如此选择查询字段，可以将查询字段的排列顺序设置为不同于数据源中字段的排列顺序，非常灵活。因此，在多数情况下，都会采用这种方式设计 Access 查询。

以"读者基本数据查询"对象的创建为例，我们即可采用将"读者数据表"中的各个字段和"读者类别"表中的各个字段依次拖曳至设计视图下部的"字段"行中，如图 5-4 所示。

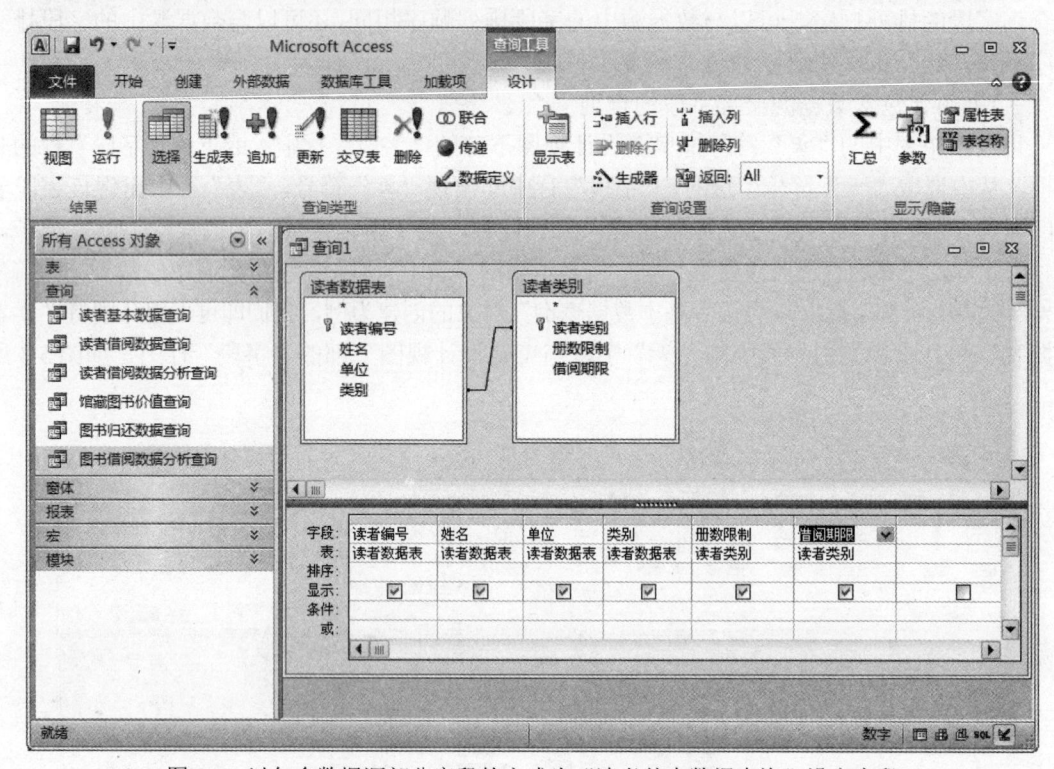

图 5-4 以包含数据源部分字段的方式为"读者基本数据查询"设定字段

在整个新建查询对象的操作过程中，这个查询对象都将命名为"查询×"。当创建查询操作完成时，需要关闭查询设计视图，此时将出现"是否保存"对话框，如图 5-5 所示。

在"是否保存"对话框中单击"是"按钮，将出现"另存为"对话框。这时，应该在"另存为"对话框中为新建查询对象命名所需要的名字，如图 5-6 所示。

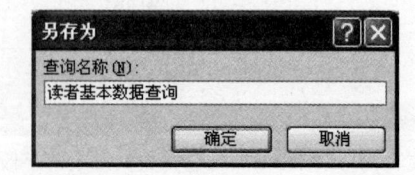

图 5-5 "是否保存"对话框　　图 5-6 在"另存为"对话框中为新建查询对象命名

2. 修改查询对象的操作

对于一个已经新建完成的查询对象，通常都需要对其进行一些修改。还以"读者基本数据查询"对象为例，如果希望这个查询对象在其运行时，能够按照"读者编号"由大到小的顺序排列显示，或者希望仅显示满足某种条件的记录数据（即进行筛选操作）等。针对诸如此类的种种需求，就需要对以上初步建立的查询对象进行修改。

为了使某一个字段的数据在其显示时有序排列，可以在查询设计视图中该字段列下的"排序"行下拉其列表框，然后从中选择需要的排序规则。为了使某一个字段的数据在其显示时只出现满足某种条件的数据，可以在查询设计视图中该字段列下的"准则"行中设定筛选准则。

例如，现需要将"读者基本数据查询"设计为能够按照"读者编号"由大到小的顺序排列显示，则应该在"读者编号"列内的"排序"行上，通过下拉式列表框选择"降序"，用以完成"读者编号"显示时的排序需求。其查询设计参数如图 5-7 所示。

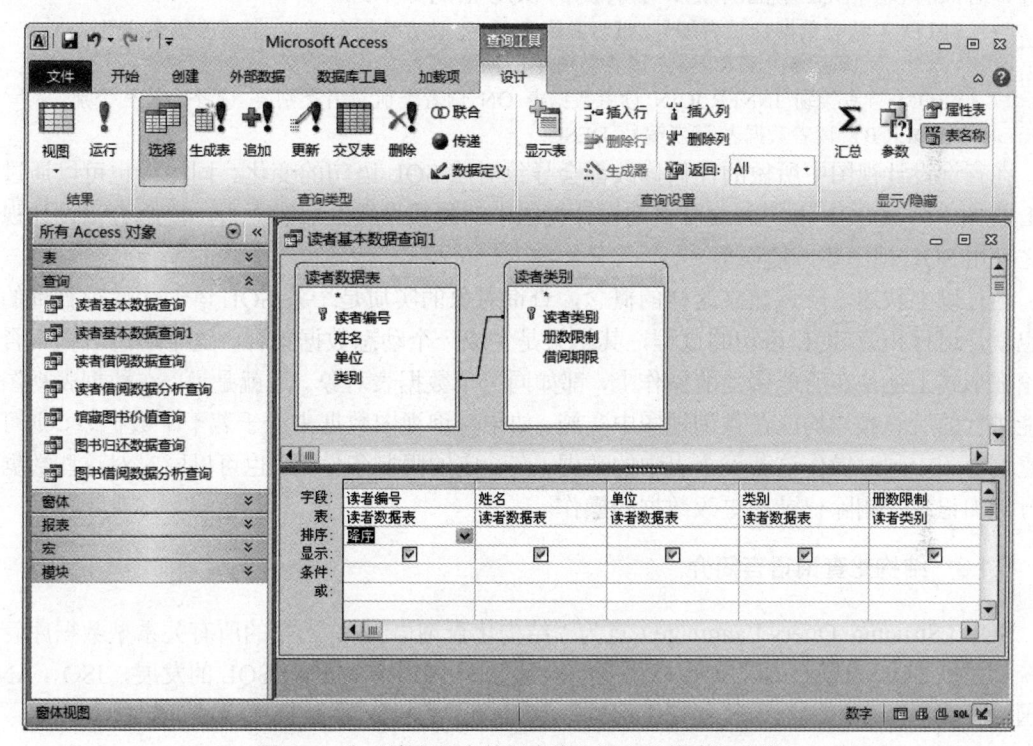

图 5-7 为"读者基本数据查询"设定"排序"字段

5.1.2 建立查询的实质

建立查询的操作实质上是生成 SQL 语句的过程。也就是说，Access 提供了一个自动生成 SQL 语句的可视化工具——查询设计视图。那么，通过在查询设计视图中的一系列操作后，所生成的 SQL 语句到底是什么样的呢？

为了看到一个查询所对应的 SQL 语句，可以将查询设计视图转换到 SQL 视图中来观察。在功能区中单击"查询工具设计"选项卡上"结果"选项组内的"视图"下拉按钮，再在其下拉菜单中单击"SQL 视图"菜单项，即进入 SQL 视图中。由图 5-3 所示查询设计视图表示的是以包含数据源全部字段的方式为"读者基本数据查询"设定字段，将其查询对象转换到 SQL 视图中后，所看到的 SQL 语句如下：

SELECT 读者数据表.*, 读者类别.*
FROM 读者类别 INNER JOIN 读者数据表 ON 读者类别.读者类别 = 读者数据表.类别;

由图 5-4 所示查询设计视图表示的是以包含数据源部分字段的方式为"读者基本数据查

询"设定字段，且未指定字段数据排序要求，将其查询对象转换到 SQL 视图中后，所看到的 SQL 语句如下：

  SELECT 读者数据表.读者编号，读者数据表.姓名，读者数据表.单位，读者数据表.类别，
    读者类别.册数限制，读者类别.借阅期限
  FROM 读者类别 INNER JOIN 读者数据表 ON 读者类别.读者类别 = 读者数据表.类别;

  而由图 5-7 所示"读者基本数据查询"的查询设计视图表示的是以包含数据源部分字段的方式为"读者基本数据查询"设定字段，且指定了"读者编号"字段数据降序排列的要求，将其查询对象转换到 SQL 视图中后，所看到的 SQL 语句如下：

  SELECT 读者数据表.读者编号，读者数据表.姓名，读者数据表.单位，读者数据表.类别，
    读者类别.册数限制，读者类别.借阅期限
  FROM 读者类别 INNER JOIN 读者数据表 ON 读者类别.读者类别 = 读者数据表.类别
  ORDER BY 读者数据表.读者编号 DESC;

  在查询设计视图中所做的任何修改都会导致对应 SQL 语句的变化。同样，也可以通过在 SQL 视图中修改 SQL 语句来改变查询设计视图中的参数设置。一般而言，使用查询设计视图较之使用 SQL 视图要方便得多。

  通过以上叙述，应该建立这样的概念，查询对象的实质是一条 SQL 语句。运行查询的操作也就是运行相应 SQL 语句的过程，其结果是生成一个动态数据集合。这个动态数据集合，无论在形式上还是在所能接受的操作上，都如同一个数据表对象。这就是说，在数据表视图中所能进行的所有操作均能在查询视图中实施。如果查询视图数据来源于若干个数据表，则可以在查询视图中同时操作这若干个表中的数据，在一定的限制条件下，也可以同时对这些数据表进行追加记录、删除记录和更改数据的操作。

5.1.3 结构化查询语言简介

  SQL（Structure Query Language）意为"结构化查询语言"。当今的所有关系型数据库管理系统都是以 SQL 为核心的。SQL 概念的建立起始于 1974 年，随着 SQL 的发展，ISO、ANSI 等国际权威标准化组织都为其制订了标准，从而建立了 SQL 在数据库领域里的核心地位。

  SQL 具有以下特点：

  （1）在方法上的突破。SQL 不再局限于数据表中的记录与字段，而是通过设定表与表间的联接来组合地处理数据。

  （2）容易学习与维护。SQL 使用的语句近似于人类使用的自然语言，因此显得简洁直观；而且，语句的功能非常强大，一条语句时常可以取代常规程序设计语言的一大段程序，因而容易维护。

  （3）语言共享。任意一种数据库管理系统都拥有自己的程序设计语言，其各种语言的语法规定及其词汇相差甚远。但是 SQL 在任何一种数据库管理系统中都是相似的，甚至是相同的。

  （4）全面支持客户/服务器结构。客户/服务器结构的数据库系统可以实现异种数据库间的数据共享，这就要求在客户端使用的数据访问语言必须与服务器端所能识别数据查询语言相同。SQL 就是当今唯一的一个已经形成国际标准的数据库共享语言。

  根据标准，SQL 语句按其功能的不同可以分为以下六大类：

- 数据定义语句（DDL，Data-Definition Language）。
- 数据操作语句（DML，Data-Manipulation Language）。

- 操作管理语句（TML，Transaction-Management Language）。
- 数据控制语句（DCL，Data-Control Language）。
- 数据查询语句（DQL，Data-Query Language）。
- 游标控制语句（CCL，Cursor-Control Language）。

本书根据 Access 的特点和使用 Access 开发数据库应用系统的需要，主要介绍数据查询语句（DQL）。

数据查询语句（DQL）的主要语句是 SELECT 语句，其主要功能是实现数据源数据的筛选、投影和连接操作，并能够完成筛选字段重命名、多数据源数据组合、分类汇总、排序等具体操作，具有非常强大的数据查询功能。

1. SELECT 语法

SELECT 语句的一般语法格式为：

SELECT [predicate] { * | table.* | [table.]field1 [AS alias1] [, [table.]field2 [AS alias2] [, ...]]}
FROM tableexpression [, ...] [IN externaldatabase]
[WHERE...]
[GROUP BY...]
[HAVING...]
[ORDER BY...]
[WITH OWNERACCESS OPTION]

2. SELECT 语法简要说明

在 SELECT 语法格式中，大写字母为 SQL 保留字，方括号所括部分为可选内容，小写字母为语句参量。各项语句参量应该根据实际应用的需要取值，表 5-1 所示为 SELECT 语句中各个参量的说明。

表 5-1 SELECT 语句参量说明

参量	取值及其含义	说明
predicate	下列谓词之一：ALL、DISTINCT、DISTINCTROW、TOP	用来限制返回的记录数量。默认值为 ALL
*	全部字段	从特定的表中指定全部字段
table	表的名称	无
field1	字段的名称	包含所要获取的数据
alias1	字串常量	用来作列标头
tableexpression	表的名称	这些表包含要获取的数据
externaldatabase	数据库的名称	该数据库包含 tableexpression 中的表
WHERE	条件表达式	只筛选满足条件的记录
GROUP BY.	字段名列表	根据所列字段名分组
ORDER BY	字段名列表	根据所列字段名排序

3. SELECT 语句实例分析

上一节中，曾经利用 Access 的查询设计视图建立了一个查询对象"读者基本数据查询"，如图 5-7 所示，其对应的 SQL 语句如下：

SELECT 读者数据表.读者编号, 读者数据表.姓名, 读者数据表.单位, 读者数据表.类别,
        读者类别.册数限制, 读者类别.借阅期限
FROM 读者类别 INNER JOIN 读者数据表 ON 读者类别.读者类别 = 读者数据表.类别
ORDER BY 读者数据表.读者编号;

在这条语句中，SELECT 为语句保留字。其后紧接着的即为 predicate，它由六个字段名组成，其间用逗号分隔，这六个字段分别是"读者数据表"中的"读者编号"、"姓名"、"单位"、"类别"和"读者类别"表中的"册数限制"、"借阅期限"，在表名与字段名间用点号"."分隔。

FROM 保留字后接着的是 tableexpression，在例句中为"读者类别 INNER JOIN 读者数据表 ON 读者类别.读者类别 = 读者数据表.类别"，表示上述字段均从"读者数据表"和"读者类别表"中依据内部关联取出。

ORDER BY 保留字后面接着的是"读者数据表"中的"读者编号"字段名，它表示将根据"读者数据表"中的"读者编号"字段数据升序排列。

句尾的分号表示这条语句的结束。Access 允许 SQL 语句分为若干行书写，但必须在句尾写一个分号标志这条语句的结束，否则认为语法错误。

5.1.4 运行查询的方法

在建立完成查询对象之后，应该保存设计完成的查询对象。其方法是，关闭查询设计视图，在随之出现的"另存为"对话框中指定查询对象名称，然后单击"确定"按钮。

对于一个设计完成的查询对象，可以在数据库视图中的导航窗格中看到它的图标，双击一个查询对象图标，即可运行这个查询对象。使用查询对象操作数据也就是运行上述查询语句，称为运行查询。一个运行着的查询一般以查询视图的形式显示。

例如，为了运行刚刚建立的"读者基本数据查询"对象，应该在 LIBMIS 数据库设计视图的导航窗格中选定"读者基本数据查询"对象并双击，即可看到"读者基本数据查询"运行视图，如图 5-8 所示。

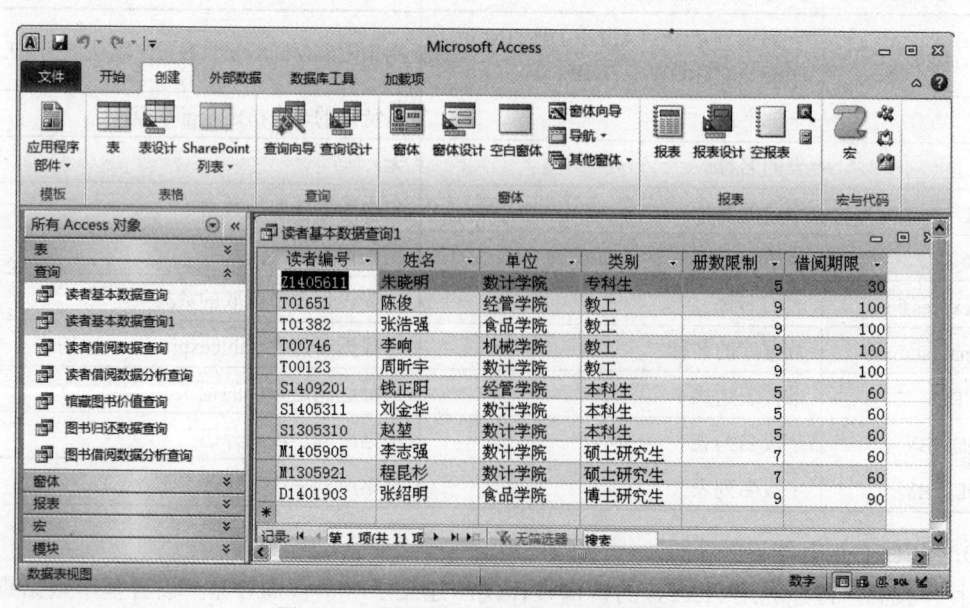

图 5-8 "读者基本数据查询"运行视图

5.2 设计选择查询

选择查询是最常见的查询类型，它从一个或多个数据源中检索数据，并且允许在可以更新记录（带有一些限制条件）的数据表中进行各种操作。也可以使用选择查询来对记录进行分组，并且对记录作总计、计数、平均以及其他类型的计算。选择查询的优点在于能将多个表或查询中的数据集合在一起，或对多个表或查询中的数据进行编辑。

上一节介绍的"读者基本数据查询"对象即为 LIBMIS 数据库中的一个选择查询对象。

5.2.1 选择查询的设计视图

选择查询的设计视图如图 5-9 所示，被分为上下两个部分。上部为数据源列表区，显示着查询对象的数据源以及它们之间关联；下部为参数设置区，由五个参数行组成，分别是字段行、表行、排序行、显示行和条件行。

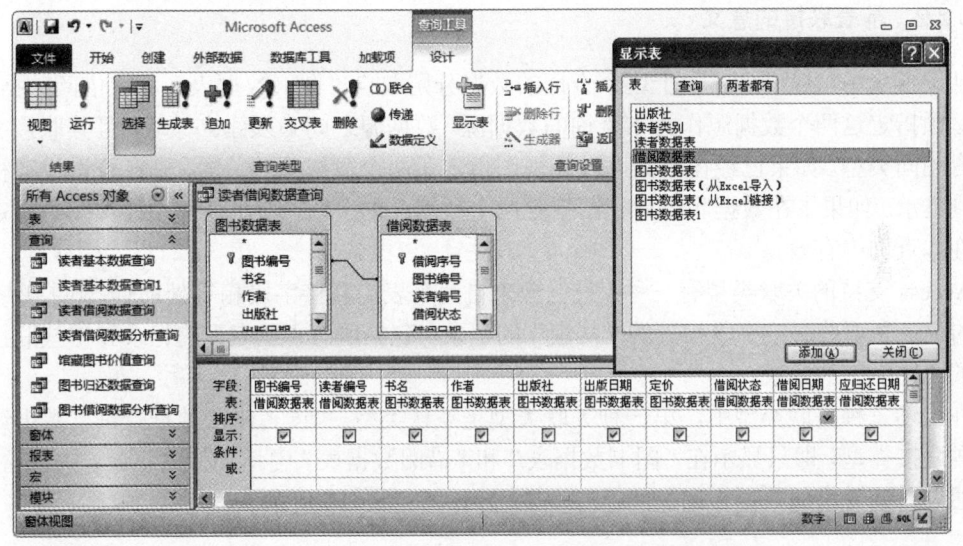

图 5-9 为"读者借阅数据查询"对象设定数据源

如前所述，查询对象基于数据源而生成，且数据源往往不仅只有一个，这些数据源既可以是数据表对象，也可以是查询对象。设计具有多个数据源的查询对象，需在"显示表"对话框（如图 5-9 所示）中逐一将各个数据源添加至查询设计视图的数据源列表区内。若在关闭"显示表"对话框后还需添加数据源，可在数据源列表区内单击鼠标右键，在随之弹出的快捷菜单中单击"显示表"菜单项，或在查询设计视图菜单栏上单击"视图"→"显示表"命令，均可再现"显示表"对话框。

在查询设计视图中，选择确定多个数据源（表或查询）后，必须保证各个数据源的数据间存在必要的联接关系。表与表间的联接如果已在数据库视图中通过建立表间关系形成，则这些关系将被继承在查询设计视图中。如果上述关系不存在，则必须在查询设计视图中指定，如此指定的关系仅在本查询中有效。

在查询设计视图中指定表间关系的操作为：从作为数据源的表或查询中将一个字段拖到

另一个作为数据源的表或查询中的关联字段(即具有相同或兼容的数据类型且包含相似数据的字段)上。

所谓将一个字段拖到另一个字段上,是指用鼠标指向一个字段,按住鼠标左键拖曳至另一个字段上,然后放开鼠标左键。使用这种方式进行联接,只有当联接字段的值相等时,Access才会从两个表或查询中选取记录。

例如,在 LIBMIS 数据库中需要有一个"读者借阅数据查询"对象。这个查询对象将作为"借阅数据录入"的子窗体数据源,参见图 1-7。这个查询对象属于选择查询,其数据源为"图书数据表"和"借阅数据表"。为了创建"读者借阅数据查询"对象,需要在 Access 查询设计视图中设定"图书数据表"和"借阅数据表"作为数据源。由于"图书数据表"和"借阅数据表"通过"图书编号"字段构成的关联已经在 LIBMIS 数据库设计过程中完成,因此,不需要在查询设计视图再次设定。

设定完成查询数据源后,应该关闭"显示表"对话框,然后添加查询对象的各个字段。"读者借阅数据查询"对象的字段添加。

5.2.2 基表联接的意义

从图 5-9 中可以看到,由于这个查询的数据分别取自"图书数据表"和"借阅数据表",因此必须指定这两个数据源作为本查询的数据源。数据源之间必须建立关联,且其联接字段必须具有相同类型。如果已经在数据库设计视图指定了两个数据源的关联,则在查询设计视图中会得到继承。如果未在数据库设计视图指定两个数据源的关联,则在查询设计视图中指定的关联仅在本查询中有效。

Access 支持的关联类型有三种:只包含来自两个表的联接字段相等处的行;包括所有"主表"的记录和那些联接字段相等的"从表"的记录;包括所有"从表"的记录和那些联接字段相等的"主表"的记录。

在上述三种关联类型中,第一种关联类型是默认类型。"读者借阅数据查询"数据源采用第一种联接类型,即只显示在"图书数据表"和"借阅数据表"中均存在的记录。关于这一点,可以通过"读者借阅数据查询"的运行视图看到,如图 5-10 所示。

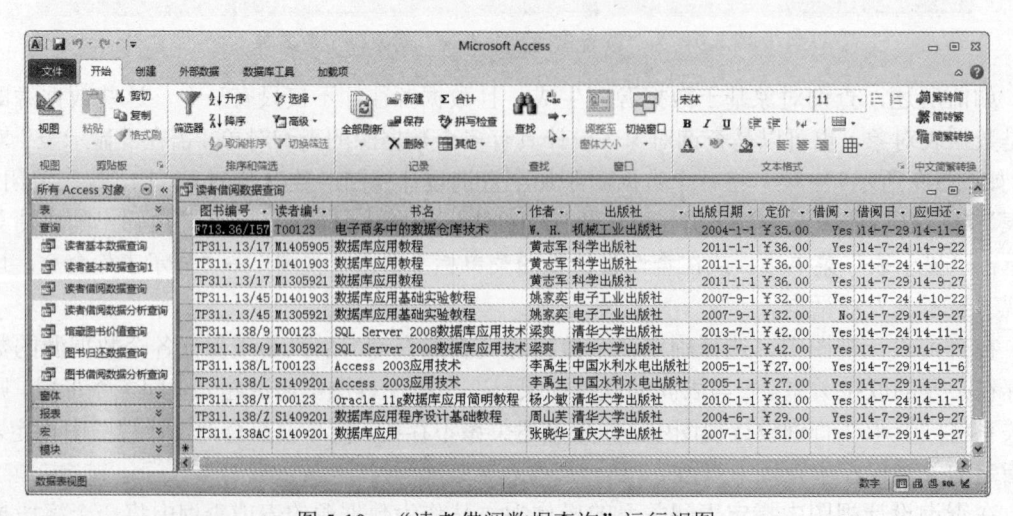

图 5-10 "读者借阅数据查询"运行视图

5.2.3 排序和显示的作用

1. "排序"行的作用与设计方法

由于查询显示的数据记录往往很多,如果能够使某一列数据按顺序显示,将方便于数据的查看。在设计查询对象时,若需要某一列数据有顺序的排列,可单击位于该列排序行上的下拉列表框,从中选择所需的排序种类。

2. "显示"行的作用与设计方法

在查询设计视图中,"显示"行内是一个复选框。如果希望某一字段的数据在查询运行后能够显示,则在该字段对应的复选框中单击,使其显示有"√"符号,这也是 Access 的默认参数;如果希望某一字段的数据在查询运行后不显示,但又需要它参与运算,则取消勾选该复选框。对于既不需要显示,也不需要参与运算的字段,根本就不要将其选入查询中。

5.2.4 "条件"行的作用及其设置方法

设定条件是设计查询对象时的一项重要操作,主要用于设定某种条件来筛选数据记录。条件必须是一个合法的关系或逻辑表达式。在一般情况下,都是利用 Access 提供的表达式生成器来设定条件行中的关系(逻辑)表达式,其操作方法如下所述。

在查询设计视图中,令光标停留在需要设定条件的字段的"条件"行内,在数据库设计视图功能区的"查询工具设计"选项卡上,单击"查询设置"命令组项内的"生成器"按钮,即弹出"表达式生成器"对话框。在这个对话框中,即可以完成所需要设置的显示条件表达式,如图 5-11 所示。

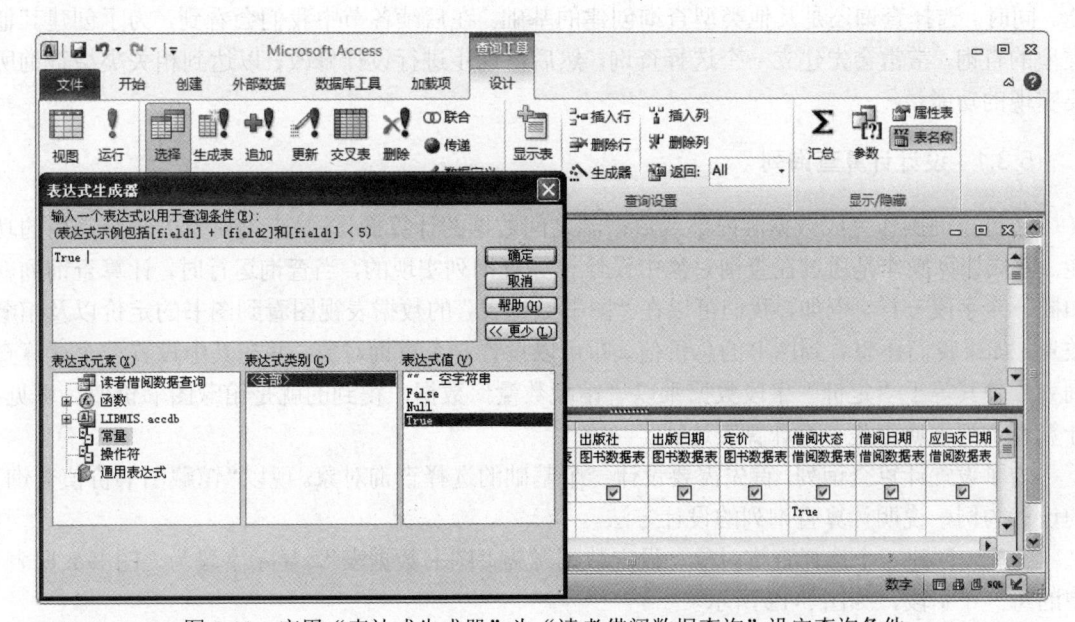

图 5-11 应用"表达式生成器"为"读者借阅数据查询"设定查询条件

例如,如果希望"读者借阅数据查询"运行时仅显示"借阅状态"为 True 的数据记录,就应该在"借阅状态"列的条件行内输入 True 这样的逻辑表达式常量。这样的表达式可以在条件行中直接输入,但不如在"表达式生成器"对话框中操作生成来的准确,参见图 5-11。

为了给"读者借阅数据查询"设置上述条件,应该在"表达式生成器"对话框中,双击对话框左下方列表框中的"常量",然后在对话框右下方的列表框中双击 True 选项,对话框上的文本框中即出现 True 字样。这表明,本表达式使用 True 常量。至此,表达式输入完毕,单击对话框上的"确定"按钮,对话框消失。查询设计视图中对应"条件"行上的表达式就生成了。

"表达式生成器"向导是 Access 提供的一个非常有效的工具,在本书中将会多处用到它。

接着,可以运行"读者借阅数据查询"对象,与图 5-10 所示数据进行对比,即可观察到设置查询条件的作用。

如果将"读者借阅数据查询"对象的设计视图切换至 SQL 视图,可以观察到对应的 SQL 语句如下:

   SELECT 借阅数据表.图书编号, 借阅数据表.读者编号, 图书数据表.书名, 图书数据表.作者,
    图书数据表.出版社, 图书数据表.出版日期, 图书数据表.定价, 借阅数据表.借阅状态,
    借阅数据表.借阅日期, 借阅数据表.应归还日期
   FROM 借阅数据表 INNER JOIN 图书数据表 ON 借阅数据表.图书编号 = 图书数据表.图书编号
   WHERE (((借阅数据表.借阅状态)=True));

5.3 选择查询的应用设计

选择查询是 Access 支持的多种类型查询对象中最重要的一种,它不仅仅可以完成数据的筛选、排序等操作,更常见的用途还在于它的计算功能、汇总统计功能以及接受外部参数的功能。同时,选择查询还是其他类型查询创建的基础。在后续各节中我们会看到,为了创建其他类型的查询,常常会先建立一个选择查询,然后再逐步进行设计修改,以达到相关类型查询所要实现的功能。

5.3.1 设计计算查询列

通过查询操作完成数据源内部或数据源之间数据的计算操作,是查询对象的一个常用的功能。完成计算操作是通过在查询对象中设计计算查询列实现的,当查询运行时,计算查询列就如同一个字段一样。例如,我们可以在"图书数据表"的数据表视图看到图书的定价以及馆藏数量,如果我们还想看到图书的总价值,即可以设置一个查询对象,并在其中设置一个计算查询列,使其等于"定价"字段数据乘以"馆藏数量"数据,得到的就是馆藏图书价值。可见,计算查询列本质上是一个计算表达式。

为了设置计算查询列,首先需要设计一个基础的选择查询对象。现以"馆藏图书价值查询"的设计为例,说明计算查询列的设计方法。

首先,创建一个选择查询对象,设定数据源为"图书数据表",显示字段为"图书数据表"中的每一个字段,如图 5-12 所示。

接着,将光标定位在第 8 个显示列处,并在数据库设计视图功能区的"查询工具设计"选项卡上,单击"查询设置"命令组项内的"生成器"按钮,即弹出"表达式生成器"对话框,如图 5-12 所示。与设定查询条件的逻辑表达式不同,计算查询列上是一个计算表达式。

为了给"馆藏图书价值查询"设置计算表达式,应该在"表达式生成器"对话框中,双

击对话框中部"表达式类别"列表框中的"定价"字段，再输入乘号"*"，然后双击对话框中部"表达式类别"列表框中的"馆藏数量"字段，如图 5-12 所示。

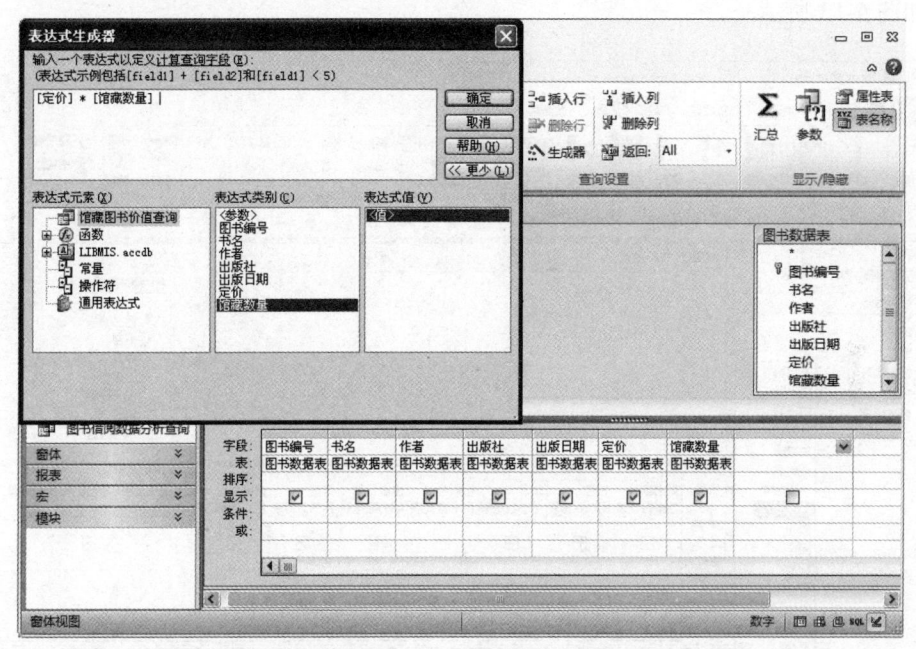

图 5-12 应用"表达式生成器"为"馆藏图书价值查询"设定计算查询列

最后，单击"表达式生成器"对话框中的"确定"按钮，即初步完成了计算表达式的设置操作。

这时可以看到的是，这个计算列的字段名为"表达式 1: [定价]*[馆藏数量]"。

这个计算表达式分为用冒号隔开的两个部分。冒号右边是一个 VBA 算术表达式，它的含义是计算本查询中的"定价"与"馆藏数量"两个字段的数据之积。字段名均用方括号括起来，这属于 VBA 的语法规则，必须遵循。由于所用字段都是本查询中的字段，因此不用指明其父类，否则，需写成[表名]![字段名]。所用到的算术运算符与其他程序设计语言使用的算术运算符相同。冒号左边等同于字段名，已经被设定为"表达式 1"。这是由于"表达式生成器"对话框中完成计算表达式设计时，Access 将自动用"表达式 1"作为第一个计算查询列的字段名，后续的计算查询列命名字段将以"表达式 2"、"表达式 3"的方式类推。

一般情况下，人们都不会满意将字段名命名为"表达式 1"这样的形式。这就需要自己来重新给字段命名。为此，可以在"表达式生成器"对话框中完成计算表达式的设计后，再将"表达式生成器"自行确定的"表达式 1"修改为"馆藏图书金额"。其操作方法是，单击该字段行中的"表达式 1"，再删除该字段行中位于计算表达式冒号左侧的字符，然后输入所希望的字符串，使其成为"馆藏图书金额: [定价]*[馆藏数量]"的形式，如图 5-13 所示。

不仅可以为计算查询列设定计算表达式，还可以为其设定数据的显示格式。其操作方法是，在计算查询列"字段"处右击，在随之弹出的快捷菜单上单击"属性"菜单项；或者令光标停留在需要设置显示格式的计算查询列"字段"上，在数据库设计视图功能区的"查询工具设计"选项卡上，单击"显示/隐藏"命令组项内的"属性表"按钮，即弹出"属性表"对话框，如图 5-13 所示。

在"字段属性"对话框中,即可为所选字段设置包括显示格式在内的各项字段属性。例如,可以将"馆藏图书价值查询"的"馆藏图书金额"计算查询列的显示格式设置为货币格式。操作界面如图 5-13 所示。

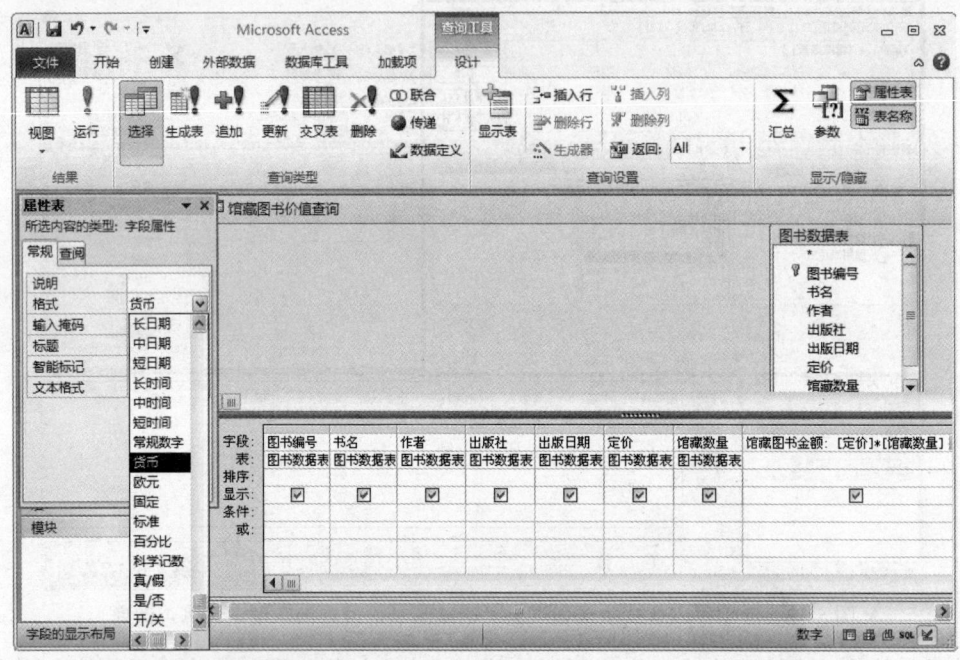

图 5-13　为"馆藏图书价值查询"的"馆藏图书金额"计算查询列设置显示格式

"馆藏图书价值查询"对象的运行视图如图 5-14 所示。

图 5-14　"馆藏图书价值查询"运行视图

如果将"馆藏图书价值查询"对象的设计视图切换至 SQL 视图,可以观察到对应的 SQL 语句如下:

```
SELECT 图书数据表.图书编号, 图书数据表.书名, 图书数据表.作者, 图书数据表.出版社,
    图书数据表.出版日期, 图书数据表.定价, 图书数据表.馆藏数量,
    [定价]*[馆藏数量] AS 馆藏图书金额
FROM 图书数据表;
```

5.3.2 设计汇总查询

根据第 1 章中对"图书馆管理信息系统"的功能分析,在 LIBMIS 数据库中需要一个"图书借阅数据分析查询",用来统计在一个指定时间段内各类图书的被借阅次数。这种具有统计功能的查询对象称为汇总查询。

设计汇总查询也需要在查询设计视图中进行。首先需要在查询设计视图中打开一个已经建立的选择查询对象,然后在数据库设计视图功能区的"查询工具设计"选项卡上,单击"显示/隐藏"命令组项内的"汇总"按钮,如图 5-15 所示。这时,在查询设计视图下部的参数设置区中将出现一个名为"总计"的行,其中的参数均为 Group By(分组)。"总计"行中的参数标明各字段是用于分组的字段(Group By)还是用于汇总的字段(Expression),一个汇总查询至少应有一个分组字段和一个汇总字段。

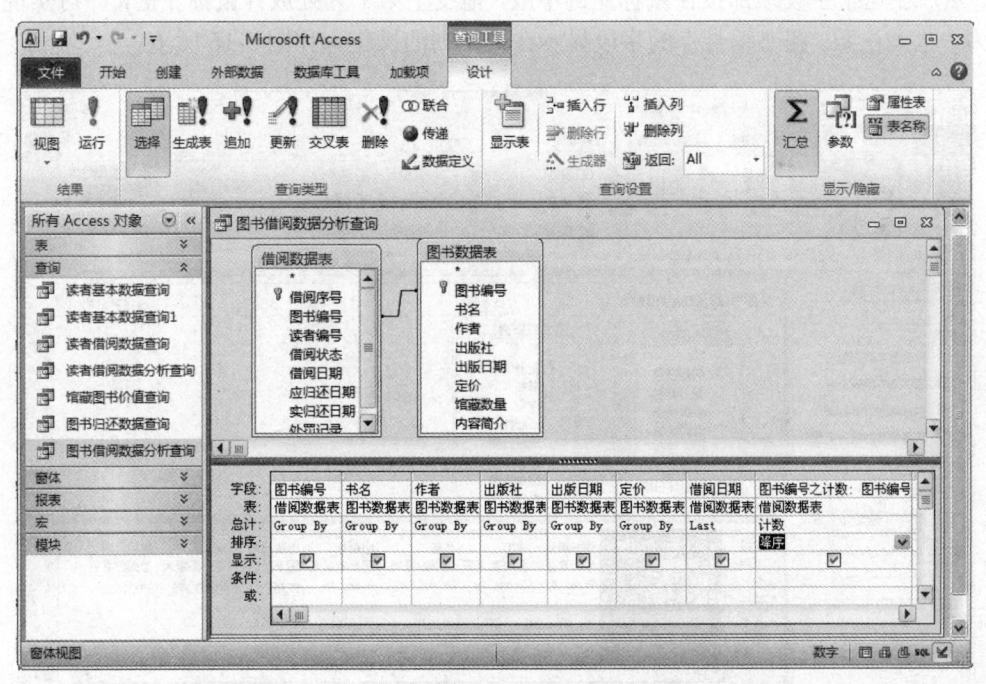

图 5-15 "图书借阅数据分析查询"对象的设计过程

以"图书借阅数据分析查询"为例,所希望得到的显示结果是,以"图书编号"、"书名"、"作者"、"出版社"、"出版日期"和"定价"作为分组字段,显示"借阅日期"字段的最后一条记录数据,并对"图书编号"字段进行计数,如图 1-9 所示。

为此,首先需要设计一个以"借阅数据表"和"图书数据表"作为数据源的,且具有"图书编号"、"书名"、"作者"、"出版社"、"出版日期"和"定价"字段的选择查询,其中"图书编号"字段数据取自于"借阅数据表",其余字段均取自于"图书数据表"。然后,在数据库设计视图功能区的"查询工具设计"选项卡上,单击"显示/隐藏"命令组项内的"汇总"按钮。

这时，在查询设计视图下部的参数设置区中将出现一个名为"总计"的行，其中的参数均为 Group By。

接着，在最后一个字段后增加一个"借阅日期"字段，并将其"总计"行参数更改为 Last（最后一条记录）。然后再在最后一列设定一个来源于"借阅数据表"的"图书编号"字段，将其"总计"行参数更改为"计数"，并将其"排序"行参数更改为"降序"。至此，一个具有汇总功能的查询对象基本设计完成。

完成"图书借阅数据分析查询"的基本设计后，关闭查询设计视图，并以"图书借阅数据分析查询"的名称保存这个新建的查询象。然后，运行"图书借阅数据分析查询"，即可以看到所希望的功能基本实现了。

但是，观察"图书借阅数据分析查询"运行视图可以看到最后一个字段的名称为"图书编号之计数：图书编号"，这并不是我们所期望的。因此，应该重新进入"图书借阅数据分析查询"设计视图，置光标于这个字段的"字段"行上，将这个字段更名为"借阅次数：图书编号"。

最后，对照图 1-9 所示界面的要求，还应令这个名为"借阅次数：图书编号"的字段显示在第 1 列。为此，需要在"图书借阅数据分析查询"设计视图中，先选中这个字段使其成为反白色，然后在这个字段顶部按住鼠标左键不放，拖曳至第 1 列处放开鼠标左键，即可实现置这个名为"借阅次数：图书编号"的字段显示在第 1 列的操作，如图 5-16 所示。

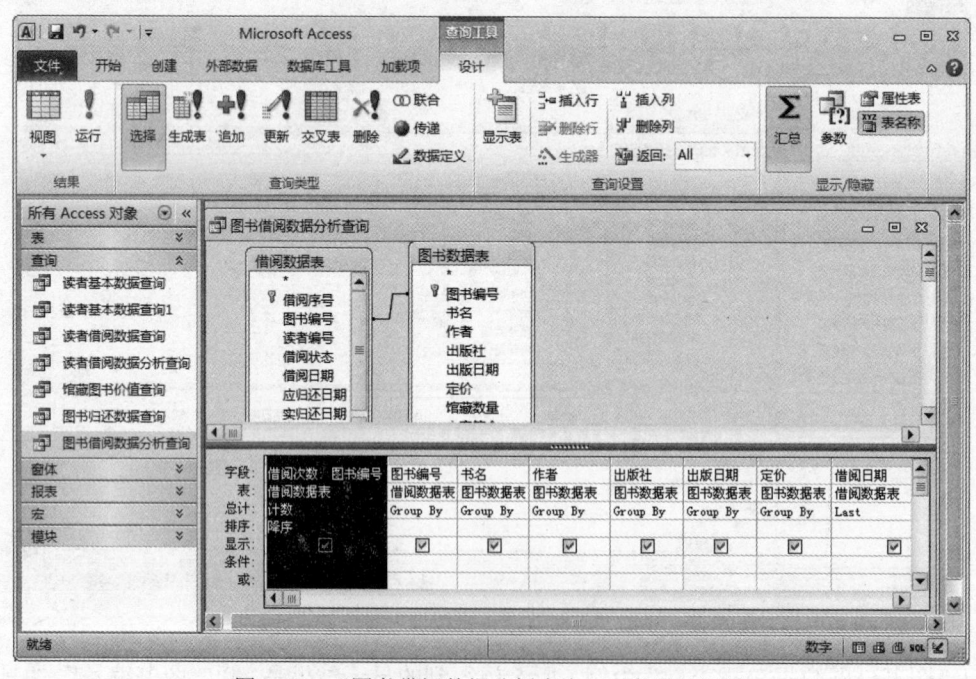

图 5-16 "图书借阅数据分析查询"对象设计视图

5.3.3 设计参数查询对象

此处所指的参数特指查询条件中使用的表达式，而一个所谓的参数查询对象则是指一个具有查询条件的选择查询对象。本节介绍参数查询对象的设计方法。

以 5.3.2 节提到的"图书借阅数据分析查询"需求为例，"图书馆管理信息系统"要求对图书借阅次数的统计按某一个时间段汇总。例如，要求统计近 30 天的借阅次数，则"图书借阅数据分析查询"的查询条件应该依据"借阅日期"字段设定其条件表达式为：

Between Date()-30 And Date()

为此，需要重新进入"图书借阅数据分析查询"设计视图，将最后那个字段"借阅日期"的"总计"行参数设置为 Where。一旦将一个查询列的"总计"行参数设置为"条件"，则该查询列的"显示"行参数自动设置成为不显示，切不可以更改。然后，利用 Access 表达式生成器为这一列的"条件"行设置条件表达式 Between Date()-30 And Date()，如图 5-17 所示。

至此，形成一个设置了排序、具有查询条件的汇总查询对象设计完毕，其对应的 SQL 语句为：

SELECT Count(借阅数据表.图书编号) AS 借阅次数, 借阅数据表.图书编号, 图书数据表.书名,
　　　　图书数据表.作者, 图书数据表.出版社, 图书数据表.出版日期, 图书数据表.定价
FROM 借阅数据表 INNER JOIN 图书数据表 ON 借阅数据表.图书编号 = 图书数据表.图书编号
WHERE (((借阅数据表.借阅日期) Between Date()-30 And Date()))
GROUP BY 借阅数据表.图书编号, 图书数据表.书名, 图书数据表.作者, 图书数据表.出版社,
　　　　图书数据表.出版日期, 图书数据表.定价
ORDER BY Count(借阅数据表.图书编号) DESC;

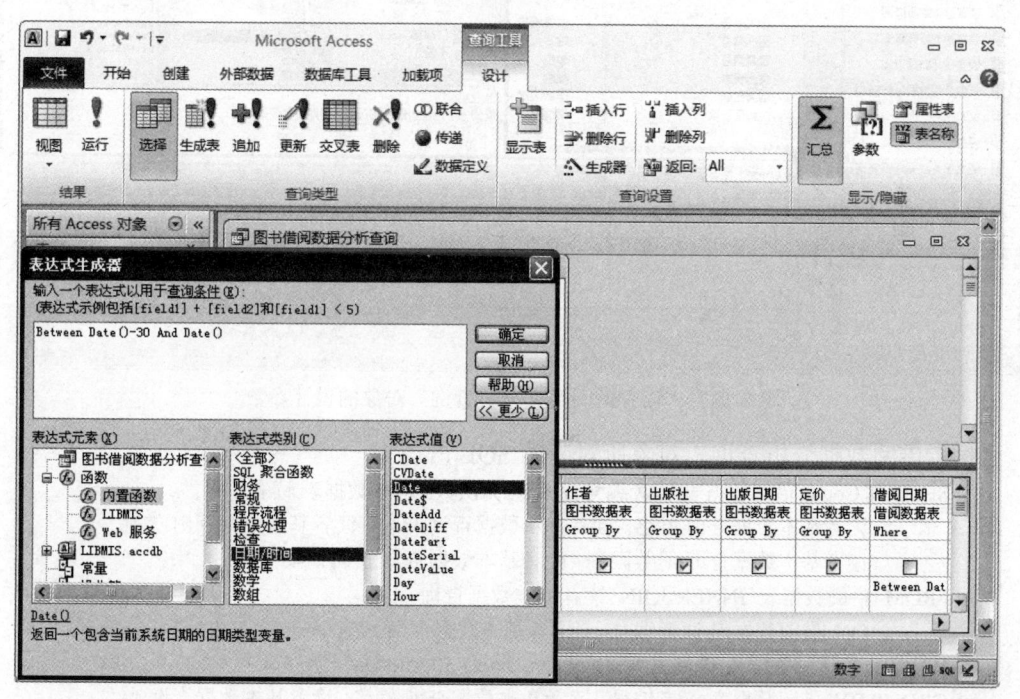

图 5-17 "图书借阅数据分析查询"对象的条件设置

5.3.4 LIBMIS 数据库中的其他查询对象

1. "读者借阅数据分析查询"设计

在 LIBMIS 数据库中，除了"图书借阅数据分析查询"是一个汇总查询对象之外，"读者借阅数据分析查询"也是一个汇总查询对象。其主要用途是用来统计在一个指定的时间段内各位读者借阅图书的次数。因此，"读者借阅数据分析查询"对象的设计方法类似于"图书借阅

数据分析查询"的设计方法，读者可参照图 5-18 所示"读者借阅数据分析查询"对象的设计参数自行完成。

值得注意的是，"读者借阅数据分析查询"对象的数据源为"借阅数据表"和"读者基本数据查询"。由于"读者基本数据查询"是我们在 5.1 节设计完成的查询对象，它与"借阅数据表"的关联需要在"读者借阅数据分析查询"对象设计视图中予以设定。设定数据表对象和查询对象关联的方法如同 3.4 节介绍的方法，以"借阅数据表"作为关联主表，以"读者借阅数据分析查询"作为关联从表，针对"读者编号"字段建立"只包含两个表中联接字段相等的行"关联，如图 5-18 所示。

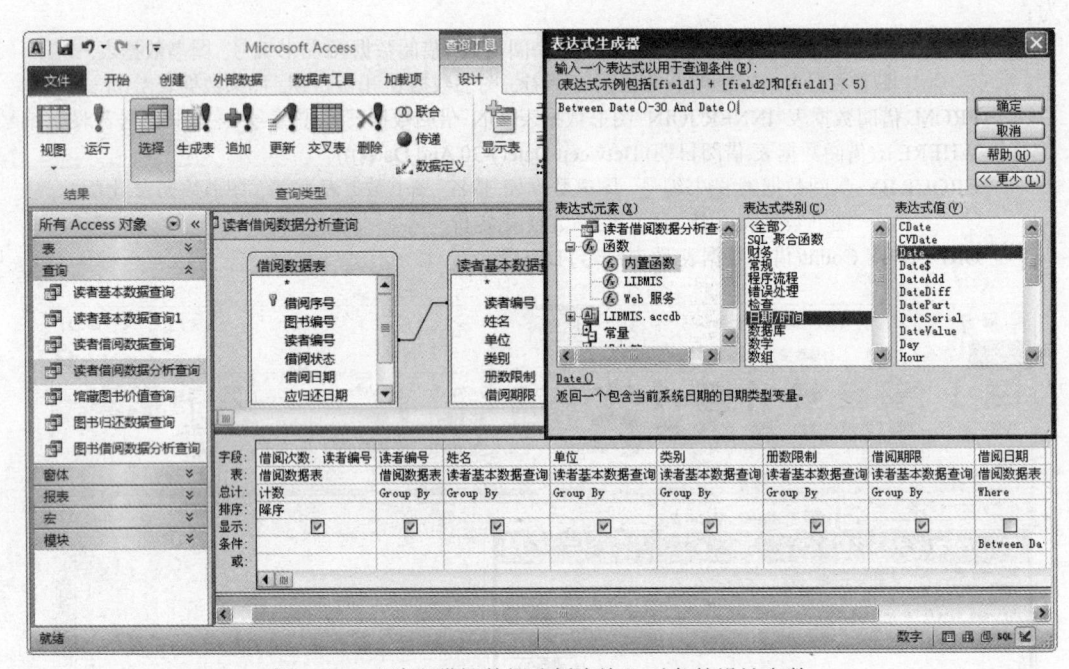

图 5-18 "读者借阅数据分析查询"对象的设计参数

"读者借阅数据分析查询"对象所对应的 SQL 语句为：
  SELECT Count(借阅数据表.读者编号) AS 借阅次数, 借阅数据表.读者编号,
    读者基本数据查询.姓名, 读者基本数据查询.单位, 读者基本数据查询.类别,
    读者基本数据查询.册数限制, 读者基本数据查询.借阅期限
  FROM 借阅数据表 INNER JOIN 读者基本数据查询
    ON 借阅数据表.读者编号 = 读者基本数据查询.读者编号
  WHERE (((借阅数据表.借阅日期) Between Date()-30 And Date()))
  GROUP BY 借阅数据表.读者编号, 读者基本数据查询.姓名, 读者基本数据查询.单位,
    读者基本数据查询.类别, 读者基本数据查询.册数限制, 读者基本数据查询.借阅期限
  ORDER BY Count(借阅数据表.读者编号) DESC;

2．"图书归还数据查询"设计

"图书归还数据查询"是一个具有查询条件的选择查询对象。其主要用途是选择某一位读者迄今尚未归还的图书目录，即"借阅数据表"中的"借阅状态"数据为 True 记录。因此，"图书归还数据查询"对象的设计方法类似于"读者借阅数据查询"的设计方法，读者可参照图 5-19 所示"图书归还数据查询"对象的设计参数自行完成。

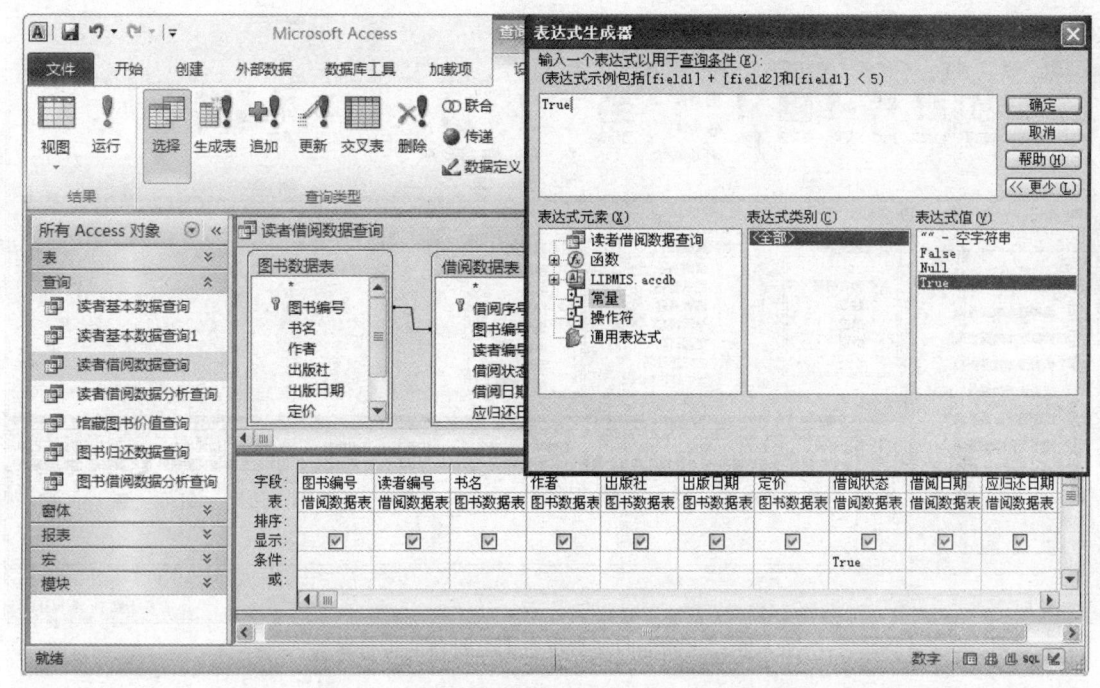

图 5-19 "图书归还数据查询"对象的设计参数

"图书归还数据查询"对象所对应的 SQL 语句为：
  SELECT 借阅数据表.读者编号, 借阅数据表.图书编号, 图书数据表.书名, 图书数据表.作者,
    图书数据表.出版社, 图书数据表.出版日期, 图书数据表.定价, 借阅数据表.借阅状态,
    借阅数据表.借阅日期, 借阅数据表.应归还日期
  FROM 借阅数据表 INNER JOIN 图书数据表 ON 借阅数据表.图书编号 = 图书数据表.图书编号
  WHERE (((借阅数据表.借阅状态)=True));

3. "超期归还数据查询"设计

"超期归还数据查询"也是一个具有查询条件的选择查询对象，其主要用途是用来选择迄今为止尚有应该归还而未归还的图书的读者目录，其设计方法亦类似于"读者借阅数据查询"的设计。"超期归还数据查询"对象数据源为"读者数据表"、"图书数据表"和"借阅数据表"等三个数据表对象，查询条件设置为"((借阅数据表.借阅状态)=True) AND ((借阅数据表.应归还日期)<Date())"。请读者参照图 5-20 "超期归还数据查询"对象的设计参数，完成这个查询对象的设计工作。

"超期归还数据查询"对象所对应的 SQL 语句为：
  SELECT 借阅数据表.读者编号, 读者数据表.姓名, 读者数据表.单位, 读者数据表.类别,
    借阅数据表.图书编号, 图书数据表.书名, 图书数据表.作者, 图书数据表.出版社,
    图书数据表.出版日期, 借阅数据表.借阅状态, 借阅数据表.借阅日期,
    借阅数据表.应归还日期
  FROM (借阅数据表 INNER JOIN 读者数据表
    ON 借阅数据表.读者编号 = 读者数据表.读者编号)
    INNER JOIN 图书数据表 ON 借阅数据表.图书编号 = 图书数据表.图书编号
  WHERE ((((借阅数据表.借阅状态)=True) AND ((借阅数据表.应归还日期)<Date()));

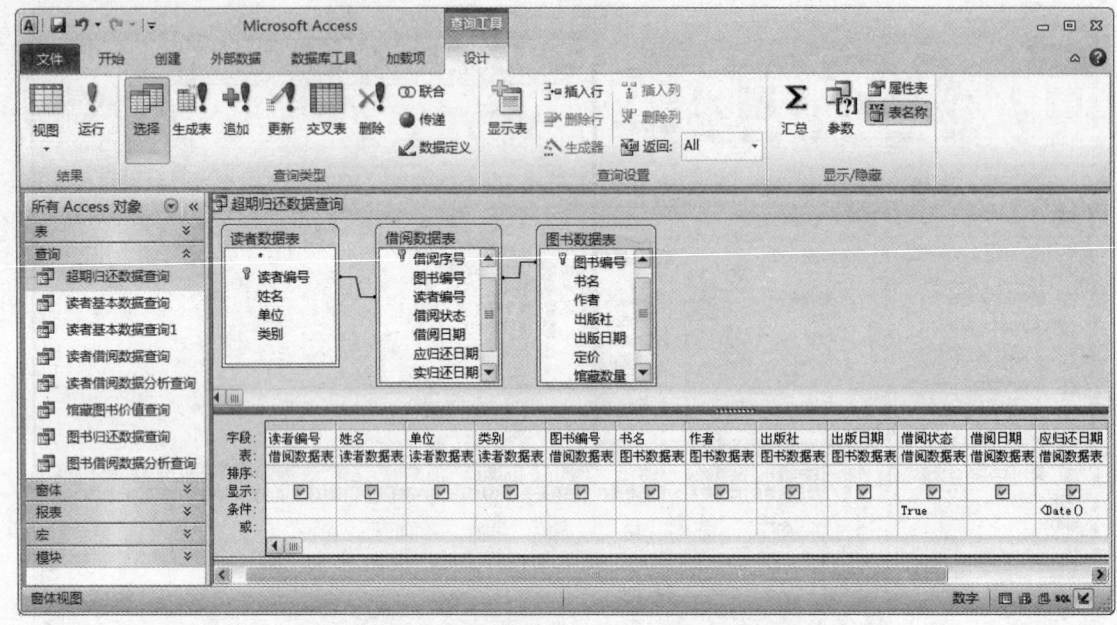

图 5-20　"超期归还数据查询"对象的设计参数

5.4　交叉表查询的应用设计

　　交叉表查询是 Access 支持的另一类查询对象。交叉表查询显示的数据来源于一个数据表对象或者一个查询对象中某个字段的总结值（合计、计算以及平均）。这些数据被分为两组显示，一组列在数据表的左侧，作为分类数据；另一组列在数据表的上部，作为计算数据。

　　例如，如果依据 LIBMIS 数据库的"图书数据表"，我们希望统计某个类别图书的馆藏总量以及所对应的各出版社图书的分量（如图 5-21 所示），就需要用交叉表查询来实现。

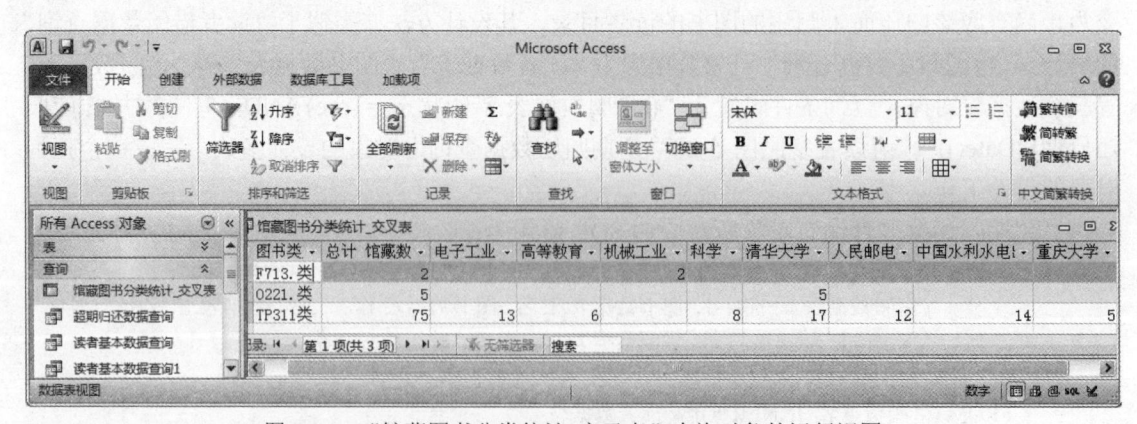

图 5-21　"馆藏图书分类统计_交叉表"查询对象的运行视图

　　从图 5-21 中可以看到，交叉表查询运行的结果是数据源的表对象转置后形成的数据表。即将数据源表中的某一字段作为交叉表查询的字段名，某几个字段数据作为分类汇总的依据，某一个字段数据被汇总计算后显示在各自的字段下。本节介绍设计交叉表查询的操作方法。

5.4.1 使用向导创建交叉表查询

一般情况下，设计交叉表查询的操作在交叉表查询设计视图中进行。但是，可以首先使用交叉表查询向导快速生成一个交叉表查询，然后再进入交叉表查询设计视图进行修改操作。本节介绍使用交叉表查询向导创建交叉表查询的操作方法。

在数据库设计视图功能区的"创建"选项卡上，单击"查询"命令组项内的"查询向导"按钮，即弹出"新建查询"对话框，如图 5-22 所示。

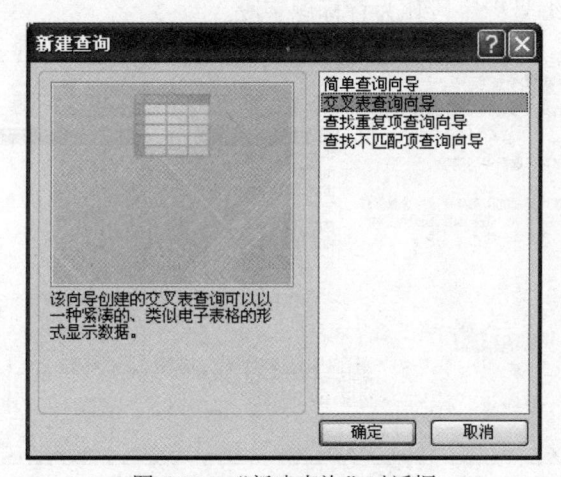

图 5-22 "新建查询"对话框

在"新建查询"对话框中，需要选定"交叉表查询向导"选项，然后单击"确定"按钮，即进入"交叉表查询向导"对话框 1，如图 5-23 所示。

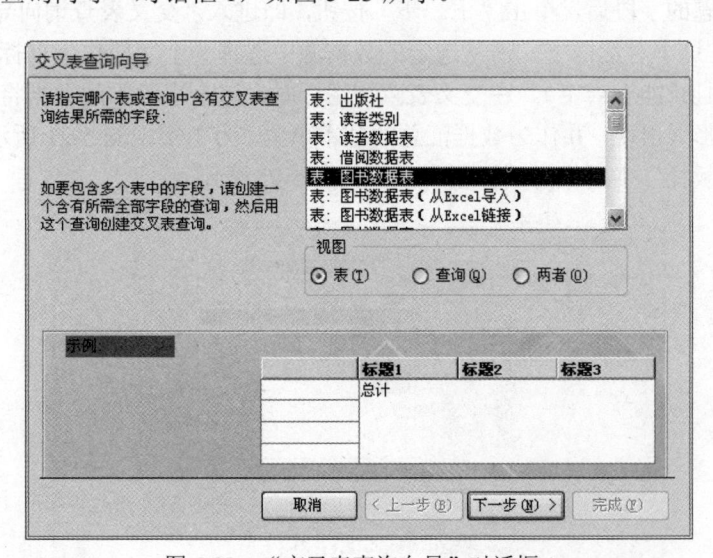

图 5-23 "交叉表查询向导"对话框 1

在这个对话框中，需选择一个数据源（只能是一个表或一个查询）。如果所需建立的交叉表查询是基于某一个数据表的，则可以在这个对话框中选定这个数据表；如果所需建立的交叉表查询是基于多个数据表的，则应该事先建立一个基于这多个数据表的选择查询，而后在这个对话框中选定这个事先建立的选择查询。

在本例中，图 5-21 所示的交叉表查询是一个基于单一数据表的交叉表查询，这个作为数据源的数据表是"图书数据表"。因此，应该指定"图书数据表"表作为本交叉表查询的数据源，如图 5-23 所示。

选定数据源后，单击"下一步"按钮，即进入"交叉表查询向导"对话框 2，如图 5-24 所示。在这个对话框中，需从选定的数据源中选择作为行标题的字段。这些字段在交叉表查询运行时，将显示在数据表的左端，并作为数据分类的依据。为了实现图 5-21 所示的交叉表查询，此处应选择"图书编号"字段作为行标题字段。

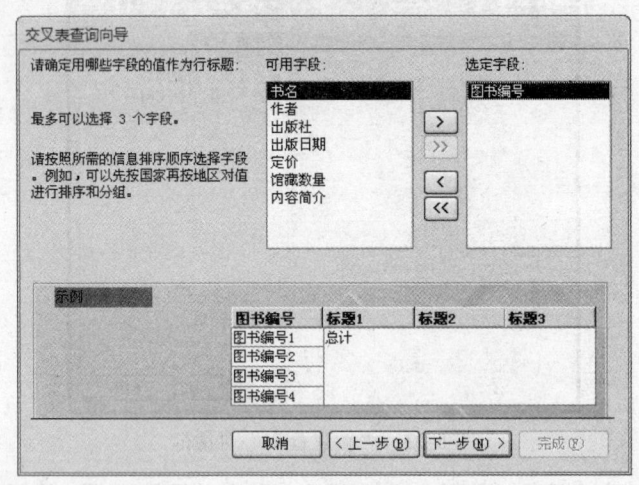

图 5-24　"交叉表查询向导"对话框 2

选择完行标题的字段后，单击"下一步"按钮，即进入"交叉表查询向导"对话框 3，如图 5-25 所示。在这个对话框中，需从选定的数据源中选择一个字段作为列标题（注意，作为列标题的字段有且只能有一个）。在交叉表查询运行时，这个字段中的数据将显示在数据表的顶端以字段名的形式出现，并作为数据汇总的基本单位。为了实现图 5-21 所示的交叉表查询，此处须选择"出版社"字段作为列标题字段，如图 5-25 所示。

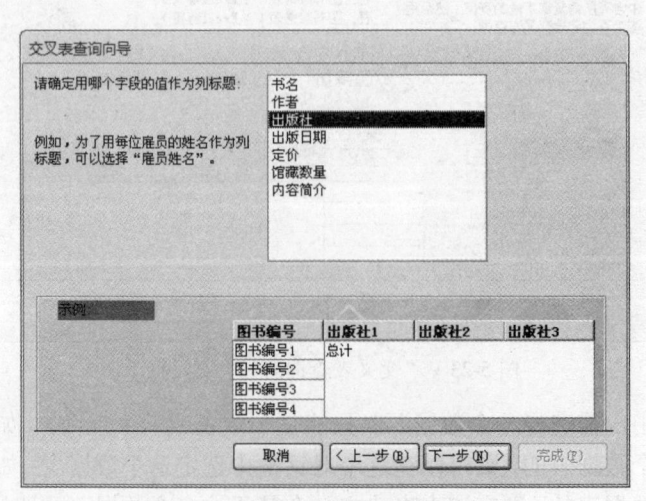

图 5-25　"交叉表查询向导"对话框 3

选定作为列标题的字段后，单击"下一步"按钮，即进入"交叉表查询向导"对话框 4，如图 5-26 所示。在这个对话框中，需从选定的数据源中选择一个字段作为列标题下的计算值字段。在交叉表查询运行时，这个字段中的数据将参与某种计算，然后显示在数据表中对应字段列下。为了实现图 5-21 所示的交叉查询表，此处选择"馆藏数量"字段作为计算值字段，并指定计算函数为 Sum（合计）。

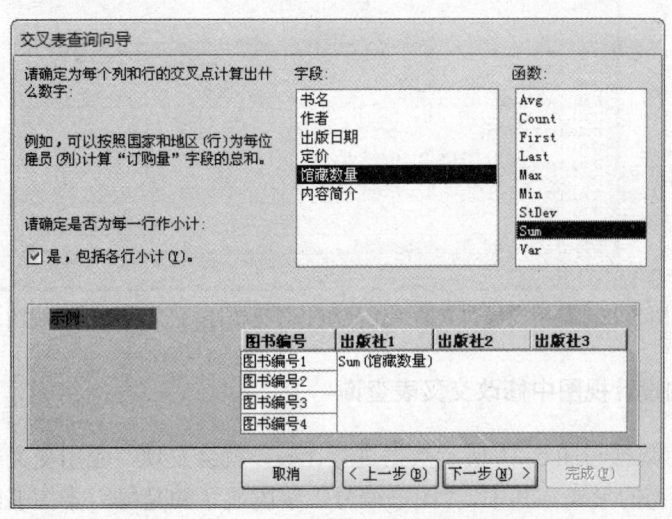

图 5-26 "交叉表查询向导"对话框 4

选定作为计算值的字段后，单击"下一步"按钮，即进入"交叉表查询向导"对话框 5，如图 5-27 所示。在这个对话框中，需要给所建查询命名，并指定完成交叉表查询的建立后，是准备查看还是准备进行修改。此处可以输入"馆藏图书分类统计_交叉表"作为此查询的名称，并选择"查看查询"单选按钮。

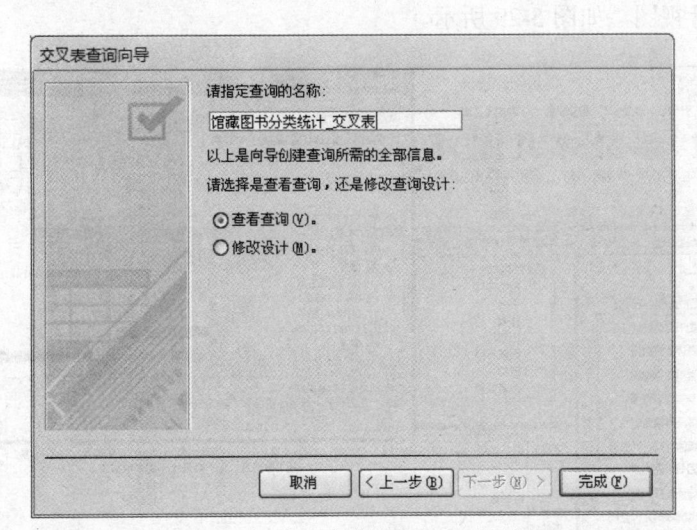

图 5-27 "交叉表查询向导"对话框 5

设定完上述两项所需参数，单击对话框中的"完成"按钮，即可进入"馆藏图书分类统计_交叉表"运行视图，如图 5-28 所示。这是由于选择了"查看查询"单选项。

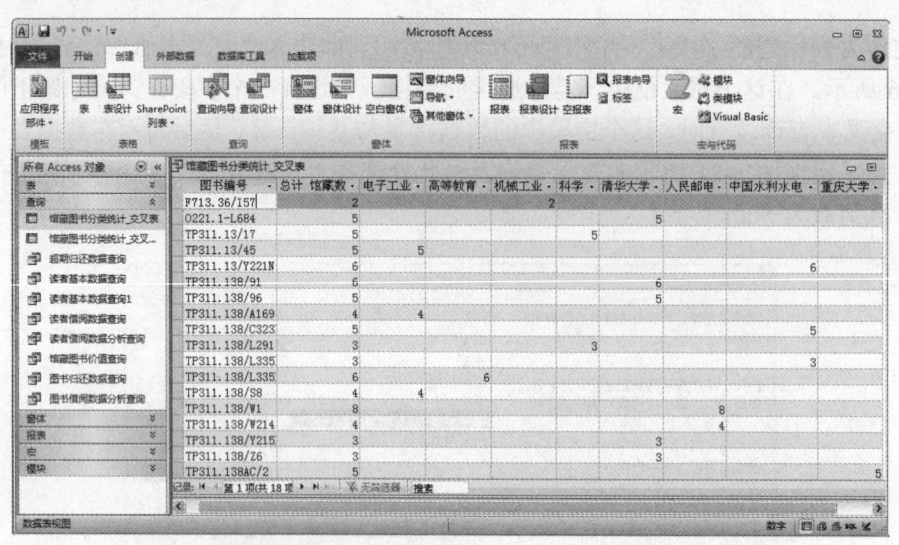

图 5-28　使用向导建立的"馆藏图书分类统计_交叉表"运行视图

5.4.2　在查询设计视图中修改交叉表查询

将图 5-28 所示数据与图 5-21 所示数据进行比较，就会发现，应用交叉表查询创建的查询对象并不是最终所需的形式。其中，"图书编号"字段显示的是每一本图书的编号。而我们的设计目标是统计每一类图书的馆藏数量，因此，这个"图书编号"字段取得不对，应该是"图书编号"字段数据的前 5 位字符所构成的数据，且这个字段名应为"图书类别"。

为此，必须进入 Access 查询设计视图，以便进行对这个交叉查询对象的设计修改操作。

在使用向导建立的"馆藏图书分类统计_交叉表"运行视图中，单击功能区中的"开始"选项卡。然后，在"视图"命令组项内单击"设计视图"按钮，即进入"馆藏图书分类统计_交叉表"查询设计视图，如图 5-29 所示。

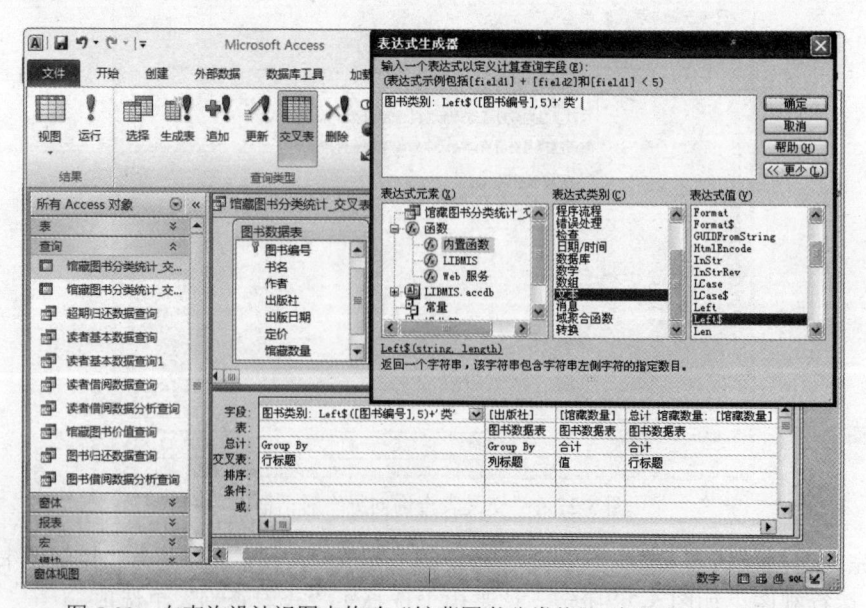

图 5-29　在查询设计视图中修改"馆藏图书分类统计_交叉表"查询对象

在这个"馆藏图书分类统计_交叉表"查询设计视图中,可以看到一个用以分组的行标题列"图书编号"、一个用以分组的列标题列"[出版社]"、一个用以合计的"值"列"[馆藏数量]"和一个用以合计的行标题列"总计 馆藏数量: [馆藏数量]"。这些都是应用交叉表查询向导设置的查询列。

现在,需要修改的是第一列"图书编号"。为此,可以把鼠标定位在这一列的"字段"行内,调用 Access 表达式生成器,设置其"字段"行数据为"图书类别: Left$([图书编号],5)+'类'"。如图 5-29 所示。这表示该查询对象在运行时,这个查询字段名称显示为"图书类别",其数据为"图书编号"字段数据的左边 5 个字符并在最右边显示一个"类"字。

完成上述操作后,关闭 Access 查询设计视图,这个名为"馆藏图书分类统计_交叉表"的交叉表查询就实现了原定的目标。

图 5-29 所示交叉表查询对象的 SQL 语句为:
  TRANSFORM Sum(图书数据表.[馆藏数量]) AS 馆藏数量之合计
  SELECT Left$([图书编号],5)+'类' AS 图书类别, Sum(图书数据表.[馆藏数量]) AS [总计 馆藏数量]
  FROM 图书数据表
  GROUP BY Left$([图书编号],5)+'类'
  PIVOT 图书数据表.[出版社];

在进行数据库应用系统设计时,应该根据实际的系统需求,在数据库中设计合适的交叉表查询对象。

5.5 生成表查询的应用设计

5.5.1 生成表查询的应用

如前所述,查询只是一个操作的集合,其运行的结果是一个动态数据集。当查询运行结束时,该动态数据集合是不会被 Access 保存的。如果希望查询所形成的动态数据集能够被保存下来,就需要设计生成表查询。

例如,如果希望将 LIBMIS 数据库中记录的当前所有借出图书目录数据生成为一个 Access 表对象,就应该设计一个生成表查询对象来实现这样的要求。

为此,可以将 5.2 节中所介绍的"读者借阅数据查询"改建为一个生成表查询"读者借阅数据_生成表查询"。只要运行这个生成表查询,即可创建一个名为"读者借阅数据"的 Access 表对象,这个 Access 表对象称为生成表。下面讨论如何设计这样一个 Access 查询对象,并据此理解 Access 生成表查询的实际作用。

5.5.2 生成表查询的设计

设计生成表查询的操作步骤如下:首先设计合适的选择查询,然后将其指定为生成表查询。下面以创建"读者借阅数据_生成表查询"为例,说明其操作步骤。

首先,在 LIBMIS 数据库中复制一份"读者借阅数据查询",并命名为"读者借阅数据_生成表查询"。接着,打开这个"读者借阅数据_生成表查询"设计视图。然后,单击功能区中"查询工具设计"选项卡上"查询类型"命令组项内的"生成表"按钮,即可调出"生成表"对话框,如图 5-30 所示。

图 5-30 "生成表"对话框

在"生成表"对话框中，需要确定生成表的名称，并确定生成表所属的数据库。例如，"读者借阅数据_生成表查询"的设计功能是在当前数据库中生成一个名为"读者借阅数据_生成表"的生成表，即应该在"生成表"对话框中输入表名称"读者借阅数据_生成表"。最后，单击"生成表"对话框上的"确定"按钮，即完成了"读者借阅数据_生成表查询"的设计操作。

设计完成一个生成表查询后，就可以打开运行它。与打开选择查询对象和交叉表查询对象的情况不同，Access 并不显示查询运行视图，而是在数据库中新建了一个数据表对象，其中的数据即为生成表查询运行的结果。

例如，"读者借阅数据_生成表查询"打开一次的结果，就是在数据库中新建了一个名为"读者借阅数据_生成表"的数据表对象，其中的数据就是"读者借阅数据_生成表查询"的运行结果。打开这个数据表查看一下，会发现它的数据内容与"读者借阅数据查询"的数据内容完全一样。

5.5.3 生成表查询的实质

查询的实质就是 SQL 语句的应用。观察"读者借阅数据_生成表查询"的 SQL 语句，就可以看到，"读者借阅数据_生成表查询"就是在"销售业绩查询"的 SQL 语句中增加了一个 INTO 子句。

以下是"读者借阅数据_生成表查询"的 SQL 语句：

  SELECT 借阅数据表.图书编号, 借阅数据表.读者编号, 图书数据表.书名, 图书数据表.作者,
    图书数据表.出版社, 图书数据表.出版日期, 图书数据表.定价, 借阅数据表.借阅状态,
    借阅数据表.借阅日期, 借阅数据表.应归还日期
    INTO 读者借阅数据_生成表
  FROM 借阅数据表 INNER JOIN 图书数据表 ON 借阅数据表.图书编号 = 图书数据表.图书编号
  WHERE (((借阅数据表.借阅状态)=True));

5.6 更新查询的应用设计

5.6.1 更新查询的应用

如果需要对数据表中的某些数据进行有规律的成批更新替换操作,则可以使用更新查询来实现。

例如,在 LIBMIS 数据库中,我们希望将所有类别读者的借阅册数限制都在原数值上加 1,此时即可以考虑用一个更新查询来实现。下面我们就以这样的需求为目标,设计一个名为"册数限制_更新查询"的更新查询对象,并以此来讲述 Access 更新查询的设计方法。

5.6.2 更新查询的设计

首先,在 LIBMIS 数据库中创建一个选择查询,指定其数据源为需要更新其中数据的表对象"读者类别"。接着,将其中需要更新数据的字段"册数限制"拖曳至查询设计视图的"字段"行中。

然后,单击功能区中"查询工具设计"选项卡上"查询类型"命令组项内的"更新"按钮,即可在查询设计视图中新增一个"更新到"行。此时,需要在该行中填入数据更新的表达式"[册数限制]+1"。如果只是需要更新某些满足一定条件的记录中的数据,则应该在查询设计视图的"条件"行中填写记录更新条件,由于本例中无此需求,所以无须设置,如图 5-31 所示。

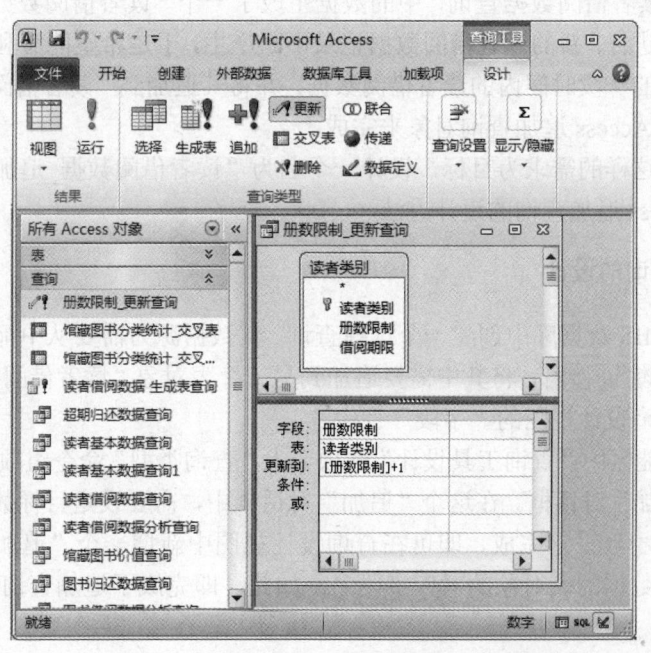

图 5-31 "册数限制_更新查询"设计视图

保存这个查询对象,命名为"册数限制_更新查询",即完成了这个更新查询对象的设计操作。只需运行该查询对象,数据源表"读者类别"中的"册数限制"字段数据就按照数据更新表达式的值得到了更新。

设计完一个更新查询后，就可以打开它。与打开选择查询对象、交叉表查询对象的情况不同，Access 并不显示查询数据表视图，而是根据指定的更新条件与计算更新表达式，在数据库中更新了数据源表中相关字段的数据。比如，"册数限制_更新查询"打开一次的结果，就将"读者类别"表中的"册数限制"字段数据加 1。

5.6.3 更新查询的实质

查询的实质就是 SQL 语句的应用。观察"册数限制_更新查询"的 SQL 语句，就可以看到，"册数限制_更新查询"是一条用于数据库数据更新的 SQL 语句：

UPDATE 读者类别 SET 读者类别.册数限制 = [册数限制]+1;

5.7 追加查询的应用设计

5.7.1 追加查询的应用

如果需要从数据库的某一个数据表中筛选出一些数据，可以使用选择查询。进而，如果需要将这些筛选出来的数据追加到另外一个结构相同的数据表中，则必须使用追加查询。因此，追加查询的作用就是从一个 Access 表中筛选出一些数据，追加到另外一个具有相同结构的 Access 表中。

例如，在介绍生成表查询时，曾经创建了一个名为"读者借阅数据_生成表查询"的生成表查询对象，用"读者借阅数据查询"中的数据生成了一个"读者借阅数据_生成表"。随着图书借阅业务的不断进行，新的读者借阅数据记录不断产生，于是希望能够利用新产生的读者借阅数据记录形成新的一段时间内的读者借阅数据，并将其追加到"读者借阅数据_生成表"中。这就可以通过建立 Access 追加查询对象来完成。

下面我们即以这样的需求为目标，设计一个名为"读者借阅数据_追加查询"的追加查询对象，来讲述 Access 追加查询的设计方法。

5.7.2 追加查询的设计

首先，在 LIBMIS 数据库中创建一个选择查询，其数据源为需要从中筛选数据的查询对象"读者借阅数据查询"。接着，将其中需要追加到另一个表对象"读者借阅数据_生成表"中的字段逐一拖曳至查询设计视图的"字段"行中。

然后，单击功能区中"查询工具设计"选项卡上"查询类型"命令组项内的"追加"按钮，即可弹出一个"追加"对话框。在这个"追加"对话框中，需要设定目标数据表对象"读者借阅数据_生成表"。一旦设定完成，即可在查询设计视图中新增一个"追加到"行，其中各列名称即为需要追加数据的表对象的对应字段名。如此，即完成了追加查询的设计，如图 5-32 所示。

最后，保存这个查询对象，命名为"读者借阅数据_追加查询"，即完成了一个追加查询对象的设计操作。运行该查询对象，数据源表"读者借阅数据_生成表"即可增加若干读者借阅数据记录。请读者运行"读者借阅数据_追加查询"，并注意观察其运行结果。

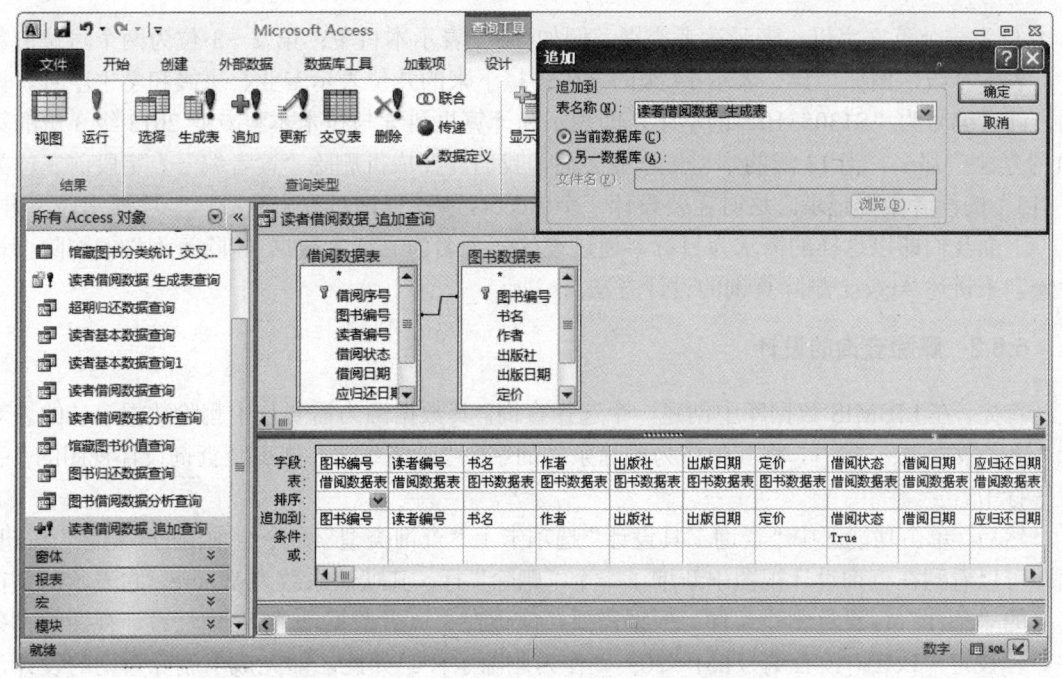

图 5-32 "读者借阅数据_追加查询"的设计视图

5.7.3 追加查询的实质

查询的实质就是 SQL 语句的应用。观察"读者借阅数据_追加查询"的 SQL 语句，就可以看到，"读者借阅数据_追加查询"是一条用于追加数据库记录的 SQL 语句：

INSERT INTO 读者借阅数据_生成表（图书编号，读者编号，书名，作者，出版社，出版日期，
定价，借阅状态，借阅日期，应归还日期）
SELECT 借阅数据表.图书编号，借阅数据表.读者编号，图书数据表.书名，图书数据表.作者，
图书数据表.出版社，图书数据表.出版日期，图书数据表.定价，借阅数据表.借阅状态，
借阅数据表.借阅日期，借阅数据表.应归还日期
FROM 借阅数据表 INNER JOIN 图书数据表 ON 借阅数据表.图书编号 = 图书数据表.图书编号
WHERE (((借阅数据表.借阅状态)=True));

5.8 删除查询的应用设计

5.8.1 删除查询的应用

如果需要从数据库的某一个数据表中有规律地成批删除一些记录，可以使用删除查询来满足这个需求。由于 Access 删除查询对象的特点，其间包含的记录删除条件必须能够用一个关系表达式或逻辑表达式表述。

例如，在 LIBMIS 数据库中，一部分学生读者应该在其毕业之后不再拥有借阅图书的权利。因此，在一届毕业生离校之后，应该成批地删除他们的读者数据记录。对于这样的应用需求就应该设计相应的 Access 删除查询对象。

现假设在 LIBMIS 数据库的"读者数据表"中，"读者编号"字段数据编排按以下规律：

第 1 位为一个英文字母，表示读者类别，例如"S"表示本科生；第 2~3 位为两个阿拉伯数字，表示年级，例如"14"表示 14 级的学生；接下来的几位表示专业、班级和学生序号。例如，读者编号为"S1305310"的学生，即表示为计算机科学与技术本科专业 2013 级 3 班的第 10 号学生。那么，当 13 级的本科生毕业之后，我们需要成批删除"读者编号"字段前 3 位为"S13"的读者数据记录。这时需要设计一个 Access 删除查询对象来完成这一项操作。

下面我们即以这样的需求为目标，通过设计一个名为"读者数据_删除查询"的删除查询对象，来讲述 Access 删除查询的设计方法。

5.8.2 删除查询的设计

首先，在 LIBMIS 数据库中创建一个选择查询，其数据源为需要从中删除数据记录的表对象"读者数据表"。接着，将其中作为删除条件的字段"读者编号"拖曳至查询设计视图的"字段"行中。

然后，单击功能区中"查询工具设计"选项卡上"查询类型"命令组项内的"删除"按钮，随即可以看到在查询设计视图中新增了一个"删除"行，其默认系数为 Where，它表示需要在其下的"条件"行设定删除条件。根据需要，应该在"读者数据_删除查询"设计视图的"条件"行设定"Left$([读者编号],3)="S03""作为删除条件。如此，即完成了删除查询的设计，如图 5-33 所示。

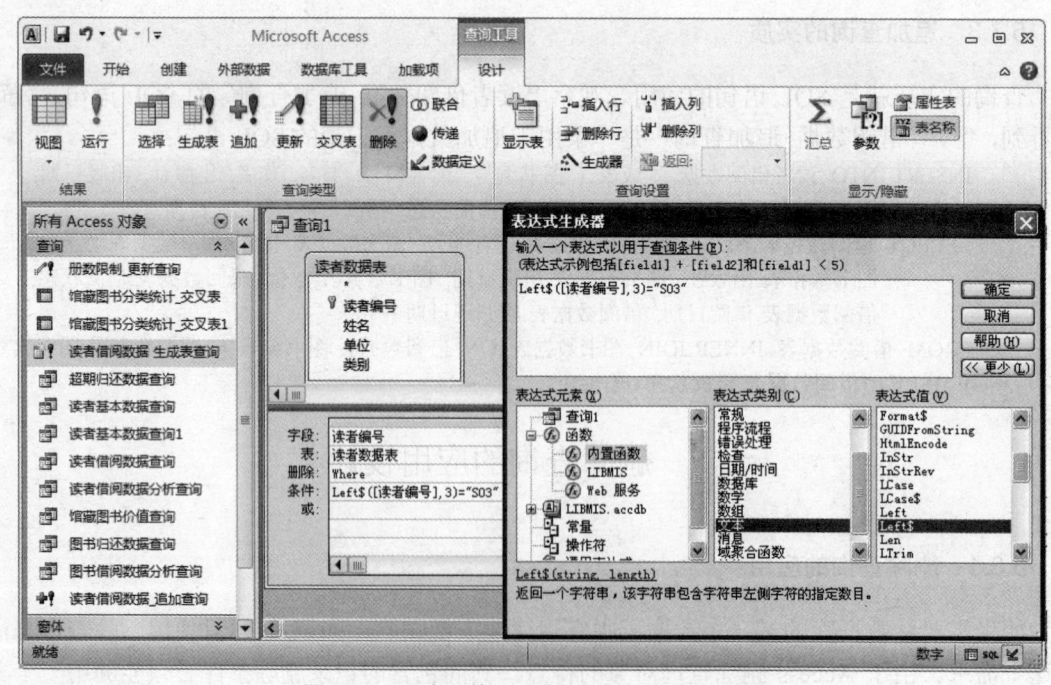

图 5-33 "读者数据_删除查询"的设计视图

最后，保存这个查询对象，命名为"读者数据_删除查询"，即完成了一个 Access 删除查询对象的设计操作。运行该查询对象，数据源表"读者数据表"中那些满足条件的数据记录就会被删除。请读者运行"读者数据_删除查询"，并注意观察其运行结果。

5.8.3 删除查询的实质

Access 查询对象的实质就是 SQL 语句的应用。观察"读者数据_删除查询"的 SQL 语句，就可以看到，"读者数据_删除查询"是一条用于删除数据库记录的 SQL 语句：

DELETE 读者数据表.读者编号
FROM 读者数据表
WHERE ((Left$([读者编号],3)="S03"));

习题 5

1. 请叙述 Access 查询对象的作用及其与 Access 数据表对象的差别。
2. 请列举 Access 所支持的 6 种类别的查询对象，并分别说明各自的特点及其应用范围。
3. 请说明"结构化查询语言（SQL）"的特点及其类别。
4. 写出满足以下各小题要求的 SQL 语句。

（1）从"读者借阅数据查询"对象中筛选出"借阅日期"在"2014 年 12 月 1 日至 2015 年 2 月 1 日"之间的且未归还的图书借阅数据记录，要求仅包括"书名"、"出版社"和"借阅日期"三个字段的数据。

（2）从"读者借阅数据查询"对象中筛选出"中国水利水电出版社"出版的图书于"2014 年 12 月 1 日至 2015 年 2 月 1 日"时间段内的全部借阅数据记录。

5. 请参照图 5-18 所示"读者借阅数据分析查询"对象的设计参数，完成"读者借阅数据分析查询"对象的设计。
6. 请参照图 5-19 所示"图书归还数据查询"对象的设计参数，完成"图书归还数据查询"对象的设计。
7. 请参照图 5-20 所示"超期归还数据查询"对象的设计参数，完成"超期归还数据查询"对象的设计。
8. 请举一例说明，在什么情况下需要设计 Access 的交叉表查询，并说明其设计要点。
9. 请举一例说明，在什么情况下需要设计 Access 的生成表查询，并说明其设计要点。
10. 请举一例说明，在什么情况下需要设计 Access 的更新查询，并说明其设计要点。
11. 请举一例说明，在什么情况下需要设计 Access 的追加查询，并说明其设计要点。
12. 请举一例说明，在什么情况下需要设计 Access 的删除查询，并说明其设计要点。

第 6 章 Access 窗体对象设计

本章学习目标

- 学习 Access 窗体对象的类别及其组成结构
- 学习使用向导建立 Access 窗体的方法
- 学习窗体设计视图中可以完成的各种设计操作
- 掌握各个主要的窗体控件的作用及其设计
- 学会为窗体控件的事件属性编制事件处理方法程序
- 学习子窗体的设计方法
- 通过学习逐步建立 LIBMIS 数据库中的各个窗体对象

人机界面设计的优劣将直接反映一个计算机应用系统的设计水平，对于计算机数据库应用系统的设计更是如此。因此，为数据库应用系统设计操作性能良好的操作界面，是一项至关重要的内容。在 Access 数据库应用系统中，窗体对象是应用系统提供的最主要的操作界面对象。在设计完成数据库中的表对象以及相关的查询对象之后，就应该为人机操作界面设计合适的窗体对象了。

Access 的窗体对象是提供给用户操作 Access 数据库的最主要的人机界面。无论是进行数据查看，还是对数据库中的数据进行追加、修改、删除等编辑操作，允许数据库应用系统的使用者直接在数据表视图中进行操作绝对是极不明智的选择。应该为这些操作需求设计相应的窗体，使得数据库应用系统的使用者针对数据库中的数据所进行的任何操作均只能在窗体中进行。只有这样，数据库应用系统的数据安全性、功能完善性以及操作便捷性等一系列指标方能真正得以实现。

通过前面几章的学习，可以很清楚地看到，数据库中的数据可以显示在数据表视图或查询视图中，而且可以在数据表视图或查询视图中接收相关操作。但是，数据表视图或查询视图都不提供针对数据操作的任何保护与限制措施。

窗体视图则不同，可以通过合理设计，使得数据库中的数据在窗体视图中的显示形式、所受到的保护以及对非法操作的限制等各项功能，都有可能按照设计者的意图得以实现。因此，将数据在窗体视图中显示，并在窗体中接收操作者的相关操作，在操作的方便性和安全性方面才能满足实际应用的需要。

本章介绍 Access 窗体对象的设计方法及其应用实例。

6.1 窗体对象概述

设计 Access 的窗体对象，首先需了解 Windows 操作系统关于事件驱动及消息循环的工作机理。Windows 操作系统将所有来自 I/O 设备的操作均看作事件，比如，鼠标的移动、拖曳、单击、双击、右击、键盘上某键的按下与放开等，都被看作一个特定的事件。当 Windows 操作系统感知到这些事件，即形成相应的消息，并将这则消息传递给相应的处理程序。这些处理程序接到消息后即被驱动，开始处理所发生的事件。例如，当鼠标在某程序图标上双击，Windows 操作系统感知后，即将此消息传递给该程序，该程序则开始运行。因此，在 Windows 操作系统中，程序可以被看作是处理相关事件的方法，而不同事件的发生必将导致不同程序的运行。这就是 Windows 操作系统关于事件驱动及其消息循环的基本工作原理。

由于事件总是针对某一对象发生的，例如，"鼠标在某程序图标上双击"这样的事件，就是针对该程序图标发生的事件，而这个程序图标被称为 Windows 窗口中的一个对象。可以很清楚地看到，同样是双击事件，发生在不同的对象上，就会导致不同的响应。因此，程序就是为对象设计的处理事件的方法，这就是面向对象的程序设计方法。

Access 的窗体对象是一个置于数据库对象中的二级容器对象，其中可以包含 Access 的一些其他对象，包括数据表对象、查询对象、子窗体对象等。除此之外，窗体中还可以包含一些被称为控件的对象，比如文本框控件、命令按钮控件、标签控件、组合框控件、列表框控件等。创建一个窗体对象，在其中合理地安置所需要的其他对象，并为各对象编写相关的事件处理方法（程序），用以完成操作界面上所需要的功能，就是设计 Access 窗体对象所需完成的工作。

6.1.1 窗体的作用

可以通过一个实例来观察窗体的作用。在第 5 章中，我们分别介绍了两个查询对象的设计过程，一个是在 5.3.3 节介绍的"图书借阅数据分析查询"对象的设计过程，另一个是在 5.3.4 节介绍的"读者借阅数据分析查询"对象的设计过程。

"图书借阅数据分析查询"对象的 SQL 语句为：

```
SELECT Count(借阅数据表.图书编号) AS 借阅次数, 借阅数据表.图书编号, 图书数据表.书名,
       图书数据表.作者, 图书数据表.出版社, 图书数据表.出版日期, 图书数据表.定价,
       Last(借阅数据表.借阅日期) AS 借阅日期
FROM 借阅数据表 INNER JOIN 图书数据表 ON 借阅数据表.图书编号 = 图书数据表.图书编号
WHERE (((借阅数据表.借阅日期) Between Date()-30 And Date()))
GROUP BY 借阅数据表.图书编号, 图书数据表.书名, 图书数据表.作者, 图书数据表.出版社,
         图书数据表.出版日期, 图书数据表.定价
ORDER BY Count(借阅数据表.图书编号) DESC;
```

"读者借阅数据分析查询"对象的 SQL 语句为：

```
SELECT Count(借阅数据表.读者编号) AS 借阅次数, 借阅数据表.读者编号,
       读者基本数据查询.姓名, 读者基本数据查询.单位, 读者基本数据查询.类别,
       读者基本数据查询.册数限制, 读者基本数据查询.借阅期限,
       Last(借阅数据表.借阅日期) AS 借阅日期
FROM 借阅数据表 INNER JOIN 读者基本数据查询
     ON 借阅数据表.读者编号 = 读者基本数据查询.读者编号
WHERE (((借阅数据表.借阅日期) Between Date()-30 And Date()))
GROUP BY 借阅数据表.读者编号, 读者基本数据查询.姓名, 读者基本数据查询.单位,
         读者基本数据查询.类别, 读者基本数据查询.册数限制, 读者基本数据查询.借阅期限
ORDER BY Count(借阅数据表.读者编号) DESC;
```

这两个查询对象 SQL 语句中的 WHERE 子句均为：
    WHERE (((借阅数据表.借阅日期) Between Date()-30 And Date()))

打开"图书借阅数据分析查询"对象，即可在"图书借阅数据分析查询"对象运行视图中看到 30 天前至今天为止的各种图书的借阅次数。而打开"读者借阅数据分析查询"对象，即可在"读者借阅数据分析查询"对象运行视图中看到 30 天前至今为止各位读者借阅图书的次数。

但是，如果需要查看任意一段时间内的上述两种借阅次数数据，显然必须进入这两个查询对象各自的设计视图，更改"借阅日期"字段的"条件"。

很明显，这样设计的数据库应用系统是不大合理的。第一，这对操作人员的操作技能要求过高（一般不应该要求应用系统的操作者必须掌握 DBMS 的应用技能）；第二，不能保证数据库中的数据安全（如果一个普通操作者有权力修改某一个查询对象中的设计参数，则他就会有权力修改数据表的设计参数，这对数据库是极其不安全的）。为了解决这样的问题，应该为这样的查询需求设计一个窗体，使得查询数据的显示（但不能被修改）以及查询日期的修改都在这个窗体中完成。

为此，我们应该在 LIBMIS 数据库中设计一个窗体对象"借阅数据分析"，其中设置有两个文本框控件"Text0"和"Text2"，用于接收操作者输入任意一个时间段的"起始日期"和"终止日期"。然后将"图书借阅数据分析查询"和"读者借阅数据分析查询"对象均作为"借阅数据分析"窗体对象的数据源。这样，就可以将"图书借阅数据分析查询"和"读者借阅数据分析查询"对象 SQL 语句中的 WHERE 子句均更改为：
    WHERE (((借阅数据表.借阅日期) Between [Forms]![借阅数据分析]![Text0]
        And [Forms]![借阅数据分析]![Text2]))

如此，"借阅数据分析"窗体对象即具备了接收操作者给定的时间段参数，从而可以自动计算并显示这一段时间内的图书借阅次数。"借阅数据分析"窗体对象的运行视图如图 6-1 所示。

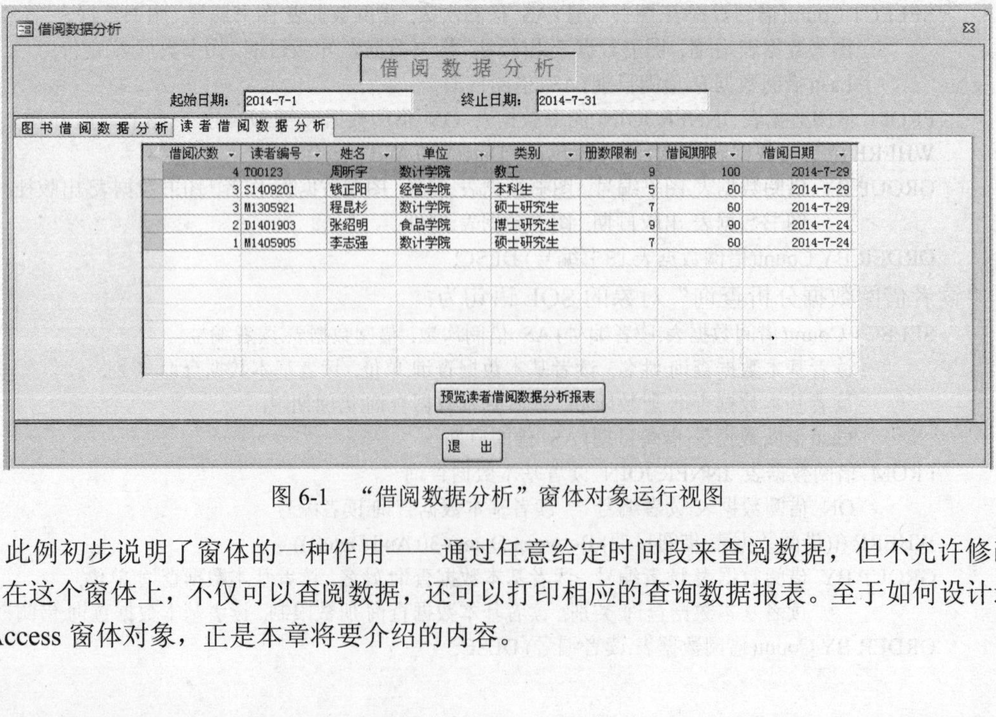

图 6-1 "借阅数据分析"窗体对象运行视图

此例初步说明了窗体的一种作用——通过任意给定时间段来查阅数据，但不允许修改数据。在这个窗体上，不仅可以查阅数据，还可以打印相应的查询数据报表。至于如何设计这样的 Access 窗体对象，正是本章将要介绍的内容。

总之，Access 窗体对象具有极其强大的功能。在一个使用 Access 数据库管理系统开发的数据库应用系统中，窗体对象将是最主要的人机界面对象。

6.1.2 窗体的类别

Access 窗体对象按照不同的分类方法有多种类别。此处，仅按其应用功能的不同，将 Access 窗体对象分为以下两类。

1. 数据交互型窗体

这是数据库应用系统中应用最多的一类窗体，主要用于显示数据，接收数据输入、删除、编辑与修改等操作。上述的"借阅数据分析"窗体就属于这一类。数据交互式窗体的特点是，它必须具有数据源。其数据源可以是数据库中的表、查询或是一条 SQL 语句。如果一个数据交互式窗体的数据源来自若干个表或查询，则需要在窗体中设置子窗体，令每一个子窗体均拥有一个自己的数据源。数据源是数据交互型窗体的基础。

2. 命令选择型窗体

数据库应用系统通常具有一个主操作界面窗体，在这个窗体上安置一些命令按钮，可以实现数据库应用系统中其他窗体的调用，也表明了本系统所具备的全部功能。从应用的角度看，这属于命令选择型窗体。图 6-2 所示即为 LIBMIS 主界面窗体（名为"图书馆管理信息系统"），其中包含本书作为实例讲解的数据库应用系统的名称以及调用各个功能窗体的命令按钮，单击一个命令按钮，即可打开相应的窗体。命令选择型窗体不需要指定数据源。

图 6-2 LIBMIS 主界面窗体对象运行视图

6.1.3 窗体的结构和各类窗体的显示特性

1. Access 窗体的结构

一个完整的 Access 窗体包含五节，分别是"窗体页眉"、"页面页眉"、"主体"、"页面页脚"及"窗体页脚"。图 6-3 所示为窗体节的示意说明。在一般情况下，一个应用型窗体对象都只使用"页面页眉"、"主体"、"页面页脚"这三个节，其中，"主体"是用于操作数据的主要窗体节。

2. Access 窗体的显示特性

Access 窗体按照其显示特性的不同，又可以分为三类。分别是"连续窗体"、"单个窗体"和"数据表窗体"。指定一个窗体对象的显示特性是通过设定所建窗体的"默认视图"属性实现的。图 6-4 所示即为窗体属性设置对话框中的"格式"选项卡，在该选项卡的第二行可以看到"默认视图"属性值为"连续窗体"。可以根据需要修改这项属性值为"单一窗体"或"数据表窗体"。关于如何设置窗体对象的其他属性值，将在后续各节中予以介绍。

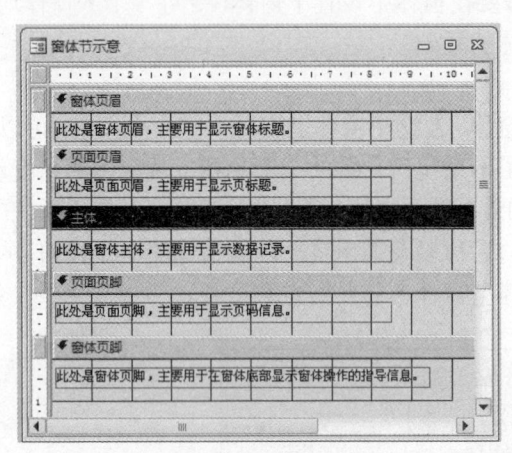

图 6-3 窗体中的五个节

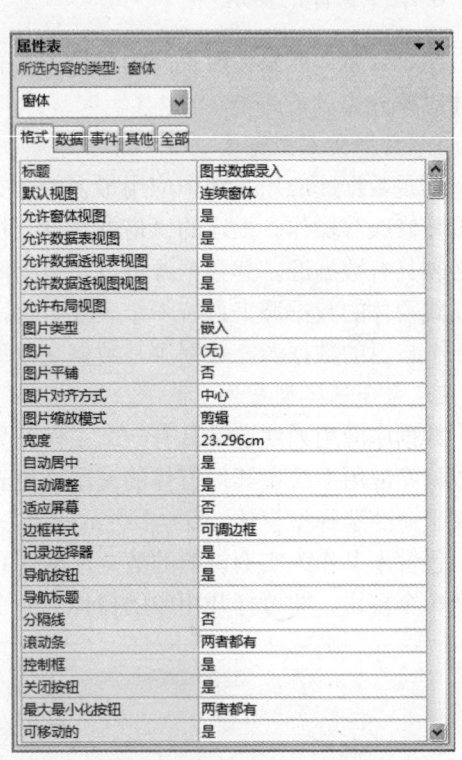

图 6-4 窗体属性设置对话框中的"格式"选项卡

（1）连续窗体的显示特性

将窗体的"默认视图"属性值设定为"连续窗体"，则当该窗体打开时，显示窗体中的所有已作设置的节。LIBMIS 数据库中的"图书数据录入"窗体是一个根据需要设置为连续窗体的窗体对象，图 6-5 所示即为其打开时的窗体运行视图。

图 6-5 "默认视图"属性值为"连续窗体"的窗体运行视图

从图 6-5 中可以看到，该窗体具有"页面页眉"、"主体"、"页面页脚"三个节，其中"窗体主体"中显示的是一个完整的数据表。对于"图书数据录入"窗体的设计，应该将其窗体的"默认视图"属性值设定为"连续窗体"。

（2）单个窗体的显示特性

将窗体的"默认视图"属性值设定为"单个窗体"，则当该窗体打开时，也会显示窗体中所有已设置的节。但与连续窗体显示特性的不同之处在于，在其主窗体中只显示数据表的一条记录。为了便于比较，将上述"图书数据录入"窗体的"默认视图"属性值设定为"单个窗体"，如图 6-6 所示。

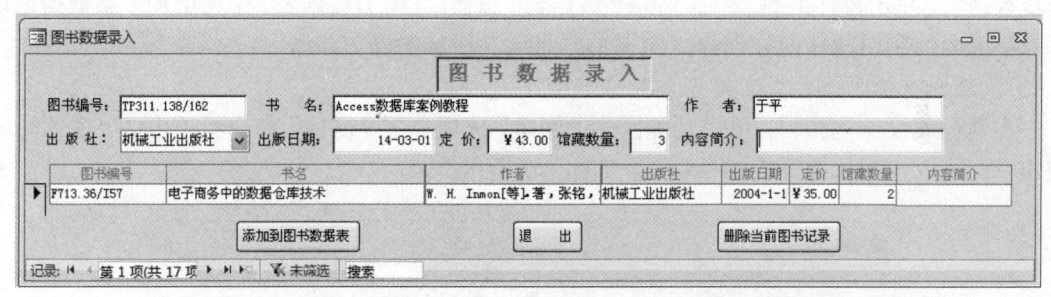

图 6-6　"默认视图"属性值为"单个窗体"的窗体运行视图

一般可有两种情况使用单个窗体：第一种情况是无数据源窗体，如主界面窗体；第二种情况是不采用数据表形式显示数据的窗体。在 LIBMIS 数据库中没有应用该类窗体，图 6-6 纯粹是为了展示一下将一个窗体的显示特性设置为单个窗体时的情况，以便于比较。

从图 6-6 中可以看到，该窗体同样具有"页面页眉"、"主体"、"页面页脚"三个节，但是其中窗体"主体"中显示的仅为一个完整数据表中的一条记录。很明显，对于"图书数据录入"窗体的设计，将其"默认视图"属性值设定为"单个窗体"是不合适的，它不是我们所需要的窗体形式。

（3）数据表窗体的显示特性

如果将窗体的"默认视图"属性值设定为"数据表"，则当该窗体打开时，只显示窗体中的"主体"节，而不显示其他四个窗体节。

一般情况下，都是将子窗体设置为"数据表"窗体。或者说，只有当某一窗体是作为另一个窗体的子窗体进行设计时，才会将其"默认视图"的属性值设定为"数据表"。后面会看到，LIBMIS 数据库中所有子窗体都是具有"数据表"显示特性的窗体。

一旦将一个窗体对象的"默认视图"属性值设定为"数据表"，该窗体打开时的形式几乎完全与第 4 章介绍的数据表对象的视图相同。读者可以将上述"图书数据录入"窗体的"默认视图"属性值改设为"数据表"，观察一下显示效果。

在数据库应用系统设计中，究竟应该如何设定一个窗体对象的显示特性，应该根据实际需求来决定，没有一定之规。

6.2　窗体向导

Acccess 为了方便应用，提供了多种类型的向导。在第 3 章和第 5 章里，我们已经学习了表向导、查询向导和表达式向导的使用方法。可以看到，利用向导能够很好地提高工作效率。在通常情况下，我们都是首先利用窗体向导创建一个简单的窗体对象，然后再进入窗体对象设计视图完善其各项设计。

6.2.1 应用窗体向导进行简单窗体设计

为了便于说明窗体向导的使用方法，下面以"图书数据录入"窗体的创建作为实例来讲解使用窗体设计向导的操作过程。

在 LIBMIS 数据库中，"图书数据录入"窗体的数据来源于"图书数据表"，当输入完图书编目数据后，单击窗体上的"添加到图书数据表"按钮，"图书数据表"中将增加一条数据记录。

下面介绍利用窗体向导创建"图书数据录入"窗体的操作步骤。

1. 选择窗体向导方式新建窗体对象

在数据库设计视图中，单击功能区中"创建"选项卡上"窗体"命令组项内的"窗体向导"按钮，即进入"窗体向导"对话框1，如图6-7所示。

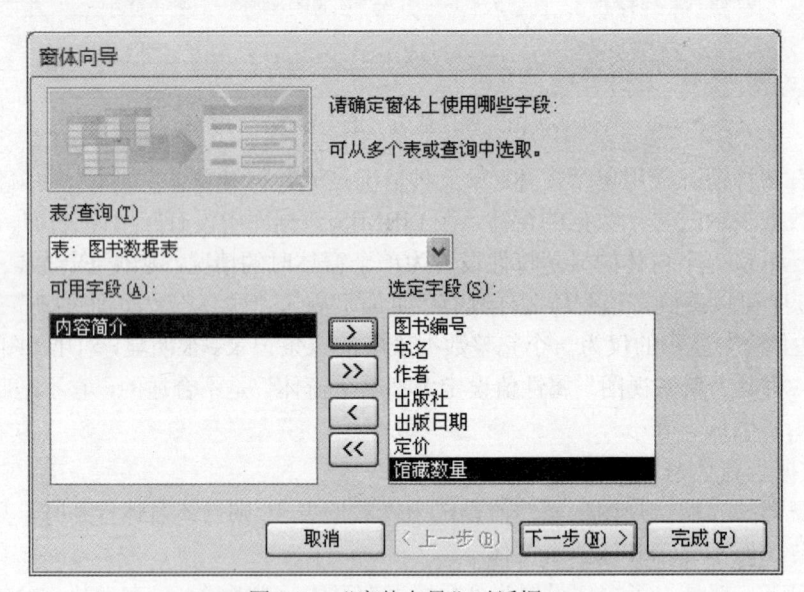

图6-7 "窗体向导"对话框1

2. 选定窗体对象数据源及其字段

在"窗体向导"对话框1中，首先需要设定窗体数据源。为此，需要在对话框左上部的"表/查询"下拉列表框选定"表：图书数据表"选项，如图6-7所示。

接着，需要为窗体选定所包含的数据字段。为此，可以在"窗体向导"对话框1内的"可用字段"列表框中，依次选择需要包含在窗体中的字段，并单击 > 按钮，使其逐个进入"选定的字段"列表框中。如果数据源中的所有字段都是需要的，可以单击 >> 按钮，使其全部字段一次性进入"选定的字段"列表框中。如果选入了本不该选入的字段，可以单击 < 按钮或 << 按钮，使其逐个或全部离开"选定的字段"列表框。

选定字段操作完毕，单击对话框上的"下一步"按钮，即进入"窗体向导"对话框2，如图6-8所示。

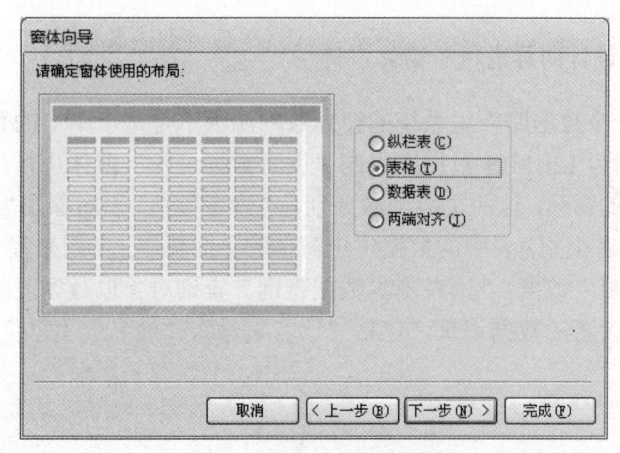

图 6-8 "窗体向导"对话框 2

3. 为新创建的窗体选择数据布局形式

在"窗体向导"对话框 2 中，有四种数据布局形式可选，分别是"纵栏表"、"表格"、"数据表"和"两端对齐"。单击其中一个单选按钮，即可在本对话框的左侧看到对应的窗体布局示意图。应该根据需要选择一种合适的窗体布局。

"图书数据录入"窗体采用的是"表格"布局形式，即选中"表格"单选按钮，然后，单击"下一步"按钮，即进入"窗体向导"对话框 3，如图 6-9 所示。

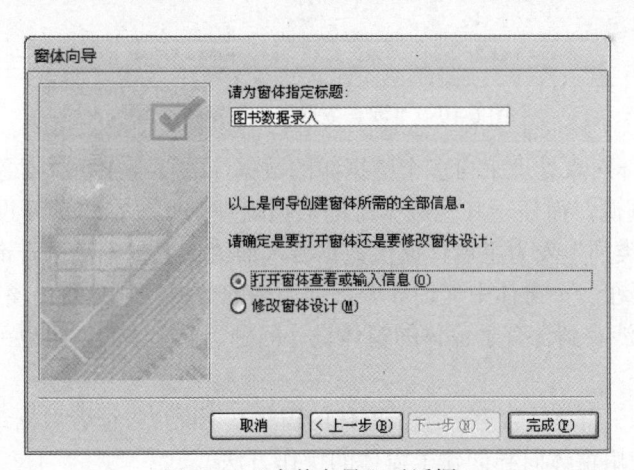

图 6-9 "窗体向导"对话框 3

"窗体向导"对话框 3 是窗体向导的最后一步操作，需要设定这个新创建窗体对象的名字"图书数据录入"。然后，单击"完成"按钮，即完成了利用向导创建窗体的操作。

使用窗体设计向导完成窗体创建操作之后，可以在数据库设计视图导航窗格中的窗体分组中看到这个窗体对象。

实际上，一个利用窗体设计向导创建的窗体对象很难满足既定的设计目标。无论是各窗体控件的设置，还是整个窗体的结构安排，它都还不是最终所需要的窗体形式。因此，还需要在窗体设计视图中对窗体对象作进一步的设计修改。

综上所述，利用窗体向导创建一个初步的窗体对象，然后再加以设计修改，是创建窗体的有效方法。在窗体设计视图中进行窗体的设计修改操作，将在 6.5 节中再作介绍。

6.2.2 使用窗体设计向导进行子窗体设计

在很多情况下,一个数据库应用系统的窗体数据源都不是基于单一的数据表对象或查询对象的。如图 6-10 所示为 LIBMIS 数据库中的"读者数据录入"窗体运行视图,可以看到它是一个基于两个数据源的窗体,这两个数据源分别是"读者类别"表对象和"读者基本数据查询"查询对象。其中,"读者类别"表中的数据位于窗体的页面页眉上,用来提供某一类读者的"册数限制"和"借阅期限"数据;"读者基本数据查询"查询对象以数据表的形式显示在窗体主体中,用以显示所有读者的数据记录,包括"读者编号"、"姓名"、"单位"和"类别"字段。

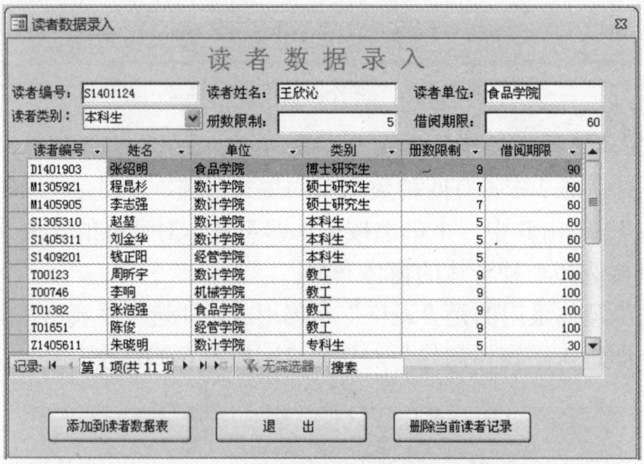

图 6-10 "读者数据录入"窗体视图

利用 Access 窗体对象处理来自多个数据源的数据,需要在主窗体对象中开设子窗体。即主窗体基于一个数据源,而任一其他数据源的数据处理则必须在为其开设对应的子窗体中进行。如上述,"读者类别"表为主窗体提供数据源,而"读者基本数据查询"查询则为子窗体提供数据源。若需要在一个窗体中处理 n 个数据源中的数据,则必须在该窗体中至少开设 n-1 个子窗体。因此,就涉及到含有子窗体的窗体设计问题。子窗体的创建也可以使用窗体向导来完成基本的创建任务。

"读者数据录入"窗体是含有一个子窗体的窗体。下面以"读者数据录入"窗体中子窗体的创建为例,介绍使用窗体向导创建子窗体的操作方法。

1. 创建主窗体

首先,应用 6.2.1 节中所述的方法创建一个基于"读者类别"表的窗体,命名为"读者数据录入"。该窗体中所选用的字段是那些希望出现在"窗体页眉"中的字段,包括"读者类别"、"册数限制"和"借阅期限"三个字段。当然,所选字段在如此创建的窗体中肯定位于该窗体的主体节中。而根据图 6-10 所示的最终设计目标,需要进入窗体设计视图,逐一将所有字段拖曳至窗体中的"窗体页眉"节中。

为此,可以在数据库设计视图导航窗格的窗体对象分组栏内,选定刚刚创建的"读者数据录入"窗体对象并右击,在随之弹出的快捷菜单中单击"设计视图"菜单项,进入窗体设计视图。在窗体设计视图中,分别将所有数据字段对象逐一拖至窗体页眉节中,摆放到合适的位置上,并根据需要调整它们的尺寸,如图 6-11 所示。

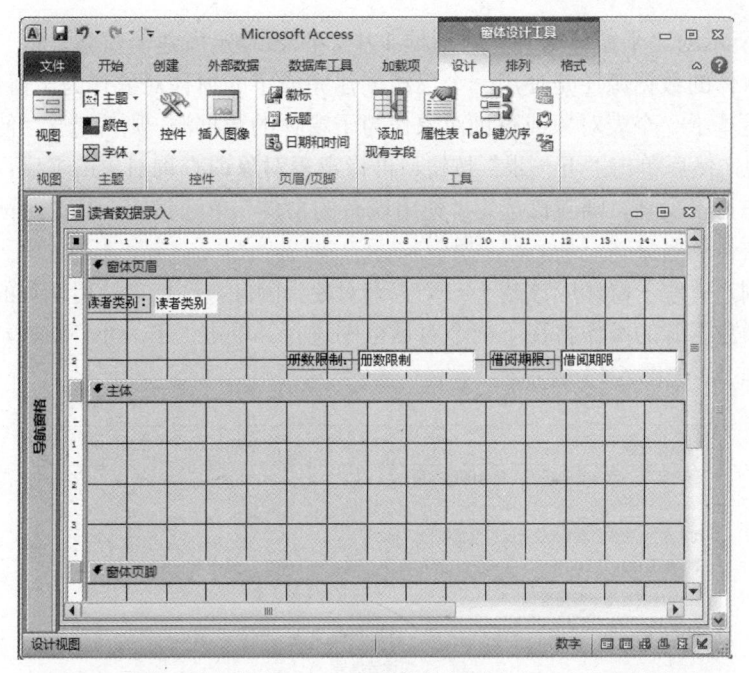

图 6-11　在"读者数据录入"窗体设计视图中修改文本框的位置

2. 在主窗体中确定子窗体区域

在"读者数据录入"的窗体设计视图中，将窗体主体节拉大至合适的尺寸（可以使用鼠标向下拖曳"窗体页脚"来实现拉大窗体主体尺寸的操作）。

接着，在窗体主体中设置一个"子窗体"控件。其操作方法是：首先，在窗体设计视图功能区的"设计"选项卡上，单击"控件"命令组项内的"控件"下拉按钮；接着，在其下拉菜单中单击"使用控件向导"菜单项 使用控件向导(W)，使其处于被选中的状态；然后，单击"子窗体/子报表"菜单项，并在窗体主体中拖曳出需要的子窗体区域；随即弹出"子窗体向导"对话框 1，如图 6-12 所示。

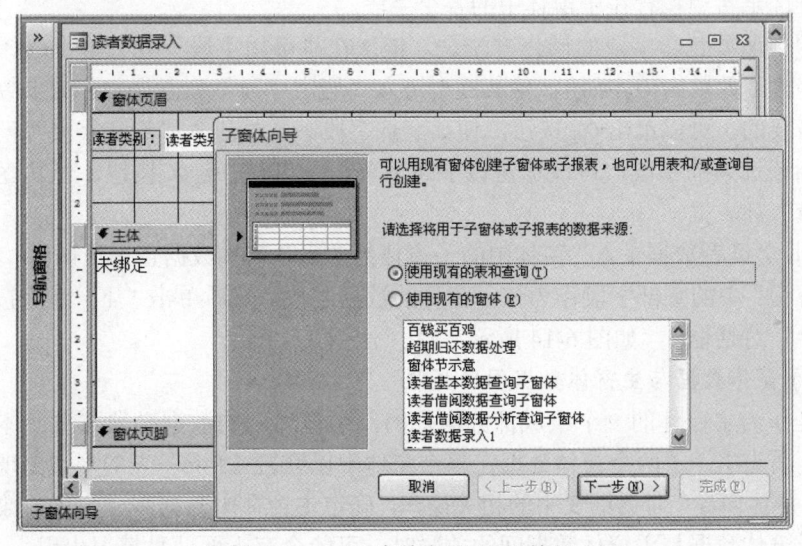

图 6-12　"子窗体向导"对话框 1

在图 6-12 所示的"子窗体向导"对话框 1 中，应该确定所建子窗体是将一个表对象或查询对象作为子窗体的数据源还是使用一个已经创建完成了的窗体对象作为子窗体的数据源。如果所建子窗体是基于一个表对象或查询对象作为子窗体的数据源，则应选定"使用现有的表和查询"单选按钮，然后单击"下一步"按钮，再指定表对象或查询对象的名字；如果是使用一个已有的窗体作为子窗体，则应该选定"使用现有的窗体"单选按钮，并在对话框下部的列表框中选择已建窗体的名字。

对于本实例，所建子窗体应该基于一个查询对象。因此，选定"使用现有的表和查询"单选按钮，而选择数据源的操作将在下一个对话框中进行。单击"下一步"按钮，即进入"子窗体向导"对话框 2，如图 6-13 所示。

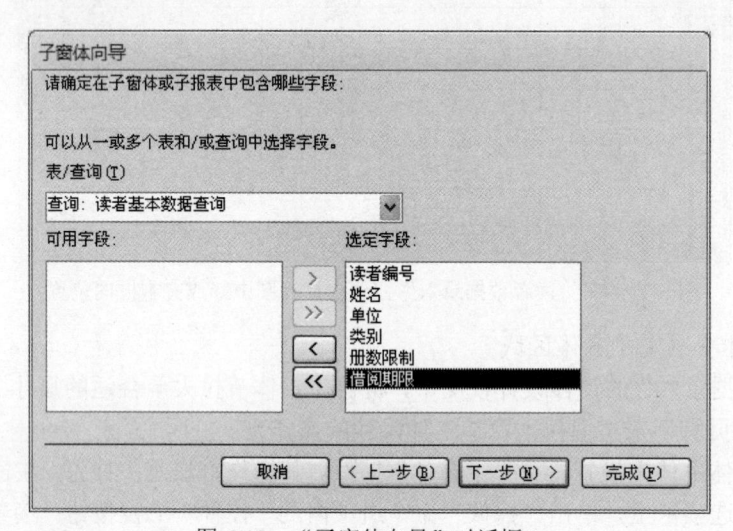

图 6-13 "子窗体向导"对话框 2

3. 为子窗体指定数据源和包含字段

在"子窗体向导"对话框 2 中，首先需要在对话框上的下拉式列表框中选定子窗体的数据源，然后再选定希望包含在子窗体中的各个字段。

选定子窗体所要包含字段的操作方法是，依次在"可用字段"列表框中选择需要包含在子窗体中的字段，并单击 > 按钮，使其逐个进入"选定字段"列表框中。如果数据源中的所有字段都是需要的，可以单击 >> 按钮，使其全部字段一次性进入"选定字段"列表框中。如果选入了本不该选入的字段，可以选定该字断后单击 < 按钮或 << 按钮，使其逐个或全部离开"选定字段"列表框。

对于本例，"读者数据录入"窗体中的子窗体为"读者基本数据查询子窗体"，应选定"读者基本数据查询"中的全部字段作为该子窗体的数据字段。然后单击"下一步"按钮，即进入"子窗体向导"对话框 3，如图 6-14 所示。

4. 确定子窗体数据与主窗体数据间的关联

子窗体是作为主窗体的一个组成部分运行的，子窗体中的数据必须与主窗体中的数据相互关联，这是因为主、子两个窗体数据在整个窗体中以联接（Join）表的形式出现。为此，可以通过在"子窗体向导"对话框 3 中的相关操作，确定主窗体中数据与子窗体中数据的联接方式。在建立子窗体数据与主窗体数据间的关联时，可能会有下面两种情况出现。

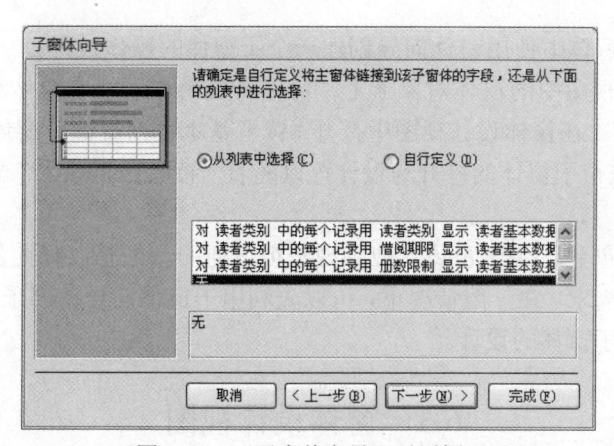

图 6-14 "子窗体向导"对话框 3

(1) 主窗体数据源和子窗体数据源之间的联接已经存在

如果子窗体中包含的表或查询与主窗体中包含的表或查询已经存在联接关系,这个联接关系应该是在创建表对象或查询对象时已经建立完成了的,那么,可以在"子窗体向导"对话框 3 中选定"从列表中选择"单选按钮。这时,对话框下端的列表框中会显示已建联接所允许的关联方式。我们应该根据需要从中选择一种。观察图 6-14 所示内容,主窗体数据源"读者类别"与子窗体数据源"读者基本数据查询"之间的已建联接允许三种关联方式。

(2) 主窗体数据源和子窗体数据源之间的联接尚未建立

如果子窗体中包含的表或查询与主窗体中包含的表或查询事先并未建立联接关系,则应该选定"自行定义"单选按钮,然后在随之打开的关系设计视图中指定其间的联接关系,至于关系设计视图的操作,请参见第 3 章。

总之,一个子窗体的数据源与主窗体数据源之间可以存在关联。但是,对于本实例中的"读者数据录入"窗体,可以选定"无"关联选项,如图 6-14 所示。然后单击"下一步"按钮,即进入"子窗体向导"对话框 4,如图 6-15 所示。

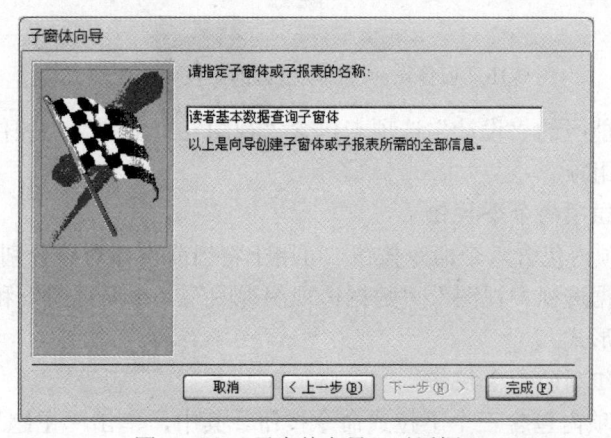

图 6-15 "子窗体向导"对话框 4

5. 为子窗体命名

"子窗体向导"对话框 4 是子窗体向导的最后一步,这里应该给所创建的子窗体命名。对于"读者数据录入"窗体的子窗体,可以命名为"读者基本数据查询子窗体"。单击"完成"

按钮,即完成了在主窗体中使用窗体向导创建一个子窗体的操作过程。

回到数据库设计视图中的窗体对象卡上,可以看到增加了一个窗体对象,其名为"读者基本数据查询子窗体"。在窗体设计视图中打开"读者基本数据查询子窗体",会发现其显示特性为"数据表"。且这个子窗体的打开与设计可以随着"读者数据录入"窗体的打开与设计同时进行。

应用子窗体向导创建一个子窗体,应该说是很方便的。但是,如此创建的子窗体还不能满足窗体功能设计的需求。在一般情况下,可以先利用子窗体向导草创子窗体,而后再进入窗体设计视图完善这个子窗体的设计。

6.3 窗体设计视图

窗体设计视图是进行窗体功能设计的主要窗口,我们既可以直接在窗体设计视图中创建窗体,也可以在窗体设计视图中修改已有的窗体。窗体设计视图是进行窗体设计的主要界面,甚至可以说,没有哪一个窗体能够不经过在窗体设计视图中的操作而完成其全面设计的。

因此,必须全面地了解窗体设计视图的组成、各种工具的使用方法以及窗体属性的设置方法。

6.3.1 窗体设计视图功能区"设计"选项卡

在数据库设计视图的导航窗格中选定一个窗体对象并右击,在其快捷菜单中单击"设计视图"菜单项,即进入窗体设计视图。窗体设计视图功能区的"设计"选项卡如图6-16所示。

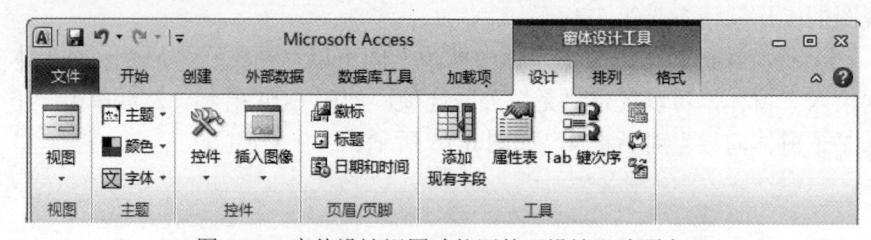

图6-16 窗体设计视图功能区的"设计"选项卡

窗体设计视图功能区的"设计"选项卡包含"视图"、"主题"、"控件"、"页眉/页脚"和"工具"共5个命令组项。

1. "视图"命令组项的命令按钮

"视图"命令组项内包含六个命令按钮,可用于将当前窗体对象分别转换为"窗体视图"、"数据表视图"、"数据透视表视图"、"数据透视图视图"、"布局视图"和"设计视图"。请读者分别查看各个视图形式。

2. "主题"命令组项的命令按钮

"主题"命令组项内包含三个下拉式命令按钮。其中,单击"主题"命令按钮,可以看到若干窗体的主题形式,从中选定一个即可将当前窗体设置为这个主体形式;单击"颜色"命令按钮可以为当前窗体设置不同的组合颜色;单击"字体"命令按钮可以为当前窗体设置不同的字体。

3. "控件"命令组项的命令按钮（见表 6-1）

表 6-1 "控件"命令组项的命令按钮及其功能

命令按钮名称	按钮图标	命令按钮的功能
"选择对象"按钮		用于选定控件、节或窗体。单击该工具可以释放事先锁定的工具栏按钮
"文本框"按钮		用于显示或输入或编辑窗体或报表的基础记录源数据、显示计算结果、接收用户输入数据的控件
"标签"按钮		用于显示说明文本的控件，如窗体或报表上的标题或指示文字
"按钮"按钮		用于在窗体或报表上创建命令按钮
"选项卡控件"按钮		用于创建一个多页的选项卡窗体或选项卡对话框
"超链接"按钮		用于创建指向网页、图片、电子邮件地址或程序的链接
"Web 浏览器控件"按钮		用于在窗体上设置一个调用 Web 浏览器的按钮
"导航控件"按钮		用于在窗体上设置一个导航控件
"选项组"按钮		与复选框、选项按钮或切换按钮搭配使用，可以显示一组可选值
"插入分页符"按钮		用于在窗体中另起一屏，或在打印窗体或报表时另起一页
"组合框"按钮		该控件组合了文本框和列表框的特性，可以在文本框中输入文字或在列表框中选择输入项，然后将值添加到基础字段中
"图表"按钮		用于在窗体上设置一个图表对象
"直线"按钮		用于在窗体或报表中画直线
"切换按钮"按钮		该按钮可用于结合到 Yes/No 字段的独立控件，或用来接收用户在自定义对话框中输入数据的非结合控件或者选项组的一部分
"列表框"按钮		显示可滚动的数据列表。在窗体视图中，可以从列表框中选择值输入到新记录中，或者更改现有记录中的值
"矩形"按钮		用于在窗体或报表中画一个矩形框
"复选框"按钮		该按钮可用于结合到 Yes/No 字段的独立控件，或用来接收用户在自定义对话框中输入数据的非结合控件或者选项组的一部分
"未绑定对象框"按钮		用于在窗体或报表上显示非结合型 OLE 对象
"附件"按钮		用于在窗体上设置一个附件链接
"选项按钮"按钮		该按钮可用于结合到 Yes/No 字段的独立控件，或用来接收用户在自定义对话框中输入数据的非结合控件或者选项组的一部分
"子窗体/子报表"按钮		用于在窗体或报表中设置一个子窗体或子报表，以显示来自多个数据源的数据
"绑定对象框"按钮		用于在窗体或报表上显示结合型 OLE 对象
"图像"按钮		用于在窗体或报表上显示静态图片
"使用控件向导"按钮		用于打开或关闭控件向导。使用控件向导可以创建列表框、组合框、选项组、命令按钮、图表、子报表或子窗体。要使用向导来创建这些控件，需单击控件向导"按钮

4. "页眉/页脚"命令组项的命令按钮

"页眉/页脚"命令组项内包含三个命令按钮。其中,单击"徽标"命令按钮,Access 将要求设计者选定一个图片作为当前窗体页眉上的图形标识;单击"标题"命令按钮,Access 将在当前窗体页眉上设置一个文本框控件,用其中的文字作为窗体标题;单击"日期和时间"命令按钮,Access 将要求设置日期时间格式,并依此格式在当前窗体页眉处设置日期和时间显示。

5. "工具"命令组项的命令按钮(见表 6-2)

表 6-2 "工具"命令组项的命令按钮及其功能

工具按钮名称	工具按钮图标	工具按钮的功能
"添加现有字段"按钮		显示窗体或报表基础数据源所包含的字段列表。从列表中拖动字段可以创建自动结合到记录源的控件
"属性表"按钮		显示所选项目的属性表,例如数据表字段或控件的属性表。如果不选择任何项目,则显示当前活动对象的属性表
"Tab"键次序		用于更改或重新设定当前窗体上各控件的 Tab 键次序
"新窗口中的子窗体"按钮		用于将当前窗体中的子窗体独立出来,以便进行单独编辑
"查看代码"按钮		在"模块"窗口中显示选定窗体或报表所包含的程序代码
"将窗体的宏转换为 Visual Basic 代码"按钮		将窗体中包含的宏操作转换为 Visual Basic 代码

6.3.2 窗体属性的应用

任何一个对象都具有一系列属性,这些属性的不同取值决定着该对象的特征。比如,前面曾经介绍窗体的显示特性就是窗体的一个属性。这个属性的名称是"默认视图",其取值可以在三个不同的特征值中选取一个,从而使该窗体有不同的显示形式。本节介绍窗体的其他一些常用属性的含义及其作用。

在窗体设计视图中,单击常用工具栏上的"属性表"按钮,即弹出窗体属性设置对话框。图 6-17 所示为"读者数据录入"窗体的属性表对话框及其各属性的取值。一个窗体的属性可以分为四类,分别是"格式"属性、"数据"属性、"事件"属性和"其他"属性,在属性对话框中分列在四张卡片上。单击四个属性卡片中的一张卡片,即可对相应属性赋值或选取属性值。除此之外,在窗体属性表对话框中还设置了一个"全部"属性卡,用以显示窗体对象的全部属性值。

不仅窗体具有这些属性,窗体中的对象(也称为控件)也都具有这四类属性。对控件设置"格式"属性值是为了设置控件的显示格式;对控件设置"数据"属性值则是为了设置该控件操作数据的规则,当然这些数据必须是绑定在控件上的数据;对控件设置"事件"属性值是为该控件设定响应事件的操作规程,也就是为控件的事件处理方法编程。

可以对照下面关于各属性取值的说明,分析"读者数据录入"窗体各属性取值的作用。

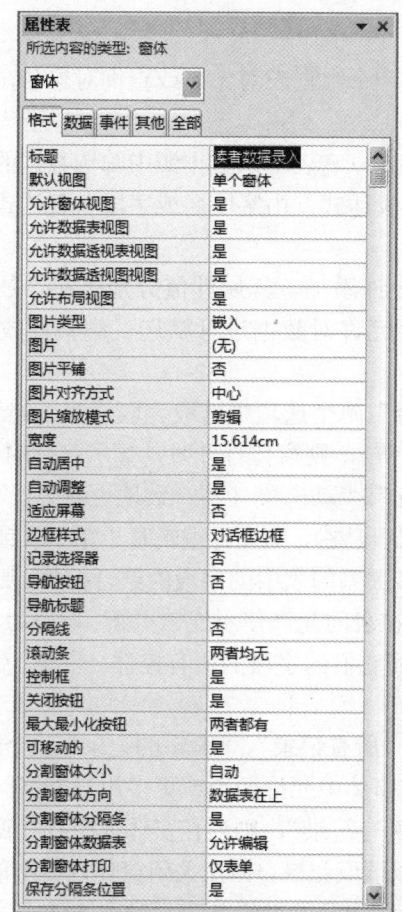

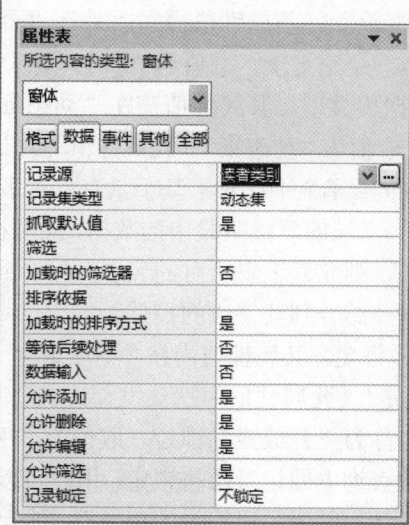

图 6-17 窗体的格式属性与数据属性

1. 窗体的常用格式属性及其取值含义

（1）标题。其属性值为字符串。在窗体视图中，该字符串显示为窗口标题栏。

（2）默认视图。其属性值需在"连续窗体"、"单一窗体"、"数据表"三个选项中选取，它决定窗体的显示形式。

（3）滚动条。其属性值需在"两者均无"、"水平"、"垂直"、"水平和垂直"四个选项中选取，它决定窗体显示时是否具有窗体滚动条。

（4）记录选择器。其属性值需在"是"、"否"两个选项中选取，它决定窗体显示时是否具有记录选择器，即数据表最左端的标志块。

（5）导航按钮。其属性值需在"是"、"否"两个选项中选取，它决定窗体运行时是否具有记录导航按钮，即数据表最下端的按钮组 记录：|◄ ◄ 1 ► ►| ►* 共有记录数:23 。

（6）分隔线。其属性值需在"是"、"否"两个选项中选取，它决定窗体显示时是否显示窗体各节间的分隔线。

（7）自动居中。其属性值需在"是"、"否"两个选项中选取，它决定窗体显示时是否自动居中于 Windows 窗口中。

（8）控制框。其属性值需在"是"、"否"两个选项中选取，它决定窗体显示时是否显示窗体控制框，即窗口右上角的按钮组 _ ☐ × 。

2. 窗体的数据属性及其取值含义

（1）记录源。其属性值需是本数据库中的一个数据表对象名或查询对象名，它指明该窗体的数据源。

（2）筛选。其属性值需是一个字符串表达式，它表示从数据源中筛选数据的规则。

（3）排序依据。其属性值需是一个字符串表达式，由字段名或字段名表达式组成，指定排序规则。

（4）允许筛选、允许编辑、允许删除、允许添加。其属性值分别需在"是"、"否"两个选项中选取，它们分别决定窗体运行时是否允许对数据进行筛选、编辑修改、添加或删除操作。

（5）数据输入。其属性值需在"是"、"否"两个选项中选取。取值为"是"，则窗体打开时，只显示一个空记录；取值为"否"（默认值），则窗体打开时，显示已有的记录。

（6）数据集类型。其属性值需在"动态集"、"动态集（不一致地更新）"、"快照"三个选项中选取。取值为"动态集"（此属性值为默认设置），则允许编辑基于单个表或具有一对一关系的多个表的结合控件。对于基于具有一对多关系的表中的字段的结合控件，则不能编辑位于关系中的"一"端的联接字段中的数据，除非在表间允许使用连锁更新。取值为"动态集（不一致的更新）"，则允许编辑所有的表以及结合到它们的字段的所有控件。取值为"快照"，则不许编辑表以及结合到其字段的控件。

（7）记录锁定。其属性值需在"不锁定"、"所有记录"、"编辑的记录"三个选项中选取。取值为"不锁定"（此属性值为默认设置），则在窗体中允许两个或更多用户能够同时编辑同一个记录，这也称为"开放式"锁定。取值为"所有记录"，则当在窗体视图打开窗体时，所有基础表或基础查询中的记录都将锁定，用户可以读取记录，但在关闭窗体以前不能编辑、添加或删除任何记录；取值为"编辑的记录"，则当用户开始编辑某个记录中的任一字段时，即锁定该条记录，直到用户移动到其他记录，这样一个记录一次就只能由一个用户进行编辑。这也称为"保守式"锁定。

6.4 窗体基本控件

窗体是一个容器对象，其间可以包含若干其他对象。例如，窗体的数据源就是窗体中包含的数据表对象或查询对象。又如，窗体中的子窗体就是窗体中包含的子窗体对象。窗体中包含的对象也称为控件，这是因为它们中的大多数都可以对某些事件做出相关的响应并进行相应的处理操作。设计窗体对象必须很好地掌握窗体控件的属性及其使用方法。

下面逐个介绍各主要的窗体控件的使用方法及其属性设置。各个窗体控件都具有各自不同的属性，只有一个属性是每一个窗体控件都拥有且具有相同含义的，此处统一说明。这个属性的名称为："名称"，其属性值是一个字符串，它的作用是指定该控件在 VBA 程序中被调用的标识符。

6.4.1 标签控件（Label）

1. 标签控件的应用

当需要在窗体上显示一些说明性文字时，就可以使用"标签"控件。单击窗体设计视图工具箱中的"标签"工具按钮 **Aa**，然后用鼠标在窗体上所需的位置处拖曳，可以看到一个动态矩形框随着鼠标的拖曳而变化。至该矩形框尺寸合适时，松开鼠标。此时，光标停在该矩形框中，即可输入需要的文字信息。

如果输入文字后，觉得标签尺寸不合适。可以单击该标签，使该标签控件呈现被选中的形式（四周有八个黑点的形式），然后用鼠标在该控件四周的八个黑点上拖曳来改变其尺寸或其位置。

2. 标签控件的属性

标签对象的属性比较简单。它不被用于操作数据，因此其数据属性卡中内容为空。

（1）标签控件的格式属性

1）标题。标签控件的标题属性值将成为标签中显示的文字信息。注意，不要与标签控件的"名称"属性相混淆。

2）背景颜色、前景颜色。它们分别表示标签显示时的底色与标签中文字的颜色。设定颜色的操作可以通过调色板进行。例如，为了设定标签控件中文字的颜色，可以单击"前景颜色"属性栏右侧的"生成器"按钮 前景色 #FF0000 ，弹出调色板，从中选取需要的颜色即可设置文字信息的色彩。可以采用类似的方法设置标签背景颜色，即单击"背景颜色"属性栏右侧的"生成器"按钮，在随之弹出的调色板中，选取需要的颜色作为背景色彩。

3）特殊效果。特殊效果属性值用于设定标签的显示效果。Access 提供"平面"、"凸起"、"凹陷"、"蚀刻"、"阴影"、"凿痕"等几种特殊效果取值供选择，可以从中选取一种满意的。

4）字体名称、字体大小、字体粗细、斜体。这些属性值用于设定标签中显示文字的字体、字号、字型等参数。可以根据所需适当配置。

5）超级链接地址/超级链接子地址。指定其链接对象、文档、Web 页的路径。其属性值为代表文件路径（UNC 路径）或 Web 页（URL）的字符串表达式。可以单击属性表中属性框右边的"生成器"按钮，进入"插入超级链接"对话框来设置此属性。

如果对一个报表中的某个标签控件设置了这项属性值，则在报表的预览视图中，当鼠标移至该标签上时会变为手型，在该标签上单击时，即转入链接对象。

（2）标签控件的事件属性

1）单击。当鼠标在该标签上单击左键时，这个事件发生。
2）双击。当鼠标在该标签上双击左键时，这个事件发生。
3）鼠标按下。当鼠标在该标签上按下左键时，这个事件发生。
4）鼠标移动。当鼠标在该标签上来回移动时，这个事件发生。
5）鼠标释放。当鼠标左键按下后，移至在该标签上放开时，这个事件发生。

6.4.2 文本框控件（Text）

1. 文本框控件的应用

文本框控件用于显示指定的数据，并接收数据的输入，且可根据接收到的数据输入来直接更改数据源中的对应数据。因此文本框是一个交互式控件。

文本框控件可以是结合、非结合或计算型的。结合型文本框控件与基表或查询中的字段相连，可用于显示、输入及更新数据库中的字段。计算型文本框控件则以表达式作为数据来源。表达式可以使用窗体或报表的基表或基查询字段中的数据或者窗体或报表上其他控件中的数据。而非结合型文本框控件则没有数据来源。使用非结合型文本框控件可以显示信息、线条、矩形及图像。

2. 文本框控件的属性

文本框控件的属性很多，其中格式属性与标签控件的格式属性基本相同。

（1）文本框控件的数据属性

文本框控件的数据属性设置对话框如图 6-18 所示。

图 6-18　文本框控件数据属性

1）控件来源。用于设定一个结合型文本框控件时，它必须是窗体数据源表或查询中的一个字段。用于设定一个计算型文本框控件时，它必须是一个计算表达式，可以通过单击属性栏右侧的"生成器"按钮，进入表达式生成器向导，应用表达式生成器向导的操作方法请参阅 5.2.4 节和 5.3.1 节所述。用于设定一个非结合型文本框控件时，就等同于一个标签控件。

2）输入掩码。用于设定一个结合型文本框控件或非结合型文本框控件的输入格式，仅对文字型或日期型数据有效。也可以通过单击属性栏右侧的"生成器"按钮，进入表达式生成器向导来确定输入掩码。

3）默认值。用于设定一个计算型文本框控件或非结合型文本框控件的初始值。可以使用表达式生成器向导来确定默认值。

4）有效性规则。用于设定在文本框控件中输入数据的合法性检查表达式，可以使用表达式生成器向导来建立合法性检查表达式。

5）有效性文本。在窗体运行期间，当在该文本框中输入的数据违背了有效性规则时，即显示有效性文本中填写的文字信息。即该属性用于指定违背了有效性规则时将显示给用户的提示信息。

6）是否有效（Enable）。用于指定该文本框控件是否能够获得焦点（Focus）。

7）是否锁定（Locked）。用于指定该文本框控件是否允许在"窗体"运行视图中接收编辑文本框控件中显示数据的操作。

8）筛选查询。用于指定该文本框控件以何种方式接收从窗体筛选的数据。

（2）文本框控件的事件属性

文本框控件的事件属性设置对话框如图 6-19 所示。

文本框控件的事件属性较多，说明该控件处理事件的能力很强。如果需要令某一控件能够在某一事件发生时做出相应的响应，就必须为该控件针对该事件的属性赋值。事件属性的赋值可以在三个处理事件的方法中选择一种：设定一个表达式、指定一个宏操作或为其编写一段 VBA 程序。单击属性栏右侧的"生成器"按钮，即弹出"选择生成器"对话框，如图 6-20 所示。可以在对话框中选择处理事件方法的种类。

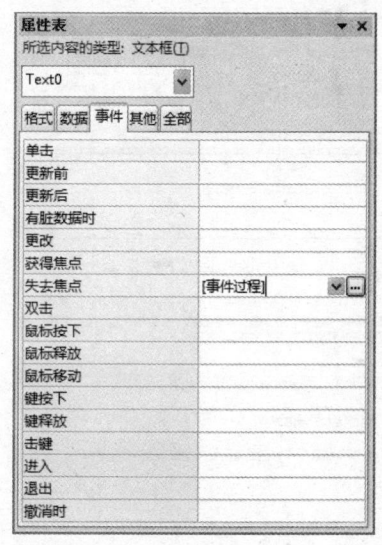

图 6-19　文本框控件的事件属性　　　　　图 6-20　"选择生成器"对话框

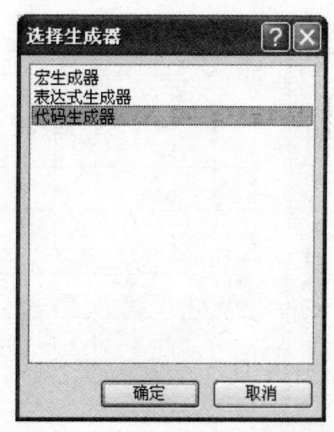

进入表达式生成器向导后的操作方法请参阅 5.2.4 节和 5.3.1 节所述，有关宏的概念将在第 8 章中介绍，本章将介绍进入代码生成器编写 VBA 程序的方法。

6.4.3　组合框控件（Combo）和列表框控件（List）

1. 组合框控件和列表框控件的应用

如果在窗体上输入的数据总是取自某一个表或查询中记录的数据，就应该使用组合框控件或列表框控件。这样设计可以提高输入数据的正确性，同时还可以有效地提高数据输入的速度。例如，对于在"图书数据录入"窗体上的"出版社"字段数据的录入，输入"中国水利水电出版社"和输入"中 国 水 利 水 电 出 版 社"将被 Access 看作是不同的出版社。而使用组合框或列表框就可以避免这种错误的发生，同时也减少了输入量。因为，组合框或列表框总是从一个指定的数据源中取得数据，而后根据实际的选定操作获得一项数据，并将其填入窗体数据源的对应字段中。

要创建列表框控件或组合框控件，需要考虑以下三点：控件中的列表数据由何而来？在列表框或组合框控件中完成选择操作后,将如何使用这个选定值？列表框控件与组合框控件的差别何在？在一般情况下，可以利用 Access 提供的控件向导来创建组合框控件或列表框控件。

下面学习利用 Access 控件向导创建"图书数据录入"窗体中的"出版社"组合框控件的操作过程。如果需要创建一个列表框控件，其操作方式近似于组合框控件的创建过程。

（1）创建组合框控件并进入组合框向导

在"图书数据录入"窗体设计视图中，首先，在窗体设计视图功能区的"设计"选项卡上，单击"控件"命令组项内的"控件"下拉按钮；接着，在其下拉菜单中单击"使用控件向导"菜单项 ![使用控件向导(W)]，使其处于被选中的状态。然后在"图书数据录入"窗体的合适位置放置一个组合框控件，该组合框的位置可参阅图 6-5 所示。此时，由于使用控件向导有效，即会弹出"组合框向导"对话框 1，如图 6-21 所示。

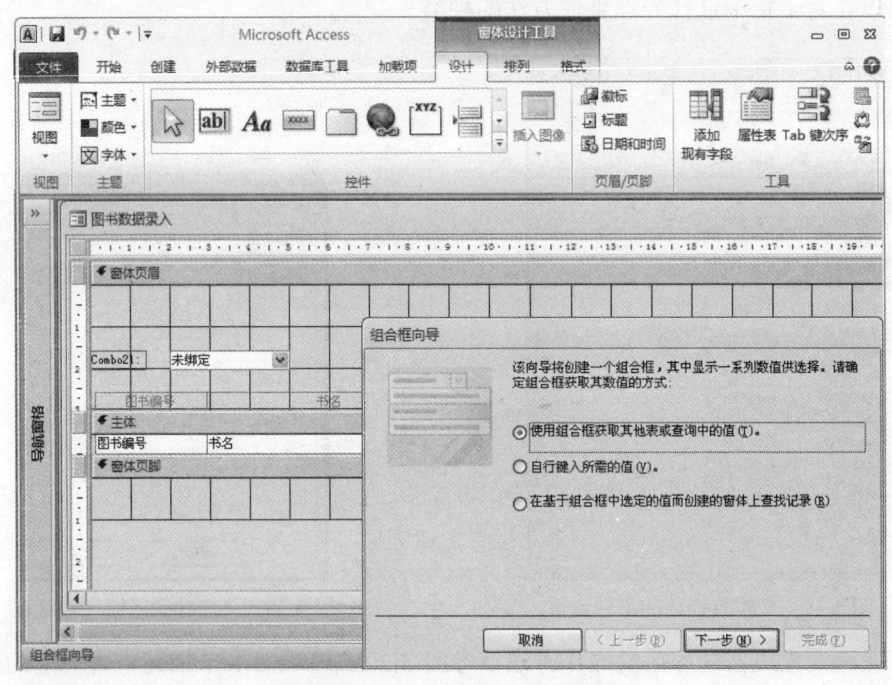

图 6-21　"组合框向导"对话框 1

在图 6-21 所示"组合框向导"对话框 1 中，有三个单选按钮可供选择，分别是"使用组合框获取表或查询中的值"、"自行键入所需的值"和"在基于组合框中选定的值而创建的窗体上查找记录"。

为了在"图书数据录入"窗体中创建"出版社"组合框，应该选择"使用组合框查阅表或查询中的值"单选按钮。选定后，单击"下一步"按钮，即进入"组合框向导"对话框 2，如图 6-22 所示。

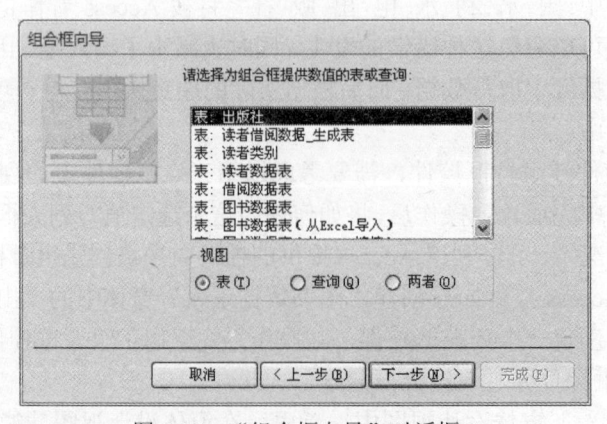

图 6-22　"组合框向导"对话框 2

（2）为组合框控件设定数据来源

在"组合框向导"对话框 2 中，应选择数据库中的一个表或一个查询作为该组合框的数据源，这就回答了上述第一个问题。对于"图书数据录入"窗体中的"出版社"组合框，应该选择"出版社"表作为数据源。单击"下一步"按钮，即进入"组合框向导"对话框 3，如图 6-23 所示。

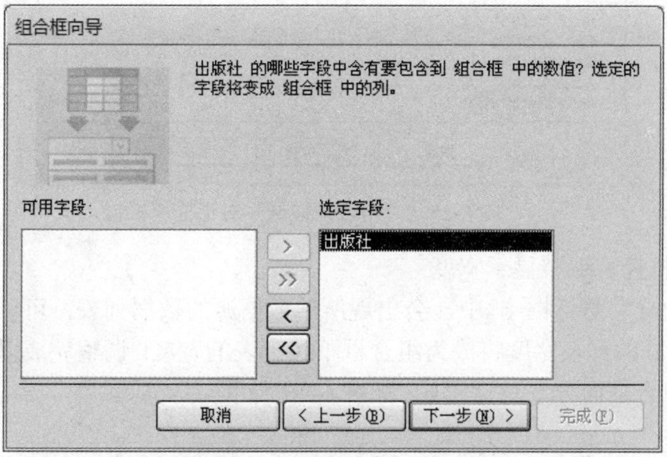

图 6-23 "组合框向导"对话框 3

（3）为组合框控件选择数据字段

在"组合框向导"对话框 3 中，需从为该组合框指定的数据源中，选择几个字段作为在该组合框控件中显示的数据字段。对于"图书数据录入"窗体中的"出版社"组合框，应选择"出版社"数据表中的"出版社"字段。单击"下一步"按钮，即进入"组合框向导"对话框 4，如图 6-24 所示。

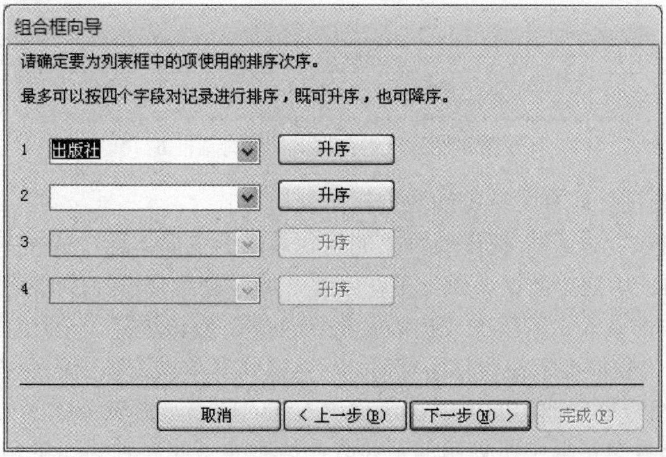

图 6-24 "组合框向导"对话框 4

（4）为组合框控件选择数据记录排列顺序

在"组合框向导"对话框 4 中，可以为组合框控件选择数据记录排列顺序。设定完成后，单击"下一步"按钮，即进入"组合框向导"对话框 5，如图 6-25 所示。

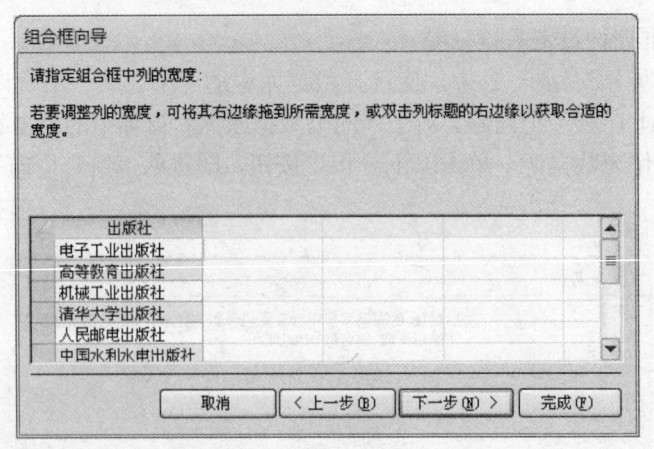

图 6-25　"组合框向导"对话框 5

(5) 为组合框控件调整显示宽度

在"组合框向导"对话框 5 中，会出现所选数据源的数据列表，可以在此处调整该列表的宽度，这个调整好的列表宽度将成为组合框下拉列表的宽度。调整完成以后，单击"下一步"按钮，即进入"组合框向导"对话框 6，如图 6-26 所示。

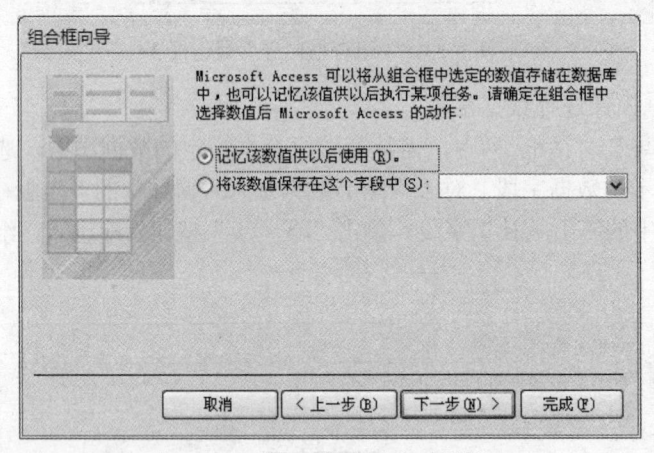

图 6-26　"组合框向导"对话框 6

(6) 为组合框控件运行时选定的数据指定使用方式

在"组合框向导"对话框 6 中要解决的问题是，当在窗体运行视图中通过组合框选定一个数据后，应如何使用这个数据，此处是在回答开始讨论组合框控件时提出的第二个问题。

对于"图书数据录入"窗体的"出版社"组合框，应该选择"记忆该数值供以后使用"单选按钮。这是因为我们要求在窗体运行时，一旦操作者单击窗体上的命令按钮"添加到图书数据表"，即将本组合框中选定的出版社名称填入到"图书数据表"中。

其实，这个向导对话框中所使用的下拉式组合框也就是正在讨论的组合框控件。可以想象，此处所设计的窗体，在其运行时的表现完全与"组合框向导"对话框中的组合框控件的表现相同。

至此，"图书数据录入"窗体中"出版社"组合框的创建操作就完成了。单击"下一步"按钮，即进入"组合框向导"对话框 7，如图 6-27 所示。

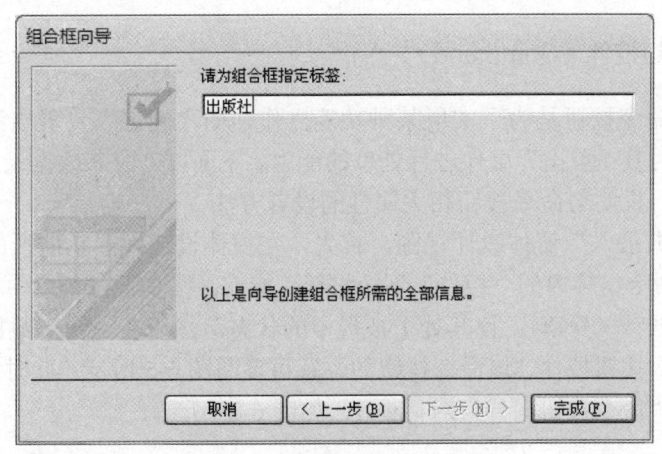

图 6-27 "组合框向导"对话框 7

(7) 为组合框控件命名一个标签控件

在"组合框向导"对话框 7 中，应该完成组合框控件创建的最后一步操作：为组合框控件命名一个标签控件，根据图 6-5 所示，应该命名为"出版社"。从这里可以看到，创建一个组合框控件的同时，也产生了一个相应的标签控件。实际上，Access 总是为一个新创建的非标签控件附带一个标签控件的。最后，单击"组合框向导"对话框 7 中的"完成"按钮，即完成了一个组合框控件的全部创建操作。

有一点值得注意，Access 的控件向导常常不能将一个新创建的控件位置安排恰当。因此，一个控件创建完成后，经常还需要在窗体设计视图中调整其位置与尺寸。

最后，让我们来解决开始讨论组合框控件时提出的第三个问题：组合框控件与列表框控件的差别何在。列表框控件的特点是，在窗体和数据访问页上都可以使用，其列表值只限于列表数据源中的数据项，不可添加列表数据源中没有的数据。组合框的特点是，只有在窗体对象上可以使用，可以通过相应的设置允许在列表中输入任何不属于列表数据源中的数据，也可以通过相应的设置只允许输入与列表数据源中有匹配项的数据。因此，组合框控件的应用比列表框控件的应用要灵活一些。

2. 组合框控件和列表框控件的属性

通过这两个控件的创建过程可以看出，它们的格式属性以及数据属性都已经在其创建过程中一一设定了。也就是说，组合框控件和列表框控件的格式属性及其数据属性均可借助控件向导来完成属性的取值操作，一般不再需要另做更改。当然也可以在完成创建操作之后，查看通过控件向导设定的各个属性值，并根据需要做相应的修改。

组合框控件和列表框控件的事件属性项目如图 6-28 所示。从图中可以看到，组合框控件和列表框控件都具有很强大的事件处理能力。从实际应用的角度看，组合框控件和列表框控件的"更新后"事件是一个经常需要编写相应方法的事件。

图 6-28 组合框控件的事件属性

6.4.4 命令按钮控件（Command）

在窗体上设置命令按钮是为了实现某种功能操作，如"确定"、"退出"等。因此，一个命令按钮必须具有对其"单击"事件进行处理的能力。下面以"图书数据录入"窗体上的"退出"按钮创建为例，说明与命令按钮相关属性的设置方法。

打开"图书数据录入"窗体设计视图，首先，在窗体设计视图功能区的"设计"选项卡上，单击"控件"命令组项内的"控件"下拉按钮；接着，在其下拉菜单中单击"使用控件向导"菜单项 使用控件向导(W)，使其处于被选中的状态。然后在"图书数据录入"窗体的合适位置放置一个命令按钮控件，该命令按钮的位置可参阅图 6-5 所示。此时，由于使用控件向导有效，即会弹出"命令按钮向导"对话框 1，如图 6-29 所示。

图 6-29 "命令按钮向导"对话框 1

在"命令按钮向导"对话框 1 中，可以为命令按钮控件的"单击"事件设定所需进行的操作。方法是，先选定所需操作的类别，然后在随之出现的"操作"列表中选择需要进行的操作。从图中可以看到，Access 的"命令按钮向导"窗口提供六种不同的操作类别，而每一操作类别中又各自包含若干个具体操作。

"图书数据录入"窗体上的"退出"按钮显然是一个具有关闭窗体功能的命令按钮，属于"窗体操作"的类别。因此，在这个对话框中，应先在对话框的左端列表框中选择"窗体操作"类别，然后在对话框的右端列表框中选择"关闭窗体"操作，如图 6-29 所示。

选择完毕后，单击"下一步"按钮，进入"命令按钮向导"对话框 2，如图 6-30 所示。

在"命令按钮向导"对话框 2 中，需要为所创建的命令按钮设定"标题"属性值，这个设定值可以是图片，也可以是文字。当窗体运行时，此处设置的"标题"属性值将显示在该命令按钮上。

如果需要为新创建的命令按钮设置文字作为其"标题"属性值，可以单击对话框中的"文本"单选按钮，然后在对话框上端的文本框中输入文字。

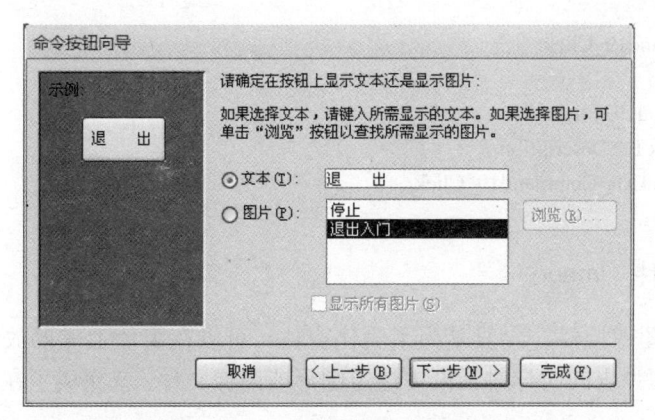

图 6-30 "命令按钮向导"对话框 2

如果需要为新创建的命令按钮设置图片作为其"标题"属性值,可以单击对话框中的"图片"单选按钮,就会出现一些 Access 常用的命令按钮图片供选择。如果对 Access 提供的常用图片不满意,可以单击对话框中的"浏览"按钮,选择已存放在磁盘上的任一图形文件作为命令按钮图片使用。

本实例为命令按钮设定文字作为其"标题"属性值,即选定"文本"单选按钮,并在对话框上端的文本框中输入"退 出"二字。设定完毕后,单击"下一步"按钮,打开"命令按钮向导"对话框 3,如图 6-31 所示。

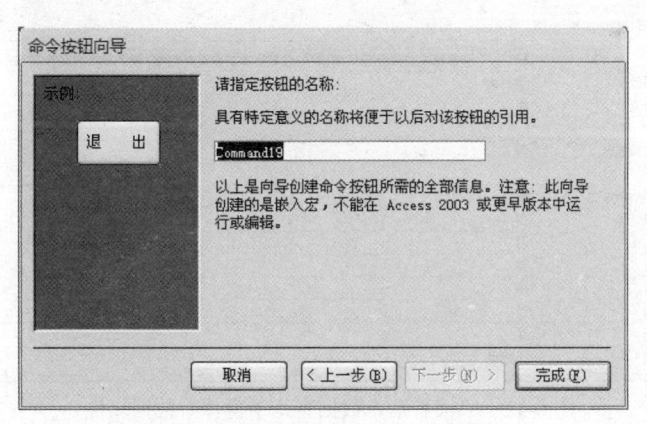

图 6-31 "命令按钮向导"对话框 3

在"命令按钮向导"对话框 3 中,需确定该命令按钮控件的"名称"属性,其默认值为"Command***",一般可以不加修改。单击对话框中的"完成"按钮,就完成了"退出"命令按钮的创建操作。如同组合框创建时一样,命令按钮创建完成后,也需要调整其位置与尺寸。

以上使用命令按钮向导创建的命令按钮控件,将为该命令按钮控件的单击事件创建关闭窗体的程序代码。为了查看这一段程序代码,可以在窗体设计视图功能区的"设计"选项卡上单击"工具"命令组项内的"查看代码"工具按钮,即进入窗体源代码窗口。其程序源代码如下:

```
Private Sub Command19_Click()
    On Error GoTo Err_Command19_Click
        DoCmd.Close
```

```
Exit_Command19_Click:
    Exit Sub
Err_Command19_Click:
    MsgBox Err.Description
    Resume Exit_Command19_Click
End Sub
```

6.4.5 图像控件（Image）

在窗体上设置图像控件，一般是为了美化窗体。可以在窗体上需要放置图片的位置，放置图像控件，在随即弹出的向导对话框中选定图形或图像文件，就完成了在窗体上放置图片的操作。

6.4.6 子窗体/子报表控件（Child）

关于子窗体的创建操作已在 6.2.2 节作了介绍。在一般情况下，子窗体的创建都是使用子窗体向导实现的。此处可以在窗体设计视图中查看已经建成的"读者数据录入"窗体的各项属性。其中，"读者基本数据查询子窗体"的相关数据属性取值如图 6-32 所示。

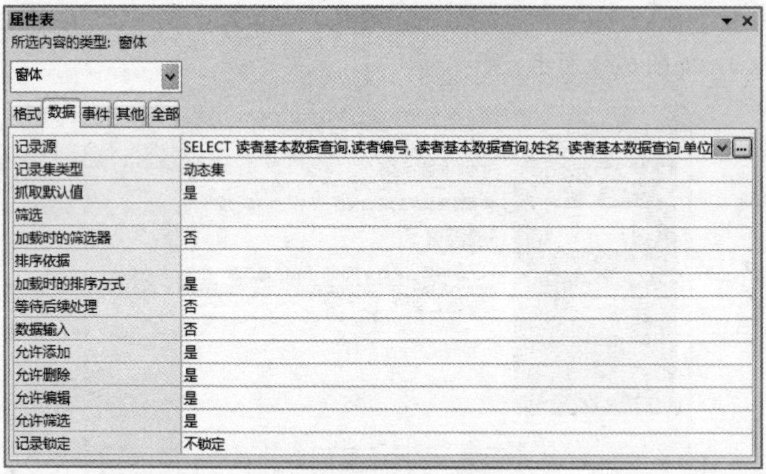

图 6-32 "读者基本数据查询子窗体"数据属性

在图 6-32 中可以看到，子窗体的数据源是一个 SQL 语句。单击"读者基本数据查询子窗体"→"数据"→"记录源"→"代码生成器"按钮，可以进入对应的查询设计视图，将其转至 SQL 视图状态，即可看到下列 SQL 语句：

```
SELECT 读者基本数据查询.读者编号, 读者基本数据查询.姓名, 读者基本数据查询.单位,
       读者基本数据查询.类别, 读者基本数据查询.册数限制, 读者基本数据查询.借阅期限
FROM 读者基本数据查询;
```

6.4.7 其他基本控件

1. 复选框控件

在窗体或报表上可以使用复选框作为单独控件来显示基础表、查询或 SQL 语句中的"是/否"值。

2. 选项按钮控件

在窗体上可以使用选项按钮作为单独的控件来显示基础表、查询或 SQL 语句上的"是/否"值。

3. 选项组控件

可以在窗体或报表中使用选项组来显示一组限制性的选项值。选项组可以使选择值变得很容易，因为只要单击所需的值就可以了。在选项组中每次只能选择一个选项。

4. 选项卡控件

可以在窗体中使用选项卡控件来展示单个集合中的多页信息，这对于处理可分为两类或多类的选项卡是特别有用的。

5. 切换按钮控件

在窗体上可以使用切换按钮作为单独的控件来显示基础表、查询或设置 SQL 语句中的"是/否"值。

6.5 在窗体设计视图中进行窗体设计

使用 Access 向导可以完成窗体的创建、子窗体的创建、组合框与列表框的生成、命令按钮功能的生成以及图表窗体的创建等。但是，使用向导创建的上述对象或控件，往往都还不能完全满足实际应用的需要。如上所述，使用向导创建的窗体上仅有那些与数据源相关联的控件。而实际上，窗体上还有一些控件不与数据源相关联，或者以更复杂的方式联接于数据源中的记录。另外，有些控件还必须能够处理一些事件，即必须为这些控件的某些事件属性编程。所有这些需求都必须在窗体设计视图中进行相应的设计操作方能实现。

本节介绍窗体设计视图中的操作方法，并以前面使用向导创建的窗体为基础，介绍如何在窗体设计视图中完成"图书数据录入"窗体与"读者数据录入"窗体的设计。

6.5.1 完成"图书数据录入"窗体的设计

"图书数据录入"窗体是一个源于单一数据集的窗体，在 6.2.1 节我们已经使用窗体向导创建了这个窗体的基本格式。在 6.4.3 节和 6.4.4 节，我们又分别完成了"图书数据录入"窗体上的一个组合框控件与一个命令按钮控件的设计操作。图 6-33 所示为"图书数据录入"窗体完成上述操作之后的格式。而这个格式显然还不是所需要的完整窗体，最终的"图书数据录入"窗体格式应该如图 6-5 所示。

为了真正完成"图书数据录入"窗体的设计，还需要在窗体上添加一些控件。

1. 添加一个标签控件作为窗体标题

在窗体页眉上部正中安放一个标签控件作为窗体标题。为此，须在"窗体页眉"区域上端安放一个标签控件，将其标题属性值设置为"图书录入操作"，前景颜色属性值设置为红色"#FF0000"，字体大小属性值设置为 14，特殊效果属性设置为凹陷。

2. 添加七个文本框控件

在"窗体页眉"区域添加七个文本框控件，它们的"控件来源"属性值均为"未绑定"。各自的放置位置参见图 6-5。

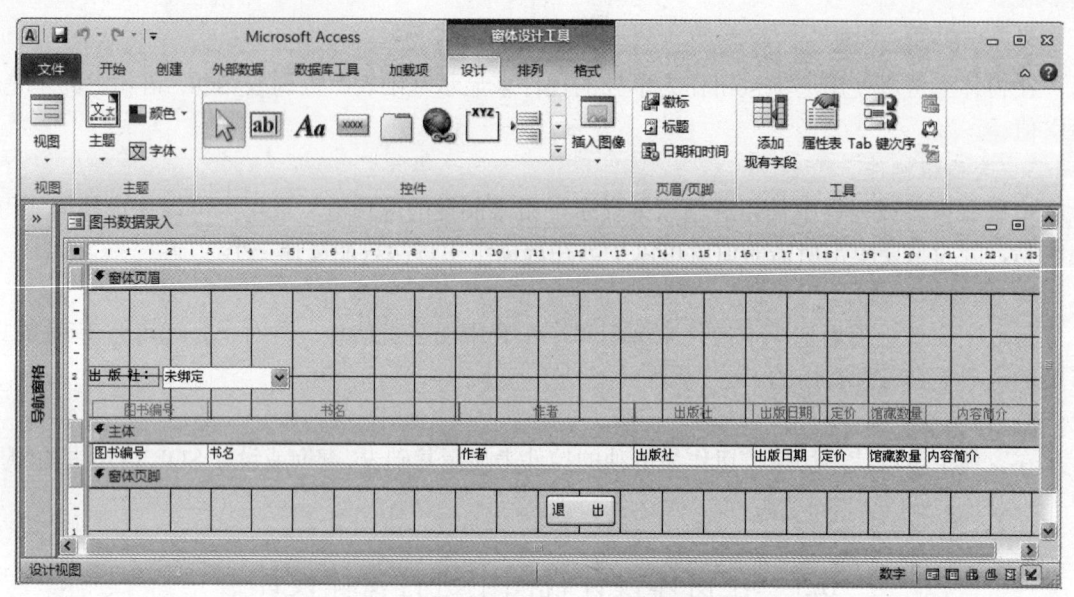

图 6-33 应用窗体向导创建的"图书数据录入"窗体

3. 添加两个命令按钮控件

在"窗体页脚"区域添加两个命令按钮控件，分别命名为"添加到图书数据表"和"删除当前图书记录"，各自的放置位置见图 6-5。

（1）设置"添加到图书数据表"命令按钮控件

在设置"添加到图书数据表"命令按钮控件时，应该使用 Access 命令按钮向导进行，其操作步骤参见 6.4.4 节所述。但是，在"命令按钮向导"对话框 1 中（即图 6-29），应该选定"记录操作"类别中的"添加新记录"操作。如此，即可自动产生下述 VBA 代码中的第 1 至 3 行和第 12 至 17 行代码。其中，第 3 行代码即为添加新记录代码。

但是，仅有添加新记录代码尚不足以完成我们所需要的功能，还需要在这一段 VBA 程序代码中书写一些程序语句。为此，应该在"添加到图书数据表"命令按钮控件的事件属性卡上，在其"单击"事件属性行右端单击"代码生成器"按钮，进入 VBA 代码编辑窗口，输入下列程序代码中的第 4 至 11 行代码。这 8 行程序代码将 7 个文本框与 1 个组合框内的当前数据填入到窗体数据源"图书数据表"的相应字段中，保证完成添加新记录的全部操作。

"添加到图书数据表"命令按钮控件响应单击事件的 VBA 程序代码如下：

```
Private Sub Command20_Click()
On Error GoTo Err_Command20_Click
    DoCmd.GoToRecord , , acNewRec
    Me.图书编号 = Me.Text0
    Me.书名 = Me.Text2
    Me.作者 = Me.Text4
    Me.出版日期 = Me.Text6
    Me.定价 = Me.Text8
    Me.馆藏数量 = Me.Text10
    Me.内容简介 = Me.Text12
    Me.出版社 = Me.Combo15
Exit_Command20_Click:
```

```
        Exit Sub
    Err_Command20_Click:
        MsgBox Err.Description
        Resume Exit_Command20_Click
    End Sub
```

（2）设置"删除当前图书记录"命令按钮控件

在设置"删除当前图书记录"命令按钮控件时，也应该使用 Access 命令按钮向导进行，其操作步骤参见 6.4.4 节所述。但是，在"命令按钮向导"对话框 1（即图 6-29）中，应该选定"记录操作"类别中的"删除记录"操作。如此，即可自动产生下述全部 VBA 程序代码。

在这一段 VBA 程序代码中，第 3 行代码的作用是调用 Access 窗体运行视图菜单栏（acFormBar）中的"编辑"菜单项（acEditMenu）内的第 8 项功能"选择记录"；第 4 行代码的作用是调用 Access 窗体运行视图菜单栏（acFormBar）中的"编辑"菜单项（acEditMenu）内的第 6 项功能"删除"。如此，即可实现删除当前记录的操作。

"删除当前图书记录"命令按钮控件响应单击事件的 VBA 程序代码如下：

```
Private Sub Command21_Click()
On Error GoTo Err_Command21_Click
    DoCmd.DoMenuItem acFormBar, acEditMenu, 8, , acMenuVer70
    DoCmd.DoMenuItem acFormBar, acEditMenu, 6, , acMenuVer70
Exit_Command21_Click:
    Exit Sub
Err_Command21_Click:
    MsgBox Err.Description
    Resume Exit_Command21_Click
End Sub
```

上述程序代码中涉及的各控件名称列于表 6-3 中（若所建各控件名称不同，请用正确的控件名称替换上述各控件名称）。

表 6-3 "图书数据录入"窗体控件名称

控件名称	伴随标签控件标题
Command19	"退出"
Command20	"添加到图书数据表"
Command21	"删除当前图书记录"
Text0	"图书编号"
Text2	"书名"
Text4	"作者"
Text6	"出版日期"
Text8	"定价"
Text10	"馆藏书量"
Text12	"内容简介"
Combo15	"出版社"

4. 设置窗体中的相关控件属性

在"图书数据录入"窗体中,位于"窗体页眉"区域内的各文本框控件均可以接受操作者输入的有关数据,而位于"窗体主体"区域内的各文本框控件则不允许操作者输入任何数据。为了实现这样的功能,应该将所有位于"窗体主体"区域内的各文本框控件的"是否锁定"属性值设置为"是"。

具体操作方式为,在"图书数据录入"窗体设计视图中,逐一选定每一个文本框控件,并在其"数据"属性选项卡上,把"是否锁定"属性值设置为"是"。

至此,"图书数据录入"窗体设计完毕,保存起来,然后打开它,看看它所具有的功能。

6.5.2 完成"读者数据录入"窗体的设计

"读者数据录入"窗体是一个源于多重数据集的窗体,在 6.2.2 节我们已经使用窗体向导创建了"读者数据录入"窗体的基本格式,而这个格式并不是所需要的完整窗体。设计完成后的"读者数据录入"窗体格式应如图 6-34 所示。

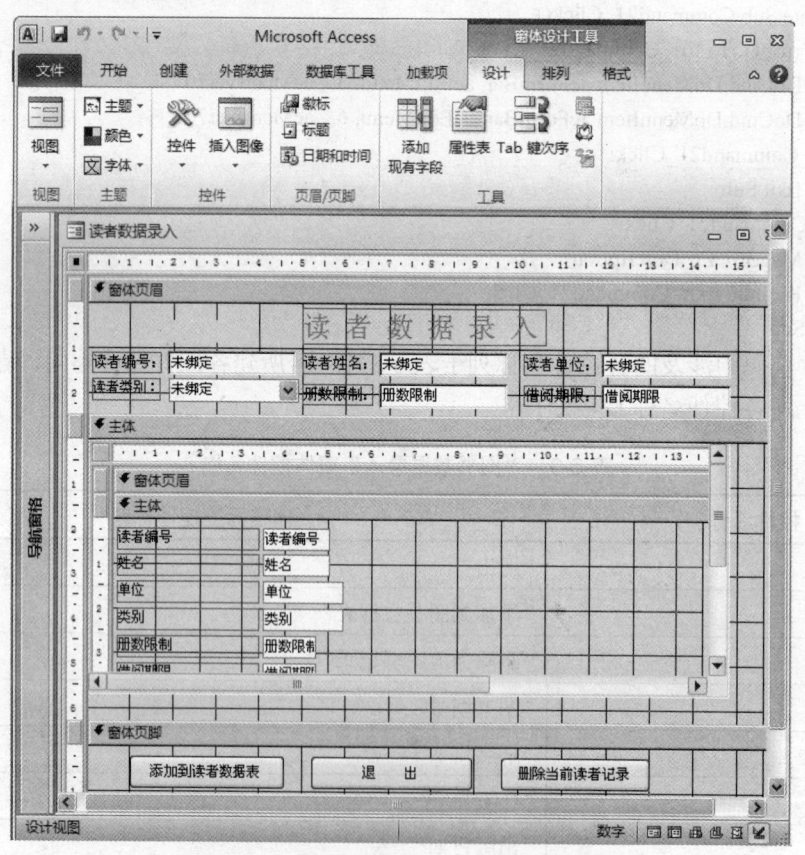

图 6-34 "读者数据录入"窗体设计视图

对照图 6-34 所示"读者数据录入"窗体最终的设计形式,显然还需在窗体上添加一些控件,并修改一些窗体控件的相关属性。

1. 添加一个标签控件作为窗体标题

该控件位于窗体页眉上部正中,标题属性值为"读者数据录入",前景颜色属性值为红色

"#FF0000"，字体大小属性值为 14，特殊效果属性设置为凹陷。

2. 在窗体页眉中设置三个文本框控件

各自的放置位置以及伴随标签的"标题"属性值如图 6-34 所示，均为非结合型文本框（图中显示为未绑定）。

3. 在窗体页眉中设置一个组合框控件

设置组合框控件的方法参见 6.4.3 节。该组合框控件的"行来源"属性值为：
　　　SELECT 读者类别.读者类别 FROM 读者类别；
该组合框控件的放置位置以及伴随标签的"标题"属性值如图 6-34 所示。

另外，"读者数据录入"窗体功能要求：当操作者通过"读者类别"组合框选定读者类别之后，在"册数限制"和"借阅期限"两个文本框中能够即刻显示这一类读者的册数限制和借阅期限数据。这就需要为"读者类别"组合框控件编写相应"更新后"事件的处理程序。

为此，应该在"读者类别"组合框控件的事件属性选项卡上，在其"更新后"事件属性行右端单击"代码生成器"按钮，进入 VBA 代码编辑窗口，在窗口中输入下列程序代码中的第 2～5 行代码。其中，第 2 行语句的功能是令"读者类别"文本框控件获得焦点；第 3 行语句的功能是在窗体数据源"读者类别"表对象中找到对应的数据记录；第 4 行语句的功能是刷新窗体中的数据，使得窗体中的"册数限制"和"借阅期限"两个文本框数据得以更新为正确的数据；第 5 行代码的功能是"借阅期限"文本框控件获得焦点。

"读者类别"组合框控件响应"更新后"事件的 VBA 程序代码如下：
```
Private Sub Combo13_AfterUpdate()
    Me![读者类别].SetFocus
    DoCmd.FindRecord Me![Combo13], , True, , True
    Me.Refresh
    Me.Text11.SetFocus
End Sub
```

4. 在窗体页脚中设置三个命令按钮控件

三个命令按钮控件的放置位置如图 6-34 所示。

（1）设置"退出"命令按钮控件

"退出"命令按钮控件的单击事件属性为一段 VBA 程序代码。这段代码由命令按钮向导生成，如 6.4.4 节所述。其 VBA 程序代码如下：
```
Private Sub Command19_Click()
On Error GoTo Err_Command19_Click
    DoCmd.Close
Exit_Command19_Click:
    Exit Sub
Err_Command19_Click:
    MsgBox Err.Description
    Resume Exit_Command19_Click
End Sub
```

其中第 3 行代码即为一条关闭当前 Access 运行窗体对象的 VBA 语句。

（2）设置"删除当前读者记录"命令按钮控件

在设置"删除当前读者记录"命令按钮控件时，也可以由命令按钮向导生成，如 6.5.1 节所述。在"命令按钮向导"对话框1(即图6-29)中,应该选定"记录操作"类别中的"删除记录"操作。如此,即可自动产生下述全部VBA程序代码。

但是,由于删除操作所对应的Access表对象是以查询对象的形式,作为子窗体数据源显示在"读者数据录入"窗体中的,因此,必须修改由Access命令按钮向导直接产生的VBA程序代码,以保证在选定记录之前设定子窗体"读者基本数据查询子窗体"为当前焦点所在。

为此,应该在"删除当前读者记录"命令按钮控件的事件属性卡上,在其"单击"事件属性行右端单击"代码生成器"按钮 ,进入VBA代码编辑窗口,输入下列程序代码中的第3行代码。

"删除当前读者记录"命令按钮控件响应单击事件的VBA程序代码如下:

```
Private Sub Command29_Click()
On Error GoTo Err_Command29_Click
    Me.读者基本数据查询子窗体.SetFocus
    DoCmd.DoMenuItem acFormBar, acEditMenu, 8, , acMenuVer70
    DoCmd.DoMenuItem acFormBar, acEditMenu, 6, , acMenuVer70
Exit_Command29_Click:
    Exit Sub
Err_Command29_Click:
    MsgBox Err.Description
    Resume Exit_Command29_Click
End Sub
```

(3)设置"添加到读者数据表"命令按钮控件

设置"添加到读者数据表"命令按钮控件的操作类似于6.5.1节所述设置"添加到图书数据表"命令按钮控件的操作。

不同之处在于:必须在程序代码的第3行书写设定子窗体"读者基本数据查询子窗体"为当前焦点的VBA语句,且第5至8行语句的赋值号左端必须准确指定被赋值对象。

"添加到读者数据表"命令按钮控件响应单击事件的VBA程序代码如下:

```
Private Sub Command20_Click()
On Error GoTo Err_Command20_Click
    Me.读者基本数据查询子窗体.SetFocus
    DoCmd.GoToRecord , , acNewRec
    Me.读者基本数据查询子窗体![读者编号] = Me.Text1
    Me.读者基本数据查询子窗体![姓名] = Me.Text3
    Me.读者基本数据查询子窗体![单位] = Me.Text5
    Me.读者基本数据查询子窗体![类别] = Me.Combo13
Exit_Command20_Click:
    Exit Sub
Err_Command20_Click:
    MsgBox Err.Description
    Resume Exit_Command20_Click
End Sub
```

上述程序代码中涉及的各控件名称列于表6-4中(若所建各控件名称不同,请用正确的控件名称替换上述各控件名称)。

表 6-4 "读者数据录入"窗体控件名称

控件名称	伴随标签控件标题
Command19	"退出"
Command29	"删除当前读者记录"
Command20	"添加到读者数据表"
Text1	"读者编号"
Text3	"读者姓名"
Text5	"读者单位"
Text9	"册数限制"
Text11	"借阅期限"
Combo13	"读者类别"

5. 设置窗体中的相关控件属性

与"图书数据录入"窗体中关于是否接受操作者输入数据的情况相似，在"读者数据录入"窗体中，位于"窗体主体"区域内的各文本框控件均不允许操作者输入任何数据。为了实现这样的功能，必须将位于"窗体主体"区域内的子窗体"读者基本数据查询子窗体"控件的"是否锁定"属性值设置为"是"。

具体操作方式为，在"读者数据录入"窗体设计视图中选定"读者基本数据查询子窗体"控件，并在其"数据"属性卡上，将"是否锁定"属性值设置为"是"。

在设置完毕"读者数据录入"窗体上的各个控件之后，还需要将与窗体数据源"读者类别"表对象绑定的"读者类别"文本框控件设置为不可视状态，以使其在窗体运行时就像真的不存在一样，参见图 6-10。

为此，首先应该删除"读者类别"文本框控件的伴随标签控件，然后选中"读者类别"文本框控件，并在"格式"属性卡上设置相关属性值，如表 6-5 所示。

表 6-5 "读者数据录入"窗体的"读者类别"文本框控件相关属性设置

属性名称	属性值	说明
特殊效果	"平面"	使其无凸凹显示
背景色	"系统按钮表面"	使其与窗体背景同色
边框颜色	"系统按钮表面"	使其与窗体背景同色
前景色	"系统按钮表面"	使其与窗体背景同色

至此，"读者数据录入"窗体设计完毕。保存起来，然后打开它，看看其所具有的功能。

6.6 实用窗体设计

通过前几节的学习，我们掌握了 Access 窗体对象的设计方法。本节将结合实际应用，介绍几类更加复杂一些的实用窗体对象的设计方法。

仍以 LIBMIS 数据库中的窗体对象设计为例，讲解实用窗体设计的方法。对照第 1 章中关于"图书馆管理信息系统"的功能要求以及操作界面设计，可以看到"借阅数据录入"窗体是一个基于三个数据源的窗体对象，属于复杂数据源窗体；而"借阅数据分析"窗体则包含有一个选项卡控件，属于复杂控件窗体对象。尽管这样的窗体结构较为复杂，却是实际应用中不可或缺的，属于实用窗体范畴。

另外，还有一类窗体是不需要数据源的，通常被用于命令选择型窗体。例如，在 LIBMIS 数据库中的"图书馆管理信息系统"主界面窗体对象被用作为应用系统的启动窗体，也属于一种实用窗体。

6.6.1 复杂数据源窗体设计

LIBMIS 数据库中的"借阅数据录入"窗体必须为图书馆管理员提供一个输入读者编号数据后可以显示读者信息，然后接受图书编号输入操作，并允许管理员登记图书借阅数据的操作界面。

1. "借阅数据录入"窗体功能设计

LIBMIS 数据库中的"借阅数据录入"窗体是"图书馆管理信息系统"中一个必备的窗体对象，其主要功能是允许操作者输入读者编号以调阅该读者的相关数据。如果该读者拥有借阅权限，操作者输入图书编号后就自动显示这一本图书的全部信息。如果读者信息与图书信息均得到操作者认可，操作者可以单击窗体上的"确定借阅数据"命令按钮，将这一本图书添加到这个读者的借阅数据表中，完成一次图书借阅业务。

LIBMIS 数据库中的"借阅数据录入"窗体运行视图参见图 1-7。

2. "借阅数据录入"窗体数据源

根据"借阅数据录入"窗体的功能需求，必须为其设置三个数据源，一是以"读者基本数据查询"对象作为窗体的数据源；二是以"图书数据表"对象作为"图书数据表_子窗体"的数据源；三是以"读者借阅数据查询"对象作为"读者借阅数据查询子窗体"的数据源。

3. 基于窗体数据源的控件设计

用 6.2.1 节介绍的方法，我们可以迅速创建"借阅数据录入"窗体的基本形式。然后将窗体数据源"读者基本数据查询"对象中的各个字段所对应的文本框控件拖曳至窗体页眉区域内，并调整好各自的位置，如图 6-35 所示。然后将所有文本框控件的"是否锁定"属性设置为"是"，以保证操作者不能在这个窗体运行视图中修改读者数据。

接着，应该在"借阅数据录入"窗体页眉区域内顶端居中处设置标签对象"借阅数据录入"，并将其前景颜色属性值设置为"红色"，字体大小属性值设置为"14"，特殊效果属性设置为凹陷。

最后，需要在"借阅数据录入"窗体页眉区域内设置一个文本框控件"Text0"，令其伴随标签名为"读者编号"。为文本框控件"Text0"的"失去焦点"事件编写如下 VBA 程序代码：

```
Private Sub Text0_LostFocus()
On Error GoTo Err_Text0_LostFocus
    Me![读者编号].SetFocus
    DoCmd.FindRecord Me![Text0], , True, , True
    Me![Text2].SetFocus
Exit_Text0_LostFocus:
    Exit Sub
```

```
    Err_Text0_LostFocus:
        MsgBox Err.Description
        Resume Exit_Text0_LostFocus
    End Sub
```

这一段程序代码的功能为：操作者一旦在 Text0 中输入一个读者的"读者编号"数据，窗体页眉区域内的文本框控件中将显示这个读者的相关数据。

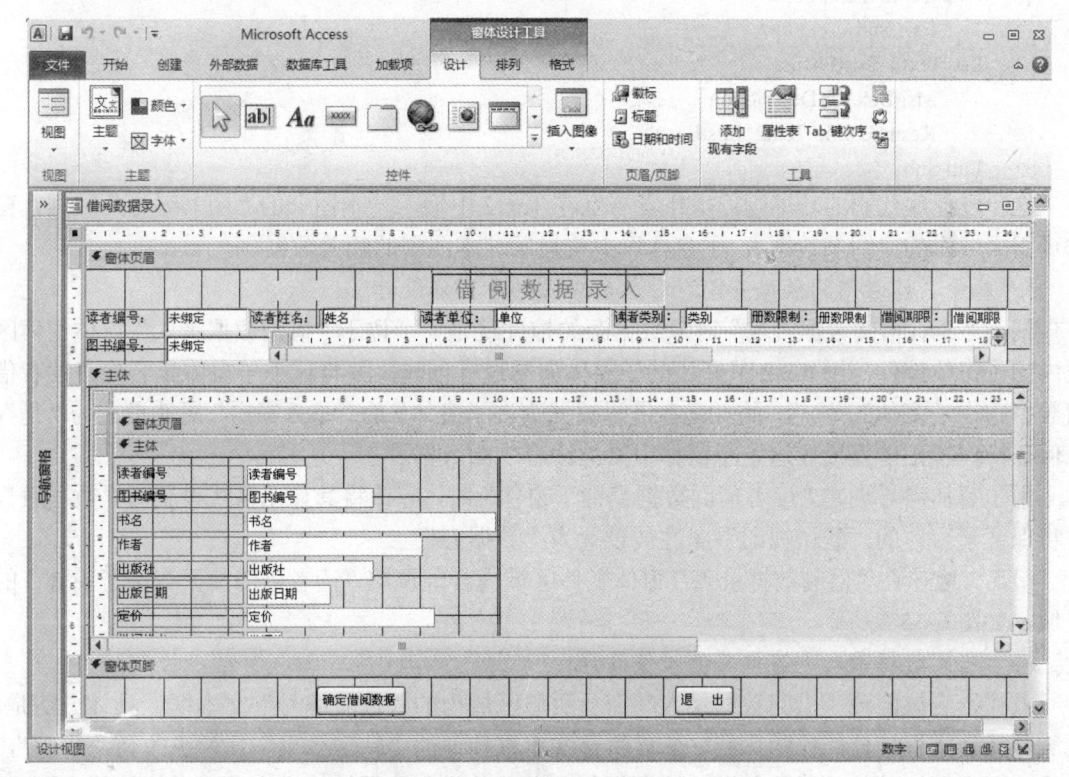

图 6-35 "借阅数据录入"窗体设计视图

4. 基于"图书数据表"对象数据源的控件设计

基于"图书数据表"对象数据源的控件主要是一个位于"借阅数据录入"窗体页眉区域内的子窗体控件，应用 6.2.2 节介绍的子窗体向导进行创建，并将这个子窗体命名为"图书数据表_子窗体"。然后，将"图书数据表_子窗体"的"是否锁定"属性设置为"是"，以保证操作者不能在这个窗体运行视图中修改图书数据。

在"图书数据表_子窗体"设计过程中，要注意设置好其中的各个子窗体控件的相关位置。这个子窗体中包含的控件全部是文本框控件，它们均应该排列在同一行上。而子窗体的"默认视图"属性必须设置为"单个窗体"。

由于"图书数据表_子窗体"在"借阅数据录入"窗体页眉区域内占据着一个狭长的位置，所以其中的控件格式调整会显得困难一些。可以先在一个大一些的区域调整子窗体中各个控件的相对位置，调整满意以后，再将子窗体尺寸调整至需要的尺寸，如图 6-35 所示。

最后，应该在"借阅数据录入"窗体页眉区域内设置一个文本框控件"Text2"，令其伴随标签名为"图书编号"，并为文本框控件"Text2"的"失去焦点"事件编写如下 VBA 程序代码：

```
Private Sub Text2_LostFocus()
On Error GoTo Err_Text2_LostFocus
    Me![图书数据表_子窗体]![图书编号].SetFocus
    Me![图书数据表_子窗体].SetFocus
    DoCmd.FindRecord Me![Text2], , True, , True
    Me![图书数据表_子窗体]![书名].SetFocus
Exit_Text2_LostFocus:
    Exit Sub
Err_Text2_LostFocus:
    MsgBox Err.Description
    Resume Exit_Text2_LostFocus
End Sub
```

这一段程序代码的功能为：操作者一旦在 Text2 中输入一本图书的"图书编号"数据，窗体页眉区域内的"图书数据表_子窗体"中将显示这本图书的相关数据。

5. 基于"读者借阅数据查询"对象数据源的子窗体设计

基于"读者借阅数据查询"对象数据源的控件就是一个位于"借阅数据录入"窗体主体区域内的子窗体控件，用 6.2.2 节介绍的子窗体向导进行创建，并将这个子窗体命名为"读者借阅数据查询子窗体"。然后，将"读者借阅数据查询子窗体"的"是否锁定"属性设置为"是"，以保证操作者不能直接在这个子窗体中修改读者借阅数据。

用子窗体向导创建"读者借阅数据查询子窗体"时，应该将其显示格式设置为"数据表"，这将保证子窗体的"默认视图"属性被设置为"数据表"。

最后，应该在"借阅数据录入"窗体主体区域内合理调整"读者借阅数据查询子窗体"的区域，如图 6-35 所示。

6. "借阅数据录入"窗体其他控件设计

首先，应该隐藏"借阅数据录入"窗体页眉区域内的"读者编号"文本框。具体方法是，先删除该文本框控件的伴随标签，然后将该文本框控件的"特殊效果"属性更改为"平面"，并将该文本框控件的"背景色"、"边框颜色"和"前景色"属性均设定为"系统按钮表面"，以保证其与窗体背景同色，即完成了隐藏"借阅数据录入"窗体页眉区域内的"读者编号"文本框的操作。

然后，需要在"借阅数据录入"窗体页脚区域内设置"退出"和"确定借阅数据"两个命令按钮。

"退出"命令按钮的设置操作如 6.4.4 节所述，其产生的 VBA 程序代码与 6.4.4 节所示完全相同。

"确定借阅数据"命令按钮的设置操作如 6.5.2 节所述，其产生的 VBA 程序代码如下（其中"确定借阅数据"命令按钮控件名称为"Command18"）：

```
Private Sub Command18_Click()
On Error GoTo Err_Command18_Click
    Me![读者借阅数据查询子窗体].SetFocus
    DoCmd.GoToRecord , , acNewRec
    Me![读者借阅数据查询子窗体]![读者编号] = Me.Text0
    Me![读者借阅数据查询子窗体]![图书编号] = Me.Text2
    Me![读者借阅数据查询子窗体]![借阅状态] = True
```

```
            Me![读者借阅数据查询子窗体]![借阅日期] = Date
            Me![读者借阅数据查询子窗体]![应归还日期] = Date + Me![借阅期限]
    Exit_Command18_Click:
        Exit Sub
    Err_Command18_Click:
        MsgBox Err.Description
        Resume Exit_Command18_Click
    End Sub
```

至此，即全部完成了"借阅数据录入"窗体对象的设计，其窗体设计视图如图 6-35 所示。

6.6.2 复杂控件窗体设计

LIBMIS 数据库中的"借阅数据分析"窗体用于为图书馆管理员提供一个输入起始日期和终止日期，然后统计在这一段时间内的各类图书借阅次数以及各位读者借阅图书的次数，并根据借阅次数由大到小的次序列表显示，并允许分别打印"图书借阅数据分析报表"和"读者借阅数据分析报表"的操作界面，参见图 6-1。

1. "借阅数据分析"窗体功能设计

LIBMIS 数据库中的"借阅数据分析"窗体功能主要是允许操作者输入起始日期和终止日期，并允许操作者分别查阅在这一段时间内的各类图书借阅次数以及各位读者借阅图书的次数。这两个分类统计的数据并不相交，因此需要设计各自独立的计算方法，并提供各自独立的显示界面。

由于"借阅数据分析"窗体上只提供起始日期和终止日期作为两类统计计算的时间段数据，因此窗体本身不需要数据源。

2. "借阅数据分析"窗体选项卡控件设计

根据"借阅数据分析"窗体的功能需求可知，该窗体需要分页显示功能，因此，可以用 Access 选项卡控件。Access 选项卡控件是创建多页窗体的有效方法。使用选项卡控件，可以将独立的窗体页创建在一个选项卡控件中。当窗体运行时，如果操作者要切换页面查看不同的数据，只需单击所需的那个选项卡即可。

为了在"借阅数据分析"窗体上进行选项卡控件设计，首先创建一个空窗体，将其命名为"借阅数据分析"。

接着，在"借阅数据分析"窗体主体区域内设置一个选项卡控件。设置选项卡控件的操作方法是：在窗体设计视图功能区的"设计"选项卡上，单击"控件"命令组项内的"选项卡控件"按钮，然后在窗体主体区域内拖曳鼠标形成选项卡控件的放置区域，即完成了 Access 选项卡控件的创建操作。这个选项卡控件将自动被命名为"选项卡控件 0"。

一个刚刚创建的选项卡控件将默认拥有两个页控件，分别命名为"页 1"和"页 2"。如果需要，可以在选项卡控件上右击，通过快捷菜单上的"插入页"或"删除页"菜单项来为选项卡控件增加或减少页控件。页控件是选项卡控件中的子控件，只能存在于选项卡控件之中。反之，任一个选项卡控件中必须包含一个页控件，否则，选项卡控件也不存在。

对于"借阅数据分析"窗体而言，我们需要选项卡控件中包含两个页控件。

3. "借阅数据分析"窗体选项卡控件中的页控件设计

Access 选项卡控件中的页控件也是一个容器控件，其中可以设置任意的 Access 窗体控件。

根据"借阅数据分析"窗体的功能需求，我们需要分别修改这两个页控件的相关属性，并在这两个页控件内分别设置一个子窗体控件和一个命令按钮控件。

（1）"图书借阅数据分析"页控件设计

首先，需要将页1控件的标题属性设置为"图书借阅数据分析"，从而使该页控件上显示"图书借阅数据分析"。

然后，应该在"图书借阅数据分析"页控件上设置一个子窗体，其设置方法如6.2.2节所述。该子窗体的数据源应为"图书借阅数据分析查询"，名称可定为"图书借阅数据分析查询子窗体"，"是否锁定"属性应设置为"是"。

最后，应该在"图书借阅数据分析"页控件内的"图书借阅数据分析查询子窗体"下端设置一个命令按钮控件"预览图书借阅数据分析报表"。这个命令按钮控件的设置可以采用Access命令按钮向导完成，如6.4.4节所述，但是需要在图6-29所示的"命令按钮向导"对话框1中选定"报表操作"类别中的"预览报表"操作项。由于目前在LIBMIS数据库中尚无报表对象存在，故而此项操作无法进行，我们将在第8章中完成这一项操作。

至此，"图书借阅数据分析"页控件设计完毕，其设计视图如图6-36所示。

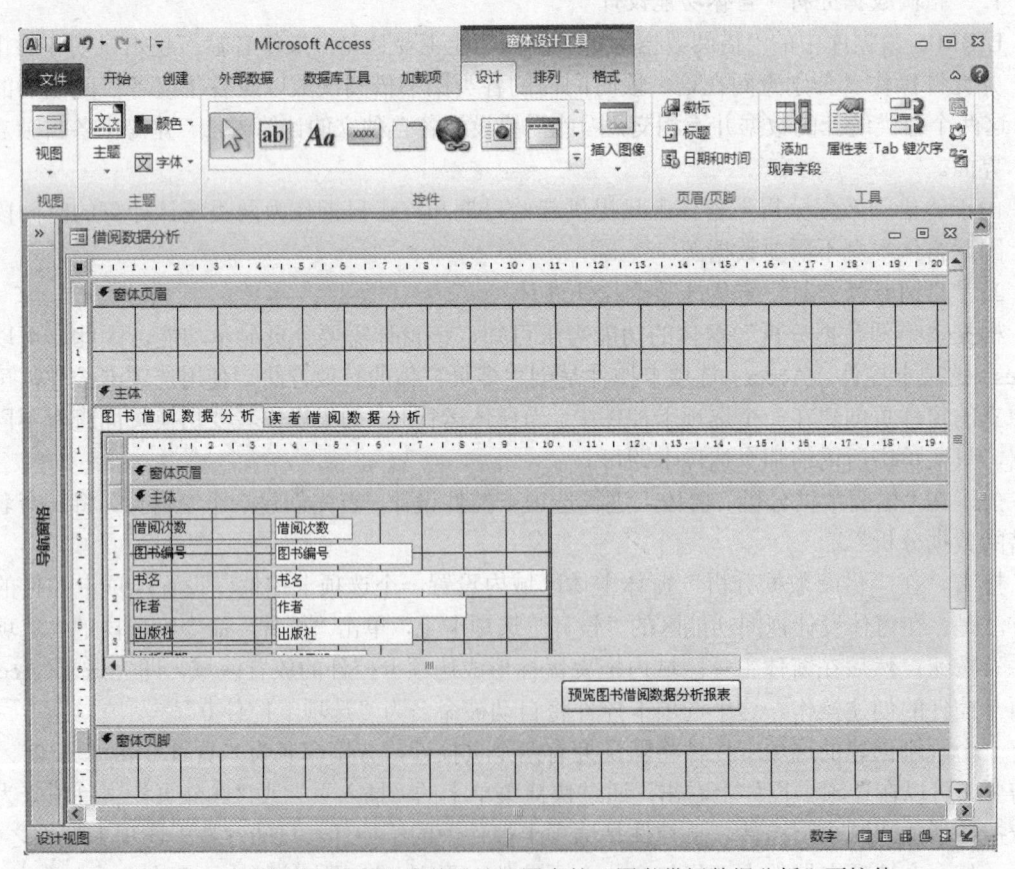

图6-36 "借阅数据分析"窗体设计视图中的"图书借阅数据分析"页控件

（2）"读者借阅数据分析"页控件设计

首先，需要将页2控件的标题属性设置为"读者借阅数据分析"，使得该页控件上显示"读者借阅数据分析"。

然后，应该在"读者借阅数据分析"页控件上设置一个子窗体，其设置方法如 6.2.2 节所述。该子窗体的数据源应为"读者借阅数据分析查询"，名称可定为"读者借阅数据分析查询子窗体"，"是否锁定"属性应该设置为"是"。

最后，应该在"读者借阅数据分析"页控件内的"读者借阅数据分析查询子窗体"下端设置一个命令按钮控件"预览读者借阅数据分析报表"。这个命令按钮控件的设置可以采用 Access 命令按钮向导完成，如 6.4.4 节所述，但是需要在图 6-31 所示的"命令按钮向导"对话框 1 中选定"报表操作"类别中的"预览报表"操作项。由于目前在 LIBMIS 数据库中尚无报表对象存在，故而此项操作无法进行，我们将在第 8 章中完成这一项操作。

至此，"读者借阅数据分析"页控件设计完毕，其设计视图如图 6-37 所示。

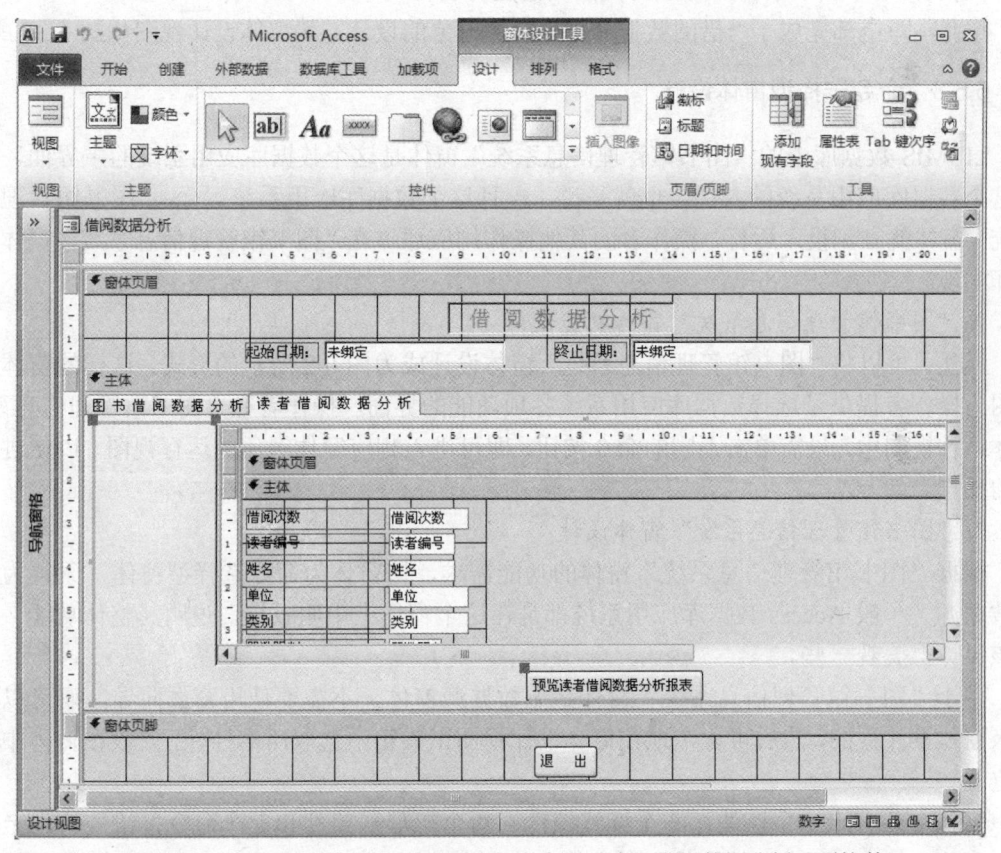

图 6-37 "借阅数据分析"窗体设计视图中的"读者借阅数据分析"页控件

4. "借阅数据分析"窗体上的其他控件设计

首先，需要在"借阅数据分析"窗体页眉区域内的上部正中位置处设置标签控件，其标题属性值为"借阅数据分析"，前景颜色属性值为"红色"，字体大小属性值为"14"，特殊效果属性设置为"凹陷"。

然后，在"借阅数据分析"标签下端设置两个文本框控件"Text0"和"Text2"，其各自的伴随标签标题分别为"起始日期"和"终止日期"。应该将文本框控件"Text0"的默认值属性设置为"Date()-30"，而将文本框控件"Text2"的默认值属性设置为"Date()"。这样可以减少操作者的操作失误。

另外，为使文本框控件"Text0"和"Text2"能够响应"失去焦点"事件，需要为其编写如下 VBA 程序代码：

    Private Sub Text0_LostFocus()
    Me.Refresh
    End Sub

这一段程序代码的功能为：操作者一旦在文本框控件 Text0 或 Text2 中输入一个日期，将刷新窗体中的全部数据。这将使两个子窗体中的数据得到更新，显示的就是这一段日期内的统计数据。

最后，应该在"借阅数据分析"窗体页脚区域内设置命令按钮控件，其标题属性值为"退出"，其响应"单击"事件的方法为关闭当前运行窗体。

至此，即全部完成了"借阅数据分析"窗体对象的设计，其窗体设计视图如图 6-37 所示。

6.6.3 命令选择型窗体设计

LIBMIS 数据库中的"图书馆管理信息系统"窗体是这个数据库应用系统的主界面，它构成这个数据库应用系统的入口。也就是说，一旦这个数据库应用系统运行，"图书馆管理信息系统"窗体就立刻投入运行，操作者的其他操作均应通过在"图书馆管理信息系统"窗体上的选择实现。

1. "图书馆管理信息系统"窗体功能设计

显然，可以将"图书馆管理信息系统"窗体设计成为图 6-2 所示的形式。这样的窗体运行视图为操作者提供了选择数据库应用系统各项功能的界面。操作者在"图书馆管理信息系统"窗体运行视图中，只需单击不同的命令按钮，即可进入相应窗体对象的运行视图，以便进行需要的操作。

2. "图书馆管理信息系统"窗体设计

根据"图书馆管理信息系统"窗体的功能需求，该窗体为命令选择型窗体，无须为其设置数据源。一般 Access 数据库应用系统都是在这个窗体上申明版权，说明其整体功能，所以应该设计得美观一些。

由于"图书馆管理信息系统"窗体是无数据源窗体，不需要使用窗体向导，而可以直接进入窗体设计视图，然后再逐个地在窗体设计视图工具箱中选取所需控件，安放在窗体中的合适位置。

窗体中共有十一个控件：两个标签控件、两个矩形框控件和七个命令按钮控件，全部放置在窗体主体上。两个标签控件位于窗体主体的上端两行，其标题属性值分别为"图书馆管理信息系统"和 LIBMIS，还应该对标签控件上的标题文字作一些美化设计，如对字体、字号以及特殊效果等属性进行设置。

窗体主体的中部排列着六个命令按钮控件，其单击事件的处理方法均为一段 VBA 程序，其基本功能是分别打开一个特定窗体对象。这六个命令按钮控件分为两组设置于两个矩形框控件内。窗体主体下端安放一个命令按钮控件，标记为 ▭ ，用于关闭本窗体。所有七个命令按钮控件的设置，均可以使用命令按钮向导完成，其响应单击事件的 VBA 程序也是由命令按钮向导引导生成。其中，排列在两个矩形框控件内的六个命令按钮分别用于打开六个窗体对象的运行视图。以下是"读者数据录入"命令按钮的 VBA 程序代码：

```
Private Sub Command2_Click()
On Error GoTo Err_Command2_Click
    Dim stDocName As String
    Dim stLinkCriteria As String
    stDocName = "读者数据录入"
    DoCmd.OpenForm stDocName, , , stLinkCriteria
Exit_Command2_Click:
    Exit Sub
Err_Command2_Click:
    MsgBox Err.Description
    Resume Exit_Command2_Click
End Sub
```

其余五个命令按钮控件的 VBA 程序代码与上述代码类似，请读者自行完成。

窗体主体下端安放的命令按钮控件 也应用 Access 命令按钮向导完成，其响应单击事件的 VBA 程序代码如下：

```
Private Sub Command8_Click()
On Error GoTo Err_Command8_Click
    DoCmd.Close
Exit_Command8_Click:
    Exit Sub
Err_Command8_Click:
    MsgBox Err.Description
    Resume Exit_Command8_Click
End Sub
```

至此，即全部完成了"图书馆管理信息系统"窗体对象的设计，其窗体设计视图如图 6-38 所示。

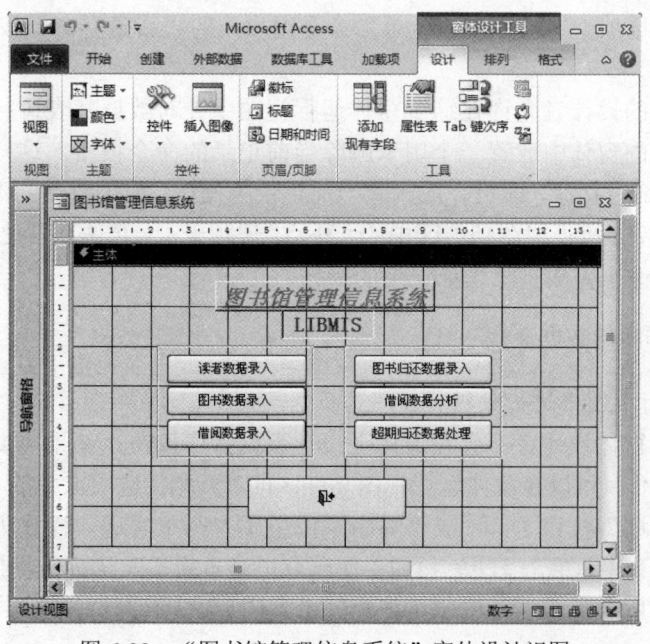

图 6-38 "图书馆管理信息系统"窗体设计视图

6.7　在窗体运行视图中操作数据

设计完成的窗体是操作数据的主要界面，在数据库设计视图中的窗体对象菜单上单击"打开"按钮，即可运行已选中的窗体。一个正在运行的窗体界面称为窗体运行视图。在窗体运行视图中，可以进行窗体所允许的各种数据操作。一般可以通过两种方式进行所需操作：一是使用窗体设计者安排在窗体上的控件完成数据操作，二是使用窗体运行视图工具栏上的工具按钮来完成数据操作。本节主要介绍如何使用窗体运行视图工具栏上的工具按钮来完成各种数据操作。

6.7.1　查看并修改数据

在窗体视图中可以通过各个窗体控件看到所希望看到的数据，若窗体控件的"是否锁定"属性值设置为"否"，则可以修改该控件中显示的数据，并且此项修改会记录在窗体数据源所基于的数据表中的相关记录中，从而完成对数据表中数据的修改操作。窗体中的某一个控件是否允许以及允许以何种方式修改数据，完全由窗体的设计者通过指定这个控件的相关属性来决定。因此，只要整个窗体对象设计完善，操作者在窗体运行视图中修改数据会很方便，同时也很安全。

6.7.2　添加与或删除记录

如果一个窗体的设计者允许在这个窗体运行视图中对数据基表进行记录添加的操作，一般会在他所设计的窗体中将"定位按钮"属性值设定为"是"，从而在窗体中留下"定位按钮"控件 记录: ◀ 第1项(共17项) ▶ ▶ ▼未筛选 。单击其中的"添加新记录"按钮 ▶ ，即可进行添加记录的操作。如果窗体设计者没有在窗体上放置"定位按钮"控件，也可以在窗体运行视图功能区中的"开始"选项卡上，单击"记录"命令组项内的"新建"命令按钮 新建 来进行添加记录的操作。

如果一个窗体的设计者允许在这个窗体运行视图中针对数据基表进行删除记录的操作，一般会在他所设计的窗体中放置一个用于删除当前记录的命令按钮。这样在窗体的运行视图中，只需单击这个命令按钮，即可完成删除当前记录的操作。如果窗体的设计者没有设置这样的按钮，则可以在窗体运行视图功能区中的"开始"选项卡上，单击"记录"命令组项内的"删除"命令按钮 ✕ 删除 来完成删除当前记录的操作。

6.7.3　数据排序与数据查找

1. 在窗体运行视图中进行数据排序

一般情况下，窗体设计者不会在窗体上设计数据排序按钮。如果需要在窗体运行视图中进行数据的排序操作，可以在窗体运行视图功能区的"开始"选项卡上的"排序和筛选"命令组项内，单击"升序"按钮 ⬆升序 或"降序"按钮 ⬇降序 来实现。操作方法是，令光标停在需要排序的数据表列中，单击 ⬆升序 按钮，使所有记录重新按照该列数据由小到大排列；或单击 ⬇降序 按钮，使所有记录重新按照该列数据由大到小排列。

2. 在窗体运行视图中进行数据查找

窗体设计者一般都会在窗体上设计相关的数据查找功能，情况比较复杂。请参考"借阅数据录入"窗体中"图书编号"文本框的"更新后"事件处理程序。

此处介绍使用窗体运行视图功能区"开始"选项卡上的"查找"命令组项内的查找按钮 🔍 的使用方法。在"图书数据录入"窗体视图中单击 🔍 按钮，即弹出"查找与替换"对话框，如图 6-39 所示。

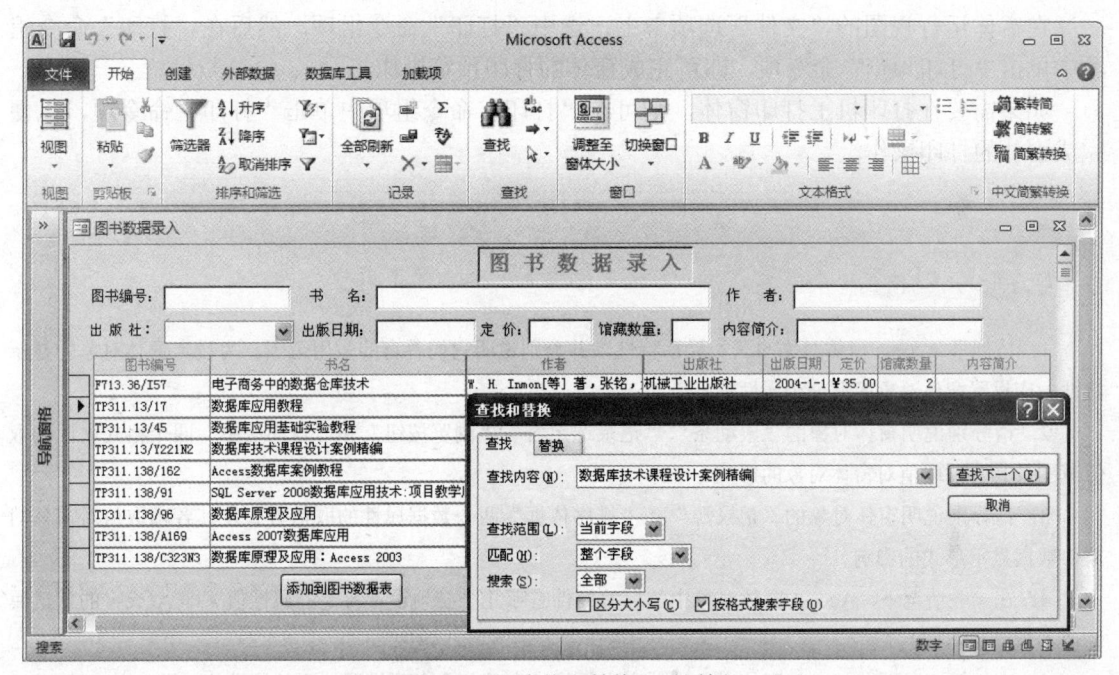

图 6-39 "查找和替换"对话框

图 6-39 所示为在"书名"字段中查找"数据库基础与 Access 应用教程"的对话框形式。可以看到，只需在"查找内容"文本框内输入欲查找的关键字，然后单击"查找下一个"按钮，即可令光标移动至满足查找条件的记录处。由此还可以看出，窗体视图中的查找和替换操作与在数据表视图中的查找和替换操作相同。

6.7.4 数据筛选操作

在窗体运行视图中进行数据筛选操作与在数据表视图中进行数据筛选操作相同。窗体运行视图功能区的"开始"选项卡内有一个"排序和筛选"命令组项。其中，🔽 为"按选定内容筛选"按钮，单击此按钮，使窗体中仅显示所有包含光标所在字段数据的记录；🔽 为"按窗体筛选"按钮，单击此按钮，使窗体中显示数据表的空白版，即不显示任何一条记录；🔽 为"应用筛选/移去筛选"按钮，窗体中正在显示的是筛选数据时，这个按钮是凹下的，单击它则移去筛选，恢复正常显示，当窗体中显示的是正常数据时，🔽 按钮是凸起的，单击它则应用筛选，导致窗体中仅显示筛选过的数据。

6.7.5 窗体的打印和打印预览

在 Access 的七种数据库对象中,窗体对象与报表对象是可打印的。有时,可以采用直接打印窗体视图的方法代替创建报表,当然这应该根据实际需要来决定。另外,打印不包含数据的窗体作为收集数据格式的方法,也往往是一种实际需要。

一般情况下,打印之前应该在屏幕上预览其打印结果,基于 Windows 的所见即所得特性,预览的结果与打印的结果是相同的。

在窗体运行视图的"文件"选项卡上,选中"打印"命令组项。然后在"打印"命令组项中单击"打印预览"命令项,即可完成窗体的打印预览操作。

如果需要在打印机上打印窗体,则可在"打印"命令组项中单击"打印"命令项,以便完成窗体的打印操作。

习题6

1. 请列举 Access 窗体对象的三类显示特性,并分别说明它们各自的适用范围。为设定窗体对象的显示特性,应设置窗体对象的哪一个属性值?

2. 请分别说明窗体对象的"滚动条"、"记录选定器"、"浏览按钮"和"自动居中"四个格式属性的取值范围及其各项取值对窗体对象的影响。

3. 请分别说明窗体对象的"记录源"和"排序依据"两个数据属性的取值方式及其各项取值对窗体对象中数据显示形式的影响。

4. 在一般情况下,Access 窗体对象中的标签控件有哪几个必须设置特定的属性值(即 Access 的默认属性值不能满足需要)?

5. 在一般情况下,Access 窗体对象中的文本框控件有哪几个必须设置特定的属性值(即 Access 的默认属性值不能满足需要)?

6. 请分别说明,在什么情况下适合在窗体对象中使用文本框控件?在什么情况下适合在窗体对象中使用组合框控件?在什么情况下适合在窗体对象中使用列表框控件?

7. 如果需要对"命令按钮"控件的"单击"事件编程,应如何操作?

8. 如何在一个已经创建完成的窗体对象中添加子窗体?可以在需要的时候对这个新添加的子窗体单独进行编辑操作吗?

9. 为什么要为操作者设计窗体对象作为操作数据的界面,而不允许他们直接在对应的数据表对象上操作数据?

10. 在本书实例 LIBMIS 数据库中,需要设计一个名为"图书归还数据录入"的窗体对象,其窗体运行视图如图 1-8 所示,需要实现的窗体功能参考 1.5.2 节所述。请完成这个窗体对象的设计,其窗体设计视图可参考图 6-40。

11. 在本书实例 LIBMIS 数据库中,需要设计一个名为"超期归还数据处理"的窗体对象,其窗体运行视图如图 1-10 所示,应该实现的窗体功能参考 1.5.2 节所述。请完成这个窗体对象的设计,其窗体设计视图可参考图 6-41。

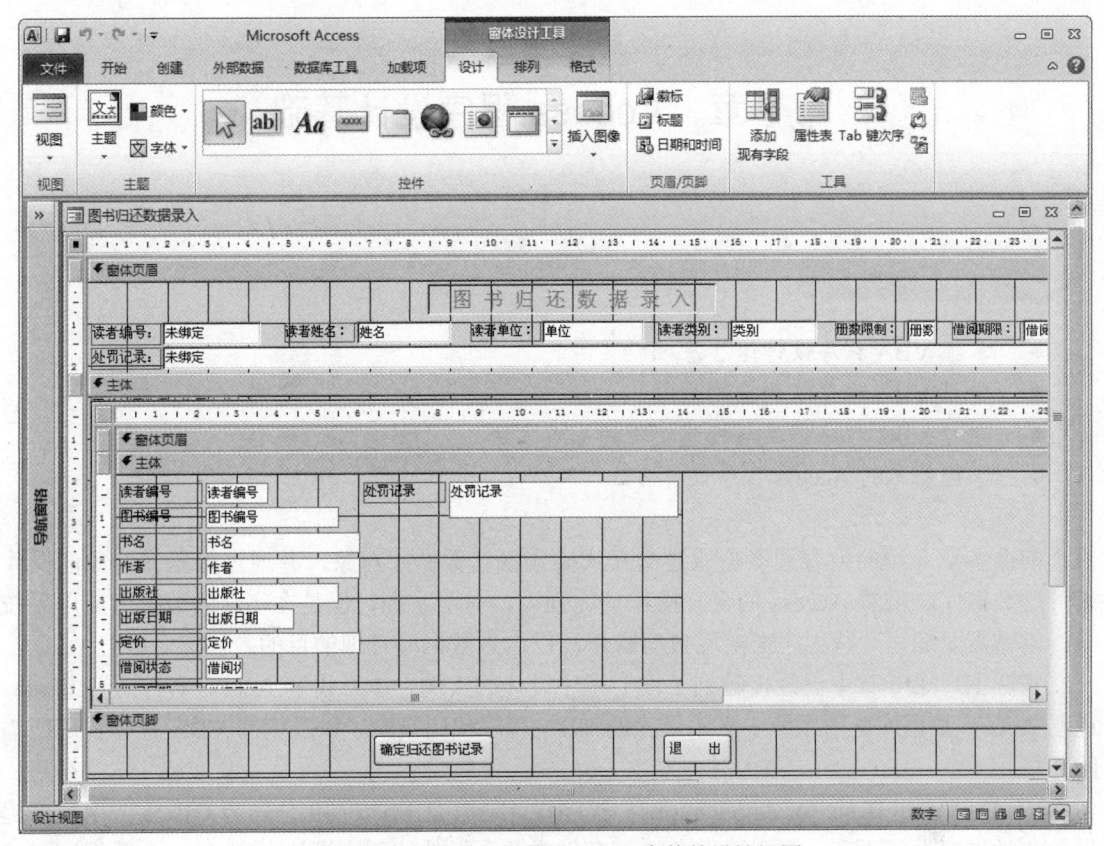

图 6-40 "图书归还数据录入"窗体的设计视图

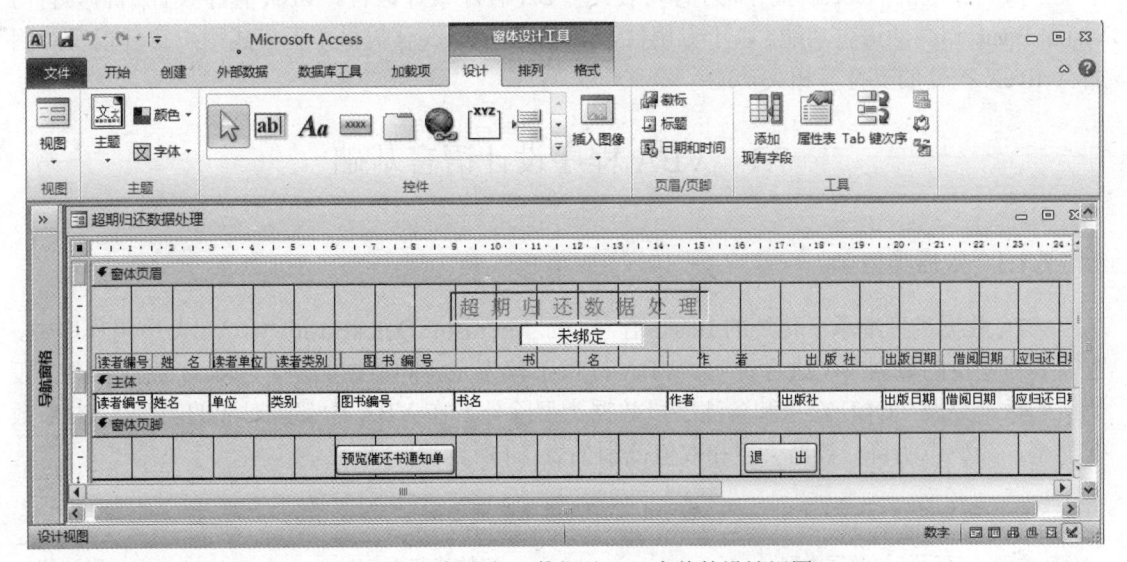

图 6-41 "超期归还数据处理"窗体的设计视图

第 7 章 Access 程序设计基础

本章学习目标

- 掌握 VBA 程序设计语言基础
- 学习 VBA 程序结构控制语句
- 学习 VBA 程序调试与错误处理的基本方法
- 掌握基本的 Access 程序设计方法

前面各章介绍的内容大多是通过交互式操作创建数据库对象,并通过数据库对象的操作来管理数据库。虽然 Access 的交互操作功能强大、易于掌握,但是在实际的数据库应用系统中,常常需要编写一些程序来实现自动操作,以达到数据库管理的目的。

实际上,第 6 章中已经接触到了很多程序设计的实例,本章讲解 Access 程序设计基础,说明 Access 数据库应用系统中必不可少的 VBA 程序代码规则,以及编写 VBA 程序代码所需的环境。

VBA(Visual Basic for Applications)程序设计语言是 Microsoft 公司为 Office 应用程序提供的一种程序设计语言,主要用于 Office 套件中各个组件的程序设计。在 Access 数据库应用系统中编写相应的 Access 应用程序即可使用 VBA 程序设计语言。VBA 程序设计语言具有与 Visual Basic 相同的语言功能,由于专用性,VBA 还为 Access 提供了无模式用户窗体以及对附加 ActiveX 控件的支持等相关功能。

7.1 VBA 程序设计语言基础

7.1.1 数据类型

VBA 数据类型继承了传统的 Basic 语言,如 Microsoft QuickBasic。在 VBA 应用程序中,也需要对变量的数据类型进行说明。VBA 提供了较为完备的数据类型,Access 数据表中字段使用的数据类型(OLE 对象和备注字段数据类型除外)在 VBA 中都有对应的类型。VBA 数据类型、类型声明符、数据类型和取值范围如表 7-1 所示。

表 7-1 VBA 基本数据类型

VAB 类型	符号	数据类型	有效值范围	默认值
Byte		字节	0~255	0
Integer	%	整型	-32768~32767	0
Boolean		是/否	True 和 False	False

续表

VAB 类型	符号	数据类型	有效值范围	默认值
Long	&	长整型	-2147483648~214748367	0
Single	!	单精度	负数：-3.402823E38~-1.401298E-5	0
			正数：1.401298E-45~3.402823E38	
Double	#	双精度	负数：-1.7200069313486232E308 到 -4.9406564841247E-324	0
			正数：4.9406564841247E-324 到 1.7200069313486232E308	
Currency	@	货币	-922337203685 到 922337203685	0
String	$	字符串	根据字符串长度而定	""
Data		日期/时间	January 1,100 到 December 31,9999	0
Object		对象		
Variant		变体		Empty

其中，字符串类型又分为变长字符串（String）和定长字符串（String * length）。

除了上述系统提供的基本数据类型外，VBA 还支持自定义数据类型。自定义数据类型实质上是由基本数据类型构造而成的一种数据类型，可以根据需要来定义一个或多个自定义数据类型。

7.1.2 常量、变量与数组

1. 常量

常量是指在程序运行的过程中，其值不能被改变的量。常量的使用可以增加代码的可读性，并且使代码更加容易维护。此外，使用固有常量（即 Microsoft Access、Microsoft for Access Applications 等支持的常量），可以保证即使常量所代表的基础值在 Microsoft Access 版本升级，也能使代码正常运行。

除了直接常量（即通常的数值或字符串常量，如 123，"Lee"等）外，VBA 还支持下列三种类型的常量：

- 符号常量：用 Const 语句创建，并且在模块中使用的常量。
- 固有常量：是 Microsoft Access 或引用库的一部分。
- 系统定义常量：True、False 和 Null。

（1）符号常量

通常，符号常量用来代表在代码中反复使用的相同的值，或者代表一些具有特定意义的数字或字符串。符号常量的使用可以增加代码的可读性与可维护性。

符号常量使用 Const 语句来创建。创建符号常量时需要给出常量值，在程序运行过程中对符号常量只能进行读取操作，而不允许修改或为其重新赋值，也不允许创建与固有常量同名的符号常量。

下面的例子给出了使用 Const 语句来声明数值和字符串常量的几种方法：

    Const conPI=3.14159265

通过此语句可以使用 conPI 来代替常用的 π 值。

Private Const conPI2=PI*2

　conPI2 被声明为一个私有符号常量，其值为 6.2831852。私有符号常量 conPI2 的值是通过前面定义的符号常量 conPI 乘以 2 得到的，即在声明一个符号常量时，允许使用前面声明完成的符号常量。私有常量只能在定义它的模块（子程序或函数）中使用。

　　Public Const conVersion = "Version Access"

　conVersion 被声明为一个公有字符串常量。公有常量可以在整个应用程序内的所有子程序（包括事件过程）和函数中使用。

　（2）固有常量

　除了用 Const 语句声明常量之外，Microsoft Access 还声明了许多固有常量，并且可以使用 VBA 常量和 ActiveX Data Objects（ADO）常量。还可以在其他引用对象库中使用常量。Microsoft Access 旧版本创建的数据库中的固有常量不会自动转换为新的常量格式，但旧的常量仍然可以使用而且不会产生错误。

　所有的固有常量都可在宏或 VBA 代码中使用。任何时候这些常量都是可用的。在函数、方法和属性的"帮助"主题中对用于其中的具体内置常量都有描述。

　固有常量有两个字母前缀指明了定义该常量的对象库。来自 Microsoft Access 库的常量以"ac"开头，来自 ADO 库的常量以"ad"开头，而来自 Visual Basic 库的常量则以"vb"开头，例如：acForm、adAddNew、vbCurrency。

　因为固有常量所代表的值在 Microsoft Access 的以后版本中可能改变，所以应该尽可能使用常量，而不用常量的实际值。可以通过在 Visual Basic 编辑器"视图"菜单项中的"对象浏览器"窗口中选择常量或在"立即窗口"中输入"?固有常量名"来显示常量的实际值。

　可以在任何允许使用符号常量或用户定义常量的地方（包括表达式中）使用固有常量。如果需要，还可以用"对象浏览器"来查看所有可用对象库中的固有常量列表，如图 7-1 所示。

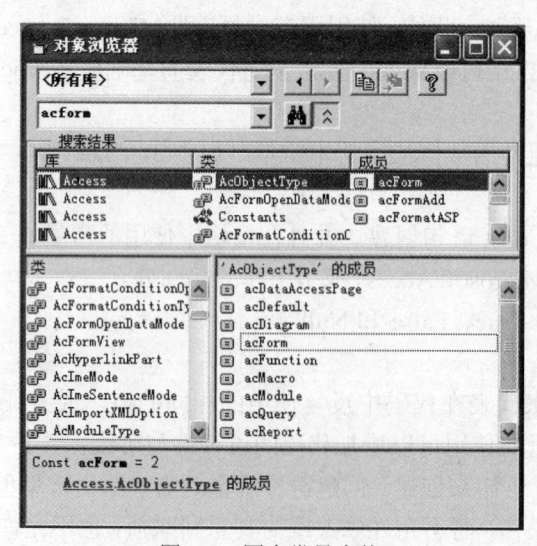

图 7-1　固有常量查找

　（3）系统定义常量

　系统定义的常量有三个：True、False 和 Null。系统定义常量可以在计算机上的所有应用程序中使用。

2. 变量

变量实际上是一个符号地址，它以变量名的形式标记一个存储单元。在程序执行阶段，针对一个变量进行的赋值操作就是将数据写入这个变量所对应的存储单元。因此，每个变量都必须有一个变量名，且在其作用域范围内是唯一的。在一个变量使用之前，可以通过声明变量的语句指定数据类型（即采用显式声明），也可以不指定（即采用隐式声明）。

（1）变量的声明

变量名必须以字母字符开头，在同一范围内必须是唯一的，不能超过 255 个字符，而且中间不能包含句点或类型声明字符。

虽然在 VBA 代码中允许使用未经声明的变量，但一个良好的编程习惯应该是在程序开始处先声明将要用于本程序的所有变量。这样做的目的是避免数据输入的错误，提高应用程序的可维护性。

对变量进行声明可以使用类型说明符号、Dim 语句和 DefType 语句。

1）使用类型说明符号声明变量类型

在传统 Basic 语言中，允许使用类型声明符号来声明常量和变量的数据类型，例如，varXyz%是一个整型变量，123%则是一个整型常数。类型声明符号在使用时始终放在变量或常数的末尾。

VBA 的类型说明符号有%(Integer)、&(Long)、!(Single)、#(Double)、$(String)和@(Currency)。类型说明符号使用时是作为变量名的一部分，放在变量名的最后一个字符。

例如，intX%是一个整型变量，douY#是一个双精度变量，strZ$是个字符串变量。在使用时不能将类型说明符号省略。如：

  intX%=1243
  douY#=45665.456
  strZ$="Access"

2）使用 Dim 语句声明变量

Dim 语句使用格式为：

  Dim 变量名 As 数据类型

例如：

  Dim strX As String

声明了一个字符串类型变量 strX。

可以使用 Dim 语句在一行声明多个变量，例如：

  Dim intX,douY, strZ As Strring

表示声明了三个变量 intX、douY 和 strZ，其中只有最后一个 strZ 声明为字符串类型变量，intX 和 douY 都没有声明其数据类型，即遵循类型说明符号规则认定为变体（Variant）类型。在一行中声明多个变量时，每一个变量的数据类型应使用 as 声明。正确的声明方法如下：

  Dim intX As Integer, douY As Double, strZ As String

最有效、值得提倡的做法是一行只声明一个变量。

使用 Dim 声明了一个变量后，在代码中使用变量名，无论其末尾带与不带相应的类型说明符号都代表同一个变量。

3）DefType 语句

DefType 语句只能用于模块级，即模块的通用声明部分。它用来为变量和传递给过程的参数设置缺省数据类型,以及为以指定的字符开头的 Function 和 Property Get 过程的名称设置返回值类型。

DefType 语句使用格式如下:

    DefType 字母[, 字母范围]

例如:

    DefInt a,b,e-h

说明了在模块中使用的以字母 a、b 或 e 到 h 开头的变量(不区分大小写)的默认数据类型为整型。

表 7-2 列出了 VBA 中所有可能的 DefType 语句和对应的数据类型。

表 7-2 DefType 语句和相应的数据类型

语句	数据类型	说明
DefBool	Boolean	布尔型
DefBtye	Byte	字节
DefInt	Integer	整型
DefLng	Long	长整型
DefCur	Currency	货币
DefSng	Single	单精度
DefDbl	Double	双精度
DefDate	Data	日期/时间
DefStr	String	字符串
DefObj	Object	对象
DefVar	Variant	变体型

4)使用变体类型

声明变量的数据类型可以使用上述三种方法,VBA 在判断一个变量的数据类型时,按以下先后顺序进行:①是否使用 Dim 语句;②是否使用数据类型说明符;③是否使用 DefType 语句。

没有用上述三种方法声明数据类型的变量默认为变体类型(Variant)。

5)自定义类型的声明与使用

自定义类型可以是任何用 Type 语句定义的数据类型。自定义类型可包含一个或多个基本数据类型的数据元素、数组或一个先前定义的自定义类型。例如:

    Type MyType
        MyName As String*10   '定义字符串变量存储一个名字。
        MyBirthDate As Date   '定义日期变量存储一个生日。
        MySex As Integer   '定义整型变量存储性别(0 为女,1 为男)
    End Type

上例定义了一个名称为 MyType 的数据类型。MyType 类型的数据具有三个域:MyName、MyBirthDate 和 MySex。

在自定义数据类型时应注意:Type 语句只能在模块级使用。可以在 Type 前面加上 Public

或 Private 来声明自定义数据类型的作用域，这与其他 VBA 基本数据类型相同。声明自定义数据类型的域时，如果使用字符串类型，最好用定长字符串，如 MyName As String*10。

使用 Type 语句声明了一个自定义类型后，就可以在该声明范围内的任何位置声明该类型的变量。可以使用 Dim、private、Public、ReDim 或 Static 来声明用户自定义类型的变量。

下面的例程说明了自定义数据类型的使用。

```
Option Compare Database              '自定义一个公共数据类型
Type MyType
    MyName As String*10              '定义字符串变量存储一个名字
    MyBirthDate As Date              '定义日期变量存储一个生日
    MySex As Integer                 '定义整型变量存储性别（0 为女，1 为男）
End Type
Sub useType()
    Dim UdtXyz as MyType
    UdtXyz. MyName ="Xyz"
    UdtXyz. MyBirthDate =75/12/17
    UdtXyz. MySex = 1
    Debug.Print UdtXyz. MyName ,UdtXyz. MyBirthDate ,UdtXyz. MySex
EndSub
```

本例先在通用声明中自定义了 MyType 数据类型，然后在 useType()过程中使用它来声明 Xyz 为一个 MyType 数据类型变量。

（2）变量的作用域和生命周期

VBA 变量除了具有类型属性之外，还具有作用域属性。VBA 变量的作用域属性也需要在声明变量时作出明确的声明后才能确定。

在声明变量作用域时可以将变量声明为 Locate（本地）、Private（私有，Module 模块级）或 Public（公共）。

本地变量：仅在声明变量的过程中有效。在过程和函数内部所声明的变量，不管是否使用 Dim 语句，都是本地变量。本地变量具有在本地使用的最高优先级，即当存在与本地变量同名的模块级的私有或公共变量时，模块级的变量则被屏蔽。

私有变量：在所声明的模块中的所有函数和过程中都有效。私有变量必须在模块的通用声明部分使用"Private 变量名 As 数据类型"进行声明。

公共变量：在所有模块的所有过程和函数中都可以使用。在模块通用声明中使用"Public 变量名 As 数据类型"声明公共变量。

图 7-2 对私有变量和公共变量的声明进行了示例，并说明了其作用范围。

变量的生命周期与作用域是两个不同的概念，变量的生命周期是指变量从首次出现（执行变量声明，为其分配存储空间）到消失的代码执行时间。

本地变量的生命周期是过程或函数从被开始调用到运行结束的时间（静态变量除外）。公共变量的生命周期是从声明到整个 Access 应用程序结束。

对于本地变量的生命周期的一个例外是静态变量。静态变量的声明使用"Static 变量名 As 数据类型"。静态变量在 Access 程序执行期间一直存在，它们的作用范围是声明它的子程序或函数。静态变量可以用来计算事件发生的次数或者是函数与过程被调用的次数。

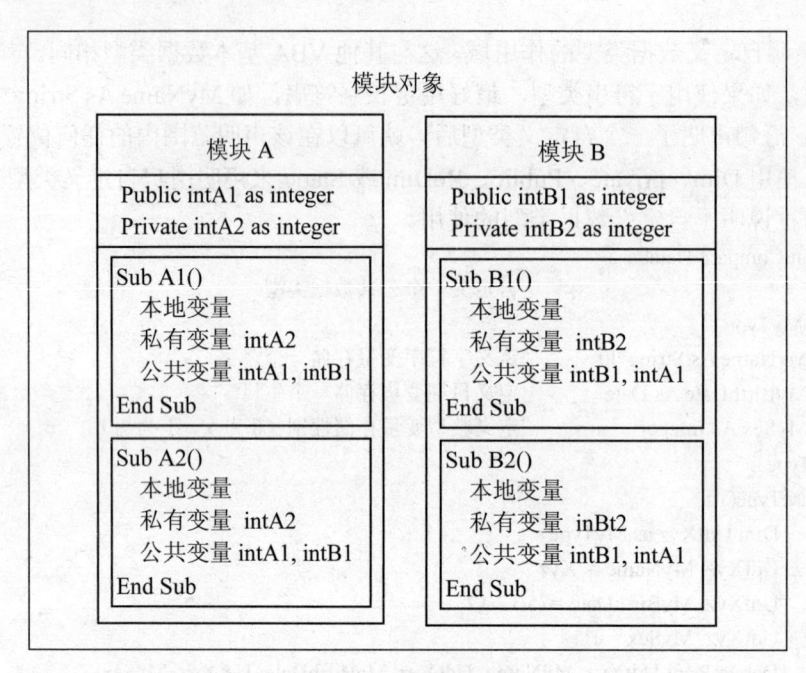

```
┌─────────────────────────────────────────────────┐
│                   模块对象                        │
│  ┌──────────────────────┐ ┌──────────────────────┐│
│  │       模块 A         │ │       模块 B         ││
│  │ Public intA1 as integer│ │Public intB1 as integer││
│  │ Private intA2 as integer│ │Private intB2 as integer││
│  │ ┌──────────────────┐ │ │ ┌──────────────────┐ ││
│  │ │ Sub A1()         │ │ │ │ Sub B1()         │ ││
│  │ │   本地变量        │ │ │ │   本地变量        │ ││
│  │ │   私有变量 intA2  │ │ │ │   私有变量 intB2  │ ││
│  │ │   公共变量 intA1, intB1│ │ │   公共变量 intB1, intA1│ ││
│  │ │ End Sub          │ │ │ │ End Sub          │ ││
│  │ └──────────────────┘ │ │ └──────────────────┘ ││
│  │ ┌──────────────────┐ │ │ ┌──────────────────┐ ││
│  │ │ Sub A2()         │ │ │ │ Sub B2()         │ ││
│  │ │   本地变量        │ │ │ │   本地变量        │ ││
│  │ │   私有变量 intA2  │ │ │ │   私有变量 inBt2  │ ││
│  │ │   公共变量 intA1, intB1│ │ │   公共变量 intB1, intA1│ ││
│  │ │ End Sub          │ │ │ │ End Sub          │ ││
│  │ └──────────────────┘ │ │ └──────────────────┘ ││
│  └──────────────────────┘ └──────────────────────┘│
└─────────────────────────────────────────────────┘
```

图 7-2　变量作用域

3. VBA 数组

数组是由一组具有相同数据类型的变量（称为数组元素）构成的集合。

（1）数组的声明

在 VBA 中不允许隐式声明数组，必须应用 Dim 语句事先声明数组，声明的方式为：

　　　Dim 数组名(数组下标上界) As 数据类型

例如：

　　　Dim intArray(l0) As Integer

这条语句声明了一个有 10 个元素的数组，每个数组元素为一个整型变量。这是通过指定数组下标的上界来定义数组。

在使用数组时，可以使用 Option Base 来指定数组的默认下标下界是 0 或 1。默认情况下，数组下标下界为 0。因此，用户只需使用它来指定默认的下标下界为 1。Option Base 可以用在模块的通用声明部分。

VBA 允许在指定数组下标范围时使用 to，例如：

　　　Dim intArray(-3 to 3)As Integer

该语句定义一个有 7 个元素的数组，数组元素的下标为从-3 到 3。

如果要定义多维数组，声明方式为：

　　　Dim 数组名(数组第 1 维下标上界，数组第 2 维下标上界…) As 数据类型

例如：

　　　Dim intArray (2,3) As Integer

这条语句定义了一个二维数组，第一维有 3 个元素，第二维有 4 个元素。

在 VBA 中，还允许定义动态数组。动态数组的定义方法是，先使用 Dim 来声明数组，但不指定数组元素的个数，而在以后使用时再用 ReDim 来指定数组元素个数，称为数组重定义。在对数组重定义时，可以使用 ReDim 后加保留字 Preserve 来保留以前的值，否则使用 ReDim

后，数组元素的值会被重新初始化为默认值。下面的例子说明了动态数组的定义方法：

```
Dim intArray( ) As Integer              '声明部分
ReDim  Preserve  intAma(l0)             '在过程中重定义，保留以前的值
ReDim intArray (l0)                     '在过程中重新初始化
```

还可以使用 Public、Private 或 Static 来声明公共数组、私有数组或静态数组。

（2）数组的使用

数组声明后，数组中的每个元素都可以当作单个变量来使用，其使用方法同相同类型的普通变量。其元素引用格式为：

  数组名(下标值表)

其中，如果该数组为一维数组，则下标值表是一个范围在[数组下标下界，数组下标上界]之内的整数；如果该数组为多维数组，则下标值表是一个由多个（不大于数组维数）用逗号分开的整数序列，每个整数（范围为[数组该维下标下界，数组该维下标上界]）表示对应的下标值。

例如，可以通过如下语句引用前面定义的数组：

```
intAma(2)              '引用一维数组 intAma 的第 3 个元素
intArray (0,0)         '引用二维数组 intArray 的第 1 行第 1 个元素
```

例如，若要存储一年中每天的支出数据，可以声明一个具有 365 个元素的数组变量，而不是 365 个变量。数组中的每一个元素都包含一个值。下列语句声明一个具有 365 个元素的数组 curExpense。按照缺省规定，数组的元素下标从零开始，所以此数组的上标界是 364，而不是 365。

  Dim curExpense(364) As Currency

若要设置某个元素的值，必须指定该元素的下标值。下面的示例为数组中的每个元素都赋予一个初始值 20。

```
Sub FillArray()
    Dim curExpense(364) As Currency
    Dim intI As Integer
    For intI = 0 to 364
        curExpense(intI) = 20
    Next
End Sub
```

7.1.3 运算符与表达式

运算是对数据的加工，最基本的运算形式常常可以用一些简洁的符号来描述，这些符号称为运算符或操作符。VBA 提供了丰富的运算符，可以构成多种表达式。表达式是许多 Microsoft Access 操作的基本组成部分，是运算符、常量、文字值、函数和字段名、控件和属性的任何组合。可以使用表达式作为很多属性和操作参数的设置，比如在窗体、报表和数据访问页中定义计算控件、在查询中设置准则或定义计算字段以及在宏中设置条件等。

1. 算术运算符与算术表达式

算术运算符是常用的运算符，用来执行简单的算术运算。VBA 提供了 8 个算术运算符，表 7-3 列出了这些算术运算符。

在这 8 个算术运算符中，除取负（-）是单目运算符外，其他均为双目运算符。加（+）、减（-）、乘（*）、取负（-）等几个运算符的含义与数学中的基本相同。下面介绍其他几个运算符的操作。

表 7-3　算术运算符

运算	运算符	表达式例子
指数运算	^	X^Y
取负运算	-	-X
乘法运算	*	X*Y
浮点除法运算	/	X/Y
整数除法运算	\	X\Y
取模运算	Mod	X Mod Y
加法运算	+	X+Y
减法运算	-	X-Y

（1）指数运算

指数运算用来计算乘方和方根，其运算符为^，2^8 表示 2 的 8 次方，而 2^（1/2）或 2^0.5 是计算 2 的平方根。

（2）浮点数除法与整数除法

浮点数除法运算符（/）执行标准除法操作，其结果为浮点数。例如，表达式 5/2 的结果为 2.5，与数学中的除法一样。整数除法运算符（\）执行整除运算，结果为整型值，因此，表达式 5\2 的值为 2。

整除的操作数一般为整型值。当操作数带有小数时，首先被四舍五入为整型数或长整型数，然后进行整除运算。操作数必须在（-2147483648.5，214748367.5）范围内，其运算结果被截断为整型数（Integer）或长整数（Long），不再进行舍入处理。

（3）取模运算

取模运算符（Mod）用来求余数，其结果为第一个操作数整除第二个操作数所得的余数。

表 7-3 按优先顺序列出了算术运算符。在其中的 8 个算术运算符中，指数运算符（^）优先级最高，然后依次是取负 (-)、乘 (*)、浮点除 (\)、整除 (/)、加 (+)、减 (-)。其中乘和浮点除是同级运算符，加和减是同级运算符。当一个表达式中含有多种算术运算符时，必须严格按上述顺序求值。此外，如果表达式中含有括号，则先计算括号内表达式的值；有多层括号时，先计算内层括号中的表达式。

2. 字符串连接符与字符串表达式

字符串连接符（&）用来连接多个字符串（字符串相加）。例如：

　　A$="My"
　　B$="Home"
　　C$=A$+B$

运算结果为：变量 C$的值为"MyHome"。

在 VBA 中，"+"既可用作加法运算符，还可以用作字符串连接符，但"&"专门用作字符串连接运算符，其作用与"+"相同。在有些情况下，用"&"比用"+"可能更安全。

3. 关系运算符、逻辑运算符以及逻辑表达式及其取值

（1）关系运算符与关系表达式

关系运算符也称比较运算符，用来对两个表达式的值进行比较，比较的结果是一个逻辑

值真（True）或假（False）。用关系运算符连接的表达式叫做关系表达式。VBA 提供了 6 个关系运算符，如表 7-4 所示。

表 7-4　关系运算符列表

运算符	测试关系	表达式例子
=	相等	X=Y
<>或><	不等于	X<>Y
<	小于	X<Y
>	大于	X>Y
<=	小于等于	X<=Y
>=	大于等于	X>=Y

在VBA中，允许部分不同数据类型的变量进行比较，但要注意其运算方法。
关系运算符的优先次序如下：

1）=、<>或><的优先级别相同，<、>、>=、<=优先级别也相同，前两种关系运算符的优先级别低于后四种关系运算符（最好不要出现连续的关系运算，可以考虑将其转化成多个关系表达式）。

2）关系运算符的优先级低于算术运算符。

3）关系运算符的优先级高于赋值运算符（=）。

（2）逻辑运算符

逻辑运算也称布尔运算，由逻辑运算符连接两个或多个关系式，组成一个布尔表达式。VBA 的逻辑运算符有 6 种，如表 7-5 所示。

表 7-5　逻辑运算符列表

运算符	意义
Not	非，由真变假或由假变真
And	与，两个表达式同时为真则值为真，否则为假
Or	或，两个表达式中有一表达式为真则为真，否则为假
Xor	异或，两个表达式同时为真或同时为假时值为假，否则为真
Eqv	等价，两个表达式同时为真或同时为假时值为真，否则为假
Imp	蕴涵，当第一个表达式为真，且第二个表达式为假，则值为假

表 7-6 列出了逻辑运算真值表。

表 7-6　逻辑运算真值表

X	Y	Not X	X And Y	X Or Y	X Xor Y	X Eqv Y	X Imp Y
T	T	F	T	T	F	T	T
T	F	F	F	T	T	F	F
F	T	T	F	T	T	F	T
F	F	T	F	F	F	T	T

4. 对象运算符与对象运算表达式

（1）对象运算符

对象运算表达式中使用"！"和"."两种运算符，使用对象运算符指示随后将出现的项目类型。

1）！运算符

！运算符的作用是指出随后为用户定义的内容。

使用！运算符可以引用一个开启的窗体、报表或开启窗体或报表上的控件。表 7-7 列出了 3 种引用方式。

表 7-7 ！的引用示例

标识符	引用
Forms！[订单]	开启的"订单"窗体
Reports！[发货单]	开启的"发货单"报表
Forms！[订单]！[订单 ID]	开启的"订单"窗体上的"订单 ID"控件

2）.（点）运算符

.（点）运算符通常指出随后为 Microsoft Access 定义的内容。例如，使用.（点）运算符可引用窗体、报表或控件等对象的属性。

（2）在表达式中引用对象

在表达式中可以使用运算符表达式来引用一个对象或对象的属性。例如，Reports！[发货单]！[货主国家].Visible 可以引用一个开启的报表的 Visible 属性；Reports！[发货单]引用"报表"集合中的"发货单"报表；Reports！[发货单]！[运货商]引用"发货单"报表上的"运货商"控件。

例如：将 Label2 的颜色设置为红色的代码为：

Label0.color=255

7.2 程序流程控制

无论是结构化程序设计还是面向对象的程序设计，程序的流程一般分为三种：顺序结构、分支结构和循环结构。

顺序结构的程序按照程序代码编写的顺序逐句执行。VBA 提供了较为丰富的程序流程控制语句。本节主要介绍 VBA 提供的各种分支结构和循环结构语句。

7.2.1 分支结构

1. 行 if 语句

行 if 语句结构如下：

if 条件 then 语句1 [else 语句 2]

其中语句 1 和语句 2 可以是一条任何 VBA 的可执行语句。也就是说，语句 1 和语句 2 也可以是一条行 if 语句。

行 if 语句在执行时首先判断条件是否为真，如果为真，则执行语句 1；否则执行 else 后面的语句 2。如果条件为假，又没有 else，则跳过该行语句。

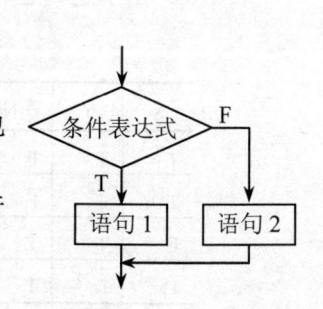

下面的例子说明了行 if 语句的用法：

    If booFalse Then Debug.Print "程序运行成功"
    If a > b Then Debug.Print a Else Debug.Print b
    If a > b Then If a > c Then Debug.Print a Else Debug.Print c Else Debug.Print b

2. 块 If 语句

块 if 语句结构如下：

    If 条件 Then
        语句组 1
    Else
        语句组 2
    End If

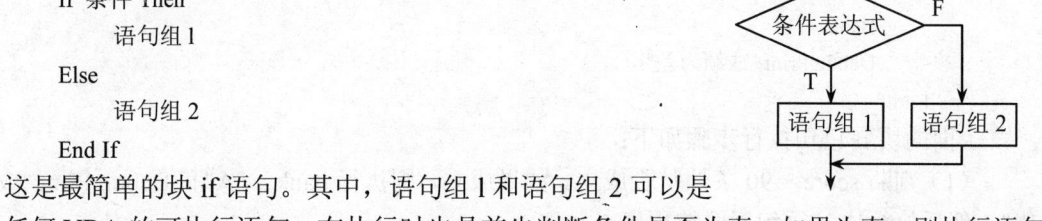

这是最简单的块 if 语句。其中，语句组 1 和语句组 2 可以是多条任何 VBA 的可执行语句。在执行时也是首先判断条件是否为真，如果为真，则执行语句组 1；否则执行 else 块中的语句组 2。如果条件为假，又没有 else 块，则跳过该 if 语句。

下面的例子说明了这种用法：

    If a > b Then
        a = b + 10
        If a < c Then a = c + 100
        Debug.Print a
    Else
        b = a + 10
        Debug.Print b
    End If

块 if 语句还可以使用另一种结构：

    if 条件 1 Then
        语句组 1
    elseif 条件 2 Then
        语句组 2
    elseif 条件 3 Then
        语句组 3
    ……
    elseif 条件 n Then
        语句组 n
    else
        语句组 n+1
    end if

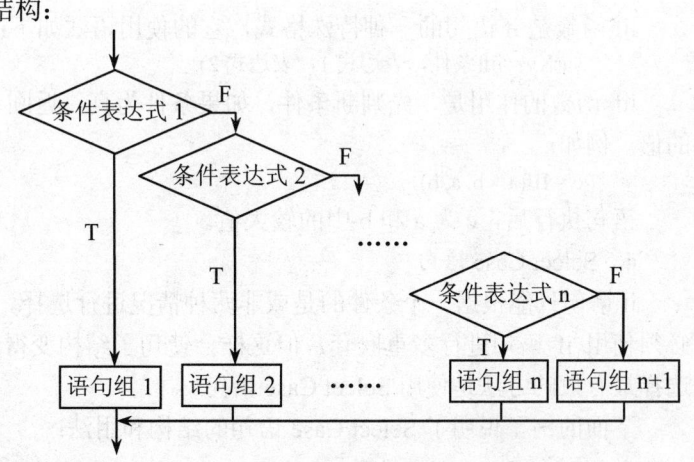

下面的例子说明了这种块 if 语句的使用：

    If score >= 90 Then
        Bank = "A"
        Debug.Print "成绩为优"
    ElseIf score >= 80 Then
        Bank = "B"
        Debug.Print "成绩为良"

```
        ElseIf score >= 70 Then
            Bank = "C"
            Debug.Print "成绩为中"
        ElseIf score >= 60 Then
            Bank = "D"
            Debug.Print "成绩为合格"
        ElseIf score >= 60 Then
            Bank = "E"
            Debug.Print "成绩为差"
        EndIf
```

上面的块 if 语句执行步骤如下：

（1）判断 score>=90 条件是否成立。如果成立，则执行 bank = "A"和 Debug.Print "成绩为优"。然后执行块 if 语句后面的程序。

（2）score>=90 条件不成立，判断 score>=80 条件是否成立。如果成立，则执行 bank = "B"和 Debug.Print "成绩为良"。然后执行块 if 语句后面的程序。

（3）score>=90 和 score>=80 都不成立，判断 score>=70 条件是否成立。如果成立，则执行 bank = "C"和 Debug.Print "成绩为中"。然后执行块 if 语句后面的程序。

（4）score>=90、score>=80 和 score>=70 都不成立，判断 score>=60 条件是否成立。如果成立，则执行 bank = "D"和 Debug.Print "成绩为合格"。然后执行块 if 语句后面的程序。

（5）score>=90、score>=80、score>=70 和 score>=60 都不成立，执行 bank = "E"和 Debug.Print "成绩为差"，结束块 if 语句。

3．iif 函数

iif 函数是 if 语句的一种特殊格式，它的使用语法如下：

```
        varXyz=iif(条件，表达式 1，表达式 2)
```

iif 函数的作用是，先判断条件，如果条件为真，返回表达式 1 的值；否则返回表达式 2 的值。例如：

```
        c = IIf(a > b, a, b)
```

语句执行后，c 为 a 和 b 中的较大值。

4．Select Case 语句

if 语句只能根据一个条件的是或非两种情况进行选择。如果要处理有多种选择的情况，则必须使用 if 语句进行多重嵌套，但这样会使句子结构变得十分复杂，可读性降低。处理多种选择最有效的方法是使用 Select Case 语句。

下面的例子说明了 Select Case 语句的结构和用法：

```
        Select Case IntVar
            Case 0
                MsgBox "不合格产品"
            Case 1, 2, 3
                MsgBox "特种产品"
            Case 5 To 10
                MsgBox "内部消费品"
            Case Is <= 25
```

```
            MsgBox "国内市场产品"
        Case 30, 40, 45 To 50, Is > 100
            MsgBox "出口优质产品"
        Case Else
            MsgBox "特殊情况"
    End Select
```

上面的例子对 Case 语句的各种使用情况进行了列举。在一个 Case 语句中使用多个条件时，要特别注意不要出现条件嵌套的情况。多个条件只要满足其中一个条件，就会执行该 Case 语句后面的代码。

Select Case 先对其后的字符串、数值变量或表达式求值，然后按顺序与每个 Case 表达式进行比较。

Case 表达式可以有以下几种形式：

（1）单个值或一列值，相邻两个值之间用逗号隔开。

（2）用关键字 To 指定值的范围，其中第一个值不应大于第二个值，对字符串将比较它的第一个字符的 ASCII 码大小。

（3）使用关键字 is 指定条件，is 后紧接关系操作符（如<>、<、<=、=、>=和>等）和一个变量或值。

（4）前面的三种条件形式混用，多个条件之间用逗号隔开。

Case 语句按先后顺序进行比较，执行第一个与 Case 条件相匹配的代码。若不存在匹配的条件，则执行 Case Else 语句。然后程序将从 End Selecct 语句后的代码行继续执行。

如果 Select Case 所求得的值是数值类型，则 Case 条件中的表达式都必须是数值类型。下面的 Select Case 的例子使用了数值变量。

```
        Select Case score
            Case Is >= 90
                bank = "A"
                Debug.Print "成绩为优"
            Case Is >= 80
                bank = "B"
                Debug.Print "成绩为良"
            Case Is >= 70
                bank =."C"
                Debug.Print "成绩为中"
            Case Is >= 60
                bank = "D"
                Debug.Print "成绩为合格"
            Case Else
                bank = "E"
                Debug.Print "成绩为差"
        End Select
```

可以将本例与前面的 if 语句进行比较。Select Case 语句提供了更清晰的程序结构。

7.2.2 循环结构

1. While 循环

While 循环结构如下：

```
While 条件
    循环体
Wend
```

While 循环是当型循环，当条件满足时执行循环体。例如：

```
While score <= 1000
    score = score + 10
Wend
```

2. Do While…Loop 和 Do…Loop While

Do While…Loop 循环与 While 循环都是当型循环，先判断条件，当条件满足时执行循环体。如：

```
Do While score <= 1000
    score = score+10
Loop
```

而 Do…Loop While 语句先执行一次循环体，再判断条件，条件满足时再执行循环体。这种循环被称为直到型循环。如：

```
Do
    score = score+10
Loop While score <= 1000
```

3. Do Until…Loop 和 Do…Loop Until

前者为当型循环，后者是直到型循环。例子分别如下：

```
Do Until score > 1000
    score = score + 10
Loop
```

先判断条件 score > 1000 是否成立，当条件不成立时执行循环体。

```
Do
    score = score + 10
Loop Until score > 1000
```

先执行一次循环体，再判断条件，当条件不成立时执行循环体。

Do While…Loop、Do…Loop While、Do Until…Loop 和 Do…Loop Until 循环体中都可以使用 Exit Do 跳出循环。

4. For 循环

For…Next 语句常用于实现按指定次数重复执行一组操作。其语法结构如下：

```
For 循环控制变量=初值 To 终值 Step 步长
    循环语句
Next
```

其中，"Step 步长"可以省略，省略时步长值为 1。循环控制变量可以是整型、长整型、实数（单精度和双精度）以及字符串。但最常用的还是整型和长整型变量。循环控制变量的初值和终值的设置受步长的约束。当步长为负数时，初值不小于终值才可能执行循环体。当步长为正数时，初值不大于终值才可能执行循环体。

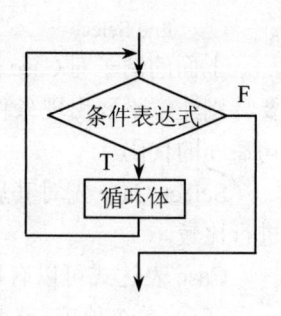

For 循环执行步骤如下：
(1) 将初值赋给循环控制变量。
(2) 判断循环控制变量是否在初值与终值之间。
(3) 如果循环控制变量超过范围，则跳出循环；否则继续执行循环体。
(4) 在执行完循环体后，将循环变量加上步长赋给循环变量，再返回第二步继续执行。
For 循环的循环次数可以按如下公式计算：

循环次数=(终值-初值)/步长+1

在循环体中，如果需要，可以使用 Exit For 跳出循环体。

下面的例子说明了 For 循环的使用：

```
For intI = 1 To 100 Step 2
    score = score + 10
    If score > 1000 Then Exit For
Next
```

5. For Each…Next 语句

For Each…Next 语句用于对一个数组或集合中的每个元素重复执行一组语句。例如：

```
Dim b As Integer
Dim a(6) As Integer
For b = 0 to 6
    a(b) = b*3
Next
For Each b In a()
    If b Mod 2 = 0 Then
        Debug.Print b
    End If
Next
```

这个例子利用 For Each…Next 来依次验证数组 a 中的元素是否能被 2 整除，如果能整除，则在立即窗口中输出。

7.2.3 程序流程控制应用举例

下面通过打印 Fibonacci 数列的程序来说明程序的流程结构。

```
Private Sub PrintFibonacci()
    Dim intI, intF1, intF2, intFn As Integer    '定义循环控制变量 intI，
                                                'Fibonacci 数列的递推变量 intF1, intF2, intFn
    Dim booFlag As Boolean
    intF1 = 1                                   '此段代码为顺序结构（从上一行到下面循环结构开始前）
    intF2 = 1
    booFlag = True
    Debug.Print intF1
    Debug.Print intF2
    Do While (intI < 30 And booFlag)            '此处为循环结构
        intFn = intF1 + intF2                   '从此行到 Loop 语句的前一行是循环体语句组
        If (intFn < 10000) Then                 '此处为分支结构
```

```
                    Debug.Print intFn
            Else
                    booFlag = False
            End If                              '分支结构结束
            intF1 = intF2
            intF2 = intFn
        Loop                                    '循环结构结束
    End Sub
```

该程序运行结果如图 7-3 所示。

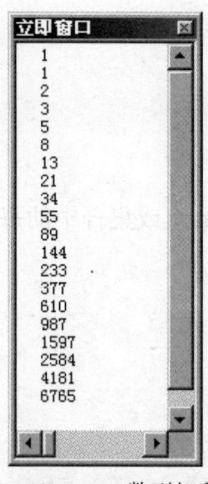

```
立即窗口
1
1
2
3
5
8
13
21
34
55
89
144
233
377
610
987
1597
2584
4181
6765
```

图 7-3　Fibonacci 数列打印结果

此例中采用 Do while…Loop 循环语句，读者可以考虑采用其他循环语句实现本例。本例采用块 if 语句，读者可以考虑采用行 if 语句实现相同的分支功能。

7.3　VBA 编程环境

本节介绍 VBA 的编程环境 Microsoft Visual Basic Editor（简称为 VBE）。

7.3.1　进入 VBE

当我们选中一个需要编写代码的控件，并准备为其对某一事件的响应方法编写 VBA 代码时，就应该启动 VBE，在 VBE 中进行 VBA 代码编辑操作。Access 提供了多种方法启动 VBE，以下是其中的几种启动方法：
- 按 Alt+F11 组合键（该组合键还可以在数据库窗口和 VBE 之间相互切换）。
- 在数据库窗口中单击"工具"→"宏"→"Visual Basic 编辑器"命令。
- 单击数据库窗口中的"模块"选项卡按钮，然后双击要查看或编辑的模块，将启动 VBE，此时 VBE 代码窗口中的显示为该模块部分代码。
- 单击数据库窗口中的"模块"选项卡按钮，然后单击数据库窗口中的"新建"按钮，此时打开 VBE 窗口，并在 VBE 窗口中创建一个空白模块。

上述方法用于查看、编辑那些不在窗体和报表中的 VBA 程序模块。要查看、编辑窗体或报表中的 VBA 程序模块，可使用如下方式：

- 在窗体或报表对象设计视图中，选中一个可编程对象。然后，在设计视图功能区的"窗体设计工具/设计"或"报表设计工具/设计"选项卡上的"工具"命令组项内，单击"查看代码"命令按钮，即可打开 VBE 窗口，此操作会同时打开该窗体或报表的 VBA 程序代码。
- 在设计视图中打开对象。然后右击需要编写代码的控件，在弹出的菜单中选择"事件生成器"菜单项，即可打开 VBE 窗口，此操作也会同时打开该窗体或报表的 VBA 程序代码。

图 7-4 是一个打开的 VBE 窗口。VBE 环境通常由一些常用工具栏和多个子窗口组成。

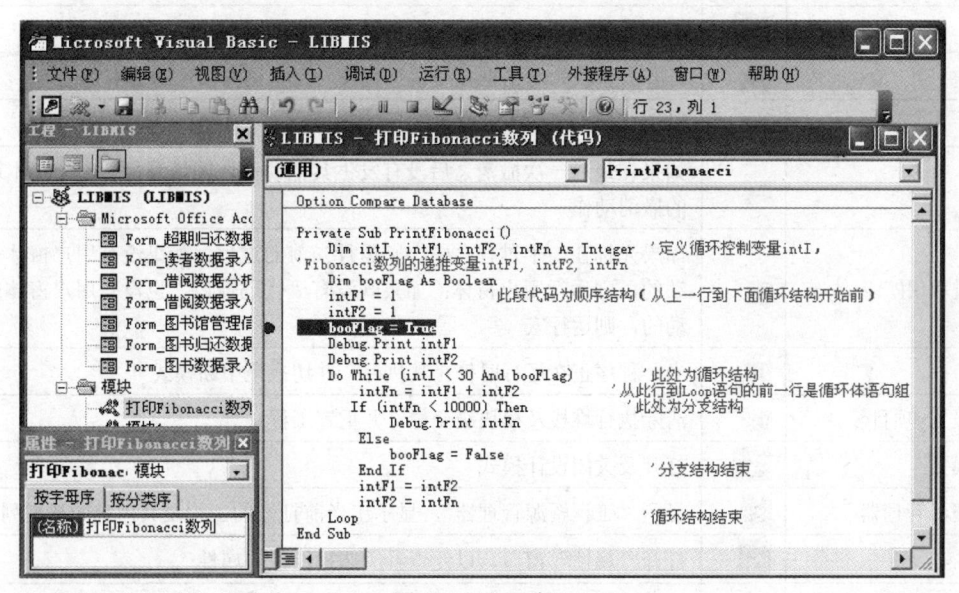

图 7-4　VBE 窗口

7.3.2　VBE 窗口组成

1. VBE 工具栏

VBE 中有多种工具栏，包括"标准"工具栏、"编辑"工具栏、"调试"工具栏和"用户窗体"工具栏。

可以单击工具栏按钮来完成该按钮所指定的动作。如果要显示工具栏按钮的工具提示，可以选择"选项"对话框中"通用"选项卡中的"显示工具提示"。

（1）"标准"工具栏

"标准"工具栏包含几个常用的菜单项快捷方式的按钮，是 VBE 默认显示的工具栏。"标准"工具栏如图 7-5 所示。

图 7-5　"标准"工具栏

"标准"工具栏按钮图标及其功能如表 7-8 所示。

表 7-8 "标准"工具栏按钮图标及功能

名称	图标	说明
视图 Microsoft Access		在主应用程序与活动的 Visual Basic 文档之间做切换
插入		打开一菜单以便添加以下对象到活动的工程:表示模块,表示类模块,表示过程。图标会变成最后一个添加的对象,默认值是窗体
保存<主文档名>		将包含工程及其所有部件——窗体及模块的主文档存盘
剪切		将选择的控件或文本删除并放置于"剪贴板"中
复制		将选择的控件或文本复制到"剪贴板"中
粘贴		将"剪贴板"的内容插入到当前的位置
查找		打开"查找"对话框并搜索"查找内容"框内指定的文本
撤消		撤消最后一个编辑动作
重复		如果在最后一次撤消之后没有发生其他动作,则恢复最后一个文本编辑的撤消动作
运行过程/用户窗体/宏		如果光标在一个过程之中,则运行当前的过程;如果没有用户窗体是活动的,则运行用户窗体;如果既没有"代码窗口"也没有用户窗体是活动的,则运行宏
中断		当一程序正在运行时停止其执行,并切换至中断模式
重新设置<项目>		清除执行堆栈及模块级变量,并重置工程
设计模式		打开及关闭设计模式
工程资源管理器		显示"工程资源管理器",显示出当前打开的工程及其内容的树型列表
属性窗口		打开"属性"窗口,以便查看所选择控件的属性
对象浏览器		显示对象浏览器,它列出在代码中会用到的对象库、类型库、类、方法、属性、事件及常数,以及为工程而定义的模块与过程
工具箱		显示或隐藏"工具箱",它包含所有可在应用程序中使用的控件及可插入的对象(如 Microsoft Excel Chart)。只有在用户窗体正在使用时可以用
Microsoft Visual Basic 帮助		打开 Office 助手以便取得正在使用的命令、对话框或窗口的帮助

(2)"编辑"工具栏

"编辑"工具栏包含几个在编辑代码时经常使用的常用菜单项快捷方式的按钮,"编辑"工具栏如图 7-6 所示。

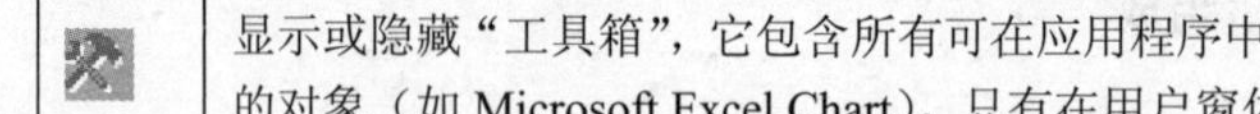

图 7-6 "编辑"工具栏

"编辑"工具栏的按钮图标及其功能如表 7-9 所示。

表 7-9 "编辑"工具栏按钮图标及其功能

名称	图标	说明
属性/方法列表		在代码窗口中打开列表框,其中含有后面带有句点(.)的该对象的可用属性及方法
常数列表		在代码窗口中打开列表框,其中含有所输入属性的可选常数及前面带有等号的常数
快速信息		根据光标所在的函数、方法或过程的名称提供变量、函数、方法或过程的语法
参数信息		在代码窗口中显示快捷菜单,其中包含光标所在函数的参数的有关信息
自动完成关键字		接收 VBA 在所输入的关键字的前几个字符之后,自动添加该关键字的后续字符
缩进		将所有选择的程序行移到下一个定位点
凸出		将所有选择的程序行移到上一个定位点
切换断点		在当前的程序行上设置或删除一个断点
设置注释块		在所选文本区块的每一行开关处添加一个注释字符
解除注释块		在所选文本区块的每一行开头处删除注释字符
切换书签		在程序窗口中当前的程序行添加或删除书签
下一个书签		将焦点移到书签堆栈中的下一个书签
上一个书签		将焦点移到书签堆栈中的上一个书签
清除所有书签		删除所有书签

(3)"调试"工具栏

"调试"工具栏包含了在调试代码中常用的菜单快捷方式的按钮。"调试"工具栏如图 7-7 所示。

图 7-7 "调试"工具栏

"调试"工具栏的部分按钮图标及功能如表 7-10 所示。

表 7-10 "调试"工具栏的部分按钮图标及功能

名称	图标	说明
设计模式		打开或关闭设计模式
逐语句		一次一个语句地执行代码
逐过程		在"代码"窗口中一次一个过程或语句地执行代码
跳出		跳出当前执行点所在的过程,执行其余的程序行
本地窗口		显示"本地窗口"
立即窗口		显示"立即窗口"

续表

名称	图标	说明
监视窗口		显示"监视窗口"
快速监视		显示所选表达式当前值的"快速监视"对话框
调用堆栈		显示"调用"对话框，列出当前活动的过程调用（程序中已开始但未完成的过程）

(4) "用户窗体"工具栏

"用户窗体"工具栏所包含的按钮是一些常用菜单项的快捷方式，在使用窗体工作时非常有用。"用户窗体"工具栏如图 7-8 所示。

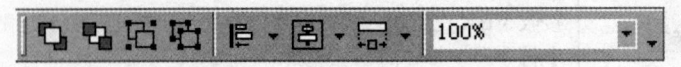

图 7-8 "用户窗体"工具栏

"用户窗体"工具栏按钮图标及功能如表 7-11 所示。

表 7-11 "用户窗体"工具栏按钮图标及功能

名称	图标	说明		
移至顶层		移动选定对象到窗体中所有其他对象的前面		
移至底层		移动选定对象到窗体中所有其他对象的后面		
组		创建选定对象的组		
取消组		取消对象已经建立的组		
对齐		水平方向	左	选定对象水平方向左对齐
			中	选定对象水平方的居中对齐
			右	选定对象水平方向右对齐
		垂直方向	上	选定对象垂直方向顶对齐
			中	选定对象垂直方向居中对齐
			下	选定对象垂直方向底对齐
		到网格		选定对象的左上角对齐到最近的网格
居中		水平：选定对象水平居中；垂直：选定对象垂直居中		
相同尺寸		宽度：调整宽度；高度：调整高度；宽度和高度：整高度和宽度		
缩放	100%	缩放用户窗体中所有控件的显示。可以设置介于 10%～400%之间的任意放大比		

2. VBE 窗口

VBE 使用一组窗口来显示不同对象或是完成不同任务。VBE 窗口组包括：代码窗口、立即窗口、本地窗口、监视窗口、对象浏览器、工程资源管理器、属性窗口等。在 VBE 窗口的"视图"菜单中包括了用于打开各种窗口的菜单命令。

(1) 代码窗口

代码窗口用来编写、显示以及编辑 VBA 代码。打开各模块的代码窗口后，可以查看不同窗体或模块中的代码，并且可以在它们之间做复制或粘贴的操作。

可以按照下列所述的方式来打开代码窗口：

1）在 VBE 的工程窗口中可以选择一个窗体或模块，然后单击"代码"按钮■。

2）在 Access 的窗体选项卡中可以选中控件或窗体，然后从"视图"菜单中选择"代码"。

编辑代码时，可以将所选文本拖动到当前代码窗口中的不同位置、其他的代码窗口、立即窗口、监视窗口中或"回收站"中。

图 7-9 所示为一个标准的代码窗口。代码窗口的窗口部件主要有：对象框、过程/事件框、拆分栏、边界标识条、过程查看图标和全模块查看图标。

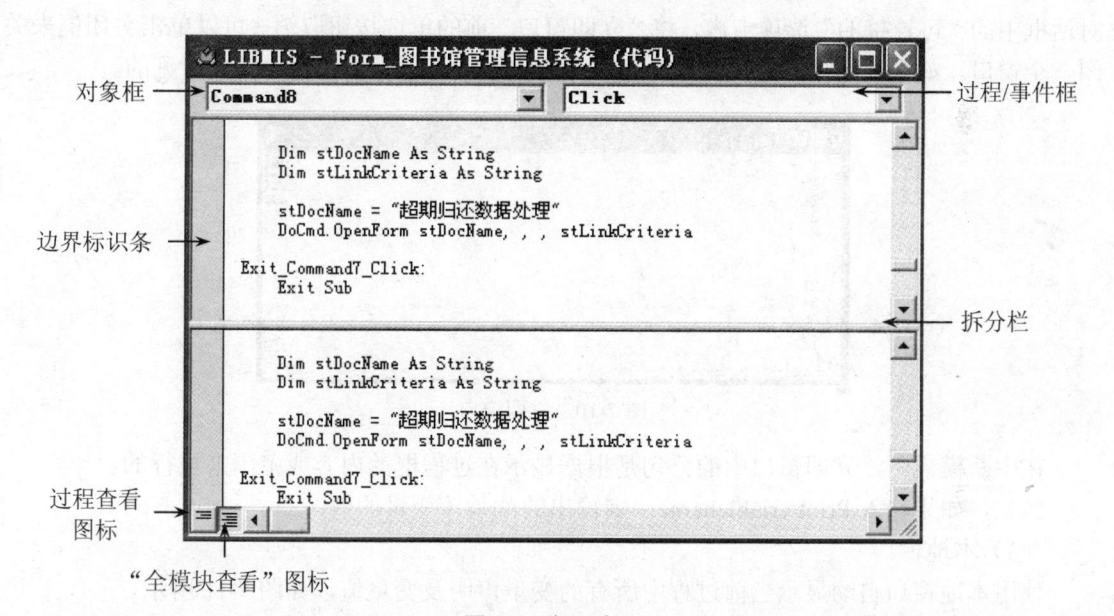

图 7-9 代码窗口

对象框是一个下拉列表框，用于显示所选对象的名称。可以单击下拉列表框中右边的箭头来显示此窗体中的所有对象。

过程/事件框是一个下拉列表框，其中可以列出所有 VBA 的事件。当选择了一个事件，则与事件名称相关的事件过程，就会显示在代码窗口。

如果在对象框中显示的是"通用"，则过程框会列出所有声明、其对应程序代码以及为此窗体所创建的常规过程。如果正在编辑模块中的代码，则过程框会列出所有模块中的常规过程。在上述两实例中，在过程框中所选的过程所对应的程序代码都会显示在代码窗口中。

将拆分栏向下拖放，可以将代码窗口分隔成两个水平窗格，两者都具有滚动条。可以在同一时间查看代码中的不同部分。显示在对象框以及过程/事件框中的信息，是以当前拥有焦点的窗格之内的代码为准。

将拆分栏拖放到窗口的顶部或下端，或者双击拆分栏，都可以关闭一个窗格。此时模块中的所有过程会出现在一个单一滚动条的列表中，它们是按名称的字母顺序来排列的。可以从代码窗口上端的下拉式列表中选取一个过程，此时指针会移到所选过程的第一行代码上面。

代码窗口的左边的灰色区域如果设置程序调试断点，这个断点标识符将显示在边界标识条中。

过程查看图标显示所选的过程，同一时间只能在代码窗口中显示一个过程。

全模块查看图标显示模块中全部的代码。

（2）立即窗口

使用立即窗口可以进行以下操作：

1）输入或粘贴一行代码，然后按下 Enter 键来执行该代码。

2）从立即窗口中复制并粘贴一行代码到代码窗口中，但是立即窗口中的代码是不能存储的。

图 7-10 所示便是立即窗口。立即窗口可以拖放到屏幕中的任何地方，除非已经在"选项"对话框中的"可连接的"选项卡内，将"立即窗口"前的单选按钮取消。可以单击关闭框来关闭一个窗口。如果关闭框不是可见的，可以先双击窗口标题行，让窗口变成可见的。

图 7-10　立即窗口

在中断模式下，立即窗口中的语句是根据显示在过程框的内容或范围来执行的。

例如，如果输入 Print vriablename，则输出的就是该变量的值。

（3）本地窗口

使用本地窗口自动显示当前过程中所有的变量声明及变量值，如图 7-11 所示。

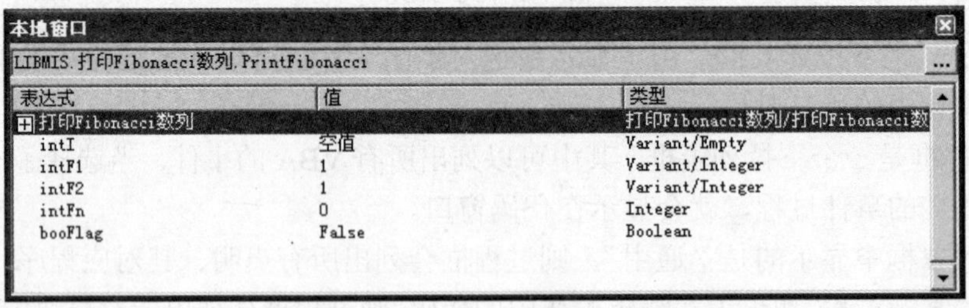

图 7-11　本地窗口

若本地窗口为可见的，则每当从执行方式切换到中断模式或是操纵堆栈中的变量时，它就会自动重新显示。

在本地窗口中可以通过往左或往右拖移边线，来重置列标题的大小，也可以单击关闭框来关闭一个窗口。如果关闭框不是可见的，可以先双击窗口标题行，让窗口变成可见的。

本地窗口的窗口部件主要有"调用堆栈"按钮....、"表达式"、值、类型。

单击"调用堆栈"按钮，可打开"调用堆栈"对话框，它会列出调用堆栈中的过程。

1）"表达式"列出变量的名称。

列表中的第一个变量是一个特殊的模块变量，可用来扩充显示出当前模块中的所有模块层次。对于类模块，会定义一个系统变量<Me>。对于常规模块，第一个变量是<name of the current module>。全局变量和其他工程中的变量都不能从本地窗口中访问，也不能在表达式列表中进行编辑。

2)"值"列出所有变量的值。

当按下"值"字段中的一个值，指针就会变成"I"形，且值会被点划线包围。可以在此处编辑这个值，并且按下 Enter 键、"向上"键、"向下"键、Tab 键、Shift+Tab 组合键或用鼠标在屏幕上单击，使编辑生效。如果这个值是无效的，则编辑的值会突出显示，并且会出现一个错误信息框来提示，此时可以按下 Esc 键来中止更改。

所有的数值变量都应该有一个值，而字符串变量则可以有空值。拥有子变量的变量可以被扩充或折叠起来。折叠起来的父变量不会显示一个值，而子变量每一次会显示一个值。田以及曰会出现在父变量的左边。

3)"类型"列出变量的类型。

不能在此编辑数据。

（4）监视窗口

监视窗口用于显示当前工程中定义的监视表达式的值。当工程中定义有监视表达式时，监视窗口就会自动出现。在监视窗口中可重置列标题的大小，往右拖移边线来使它变大，或往左拖移边线来使它变小。可以拖动一个选定的变量到立即窗口或监视窗口中，可以按下"关闭"按钮⊠来关闭窗口。如果关闭按钮不是可见的，可以先双击窗口标题行，让窗口变成可见的。图 7-12 所示是一个监视窗口。

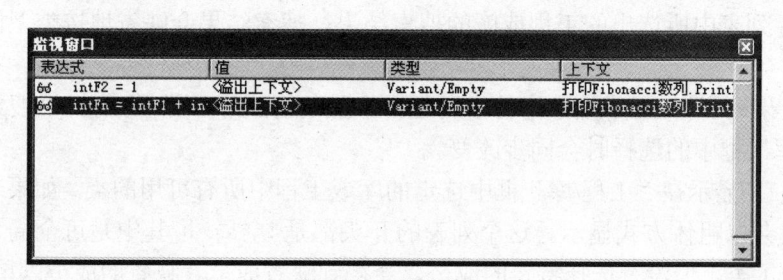

图 7-12 监视窗口

监视窗口的窗口部件作用如下：

1)"表达式"列出监视表达式，并在最左边列出监视图标。

2)"值"列出在切换成中断模式时表达式的值。

可以编辑一个值，然后按下 Enter 键、"向上"键、"向下"键、Tab 键、Shift+Tab 组合键或用鼠标在屏幕上单击，便编辑生效。如果这个值是无效的，则编辑字段会保持在作用中，并且值会以突出显示，且会出现一个消息框来描述这个错误。可以按下 Esc 键来中止更改。

3)"类型"列出表达式的类型。

4)"上下文"列出监视表达式的内容。

如果在进入中断模式时，监视表达式的内容不在范围内，则当前的值并不会显示出来。

（5）对象浏览器

对象浏览器用于显示对象库以及工程里过程中的可用类、属性、方法、事件及常数变量。可以用它来搜索及使用已有的对象，或是来源于其他应用程序的对象，如图 7-1 所示。

对象浏览器主要包括以下窗口部件:

"工程/库"框:显示活动工程当前所引用的库。可以在"引用"对话框中添加库。"<所有库>"可以一次显示出所有的库。

"搜索文本"框:包含要用来做搜索的字符串。可以输入或选择所要的字符串。搜索文本框中包含最后 5 次输入的搜索字符串,直到关闭此工程为止。在输入字符串时,可以使用标准的 Visual Basic 通配符。

如果要查找完全相符的字符串,可以用快捷菜单中的"全字匹配"命令。

"向后"按钮 ◀:可以向后回到前一个查看的类及成员列表。每单击一次便向后一个选项,直到最后。相当于 IE 中的"后退"功能。

"向前"按钮 ▶:每次单击可以重复原本选择的类及成员列表,直到选择列表用完。相当于 IE 中的"前进"功能。

"复制到剪贴板"按钮:将成员列表中的选择或详细框中的文本复制到剪贴板。可在之后将选择贴到代码中。

"查看定义"按钮:将光标移到"代码"窗口中定义成员列表或类列表中选定的位置,即查看该成员是在哪里定义的。

"帮助"按钮:显示在类或成员列表中选定工程的联机帮助主题。也可以使用 F1 键。

"搜索"按钮:激活类或属性、方法、事件或常数等符合在"搜索文本"框中键入字符串的库搜索,并且打开有适当信息列表的"搜索结果"框。

"显示/隐藏搜索结果"按钮:打开或隐藏"搜索结果"框。"搜索结果"框改变成显示从"工程/库"列表中所选出的工程或库的搜索结果。搜索结果会缺省地按类型创建组,并从 A 到 Z 排列。

"搜索结果列表":显示搜索字符串所包含工程的对应库、类及成员。"搜索结果"框在改变"工程/库"框中的选择时会同步改变。

"类列表":显示在"工程/库"框中选定的库或工程中所有可用的类。如果有代码编写的类,则这个类会以粗体方式显示。这个列表的开头都是<全局>,其中是可全局访问的成员列表。如果选择了类,但没有选择特定的成员,会得到缺省成员。缺省的成员以星号"*"或此成员特定的缺省图标作为标识。

"成员列表":按组显示出在"类"框中所选类的成员,在每个组中再按字母排列。用代码编写的方法、属性、事件或常数会以粗体显示。可用"对象浏览器"的快捷菜单中的"组成员"命令改变此列表顺序。

"详细数据":显示成员定义。"详细数据"框包含一个跳转,以跳到该成员所属的类或库。某些成员的跳转可跳到其上层类。例如,如果"详细数据"框中的文本表示 Commandl 声明为命令按钮类型,则单击命令按钮可以到"命令按钮"类。可以将"详细数据"框中的文本复制拖动到"代码"窗口。

"拆分条":拆分可以调整框的大小。它位于"类"框及"成员"框之间、"搜索结果"列表及"类"与"成员"框之间、"类"与"成员"框及"详细数据"框之间。

(6)工程资源管理器

工程资源管理器显示工程(即模块的集合)层次结构的列表以及每个工程所包含与引用的项目,即显示工程的一个分支结构列表和所有包含的模块,如图 7-13 所示。

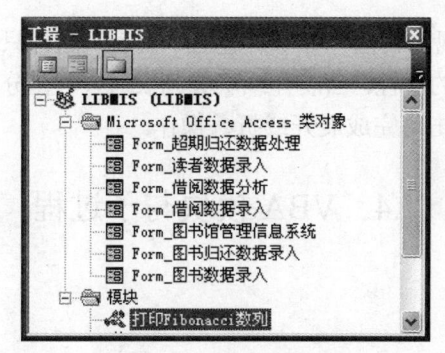

图 7-13 工程资源管理器

工程资源管理器窗口的工具栏按钮的功能如下：

"查看代码"按钮：显示代码窗口，以编写或编辑所选工程目标代码。

"查看对象"按钮：显示选取的工程，可以是文档或是用户窗体的对象窗口。

"切换文件夹"按钮：当正在显示包含在对象文件夹中的个别工程时，可以隐藏或显示它们。

在工程资源管理器列表窗口中列出了所有已装入的工程以及工程中的模块。

（7）属性窗口

属性窗口列出了选定对象的属性，可以在设计时查看或改变这些属性。当选取了多个控件时，属性窗口会列出所有控件的共同属性。

属性窗口的窗口部件主要有对象框和属性列表，如图 7-14 所示。

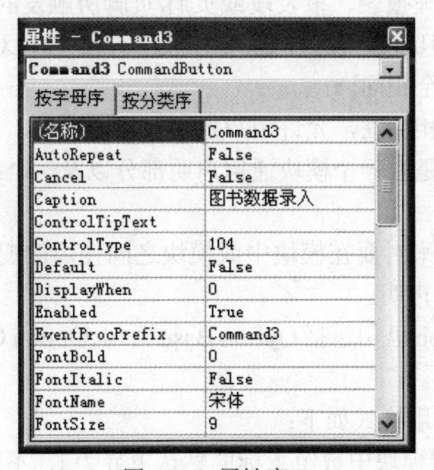

图 7-14 属性窗口

对象框用于列出当前所选的对象，但只能列出当前窗体中的对象。如果选取了多个对象，则会以第一个对象为准，列出各对象均具有的共同属性。

属性列表可以按分类序或字母序对对象属性进行排序。

"按字母序"选项卡：按字母顺序列出所选的对象的所有属性以及其当前设置。这些属性和设置可在设计时改变。若要改变属性的设定，可以选定属性名，然后在其右侧文本框中输入新值或直接在其中选取新的设置。

"按分类序"选项卡：根据性质类别列出所选对象的所有属性。如，BackColor、Caption

以及 ForeColor 都是属于外观的属性。可以折叠这个列表，这样只能查看分类；也可以展开一个分类列表，以查看其所有的属性。当展开或层叠列表时，可在分类名称的左边看到一个加号（+）或减号（-）图标，单击可完成展开或折叠操作。

7.4 VBA 模块与子过程

7.4.1 VBA 模块

根据模块的不同使用情况，可以将 Access 中的模块分成四种：Access 模块、窗体模块、报表模块和类模块。

Access 模块也称标准模块，可在"数据库"窗口的对象栏中单击"模块"来查看数据库拥有的标准模块。用户可以像创建新的数据库对象一样创建包含 VBA 代码的 Access 模块。在"数据库"窗口的对象栏中单击"模块"，然后单击工具栏上的"新建"按钮，可打开 VBE 编辑器，为数据库创建新的模块对象。也可在 Access 菜单中单击"插入"→"模块"命令来创建标准模块。如果是在已打开的 VBE 编辑器中，则可以在工具栏中单击"插入模块"按钮，并从下拉菜单中选择"模块"命令或者单击 VBE 菜单中的"插入"→"模块"命令来创建新的标准模块。

窗体模块是由处理窗体和窗体控件所触发的事件的所有事件的过程组成的。当用户向窗体中添加一个控件时，也同时将控件对应的事件过程代码添加到了窗体模块中。

报表模块包含了用于处理报表、报表段或页眉/页脚所触发的事件的处理程序的代码。虽然可以在报表中加入控件，但通常不这样做，因为报表中的控件对象不触发事件。报表中的模块操作与窗体模块的操作完全相同。

类模块不与窗体和报表相关联，允许用户定义自己的对象、属性和方法。

无论是哪一种模块，都是由一个模块通用声明部分以及一个或多个过程（也称为子程序）或函数组成。

模块的通用声明部分用来对要在模块中或模块之间使用的变量、常量、自定义数据类型以及模块级 Option 语句进行声明。

模块中可以使用的 Option 语句包括 Option Base 语句、Option Compare 语句、Option Explicit 语句以及 Option Private 语句。

这四种 Option 语句的常用格式如下：

- Option Base 1：声明模块中数组下标的默认下界为 1，不声明则为 0。
- Option Compare Database：声明模块中需要字符串比较时，将根据数据库的区域 ID 确定的排序级别进行比较；不声明则按字符 ASCII 码进行比较。Option Compare Database 只能在 Microsoft Access 中使用。
- Option Explicit：强制模块中用到的变量必须先进行声明。这是值得所有开发人员遵循的一种用法。
- Option Private Module：在允许引用跨越多个工程的主机应用程序中使用，可以防止在模块所属的工程外引用该模块的内容。在不允许这种引用的主机应用程序中 Option Private 不起作用。

在通用声明部分的所有 Option 语句之后，才可以声明模块级的自定义数据类型和变量，然后才是过程和函数的定义。

7.4.2　VBA 子过程

1. VBA 子过程的定义

VBA 子过程定义的语法结构如下：

```
Sub 子程序名()
    子程序代码
End Sub
```

2. VBA 函数的定义

VBA 函数定义的语法结构如下：

```
Function 函数名([参数])As 数据类型
    函数代码
End Function
```

3. VBA 子过程与函数定义的说明

与定义符号常量、变量和自定义数据类型类似，可以在函数和子过程定义时使用 Public、Private 或 Static 前缀来声明子程序和函数的作用范围。

使用 Static 定义的子过程和函数都是静态的，这是指子过程和函数被调用完成后，子过程和函数中的所有变量的值仍被保留。当下一次被调用时，这些变量的值仍然可以使用。而不用 Static 声明的子过程和函数中的变量的值在调用完成后不保留，下一次再被调用时，过程中的变量重新进行初始化。

自定义函数的使用和内部函数的使用完全相同，采用函数名直接进行调用，并只能用于表达式中参与运算或给变量赋值。

在 Access 模块中的子过程和函数如果不使用 Private 进行声明，则都是公共（Public）的。公共的子过程和函数可以被任何其他模块调用。既然所有不使用 Private 进行声名的过程都是公共过程，这容易让人误会是否不允许使用同名的公共过程。在 Access 97 以前的版本中，是不允许同名的公共过程出现的。但在 Access 2000 以后的版本中，允许在不同的模块中出现同名的公共过程。子过程和函数等过程保存在模块、窗体和报表中，所以在调用同名过程时，只需用"."号指明需要调用的公共过程的所有者即可。

例如，我们定义了两个模块 Module1 和 Module2，并在两个模块中都定义了一个名为 PublicSubl 的子过程。当需要在其他模块中使用模块 Modulel 和 Module2 中的 PublicSubl 的子过程时，可按如下格式分别调用：

```
Modulel1.PublicSubl
Module2.PublicSubl
```

被 Private 声明为私有的子过程和函数，只能在定义它们的模块中使用。如果希望模块中的子过程和函数不被其他模块使用，便可使用 Private 将其声明为私有。模块内的私有子过程和函数比同名的公共子过程和函数具有更高的优先级。也就是说，如果在一个模块中调用的子程序或函数有同名的私有和公共子过程和函数，则使用的将是模块自己的私有子过程或函数。

VBA 引入了另一类过程，被称为属性过程，用来为对象窗体或控件创建属性。属性过程包含以下三种语句的组合，并通过这些语句的执行来设定相应控件属性。

Property Get 语句：声明 Property 过程的名称、参数以及构成其主体的代码，该过程获取一个属性的值。

Property Let 语句：声明 PropertyLet 过程的名称、参数以及构成其主体的代码，该过程给一个属性赋值。

Property Set 语句：声明 Property 过程的名称、参数以及构成其主体的代码，该过程设置一个对象引用。

4. 事件过程与函数的调用

（1）事件过程与函数的调用方法

事件过程的调用可以称为事件触发。当一个对象的事件发生时，对应的事件过程会被自动调用。例如，我们在前面为窗体命令创建了一个"单击"事件过程，那么，这个"单击"事件过程在对应的命令按钮被用户单击之后会被自动调用执行。

子程序可以使用如下方式来进行调用：

    Call 子程序名

使用 Call 关键字是表示显式地调用过程，Call 可以在使用时省略不用。使用 Call 显式调用过程是值得提倡的设计程序的良好习惯，因为 Call 关键字表明了其后是过程名而不是变量名。

（2）过程的参数传递和返回值

在 VBA 中允许子程序和函数在调用时接收参数。下面例子中的 needParSub 子程序在定义时，声明了两个参数 strOne 和 strTwo，所以在调用时必须指定调用参数。needParFun 函数也定义了两个参数 intOne 和 intTwo。

```
Sub checkParameter()
    Dim intA As Integer
    Call needParSub("needParSub 子程序接收了","两个字符串参数")
    intA= needParFun (l0,20)
    Debug.Print "needParFun 函数返回值：", intA
EndSub
Private Sub needParSub(strOne As String,strTwo As String)
    Debug.Print    strOne+StrTwo
EndSub
Private Function needParFun(strOne As Integer,strTwo As Integer)
    needParFun=intOne*intTwo
End Function
```

其中，needParSub 子程序在立即窗口中输出它接收的两个字符串的值。needParFun 函数返回了它接收的两个整型参数的积。

VBA 中还允许设计带可选参数的子程序和函数。下面的例子说明了如何定义和使用可选参数的子程序。

```
Sub callProc()
    Call OptionalParameter
    Call OptionalParameter("使用第一个参数")
    Call OptionalParameter (,"使用第二个参数")
    Call OptionalParameter (,,"使用第三个参数")
    Call OptionalParameter ("参数 1","参数 2")
    Call OptionalParameter("参数 1",,"参数 3")
    Call OptionalParameter("参数 1","参数 2","参数 3")
End Sub
```

```
Sub OptionalPameter(Optional str1 As String, Optional str2 As String, Optional str3 As String)
    If str1="" and str2="" and str3="" Then
        Debug.print "不带参数调用子程序"
    Else
        Debug.Print str1+str2+str3
    End If
End Sub
```

例子定义的 OptionalParameter 子程序声明了三个可选参数。当过程声明既有必选参数，又有可选参数，则所有可选参数的声明必须放在所有必选参数声明之后。

在过程 callProc()中，对 OptionalParameter 子程序按多种形式进行了调用。在调用可选参数的过程时，如果指定了后面的参数而没指定前面的参数，则应该使用逗号分隔留出参数位置。

7.5 VBA 程序调试与出错处理

无论多么优秀的程序员，在编写源代码的过程中都无法保证代码一编写出来就完全没有错误。如何处理错误是一个精心设计的应用程序的最主要部分。错误可分成两种类型：一类是可以避免的错误，称作开发错误；另一类是无法避免但可以捕获的错误，这种错误称作运行错误。

开发错误要么是语法错误，要么是逻辑错误。语法错误通常是键入错误、漏掉了标点符号或不正确地使用了语言成分，例如，忘记了正确终止 If...Then...Else 语句。逻辑错误常常被称为"Bug（臭虫）"。当程序运行时没有出错、但产生了非预期结果后，就发生逻辑错误。通过"调试"代码可以排除开发错误。现在有各种各样的工具帮助调试脚本和 VBA 代码。

运行错误发生在应用程序运行时。当无效数据或阻止代码执行的系统条件（例如，缺少可用内存或硬盘空间）发生时，就会产生这类错误。通过编写错误处理程序，或者编写检查程序或环境条件有效性的代码，就可以处理运行错误。

成功地调试代码与其说是科学，不如说是艺术。最好的结果要靠编写可理解、可维护的代码并使用有效的调试工具来得到。成功地调试程序就是要使用自己喜爱的所有工具，以无限的耐心、勤奋的劳作和积极的态度去耕耘。

编写良好的错误处理程序就是预见将会失去控制的问题或条件，以及预见运行时阻碍代码正确运行的问题或条件。编写良好的错误处理程序应该是规划和设计好的过程的组成部分，这项工作需要透切地理解该过程的工作方式以及该过程如何与整个应用程序配合。

7.5.1 VBA 程序错误的类型与检测

VBA 程序代码运行时，可能产生的错误可以分为三种类型。

1. 编译错误

编译错误是代码结构错误的结果，可能是忘了配对的语句（例如，If 和 End If 或 For 和 Next）或是设计上违反了 Visual Basic 的规则（例如，拼写错误、少一个分隔点或类型不匹配等错误）。编译错误也包含语法错误，它是语法检查或标点符号中的错误。包括不匹配的括号，或给函数参数传递了无效的数值。

2. 运行错误

运行错误发生在应用程序开始运行之后。运行错误包括企图执行非法运算（例如被零除或向不存在的文件中写入数据。

3. 逻辑错误

逻辑错误是指应用程序没有按希望执行，或生成无效的结果。

为了帮助区分这三种类型的错误，并监视代码如何执行，VBE 提供的调试工具可以帮助程序员逐步执行代码、检查或监视表达式及参数的值以及跟踪过程调用。

7.5.2 VBA 程序调试方法

要调试 VBA 程序中的代码，首先需要打开代码编辑器。在代码编辑器中，单击"视图"→"工具栏"→"调试"命令，即可打开 VBE 调试工具栏，如图 7-7 所示。

进行 VBA 程序代码调试，通常分为两个步骤：断点设置和单步跟踪。

1. 断点设置

VBE 提供的大部分调试工具，都必须在程序处于挂起状态才能有效，这时就需要暂停 VBA 程序代码的执行。如果要使 VBA 程序挂起代码，可以设置断点。

设置断点的方式有两种：

（1）在 VBE 的代码窗口中，将光标移到要设置断点的行。单击调试工具栏上的"切换断点"按钮 。

（2）在 VBE 的代码窗口中，单击要设置断点行的左侧边缘部分。

如果要清除断点，可以将光标移到设置断点的代码行，然后在调试工具栏上单击"切换断点"按钮。Access 在运行到包含断点的代码行时，暂停代码的执行，进入中断模式。设置断点会加粗和突出显示该行。

如果要继续运行代码，可以单击调试工具栏上的"运行子过程/用户窗体"按钮 。

2. 单步跟踪

在程序代码挂起后，便可以逐步执行 Visual Basic 代码，帮助识别发生错误的位置，并且可以查看是否每一行代码都产生了预期的结果。

用于代码调试的方式有 3 种：

（1）逐语句执行

要单步执行每一行代码，包括被调用的过程中的代码，可以单击调试工具栏上的"逐语句"按钮 。

（2）逐过程执行

要单步执行每一行代码，但是将任何被调用的过程作为一个单位执行，可以单击调试工具栏上的"逐过程"按钮 。

（3）跳出执行

要运行当前过程中的剩余代码，可以单击调试工具栏上的"跳出"按钮 ，当执行完这个过程并且程序返回到调用该过程的过程后，"跳出"命令执行完毕。

在以上这些逐步执行的方式中，读者可以根据要分析哪一部分的代码来进行相应的选择。

7.5.3 VBA 程序错误陷阱处理

错误处理程序是专门用来对错误处理的子程序。当程序正常运行时，错误处理子程序是不起作用的。只有当程序不能正常运行时，才转到错误处理子程序执行。所谓错误处理，就是在程序中对可能出现的错误作出响应。

当出现错误时，将控制转移到错误处理子程序，子程序将根据所发生的错误的类型决定采取什么措施。错误处理子程序一般均通过使用条件判断语句 If...Then...Else 语句处理错误，该语句响应 Err 对象 Number 属性中的值，该值为数值代码，对应于一个 VisualBasic 错误。在 Visual Basic 提供的示例中，如果产生"磁盘未准备"错误，则信息提示用户关闭驱动器门。如果发生"设备不可用"错误，则会显示不同信息。如果发生任何其他错误，则显示恰如其分的描述并终止程序。

On Error 语句用来设置错误陷阱，并指定错误处理子程序的入口。它决定在出现错误时，如何去做。设置错误陷阱的格式如下：

  On Error Goto　行号/行标号

"行号"或"行标号"是错误处理子程序的入口，它是子过程或者函数的列表，决定错误发生时跳转的位置。此列表包括错误处理例程，可以非常简单或者非常复杂，这取决于应用程序的需要。

例如：

  On Error Goto 100

当发生错误时，程序跳到行号 100 开始的错误处理子程序，再如：

  On Error Goto ErrorHandler

当发生错误时，程序跳到行标号 ErroHandler 开始的错误处理子程序。

当 VBA 程序执行 On Error 语句时激活错误捕获，On Error 语句指定错误处理程序。当包含错误捕获的过程处于活动状态时，错误捕获始终是激活的，也就是说，直到该过程执行 Exit、Sub、Exit 函数、Exit 属性、End Sub、End 函数或 End 属性语句时，错误捕获才停止。尽管在任一时刻任一过程中只能激活一个错误捕获，但可建立几个供选择的错误捕获并在不同的时刻激活不同的错误捕获。借助于 On Error 语句的特例 On Error GoTo()语句也能停用某一错误捕获。

从上文的介绍中，可以看出一个完整的 VBA 程序的结构即为：

  Private Sub 过程名
  On Error Goto 行号
  .
  End Sub
  Error Sub 过程名
  .
  Error Sub End

7.6　Access 程序设计实例

7.6.1　循环结构程序设计

循环结构程序主要完成重复性的计算工作，即反复进行一系列运算。下面的求阶乘的程序就充分体现了这一点。

该程序的运行界面如图 7-15 所示。

图 7-15 阶乘计算界面

在上面的文本框"Text()"中输入需要计算阶乘的数值后按 Enter 键，或单击下面的文本框"Text3"即开始计算，结果显示在下面的文本框中。程序源代码如下：

```
Private Sub Text0_LostFocus()
    Dim intI As Integer
    Dim s As Double
    s = 1
    For intI = 1 To Text0.Value
        s = s * intI
    Next
    Text2.Value = s
End Sub
```

7.6.2 循环分支结构程序设计

中国古代数学家张行建在《算经》中最早提出了不定方程的概念：

鸡翁一，值钱五；鸡婆一，值钱三；鸡雏三，值钱一。百钱买百鸡，问鸡翁、婆、雏各几何？

事先进行分析：假设鸡翁数为 X，鸡婆数为 Y，鸡雏数为 Z，依据题义可列出如下方程组：

$$\begin{cases} X+Y+Z=100 \\ 5X+3Y+Z/3=100 \end{cases}$$

消除一个变量并化简后得：

7X+4Y=100

因为 X，Y，Z 均为大于 0 且小于 100 的整数，可以使用穷举法逐步试算，直到满足条件为止。为了便于显示计算结果，还是需要设计一个 Access 窗体对象，如图 7-16 所示。

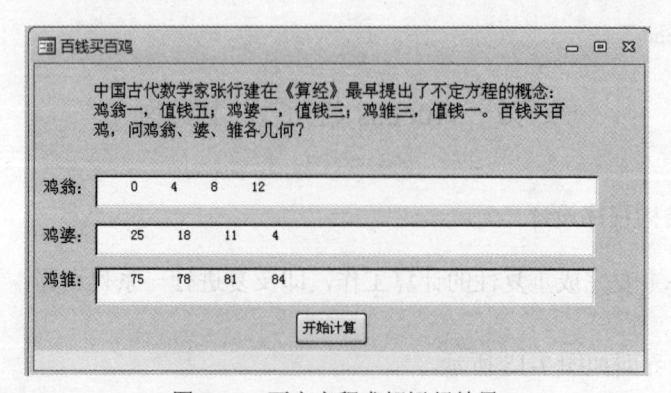

图 7-16 不定方程求解运行结果

程序源代码如下：

```
Private Sub Command7_Click()
    On Error GoTo Err_Command7_Click
    Dim intCock As Integer
    Dim intHen As Integer
    Dim intChicken As Integer
    For intCock = 0 To 20
        For intHen = 0 To 33
            If 7 * intCock + 4 * intHen = 100 Then
                intChicken = 100 - intCock - intHen
                Text1.SetFocus
                Text1.Text = Text1.Text & Space(5) & CStr(intCock)
                Text3.SetFocus
                Text3.Text = Text3.Text & Space(5) & CStr(intHen)
                Text5.SetFocus
                Text5.Text = Text5.Text & Space(5) & CStr(intChicken)
            End If
        Next
    Next
Exit_Command7_Click:
    Exit Sub
Err_Command7_Click:
    MsgBox Err.Description
    Resume Exit_Command7_Click
End Sub
```

习题 7

1. VBA 支持哪些数据类型？
2. 如何在 VBA 中声明变量，怎样控制其作用范围？
3. VBA 程序具有哪几种程序流程控制结构，有哪些流程控制语句？
4. VBA 程序模块有哪些基本类型？
5. 函数与过程的调用有区别？在参数传递上有何异同？
6. 如何启动 VBE？
7. 本地窗口和监视窗口有何异同？
8. 如何在 VBE 中单步调试程序？
9. VBA 程序中，常量、变量命名应遵循的基本原则是什么？
10. 打印所有的"水仙花数"。"水仙花数"即具备如下特征的三位数：其各位数字立方和等于该数本身。例如 153 是一个"水仙花数"，因为 $153=1^3+5^3+3^3$。
11. 编写一个程序，验证哥德巴赫猜想：对于任意大于 2 的偶数 n，一定能分解为两个素数之和。
12. 试完善 10.1.3 程序，使其能根据输入的数字来进行不定方程的求解，即将原题改为：鸡翁一，值钱 C；鸡婆一，值钱 H；鸡雏 Ch，值钱一。百钱买百鸡，问鸡翁、鸡婆、鸡雏各几只？其中 C、H、Ch 为运行界面中用户可以输入的整型数据。

第 8 章　Access 报表对象设计

本章学习目标

- 学习 Access 报表对象的组成结构
- 学习使用向导建立 Access 报表的方法
- 学习报表设计视图中可以完成的各种设计操作
- 掌握各个主要的报表控件的作用及其设计
- 逐步建立 LIBMIS 数据库中的各个报表对象

在 Access 的七个基本对象中，窗体对象的主要作用是提供操作数据库的界面，而报表对象的主要作用就是实现数据库数据的打印。

一个数据库应用系统，不可避免地需要提供报表打印功能，且要求报表必须具有特定的格式——一种与窗体格式完全不同的格式。例如，LIBMIS 数据库中有一个"借阅数据分析"窗体，它的功能是允许操作者输入起始日期和终止日期，并允许操作者分别查阅在这一段时间内的各类图书借阅次数以及各位读者借阅图书的次数。当操作者查阅这些数据时，他可能还需要分别打印"图书借阅数据分析报表"和"读者借阅数据分析报表"。为了实现这一功能，可以在"借阅数据分析"窗体的两个页控件上各自设计一个命令按钮，使操作者能够单击某一个按钮打印出他所需要的报表。

总之，报表打印功能几乎是每一个信息系统都必须具备的功能，而 Access 的报表对象就是提供这一功能的主要对象。本章介绍 Access 报表对象的应用及其设计方法，逐步完成 LIBMIS 数据库的设计。

8.1　报表对象概述

Access 的报表对象是 Access 数据库中的一个容器对象，其间应包含若干数据源和其他一些对象。包含在报表对象中的这些对象也称为报表控件，而设计一个 Access 报表对象也就是在报表容器中合理地设计各个报表控件，以实现数据库应用系统对输出报表的具体需求。

8.1.1　报表对象的作用

数据库中存储着大量的数据，这些数据总是以某种特定的关系组织在相互关联的各个数据表中。利用前几章所介绍的知识，我们应该可以使用查询、窗体筛选或联接数据库中的数据形成动态数据集，以供数据查阅、分组、统计计算或修改。查询和窗体对象能够满足数据库应用系统对数据的交互式操作需求，也能够满足数据查阅的需要。

但是，如果要以打印表格的形式来显示或打印数据，即满足某种特定表格格式的需求，使用报表对象才是一种最有效的方法。这是因为，我们可以在报表中控制每个对象的大小和显示方式，并可以按照所需的方式来显示或打印相应的数据内容。使用报表对象，可以得到符合规范的各种表格形式，这些表格形式既可以用于显示也可以用于打印。

报表中的大部分数据都是从基表、查询或 SQL 语句中获得的，它们是报表对象的数据源。报表中的其他数据，如各类计算得到的数据，将存储在为报表设计的相关控件中，这类控件通常都是非绑定型的文本框控件。

例如，在 LIBMIS 数据库中，需要为图书馆管理员打印一张"图书借阅数据分析报表"。这个报表对象中的数据应该来源于"图书借阅数据分析查询"，而"图书借阅数据分析查询"的查询条件是根据"借阅数据分析"窗体上的文本框控件当前数据确定的。因此，应该将"图书借阅数据分析报表"的驱动设计在"借阅数据分析"窗体上，即在"借阅数据分析"窗体中设计一个命令按钮控件，用于打开"图书借阅数据分析报表"。

从以上举例可以看到，一般报表对象的驱动都应该通过在对应的窗体对象上安置合适的命令按钮，并编写相应的 VBA 程序来实现。同时，这个驱动报表对象的窗体对象，还应该具有为被驱动的报表对象提供数据准备的功能。

先来看看"借阅数据分析"窗体驱动"图书借阅数据分析报表"的示例。"借阅数据分析"窗体运行视图形式如图 1-9 所示。

单击"借阅数据分析"窗体下方的"预览图书借阅数据分析报表"命令按钮 预览图书借阅数据分析报表 ，即可预览显示"图书借阅数据分析报表"，如图 8-1 所示。

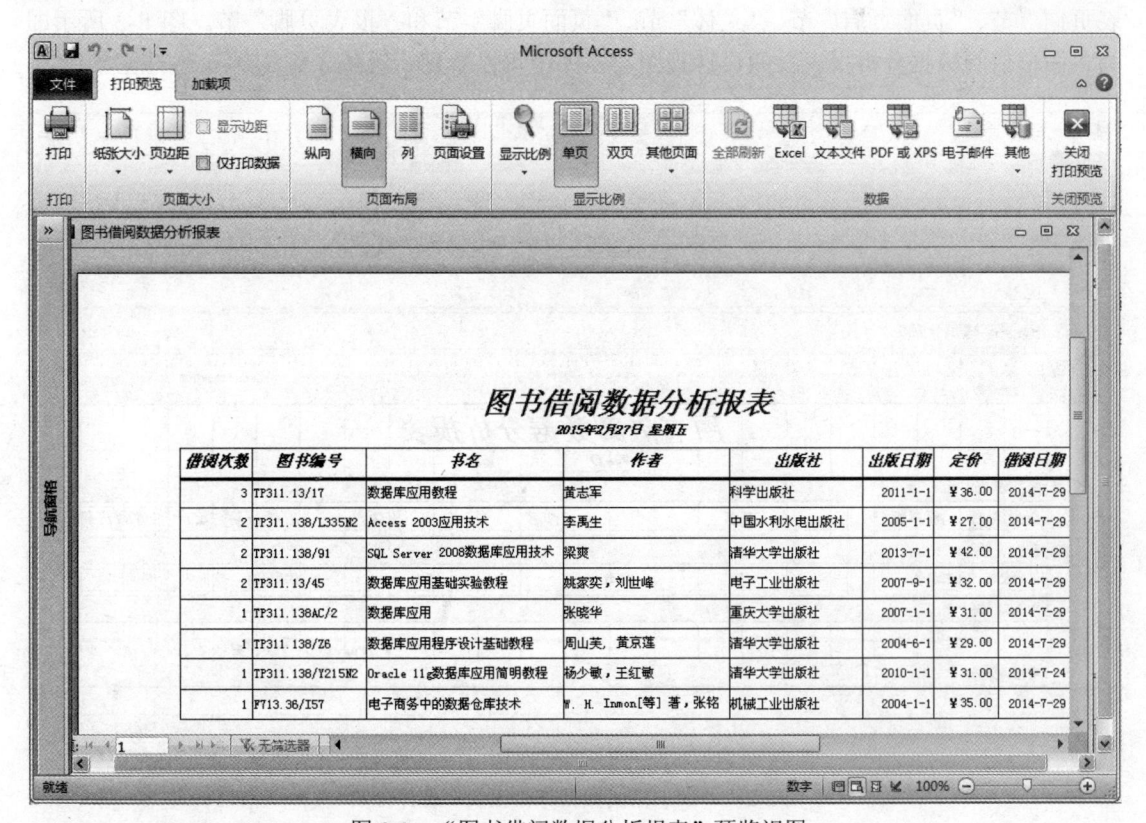

图 8-1 "图书借阅数据分析报表"预览视图

当然，应该在预览显示报表之前，确定"起始日期"和"终止日期"这两个查询条件所需要的参数，使窗体中显示所需看到的数据。

另外，必须对"借阅数据分析"窗体中命令按钮"预览图书借阅数据分析报表"的"单击"事件属性编程，其程序代码可以使用命令按钮向导自动生成。为了预览"图书借阅数据分析报表"，该命令按钮的程序如下：

```
Private Sub Command13_Click()
On Error GoTo Err_Command13_Click
    Dim stDocName As String
    stDocName = "图书借阅数据分析报表"
    DoCmd.OpenReport stDocName, acPreview
Exit_Command13_Click:
    Exit Sub
Err_Command13_Click:
    MsgBox Err.Description
    Resume Exit_Command13_Click
End Sub
```

8.1.2 报表对象的结构

Access 报表对象的结构与窗体对象的结构非常相似，也是由五个节构成，它们分别是："报表页眉"节、"页面页眉"节、"主体"节、"页面页脚"节和"报表页脚"节。图 8-2 所示即为"图书借阅数据分析报表"的设计视图，从图中可以看到一般报表结构所具有的五个节。

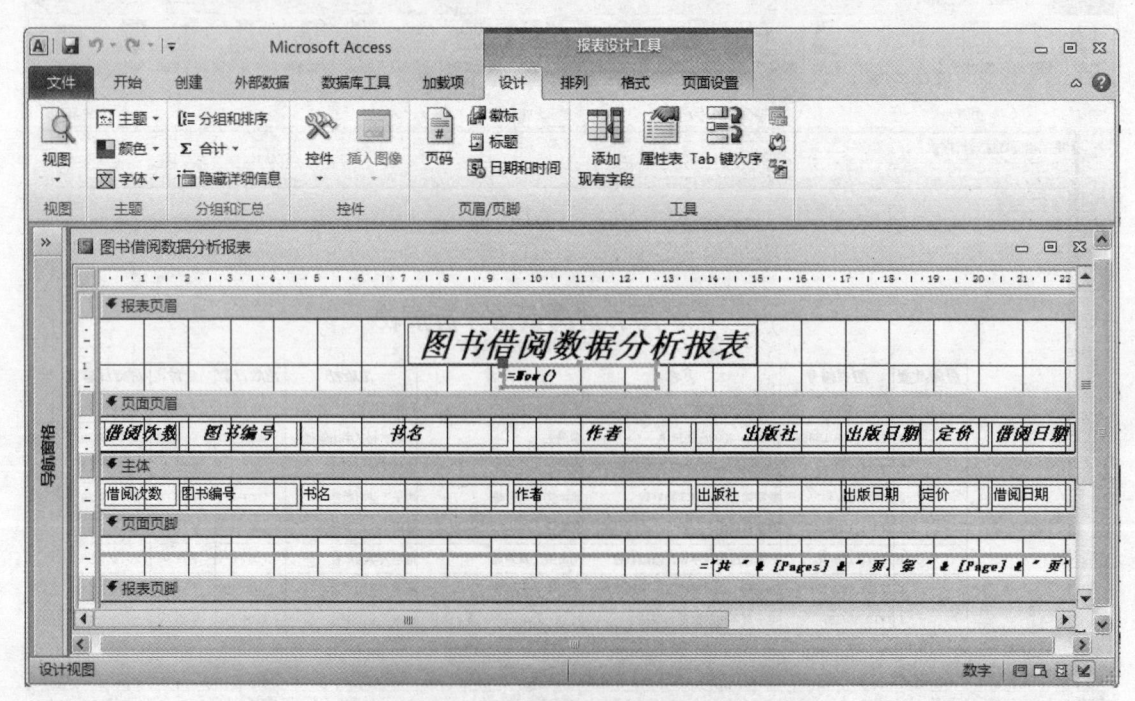

图 8-2 "图书借阅数据分析报表"设计视图

8.1.3 报表对象的数据源

一般情况下，一个报表的数据源都是基于一个查询或一条 SQL 语句的。这是因为报表总是打印数据库中某几个数据表中的某一部分相关数据，这就需要从数据表中筛选数据。因此，必须为报表对象设定合适的数据来源。

可以有两种方法来为报表对象设定数据源。第一种方法是在创建数据表对象之前，先行创建一个查询对象，然后在创建报表对象时指定该查询对象为其数据源。第二种方法是在报表对象设计窗口中，对其"记录来源"属性设计一条 SQL 语句。

例如上述"图书借阅数据分析报表"的数据源是一个已经创建完成的"图书借阅数据分析查询"，就可以采用第一种方法为其指定数据源。图 8-3 所示即为"图书借阅数据分析报表"的数据源设定。

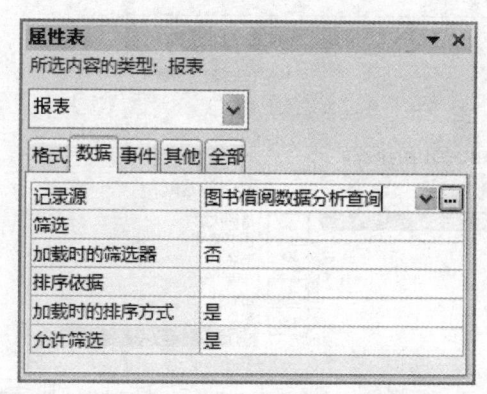

图 8-3 "图书借阅数据分析报表"的数据源设定

一般可以把采用上述两种方法中的某一种方法创建的报表对象，称为源于单一数据集的报表。这是由于这种报表的数据源可以是一个数据表对象、一个查询对象或一条 SQL 语句。

如果一个报表对象的数据源无法由一个数据表对象、一个查询对象或一条 SQL 语句指定，则称此报表是一个源于多重数据集的报表对象。在这样的情况下，必须在报表对象中设计子报表，如同在窗体对象中设计子窗体一样。

8.2 报表向导的应用

Access 提供的向导总是可以使创建数据库对象的操作更加便捷。因此，使用 Access 报表向导创建报表对象，然后再进入报表设计视图，对其进行细致的设计，可以提高报表对象设计的工作效率。

8.2.1 二维报表设计

所谓二维报表，指的是具有若干行与若干列的报表，LIBMIS 数据库中的"图书借阅数据分析报表"和"读者借阅数据分析报表"即属于二维报表。

现以 LIBMIS 数据库中的"图书借阅数据分析报表"的创建为例，介绍使用 Access 报表向导创建二维报表对象的方法。

打开 LIBMIS 数据库，在数据库设计视图功能区中的"创建"选项卡上，单击"报表"组箱内的"报表向导"按钮 报表向导。随即进入报表向导的操作过程，这个过程总共包含五个操作步骤。

1. 为报表对象设定数据源及其字段

在如图 8-4 所示的"报表向导"对话框 1 中，首先必须从其左上部的下拉式列表框中选择一个数据表或一个查询作为创建报表的数据源。对于"图书借阅数据分析报表"对象，我们需要设定"图书借阅数据分析查询"作为数据源，具体操作过程为：在"报表向导"对话框 1 中"表/查询"下拉式列表中选定"查询: 图书借阅数据分析查询"。关于"图书借阅数据分析查询"对象的创建与设计，我们在 5.3.2 节和 5.3.3 节介绍了，请读者参阅并设计完成，以便此处应用。

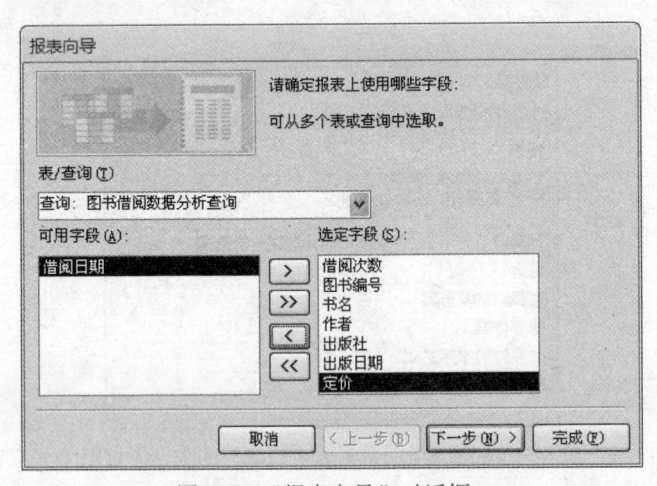

图 8-4 "报表向导"对话框 1

接下来，须从选定的数据源中为报表对象逐一选定所需数据字段，如图 8-4 所示。在"报表向导"对话框 1 中，为报表对象选定所需数据字段的操作，可以单击 >> 按钮选中数据源中的所有字段，也可以单击 > 按钮逐一选择单个的字段。如果发现有误选的字段，可以选中误选字段后，单击 < 按钮将其退回至"可用字段"列表框中；也可以单击 << 按钮将全部选定字段退回至"可用字段"列表框中。这种操作方式与在窗体向导中使用的操作方式完全一样。

对于"图书借阅数据分析报表"，此处需为本报表选定数据字段。根据需要，应该选定"图书借阅数据分析查询"中的所有字段，单击 >> 按钮即可完成操作。

设定数据源并选定所需字段的操作完成后，可以单击"下一步"按钮，即进入报表向导操作的第二步骤。

2. 为报表选定分组字段

在如图 8-5 所示的"报表向导"对话框 2 中，若选定报表分组字段，Access 将在创建完成的报表中依据所指定的分组字段进行分组计算。可供选择的分组计算种类有：总计、平均值、最大值和最小值四种。对于需要进行分组计算的报表，应该在"报表向导"对话框 2 中选定作为分组依据的字段，还可以指定分组优先级以及分组选项。其操作方法是，逐一地选中对话框左端列表框中的字段，单击 > 按钮将其移至对话框右端的组合框下方。发现误选字段时，可以单击 < 按钮将其退回对话框左端列表框中。

当所需分组字段全部移动完毕后，可以单击 ■ 按钮或 ■ 按钮调整其优先级别。

对于"图书借阅数据分析报表"，并不需要进行分组计算。因此，不需选择分组字段，可单击"下一步"按钮，直接进入报表向导操作的第三步骤。

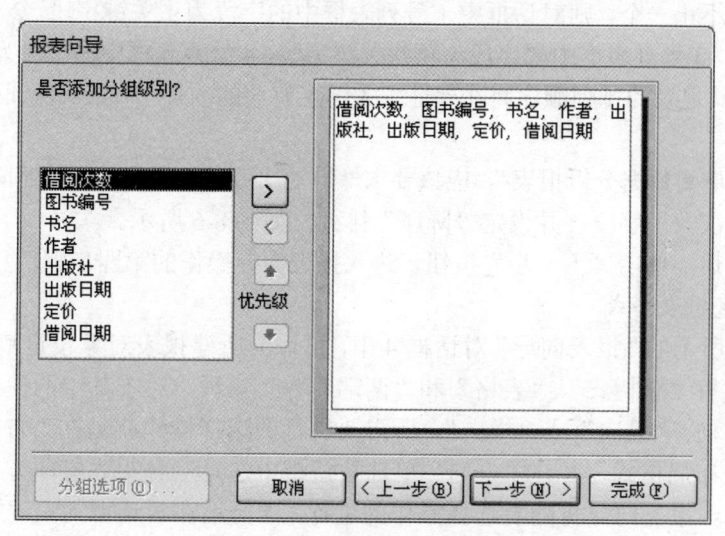

图 8-5　"报表向导"对话框 2

3. 确定报表记录的打印显示顺序

在如图 8-6 所示的"报表向导"对话框 3 中，可以设定报表记录的打印显示顺序。由于报表对象的数据源中的数据总是按照某种次序排列的，这种记录排序一般都是根据数据源中的数据组织需要设定的，如第 3 章与第 5 章中所述，它不会去考虑某一个报表应用的需求。如果这种记录序列正好满足所建报表对象的需求，"报表向导"对话框 3 中可以不进行任何操作，而只需单击"下一步"按钮，直接进入第四步骤操作。如果所建报表需要的记录顺序不同于数据源记录的原有顺序，则必须进行一些相关的操作来设定不同于数据源记录顺序的排序方案，且此处设定的记录顺序仅在本报表对象中有效。

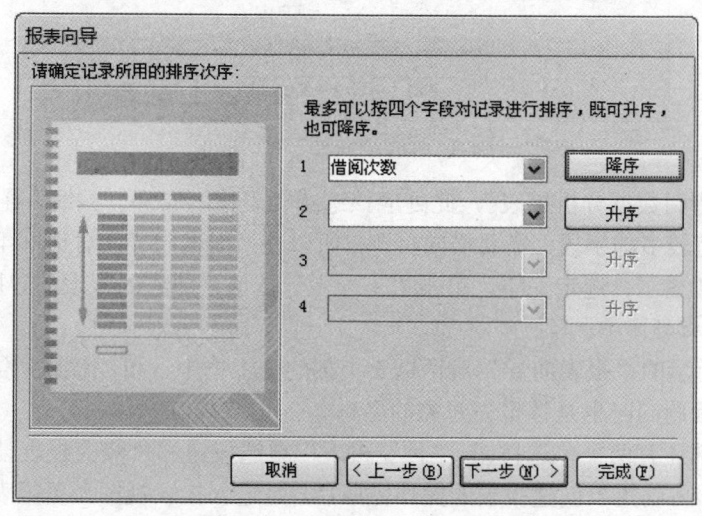

图 8-6　"报表向导"对话框 3

例如，在需要的情况下，可以指定报表数据按照"借阅次数"有序的方式排列，也可以指定报表数据按照"图书编号"有序的方式排列，还可以指定报表数据保证"借阅次数"有序的前提下，按照"图书编号"的高低顺序排列等。最多可以指定四个字段作为排序依据。如果设定的排序字段不止一个，则对话框中 1 号列表框中的字段为主关键字段，2 号列表框中的字段为次关键字段，3 号列表框中的字段为再次关键字段，4 号列表框中的字段为最次关键字段。在报表打印时，其记录的排列顺序将在保证主关键字有序的前提下，依次保证其他关键字的排列顺序。

对于"图书借阅数据分析报表"，应该要求"借阅次数"字段的数据按照降序排列。因此，应该选定"借阅次数"字段，并设定"降序"排列，如图 8-6 所示。

设置完成以后，单击"下一步"按钮，进入报表向导操作的第四步骤。

4. 初步设定报表格式

在如图 8-7 所示的"报表向导"对话框 4 中，可以为所建报表对象设定基本格式。Access 提供选择的格式有"纵栏式"、"表格"和"两端对齐"三种。对于其中的任何一种格式，都可以选择表格方向："纵向"或"横向"。所需要进行的选择操作就是在"布局"单选按钮组中选定一种报表布局格式，并在"方向"单选按钮组中选定一种报表打印方向。为了便于操作者观察，Access 报表向导将随着选择操作的进行，即时地在对话框的左端显示对应的报表格式示意。

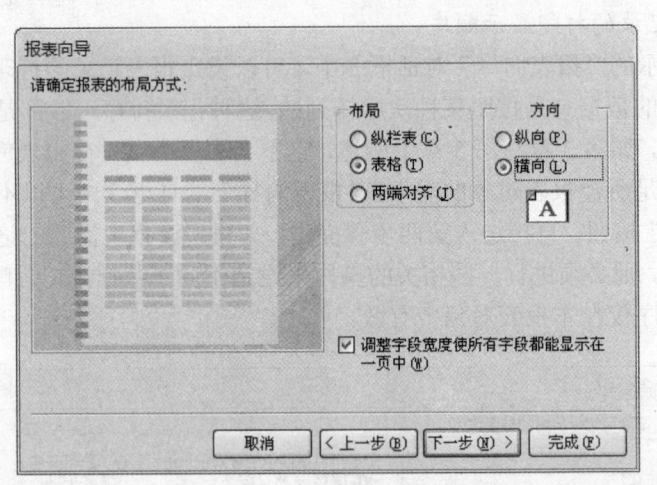

图 8-7 "报表向导"对话框 4

对于"图书借阅数据分析报表"，此处应该选择"表格"布局。同时，由于"图书借阅数据分析报表"具有较多的字段，需要横向打印，所以在"报表向导"对话框 4 中，应该选择以"横向"方式打印显示。选定完毕，单击"下一步"按钮，即进入报表向导操作的第五步。

5. 指定报表标题

在如图 8-8 所示的"报表向导"对话框 5 上部的文本框中，可以输入所需要的报表标题，此处指定的报表标题同时也是该报表对象的名称。

对话框的中部还有两个单选按钮，"预览报表"单选按钮和"修改报表设计"单选按钮。选定其中一个，即可确定当创建报表的操作完成后，是进入报表视图预览报表，还是进入报表设计视图进行报表的设计操作。

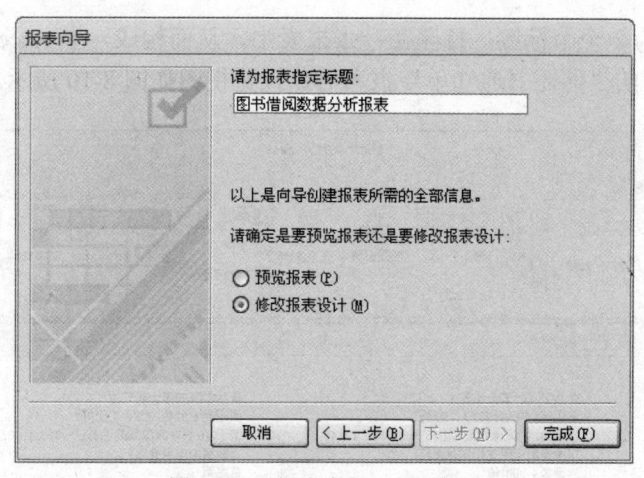

图 8-8 "报表向导"对话框 6

一般而言，由于使用报表向导创建的报表还不可能完成报表对象的全部设计工作，因此一般应该选择"修改报表设计"单选按钮。操作完毕，单击"完成"按钮，即完成了使用报表向导创建报表的操作。

在"报表向导"对话框 5 中，单击"完成"按钮后，如果预先选定"修改报表设计"单选按钮，则进入报表设计视图，如图 8-9 所示；如果预先选定"预览报表"单选按钮，则进入报表视图，如图 8-1 所示。

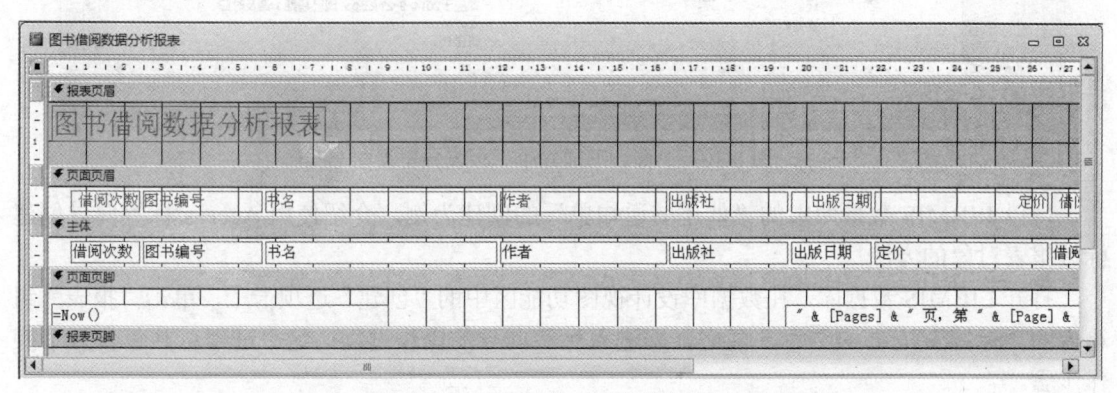

图 8-9 使用报表向导初创的"图书借阅数据分析报表"

对于"图书借阅数据分析报表"，报表标题输入为"图书借阅数据分析报表"，并选定"修改报表设计"单选按钮。单击"完成"按钮，即进入报表设计视图，如图 8-9 所示。

使用报表向导创建的报表对象还有很多设计并不完善，完成"图书借阅数据分析报表"设计后的样式应该如图 8-2 所示。与之比较，可以看到还需要在其设计视图中进行一些设计操作，这些操作将在 8.3 节中再作介绍。

8.2.2 标签报表设计

所谓标签报表，指的是在一张报表中包含若干个相互独立的数据单元，每一个数据单元的结构相同，而数据不同。这每一个数据单元即可视为标签。例如，在 LIBMIS 数据库中，如果需要向那些借阅图书已经超期而尚未归还的读者发送"催还书通知单"，即可将这一张张"催还书通知单"设计为一个个标签，打印在一张报表中，从而构成一个 Access 标签报表对象。

LIBMIS 数据库的"催还书通知单"报表对象预览视图如图 8-10 所示。

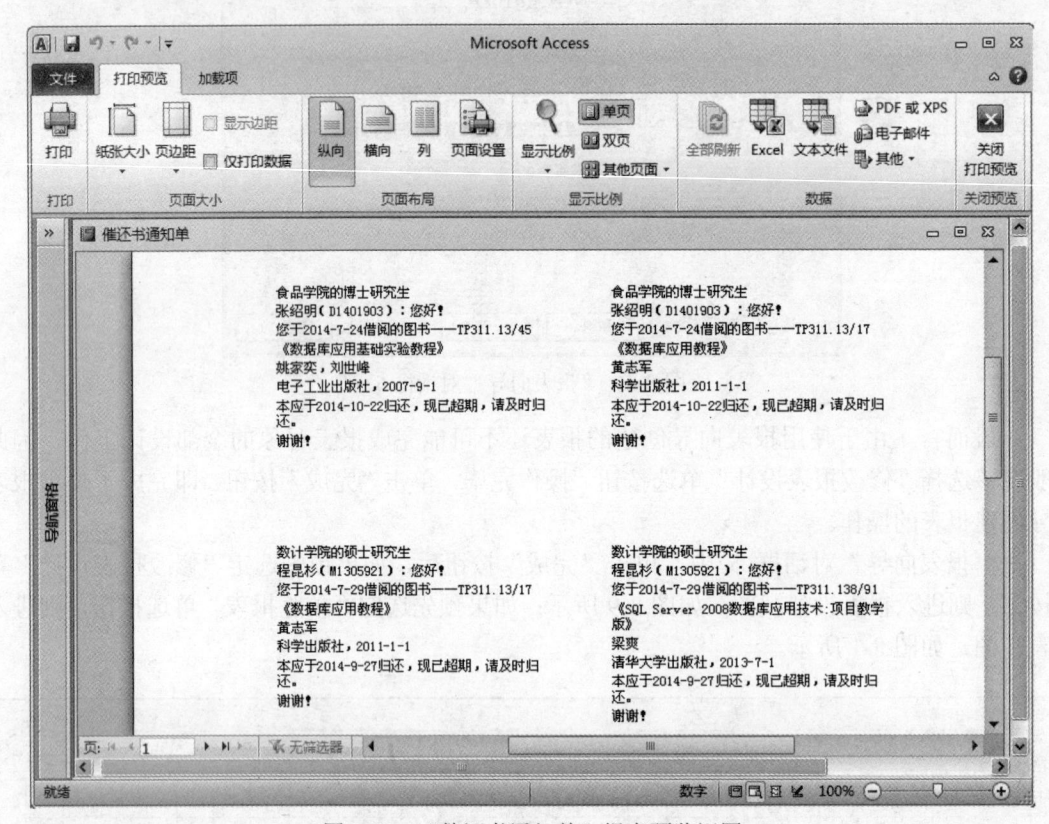

图 8-10 "催还书通知单"报表预览视图

现以 LIBMIS 数据库中的"催还书通知单"的创建为例，介绍使用 Access 标签向导创建标签报表对象的方法。

打开 LIBMIS 数据库，在数据库设计视图功能区中的"创建"选项卡上，单击"报表"组箱内的"标签"按钮 标签 。随之，即进入标签向导的操作过程，这个过程总共包含五个操作步骤。

1. 为标签报表对象设定标签尺寸

在如图 8-11 所示的"标签向导"对话框 1 中，应该为标签报表对象设定标签尺寸。Access 标签向导提供了一系列厂家的标准标签尺寸供选择，也可以自定一种标签尺寸。

为了达到如图 8-10 所示的"催还书通知单"标签报表对象的形式，应该选定"Avery"提供的"C2166"型标签，其尺寸为 52mm 高、70mm 宽，每一行打印两个标签。各项参数选定如图 8-11 所示。

设定标签尺寸后，可以单击"下一步"按钮，即进入标签向导操作的第二步。

2. 为标签设定文本字体与颜色

在如图 8-12 所示的"标签向导"对话框 2 中，应该为标签设定文本的字体与颜色。可以根据标签设计的特殊要求设定标签内数据的字体、字号、字体粗细、文字颜色，还可以设定标签内文字是否倾斜、是否具有下划线。

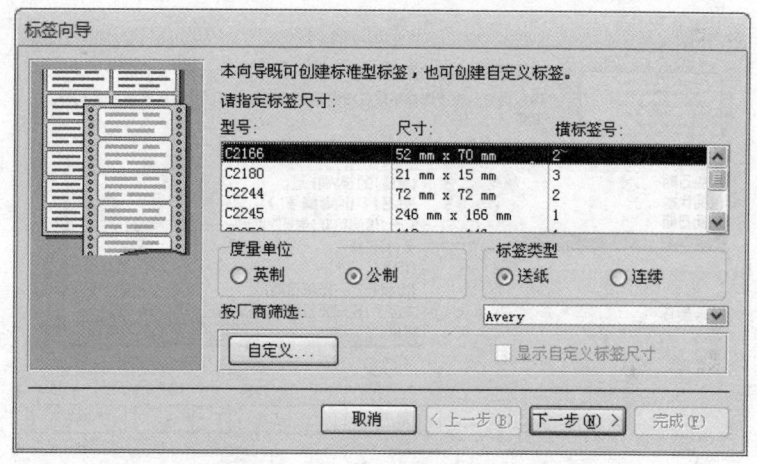

图 8-11 "标签向导"对话框 1

图 8-12 "标签向导"对话框 2

为了达到如图 8-10 所示的"催还书通知单"标签报表对象形式，字体应该为"宋体"、字号为 9 号、字体粗细为"细"、文本颜色为"黑色"，且文字无倾斜、无下划线。各项参数选定如图 8-12 所示。

完成上述设置后，可单击"下一步"按钮，进入标签向导操作的第三步。

3. 确定标签的显示内容

在如图 8-13 所示的"标签向导"对话框 3 中，可以设定标签的显示内容。期望在标签中显示的内容由任意文本组成，填写在"标签向导"对话框 3 中右部的"原型标签"文本框内。"原型标签"文本框是一个多行文本框，填写在其中的文字需要逐行填写。在每一行文字中，如果需要填写数据源中的字段数据，可以在"标签向导"对话框 3 中左部的"可用字段"列表框内选定，然后单击 > 按钮，使其进入"原型标签"文本框内，如图 8-13 所示。

为了实现如图 8-10 所示的"催还书通知单"标签报表对象设计，可以参考如图 8-13 所示内容填写"原型标签"文本框内的文字。

填写完毕期望在标签中显示的内容后，即可单击"下一步"按钮，进入标签向导操作的第四步骤，如图 8-14 所示。

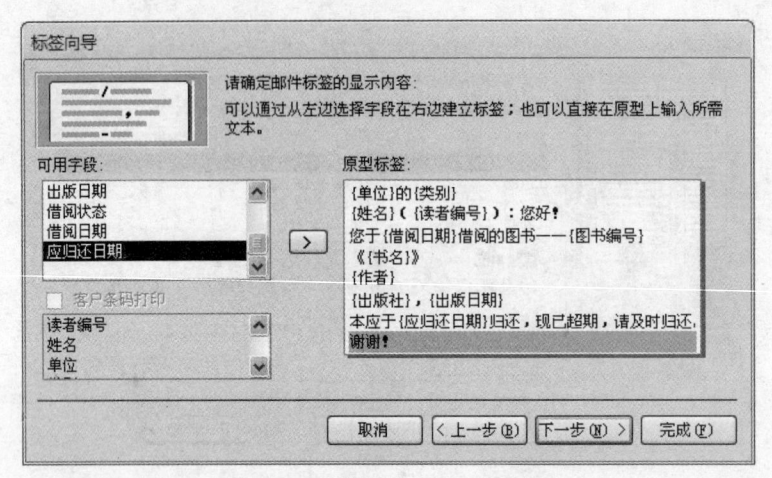

图 8-13 "标签向导"对话框 3

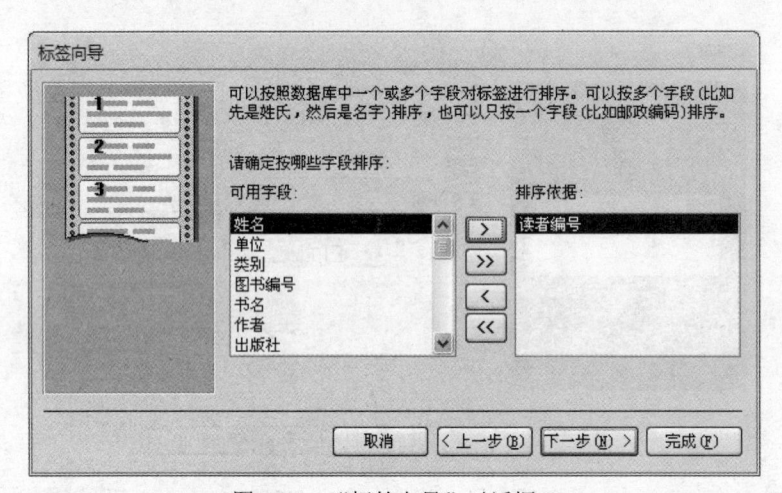

图 8-14 "标签向导"对话框 4

4. 设定标签报表各标签的显示顺序

在如图 8-14 所示的"标签向导"对话框 4 中，可以设定标签报表各标签的显示顺序。其操作方法为，逐一从"标签向导"对话框 4 中左部的"可用字段"列表框内选定排序所要依据的字段，并通过单击 按钮，使其进入"排序依据"文本框内。如果设置多个"排序依据"字段，将导致标签报表在显示时首先保证第一个"排序依据"字段数据有序，然后依次按照后续的"排序依据"字段数据排序。如果不设定任何"排序依据"字段，标签报表在显示时将依据报表数据源的数据排列顺序显示。

对于"催还书通知单"标签报表对象，此处可以选定"读者编号"字段作为"排序依据"字段，如图 8-14 所示。

设定完标签报表各标签的显示顺序后，可以单击"下一步"按钮，即进入标签向导操作的第五步。

5. 为标签报表对象设定名称

图 8-15 所示的"标签向导"对话框 5 是 Access 标签向导的最后一步操作，在这一步操作中应该为标签报表对象设定报表名称。完成以后，应该单击"标签向导"对话框 5 中的"完成"

按钮，进入标签报表预览视图，或者进入标签报表设计视图。这将取决于在"标签向导"对话框 5 中是选定了"查看标签的打印预览"单选按钮还是选定了"修改标签设计"单选按钮。

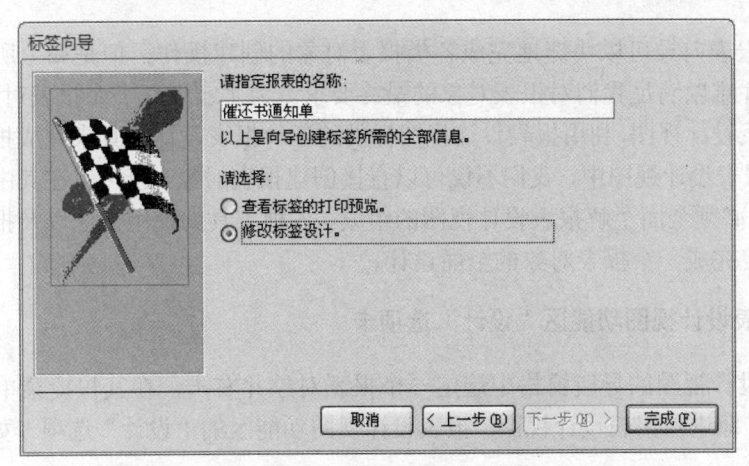

图 8-15 "标签向导"对话框 5

对于"催还书通知单"标签报表对象，我们希望看到其设计视图，因此选定"修改标签设计"单选按钮，如图 8-15 所示。然后单击"标签向导"对话框 5 中的"完成"按钮，即进入"催还书通知单"标签报表设计视图，如图 8-16 所示。

图 8-16 使用标签向导初创的"催还书通知单"标签报表

观察图 8-16 所示"催还书通知单"标签报表设计视图，可以看到，还可以在报表设计视图中修改"催还书通知单"标签报表的各项设计参数。这将在下一节中再作介绍。

8.3 报表设计视图

虽然利用报表向导可以快捷地完成各类报表对象的创建操作,但是如上所述,使用向导创建的报表往往难以满足我们对报表对象的最终要求。为了实现任一个报表对象的最终设计,都可以启动报表设计视图,利用报表设计视图提供的各种报表设计工具来完成报表对象的各项功能设计。在报表设计视图中,我们不仅可以直接创建报表对象,也可以在其中修改已有的报表对象。因此,必须全面了解报表设计视图的组成、各种工具的使用方法以及报表属性的设置方法,方能最终完成一个报表对象的全面设计。

8.3.1 报表设计视图功能区"设计"选项卡

在数据库设计视图的导航窗格中选定一个报表对象并右击,在其快捷菜单中单击"设计视图"菜单项,即进入报表设计视图。报表设计视图功能区的"设计"选项卡如图8-17所示。

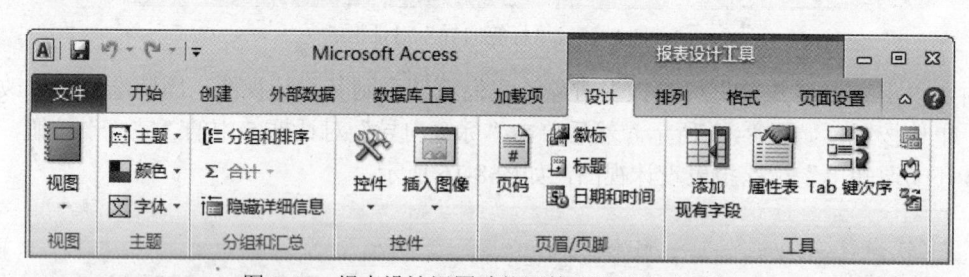

图 8-17 报表设计视图功能区的"设计"选项卡

报表设计视图功能区的"设计"选项卡包含"视图"、"主题"、"分组和汇总"、"控件"、"页眉/页脚"和"工具"共6个命令组项。

1. "视图"命令组项的命令按钮

"视图"命令组项内包含四个命令按钮,可用于将当前窗体对象分别转换为"报表视图"、"打印预览"、"布局视图"和"设计视图"。请读者分别查看各个视图形式。

2. "主题"命令组项的命令按钮

"主题"命令组项内包含三个下拉式命令按钮。其中,单击"主题"命令按钮,可以看到若干窗体的主题形式,从中选定一个即可将当前窗体设置为这个主体形式;单击"颜色"命令按钮可以为当前窗体设置不同的组合颜色;单击"字体"命令按钮可以为当前窗体设置不同的字体。

3. "分组和汇总"命令组项的命令按钮

"分组和汇总"命令组项内包含三个命令按钮。其中,单击"分组和排序"命令按钮,可以得到一个子窗口,可以在其中设置报表中分组字段和排序字段;单击"合计"命令按钮可以设置当前报表控件成为合计数据控件;单击"隐藏详细信息"命令按钮将设这个按钮呈现选中状态,它将导致当前报表对象在其预览视图中不显示子数据表数据,再次单击"隐藏详细信息"命令按钮将设这个按钮呈现非选中状态,从而取消隐藏详细信息状态。

4. "控件"命令组项的命令按钮

"控件"命令组项内包含两个下拉式命令按钮。其中一个为"控件"命令按钮。单击"控件"命令按钮，可以得到一个命令按钮集，包括了所有可以设置在报表对象中的控件，每一个命令按钮的名称、图标和功能请参阅表 8-1 所示。

另一个为"插入图像"按钮，单击这个按钮将启动 Windows 文件浏览器，允许操作者在本地磁盘上选定一份图像文件，以其图像作为报表对象中的图像底纹显示。

表 8-1 "控件"命令组项的命令按钮及其功能

命令按钮名称	按钮图标	命令按钮的功能
"选择对象"按钮		用于选定控件、节或报表。单击该工具可以释放事先锁定的工具栏按钮
"文本框"按钮		用于显示、输入或编辑窗体或报表的基础记录源数据，显示计算结果，接收用户输入数据的控件
"标签"按钮		用于显示说明文本的控件，如窗体或报表上的标题或指示文字
"按钮"按钮		用于在窗体或报表上创建命令按钮
"选项卡控件"按钮		用于创建一个多页的选项卡报表或选项卡对话框
"超链接"按钮		用于创建指向网页、图片、电子邮件地址或程序的链接
"Web 浏览器控件"按钮		用于在报表上设置一个调用 Web 浏览器的按钮
"选项组"按钮		与复选框、选项按钮或切换按钮搭配使用，可以显示一组可选值
"插入分页符"按钮		用于在打印窗体或报表时另起一页
"组合框"按钮		该控件组合了文本框和列表框的特性，可以在文本框中输入文字或在列表框中选择输入项，然后将值添加到基础字段中
"图表"按钮		用于在报表中设置一个图表对象
"直线"按钮		用于在窗体或报表中画直线
"切换按钮"按钮		该按钮可用于结合到 Yes/No 字段的独立控件，或用来接收用户在自定义对话框中输入数据的非结合控件或者选项组的一部分
"列表框"按钮		显示可滚动的数据列表。在报表预览视图中，可以从列表框中选择值输入到新记录中，或者更改现有记录中的值
"矩形"按钮		用于在窗体或报表中画一个矩形框
"复选框"按钮		该按钮可用于结合到 Yes/No 字段的独立控件，或用来接收用户在自定义对话框中输入数据的非结合控件或者选项组的一部分
"未绑定对象框"按钮		用于在窗体或报表上显示非结合型 OLE 对象
"附件"按钮		用于在报表中设置一个附件链接
"选项按钮"按钮		该按钮可用于结合到 Yes/No 字段的独立控件或用来接收用户在自定义对话框中输入数据的非结合控件或者选项组的一部分
"子窗体/子报表"按钮		用于在窗体或报表中设置一个子窗体或子报表，以显示来自多个数据源的数据

续表

命令按钮名称	按钮图标	命令按钮的功能
"绑定对象框"按钮		用于在窗体或报表上显示结合型 OLE 对象
"图像"按钮		用于在窗体或报表上显示静态图片
"使用控件向导"按钮		用于打开或关闭控件向导。使用控件向导可以创建列表框、组合框、选项组、命令按钮、图表、子报表或子窗体。要使用向导来创建这些控件，需单击"使用控件向导"按钮

5. "页眉/页脚"命令组项的命令按钮

"页眉/页脚"命令组项内包含三个命令按钮。其中，单击"徽标"命令按钮，Access 将要求设计者选定一个图片作为当前报表页眉上的图形标识；单击"标题"命令按钮，Access 将在当前报表页眉上设置一个文本框控件，用其中的文字作为报表标题；单击"日期和时间"命令按钮，Access 将要求设置日期时间格式，并依此格式在当前报表页眉处设置日期和时间显示。

6. "工具"命令组项的命令按钮（见表 8-2）

表 8-2 "工具"命令组项的命令按钮及其功能

工具按钮名称	工具按钮图标	工具按钮的功能
"添加现有字段"按钮		显示窗体或报表基础数据源所包含的字段列表。从列表中拖动字段可以创建自动结合到记录源的控件
"属性表"按钮		显示所选项目的属性表，例如数据表字段或控件的属性表。如果不选择任何项目，则显示当前活动对象的属性表
"Tab"键次序		用于更改或重新设定当前报表上各控件的 Tab 键次序
"新窗口中的子报表"按钮		用于将当前报表中的子报表独立出来，以便进行单独编辑
"查看代码"按钮		在"模块"窗口中显示选定窗体或报表所包含的程序代码
"将报表的宏转换为 Visual Basic 代码"按钮		将报表中包含的宏操作转换为 Visual Basic 代码

请读者将本节所介绍的报表控件与第 6 章介绍的窗体控件做一个比较，应该认识到，在窗体中可以使用的控件多数都可以在报表中使用。其实，根据面向对象程序设计的原理，应该说，只要可以置于窗体对象容器中的对象均可置于报表对象容器中。这些既可置于窗体中，又可置于报表中的对象，都是一些相同类属的对象。

但是，报表对象本身又完全不同于窗体对象，报表对象仅仅是一个具有单向功能的对象。即报表对象从数据源中取得数据用于显示或打印，而并不能接受任何数据的输入，并以此去修改数据源中的数据。因此，相同类属的对象在报表对象容器中的实例（即控件）将具有不同的属性。

例如，文本框控件是这样一种控件，当一个文本框控件被置于窗体对象容器中时，这个文本框控件将具有一系列的事件属性，因而它可以响应并处理相关事件；而同样是文本框控件，当它被置于报表对象容器中时，可以看到这个文本框控件却不具有任何的事件属性，因而它没有能力处理任一发生在其上的事件。

报表控件设计工具箱中的很多控件都具有类似的特征，必须很好地掌握这些特征，才能设计出合乎要求的报表对象。

8.3.2 报表对象的基本属性

任何一个对象都具有一系列的属性，这些属性的不同取值决定着该对象实例的特征。本节介绍报表及其控件的一些常用属性的含义及作用，并介绍各种控件属性值的设置方法。

在报表设计视图功能区的"设计"选项卡上，单击"工具"命令组项内的"属性表"按钮，即弹出"属性表"对话框。图 8-18 所示为"图书借阅数据分析报表"对象的属性对话框及其各属性的取值。

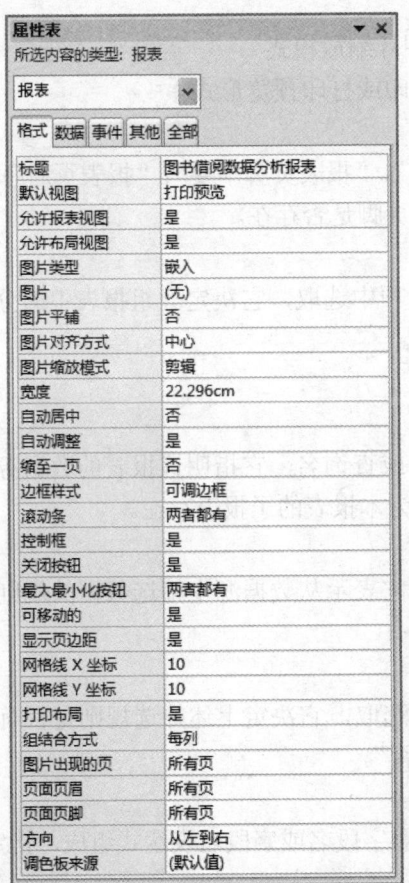

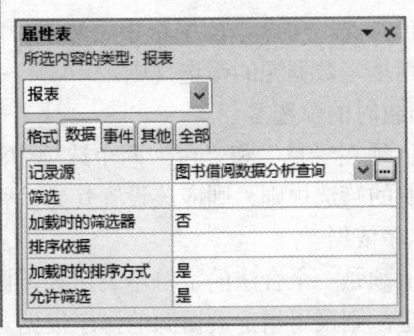

图 8-18 报表的格式属性与数据属性

一个报表对象以及置于其中一个报表控件的属性可以分为四类，分别是"格式"属性、"数据"属性、"事件"属性和"其他"属性，它们在属性对话框中分列于四个选项卡上。单击某一个选项卡，即可对相应属性赋值或选取属性值。要对报表对象中的某一控件设置属性值，应该首先选中这个控件，然后在相应的属性选项卡上选择对应的属性项目进行设定属性值的操作。

请对照下面关于各属性取值的说明，分析"图书借阅数据分析报表"各属性设定值的作用。
1. 报表的常用格式属性及其取值含义
（1）标题
标题的属性值必须为一个字符串。在报表预览视图中，该字符串显示为报表窗口标题栏。在打印的报表上，该字符串不会打印出来。
（2）默认视图
默认视图的属性值可以选定为"打印预览"或者"报表视图"。当设定为"打印预览"时，报表的运行视图形式为打印预览模式；当设定为"报表视图"时，报表的运行视图形式为报表视图模式。
（3）图片
其属性值为一个图形文件名，可以使用文件浏览器在磁盘上选取，指定的图形文件将作为报表的背景图片。
（4）图片类型/图片平铺/图片对齐方式/图片缩放模式
其设定的属性值均影响作为背景图片的打印或打印预览形式。
（5）页面页眉/页面页脚
其属性值需在"所有页"、"报表页眉不要"、"报表页脚不要"、"报表页眉/页脚都不要"四个选项中选取，它决定报表打印时的页眉与页脚是否存在。
（6）组结合方式
其属性值需在"每列"和"每页"两个选项中选取，它决定分组报表中的分组计算范围是每列进行分组计算，还是每页进行分组计算。
2. 报表的数据属性及其取值含义
（1）记录源
其属性值须是本数据库中的一个数据表名或查询名，它指明该报表的数据源。记录源属性还可取值为一个报表名，被指定的报表将作为本报表的子报表存在。
（2）筛选
其属性值须是一个合法的字符串表达式，它表示从数据源中筛选数据的规则。如果不予设定，则采用指定数据源的筛选规则。
（3）加载时的筛选器
其属性值须在"是"和"否"两个选项中选取，它决定上述筛选规则是否有效。如果设定使用数据源的筛选规则，则应该设置其为"否"。
（4）排序依据
其属性值须是一个合法的字符串表达式，由字段名或字段名表达式组成，指定排序规则。如果不予设定，则采用指定数据源的排序依据。

8.4 报表基本控件

报表是一个容器对象，其间可以包含其他对象。例如，报表的数据源就是报表中包含的数据表或查询对象。又如，报表中的子报表就是报表中包含的报表对象。报表中包含的对象也称为报表控件。

设计报表就必须很好地掌握报表控件的设计方法，而报表控件设计主要包括报表控件属性的设置及其应用方法的选择与编程。

各个控件都有一个相同的属性："名称"，它是 VBA 程序中指定该控件的标识符。

本节主要介绍各个报表控件除"名称"属性以外的各个属性值的含义、取值规则及其属性值的设置方法。

8.4.1 标签（Label）

1．报表标签控件的应用

当需要在报表上显示一些说明性文字信息时，就应该使用"标签"控件。在报表设计视图功能区的"设计"选项卡上，单击"控件"命令组项内的"标签"命令按钮 *Aa*，然后用鼠标在报表上所需的位置处拖曳，可以看到一个动态矩形框随着鼠标的拖曳而变化，至该矩形框尺寸合适时，放开鼠标，此时，光标停在该矩形框中，即可输入需要的文字信息。

如果输入文字后，觉得标签尺寸不合适。可以单击该标签，使该标签控件呈现选中形式，即可通过鼠标的拖曳改变其尺寸或位置。

2．报表标签控件的属性

报表标签控件的属性比较简单。它不被用于显示数据源中的数据，因此没有数据属性，也不存在事件属性。其格式属性比较复杂，主要包括：

（1）标题

即为标签中显示的文字信息。

（2）背景颜色、前景颜色

背景颜色表示标签显示时的底色，前景颜色表示标签中文字的颜色。设定颜色的操作可以通过调色板进行。例如，单击前景颜色属性栏右侧的生成器按钮，即打开调色板，可从中选取所希望的颜色设置标签中文字信息的色彩。

（3）特殊效果

用于设定标签的显示效果。Access 提供"平面"、"凸起"、"凹陷"、"蚀刻"、"阴影"、"凿痕" 6 种特殊效果取值供选择，可以从中选取一种满意的属性值。

（4）字体名称、字体大小、字体粗细、斜体

用于设定标签中显示文字的字体、字号、字型等参数。可以根据需要适当地进行配置。

8.4.2 文本框（Text）

1．报表文本框控件的应用

报表文本框控件用于显示或打印指定数据。文本框控件的控件来源可以是"结合"、"非结合"或"计算型"。"结合型"文本框控件与基表或查询中的字段相连，可用于显示数据源字段中的数据。"计算型"文本框控件则以表达式作为数据来源，这个表达式可以使用窗体或报表的数据源表或数据源查询字段中的数据，或者窗体或报表上其他控件中的数据。"非结合"型文本框控件则没有数据来源。使用"非结合"型文本框控件的目的是显示信息、线条、矩形及图像，相当于报表标签控件的作用。

2．报表文本框控件的属性

报表文本框的格式属性与报表标签控件的格式属性基本相同，包括标题、文字形式、控

件色彩以及控件显示打印效果等内容。另外，由于文本框控件是被用于显示或打印数据的，因此一般须设置数据输出格式。关于文本框控件的数据输出格式，可以参阅 6.4.2 节中的相应内容。

置于报表对象中的文本框控件不具备任何事件属性，即报表文本框控件无能力响应或处理任何外部事件。

报表文本框控件的数据属性一般是必须设置的。通过设置报表文本框控件数据属性卡上的控件来源属性，可以指定报表文本框控件的类型，设置其数据来源。

如果设定一个"结合型"文本框控件，其控件来源属性必须是报表数据源表或查询中的一个字段。如果设定一个"计算型"文本框控件，其控件来源属性必须是一个合法的计算表达式，可以通过单击属性栏右侧的生成器按钮，进入表达式生成器向导，利用表达式向导生成表达式。如果设定一个"非结合型"文本框控件，就等同于设定一个标签控件。

8.4.3　图像（Image）

在报表上设置图像控件一般是为了美化报表。可以在报表上需要放置图片的位置，放置图像控件，在随即弹出的向导对话框中选定图形或图像文件，即完成了在报表上设置图片的操作。

8.5　应用报表设计视图设计报表对象

使用 Access 报表向导，可以很方便地完成报表的创建。但是，使用向导创建的报表对象，一般都还不能完全满足实际应用的需要。从以上示例可以看到，使用向导创建的报表还不能满足我们对报表格式及其功能的所有要求，这就还需要对报表格式及其功能作进一步的设计修改。另外，报表上图片与背景的设置、一些计算型文本框及其计算表达式的设计都还没有完成。而所有这些设计操作都必须在报表设计视图中进行。

本节介绍在报表设计视图中完成报表设计的操作方法，并以前面使用向导创建的报表为基础，介绍如何在报表设计视图中完成"图书借阅数据分析报表"与"催还书通知单"标签报表的设计。

8.5.1　"图书借阅数据分析报表"设计

从本章开始就讨论了"图书借阅数据分析报表"的用途，并描述了"图书借阅数据分析报表"的运行视图，如图 8-1 所示。而使用向导创建的"图书借阅数据分析报表"（如图 8-9 所示）显然不能满足所需要的所有功能及其格式要求，这就需要在报表设计视图中进行设计修改。

在数据库设计视图中的导航窗格中，选中"图书借阅数据分析报表"对象，单击鼠标右键，在随之弹出的快捷菜单中单击"设计视图"菜单项，即进入"图书借阅数据分析报表"设计视图。根据 LIBMIS 数据库应用系统的需要，应该进行如下设计操作。

1. 修改报表格式布局

（1）设定报表页眉格式

将报表标题拖至报表上部居中位置，并将其设置为 20 号宋体。

将"Now()"文本框控件拖曳至报表标题下居中位置，并修改日期字段文本框的格式属性值为"长日期型",这样可以使得当前日期在打印时能以"2015年2月27日"这样的格式打印。

(2) 调整报表"页面页眉"和"主体"中各个数据字段的格式

为了调整一个字段在报表中的尺寸,需要选中这个字段文本框控件或字段标签控件(使其成为 显示形式即为选中状态)。对于处于选中状态的控件,可以改变其尺寸,用鼠标指向控件左右两侧的黑点,左右拖曳即可改变控件的宽度;用鼠标指向控件上下两端的黑点,上下拖曳即可改变控件的高度。也可以改变其位置,令鼠标指向选中控件并在其变成为"手形"时单击,拖曳鼠标即可拖动控件的位置。还可以设置其各项属性,在相应的属性栏中即可设置所需的属性值。

为了保证每一个数据字段格式的正确性,应该逐个控件地进行上述调整操作,直至每个控件尺寸、相互位置及其相关属性值的设置均满足实际需求为止。

2. 绘制表格线

一般报表都具有一些表格线,我们以"图书借阅数据分析报表"为例说明表格线的绘制方法。

在报表设计视图功能区"设计"选项卡上的"控件"组项内,单击"控件"按钮中的"直线"工具 ╲,逐一绘制各字段标签之间的竖线,再逐一绘制各字段文本框之间的竖线。注意,这是两段直线,分别位于"页面页眉"和"主体"中,因此必须分别绘制。在"页面页眉"中的底部绘制一条横线,用以分隔字段名与字段数据;在"主体"中的底部绘制一条横线,用以分隔各条记录数据。

注意,表格线段也是报表对象中的控件,而任一个控件都不可能跨越报表中的两个节,因此,上述竖线只能分成两段绘制;两条横线的绘制位置也必须合理安排。

至此,"图书借阅数据分析报表"设计应该全部完成了,其设计视图形式如图8-2所示。

8.5.2 "催还书通知单"标签报表设计

在8.2.2节就描述了"催还书通知单"标签报表的用途,并给出了"催还书通知单"的运行视图,如图8-10所示。而使用向导创建的"催还书通知单"(如图8-16所示)显然在格式上有些欠缺,这就需要在报表设计视图中进行设计修改。

在数据库设计视图中的导航窗格中,选中"催还书通知单"对象,单击鼠标右键,在随之弹出的快捷菜单中单击"设计视图"菜单项,即进入"催还书通知单"标签报表设计视图。根据LIBMIS数据库应用系统的需要,只需将标签的宽度以及标签内所有控件的宽度加大一些即可。其操作方法参考上一节中关于"Now()"文本框控件的尺寸调整方法。

8.6 报表的打印及打印预览

8.6.1 报表预览

对于一个设计完毕的报表对象,我们可以在数据库设计视图导航窗格内选定这个报表对象并双击,即可实现报表对象的预览操作。

但是在LIBMIS数据库中,由于所有的报表对象数据源均来源于相关的查询对象,而这些查询对象的数据源取值条件又均来自于某些窗体对象的相关文本框。因此,在相关窗体未运行以前，这些数据源的取值条件均无法得到满足，从而无法获取数据，必须借助于这些相关窗体的运行。

也就是说，如果一个 Access 报表对象基于一个查询对象，而这个查询对象又需要一个由窗体对象上的文本框数据确定查询条件，则预览该报表对象时，必须先运行相关的窗体对象。

8.6.2 报表对象的打印及其打印预览驱动

因为报表对象仅有输出数据的功能，而不具备数据输入/输出的交互功能，所以报表对象的驱动（包括报表预览和打印）一般由窗体对象实施。在 LIBMIS 数据库中，"图书借阅数据分析报表"由"借阅数据分析"窗体驱动，"催还书通知单"标签报表由"超期归还数据处理"窗体驱动。

为了驱动"图书借阅数据分析报表"的预览，需要在"借阅数据分析"窗体上设置命令按钮 预览图书借阅数据分析报表 ，并为其设计"单击"事件处理程序如下：

```
Private Sub Command13_Click()
On Error GoTo Err_Command13_Click
    Dim stDocName As String
    stDocName = "图书借阅数据分析报表"
    DoCmd.OpenReport stDocName, acPreview
Exit_Command13_Click:
    Exit Sub
Err_Command13_Click:
    MsgBox Err.Description
    Resume Exit_Command13_Click
End Sub
```

这个程序的第五行语句即为驱动"图书借阅数据分析报表"进入预览状态的命令。这条语句尾部关键字 acPreview 的作用是预览报表。如果将这个关键字修改为 acViewNormal，则可使报表进入打印状态。

"催还书通知单"标签报表的预览驱动，则需要在"超期归还数据处理"窗体上设置命令按钮 预览催还书通知单 ，并为其设计"单击"事件处理程序如下：

```
Private Sub Command26_Click()
On Error GoTo Err_Command26_Click
    Dim stDocName As String
    stDocName = "催还书通知单"
    DoCmd.OpenReport stDocName, acPreview
Exit_Command26_Click:
    Exit Sub
Err_Command26_Click:
    MsgBox Err.Description
    Resume Exit_Command26_Click
End Sub
```

这个程序的第五行语句即为驱动"催还书通知单"标签报表进入预览状态的命令。

习题 8

1. 应该如何使用 Access 报表对象的五个节？一个实际报表的"标题"、"表头"、"表体"、"表尾"和"表脚标"均应分别设置于报表对象的哪一个节中？
2. 如何为报表对象指定数据源？
3. 置于报表对象中的文本框控件能够响应发生在其上的事件吗？
4. 请说明在报表对象上设定"图片"属性的意义何在。
5. 如何在报表对象中设置计算控件？
6. 请说明不能用窗体对象完全取代报表对象的原因。
7. 在本书实例 LIBMIS 数据库中，需要设计一个名为"图书借阅数据分析报表"的报表对象，其报表预览视图如图 8-19 所示。请完成这个报表对象的设计，并在"借阅数据分析"窗体上设计相应的命令按钮控件，用以驱动"图书借阅数据分析报表"的预览。

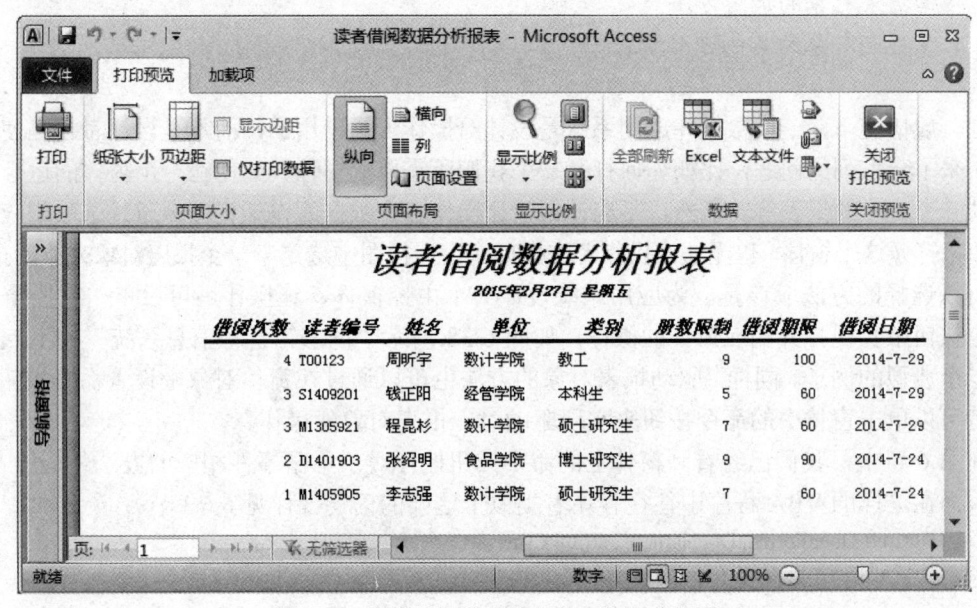

图 8-19　图书借阅数据分析报表的预览视图

第 9 章 Access 宏对象设计

本章学习目标

- 了解宏对象的基本概念，学习宏的基本知识
- 学习并掌握相关的 Access 基本操作
- 掌握宏对象设计的方法
- 掌握宏对象修改的方法
- 学习运行宏对象和调试宏对象
- 掌握宏对象的调用方法
- 掌握宏对象的其他应用方法

在一般情况下，一个数据库应用系统是设计给操作人员使用的，而不是设计者自己使用。这就带来了一系列的问题，比如如何打开一个我们所需要的窗体、如何在一个窗体的运行视图中驱动一个对应的报表等。显然，不应该指望让操作者在数据库设计视图中通过选取相应的窗体对象来打开这个窗体，也无法让操作者在数据库设计视图中选定某一个报表对象来驱动报表。

可以选择的方法应该是，为应用系统设计一个主控窗体，让操作者可以单击主控窗体中的命令按钮来实现打开相应窗体的操作，如图 6-38 所示"图书馆管理信息系统"的主控窗体就是一个典型的例子。同样，驱动报表对象的方法也可以通过在窗体对象上设置命令按钮，使操作者可以单击窗体中的命令按钮来实现驱动对应报表对象的操作。

在第 6 章中，我们已经看到窗体上的命令按钮控件对于单击事件相应的方法是一段 VBA 程序，而在这样的 VBA 程序中往往存在着类似于这样的语句（详见 6.6.3 节）：

    DoCmd.OpenForm stDocName, , , stLinkCriteria

这条 VBA 语句的含义是：DoCmd 表示执行一个操作，OpenForm 表示需要执行的操作名称，stDocName, , , stLinkCriteria 表示这个操作所带有的操作参数。那么，Access 具有一些什么样的操作呢？这些操作各自要求一些什么样的操作参数呢？如果需要顺序执行一系列的操作，又该如何组织这些操作呢？这就是本章所要介绍的知识。

9.1 Access 所具有的基本操作

Access 总共支持 52 种操作，Access 帮助文档将其分为 5 种不同的类别。在此我们介绍其中常用的 16 种基本操作，并将其分为 5 个类别进行介绍。

9.1.1 记录操作类

所谓记录操作，是指移动记录指针、查找并定位记录指针的相关操作。这一类操作将导

致记录指针的重定位，使得被定位的数据记录成为当前记录。因此，在数据库应用系统中，可以通过设定这一类操作来满足指定当前记录的需求。

1. GotoRecord 操作

GotoRecord 是直接移动记录指针的操作，操作指令格式为：

  GotoRecord 对象类型,对象名称,记录,[偏移量]

其中：

"对象类型"可以为数据表、查询或窗体，如果不加指定则默认为当前活动对象。

"对象名称"可根据"对象类型"的不同，指定一个对应的数据表对象名、查询对象名或窗体对象名，如果不加指定，则默认为当前活动对象。

"记录"为必选项，可以指定为向前移动、向后移动、首记录、尾记录、定位或新记录。当指定为首记录、尾记录或新记录时，不需设定"偏移量"。当指定为向前移动、向后移动、或定位时，必须设定"偏移量"。

"偏移量"为任选项，当需要设定时，可以设定为一个整数值 n。当"记录"参量设定为"向前移动"时，它表示记录指针向前移动 n 个记录；当"记录"参量设定为"向后移动"时，它表示记录指针向后移动 n 个记录；当"记录"参量设定为"定位"时，它表示记录指针移动至第 n 个记录。

2. FindRecord 操作

FindRecord 是采用查找方式移动记录指针的操作，操作指令格式为：

  FindRecord 查找内容,匹配,区分大小写,搜索,格式化搜索,只搜索当前字段,查找第一个

其中：

"查找内容"参量应该填写需要查找的数据。

"匹配"应该在"字段的任何部分"、"整个字段"和"字段开头"三个选项中选择一个。

"区分大小写"可以在"是"（表示查找时区分字母大小写）和"否"（表示查找时不区分字母大小写）两个选项中选择一个。

"搜索"参量用以指定是从当前的记录向记录开头进行搜索、向记录结尾进行搜索，还是向下搜索到记录结尾然后再从记录开头搜索到当前记录，以便所有的记录都被搜索到。默认值为"全部"。

"格式化搜索"参量用以指定是否搜索包含带格式的数据。可选择"是"（Microsoft Access 按显示的格式搜索字段中的数据）或"否"（Microsoft Access 搜索数据库中保存的数据，通常不同于其显示的格式）。默认值为"否"。

可以使用该功能限制搜索某一特定格式的数据。例如，可以单击"是"，并在"查找内容"参量中输入 1,234，以便在包括逗号的格式化字段中查找 1,234。如果要在该字段中查找数据 1234，则单击"否"。

如果要搜索日期，可单击"是"以查找与格式完全相同的日期，例如 09-March-2014。如果单击"否"，可在"查找内容"参数中输入一个日期，该日期的格式由 Windows 控制面板的"区域设置属性"对话框（"区域设置属性"对话框"日期"选项卡上的"短日期样式"框）设置。例如，如果"短日期样式"框设置为 M/d/yy，可以输入 3/9/14，Microsoft Access 将查找所有与 2014 年 3 月 9 日相对应的日期字段项目，而忽略字段的格式。

"只搜索当前字段"用以指定是在每条记录的当前字段中进行搜索还是在每条记录的所

有字段中进行搜索。在当前字段中进行搜索较快。可单击"是"（只在当前字段中搜索）或"否"（在每一条记录的所有字段中搜索）。默认值为"是"。

"查找第一个"用以指定是从第一条记录还是从当前记录开始搜索。可单击"是"（从第一条记录开始）或"否"（从当前记录开始）。默认值为"是"。

3. FindNext 操作

使用 FindNext 操作，可以查找下一个记录，该记录符合由前一个 FindRecord 操作或"查找和替换"对话框所指定的准则，单击"编辑"菜单中的"查找"命令可以打开该对话框。使用 FindNext 操作可以反复查找记录。例如，可以在某一特定读者的所有记录间进行移动。其操作指令格式为：

  FindNext

FindNext 操作没有任何参数。FindNext 操作查找下一个记录，该记录符合由 FindRecord 操作或"查找和替换"对话框中设置的准则。FindRecord 操作的参数与"查找和替换"对话框中的选项是共享的。

如果要设置搜索条件，可使用 FindRecord 操作。通常，可以在宏中输入 FindRecord 操作，然后使用 FindNext 操作，连续查找接下来的那些符合相同条件的记录。如果只搜索符合某一特定条件的记录，可以在 FindNext 操作的"条件"列中输入一个条件表达式。

9.1.2 窗体操作类

所谓窗体操作，是指打开窗体、关闭窗体、改变窗体尺寸或者位置等相关的操作，这一类操作将导致窗体运行视图的变化。因此，在数据库应用系统中，可以通过设定这一类操作来调用窗体对象、关闭窗体对象或移动窗体对象。

1. OpenForm 操作

使用 OpenForm 操作，可以打开窗体的"设计"视图、"打印预览"或"数据表"视图，可以为窗体选择数据项或窗口模式并限制窗体所显示的记录。其操作指令格式为：

  OpenForm 窗体名称,视图,筛选名称,Where 条件,数据模式,窗口模式

其中：

"窗体名称"是指打开窗体的名称。在"宏"设计视图窗口的"窗体名称"组合框中显示了当前数据库中的全部窗体。这是必选的参数。

如果在程序数据库中执行包含 OpenForm 操作的宏，Microsoft Access 将首先在程序数据库中查找具有该名称的窗体，然后再到当前数据库中查找。

"视图"是指打开窗体的哪一个视图，包括"窗体"视图、"设计"视图、"打印预览"视图和"数据表"视图，可以从一个下拉式列表框中选取，其默认值为"窗体视图"。

"筛选名称"用于限制或排序窗体中记录的筛选。可以输入一个已有的查询名称或保存为查询的筛选名称。不过，这个查询必须包含打开窗体的所有字段，或将这个查询的 OutputAllFields 属性设置为"是"。

"当条件"用以指定一个 SQL Where 子句（不包含 Where 关键字）或逻辑表达式。OpenForm 将根据这个 SQL 子句或逻辑表达式从窗体的基础表或基础查询中选择记录，并以这样选定的记录集作为打开窗体的数据源。

"数据模式"用以设定窗体打开后的数据输入方式，该参数只能应用于"窗体"视图或

"数据表"视图方式打开的窗体。数据模式包括"增加模式"（用户可以增加记录，但不能编辑已经存在的记录）、"编辑模式"（用户可以编辑已经存在的记录，也可以增加记录）或"只读"（用户只能查看记录）三种，可在其中选择一种。默认值为"编辑模式"。

"窗口模式"用以设定在其中打开窗体的窗口模式，即进行打开窗体的窗口形式设定。窗口模式包括"普通"（一般的窗体视图）、"隐藏"（打开了窗体，却被隐藏着）、"图标"（窗体在打开时最小化为屏幕底部的图标）、"对话框"（窗体右上角的最小化按钮和最大化按钮不存在）。默认值为"普通"。

2. CloseWindow 操作

使用 CloseWindow 操作可以关闭指定的 Microsoft Access 窗口，这个窗口可以是一个运行着的窗体视图、数据表视图、查询视图、报表视图、宏对象视图等。如果没有指定窗口，则关闭当前的活动窗口。其操作指令格式为：

　　　　CloseWindow 对象类型,对象名称,保存

其中：

"对象类型"用以指定要关闭的窗口的对象类型。可以在"宏"设计视图窗口"对象类型"列表框中选择"表"、"查询"、"窗体"、"报表"、"宏"、"模块"、"数据访问页"、"服务器视图"、"图表"、"存储过程"、"函数"。如果要选择活动窗口，则可以不指定该参数。

"对象名称"用于指定要关闭的对象名称。在指定了对象类型后，"对象名称"框中将显示本数据库中所有这个类型的对象实例名。单击其中的某个对象即可指定它。如果没有指定"对象类型"参数，也不要指定该参数。

"保存"用于决定关闭窗口时是否要保存对这个对象的各项更改。可单击"是"（保存针对这个对象的所有更改）、"否"（关闭这个对象，但不保存所做的所有更改）或"提示"（提示用户是否要保存对这个对象的更改）。默认值为"提示"。

3. MaximizeWindow 操作

使用 MaximizeWindow 操作可以放大活动窗口，使其充满 Microsoft Access 窗口。该操作可以使用户尽可能多地看到活动窗口中的对象。其操作指令格式为：

　　　　MaximizeWindow

MaximizeWindow 操作没有任何参数。该操作与单击窗口右上角的"最大化"按钮或控制菜单中的"最大化"命令具有相同的功能。

4. MinimizeWindow 操作

使用 MinimizeWindow 操作可以将活动窗口缩小为 Microsoft Access 窗口底部的图标。其操作指令格式为：

　　　　MinimizeWindow

MinimizeWindow 操作没有任何参数。该操作与单击窗口右上角的"最小化"按钮或控制菜单中的"最小化"命令具有相同的功能。

5. MoveAndSizeWindow 操作

使用 MoveAndSizeWindow 操作可以移动活动（当前）窗口或调整其大小。其操作指令格式为：

　　　　MoveAndSizeWindow 右,向下,宽度,高度

其中：

"右"用以指定当前窗口左上角的新水平位置，从包含它的窗口的左边开始测量。可以

在"宏"窗口"操作参数"中的"右"框中输入一个参数值。

"向下"用于指定当前窗口左上角的新垂直位置,从包含它的窗口顶部开始测量。可以在"宏"窗口"操作参数"中的"下"框中输入一个参数值。

"宽度"用于指定当前窗口的新宽度。可以在"宏"窗口"操作参数"中的"宽度"框中输入一个参数值。

"高度"用于指定当前窗口的新高度。可以在"宏"窗口"操作参数"中的"高度"框中输入一个参数值。

9.1.3 报表操作类

所谓报表操作,是指打开报表对象的相关视图、关闭报表对象的当前视图、打印报表对象数据等相关的操作,这一类操作将导致报表对象的运行、编辑或打印。因此,在数据库应用系统中,可以通过设定这一类操作来实现报表对象的预览、关闭报表对象预览视图或打印报表对象。

1. OpenReport 操作

使用 OpenReport 操作,可以在报表"设计视图"或报表"打印预览视图"中打开报表对象或打印报表,也可以限制需要在报表中打印的记录。其操作指令格式为:

OpenReport 报表名称,视图,筛选名称,Where 条件

其中:

"报表名称"是指打开报表的名称。"宏"设计视图窗口中的"报表名称"框是一个下拉式列表框,其中显示了当前数据库中所有的报表。"报表名称"是 OpenReport 操作必需的参数。

"视图"是指打开报表的视图类型。"宏"窗口"操作参数"中的"视图"框是一个下拉式列表框,其中有三种选择,分别是"打印"(立刻打印报表)、"设计"(进入报表设计视图)及"打印预览"(进入报表预览视图)。其默认值为"打印"。

"筛选名称"用于限制报表记录的筛选。可以输入一个已有的查询名称或保存为查询的筛选名称,这个查询必须包含要打开的报表的所有字段。

"当条件"用以指定一个 SQL Where 子句(不包含 Where 关键字)或逻辑表达式。OpenReport 将根据这个 SQL 子句或逻辑表达式从报表的基础表或基础查询中选择记录,并以这样选定的记录集作为打开报表的数据源。

2. 关闭报表对象的操作

关闭报表对象的操作就是"CloseWindow 操作",具体用法请参见 9.1.2 节所述。

9.1.4 应用程序类

所谓针对应用程序的操作,是指用于运行 Access 内置命令、宏指令或者位于 Access 数据库外部的 Windows 或 Dos 应用程序等相关的操作。这一类操作将导致一个指定应用程序的运行,而后返回发起应用程序运行的操作处。因此,在数据库应用系统中,可以通过设定这一类操作来实现对一个已经存在的应用程序的调用。

1. RunMenuCommand 操作

使用 RunMenuCommand 操作可以运行 Microsoft Access 的内置命令。所谓内置命令,是指出现在 Microsoft Access 菜单栏、工具栏或快捷菜单上的那些功能程序。其操作指令格式为:

RunCommand 命令

其中：

"命令"用以指定要运行的命令。"命令"参数框为一个下拉式列表框，其中按字母顺序排列着所有可用的 Microsoft Access 内置命令，可以根据需要从中选取希望调用的内置命令。该参数是必需的。

2. RunMacro 操作

使用 RunMacro 操作可以运行一个独立的宏或者一个位于宏组中的宏。其操作指令格式为：

  RunMacro 宏名称,重复次数,重复表达式

其中：

"宏名称"用以指定所要运行的宏的名称。在"宏"设计视图窗口"宏名称"框中显示的是当前数据库中的所有宏（包括所有宏组）。如果宏在宏组中，那么宏将以 MacroGroupName.MacroName 的形式列在宏组名称下面。该参数是必选的。

"重复次数"用以指明所要运行的宏的最大运行次数。如果不指定该参数（并且不指定"重复表达式"参数），在"宏名"参数栏中指定的宏将只运行一次。

"重复表达式"用于设置一个运行宏的重复运行条件，重复表达式的取值为 True(-1)或 False(0)。当重复表达式值为 False 时宏将停止运行。每次宏运行之前都将先计算该表达式的值。

9.1.5 杂项类

有一些操作难以归为上述各类，它们包括：退出 Microsoft Access 的操作、在屏幕上显示相关信息的操作、使蜂鸣器发出"嘟嘟"响声的操作等，姑且将其归为杂项类。

1. QuitAccess 操作

使用 QuitAccess 操作可以退出 Microsoft Access。QuitAccess 操作还可以指定在退出 Microsoft Access 之前保存当前数据库对象中的几个选项。其操作指令格式为：

  QuitAccess 选项

其中：

"选项"用以指定当退出 Microsoft Access 时对没有保存的对象所做的处理。可以在"宏"窗口"操作参数"窗格中的"选项"列表框选定具体参数。提供选择的"选项"参数包括："提示"（显示是否保存每个对象的提示对话框）、"全部保存"（不经提示即保存所有对象）或"退出"（退出时不保存任何对象）。其默认值为"全部保存"。该参数是必需的。

2. MessageBox 操作

使用 MessageBox 操作可以显示包含警告信息或其他信息的消息框。例如，可以在有效性验证的宏中使用 MsgBox 操作。当控件或记录不符合宏中的验证条件时，消息框将显示错误信息，并提示应该输入的正确数据。其操作指令格式为：

  MessageBox 消息,发嘟嘟声,类型,标题

其中：

"消息"用以指定消息框中的文本。可以在"宏"窗口"操作参数"窗格中的"消息"框中输入消息文本。最多可输入 255 个字符或输入一个表达式（前面必需有等号）。

"发嘟嘟声"用以指定计算机是否在显示信息时发出嘟嘟声。可以单击"是"（发出嘟嘟声）或"否"（不发出嘟嘟声）。默认值为"是"。

"类型"用以指定消息框的类型。每一种类型都有不同的图标。可选择"无"、"重要"、

"警告？"、"警告！"或"信息"。默认值为"无"。

"标题"用以指定消息框标题栏中显示的文本。例如，可以在标题栏显示"对客户标识符的验证"。如果不指定本参数，那么标题栏显示"Microsoft Access"。

9.2 Access 宏对象概述

我们在 9.1 节中学习了 Access 所具有的 52 种操作中的 16 种基本操作。从中可以看到，Access 的每一项操作均可完成一项特定的功能，使用起来还是比较方便的。

现在的问题是，一项数据处理工作并不是仅用一个操作即可完成的，它常常需要若干个操作组成一个操作序列。如何组织这样一种操作序列？这样一个操作序列应如何保存或调用呢？

Access 提供了"宏"这样一种对象，使其可以包容一系列的操作，并使其可以被其他对象所调用。同时，如同其他 Access 对象一样，宏对象的创建与设计也可以在其专用的设计视图中进行。

9.2.1 宏对象的作用

由于宏对象实际上是一个容器对象，其间包含着操作序列、操作参数以及操作执行的条件，因此，可以使用宏来作为处理某一事件的方法。

例如，为了认识 Access 宏对象的作用，我们可以在 LIBMIS 数据库中设计一个 Access 宏对象，用以打开"借阅数据分析"窗体，然后驱动"图书借阅数据分析报表"预览视图。

为此，应该在 LIBMIS 数据库设计视图功能区中选定"创建"选项卡，单击"宏与代码"组项中的"宏"按钮，打开 Access 宏设计视图，如图 9-1 所示。

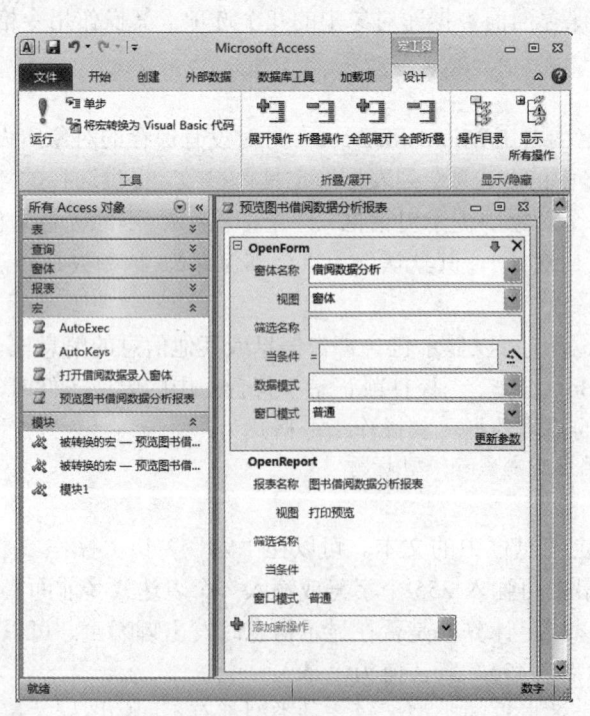

图 9-1 "预览图书借阅数据分析报表"宏对象设计视图

在这个设计视图中，应该根据所期望的功能要求，依次设置两个操作作为这个宏对象的内容。第一个操作为 OpenForm；对应的操作参数为："窗体名称"设置为"借阅数据分析"，"视图"设置为"窗体"，"窗口模式"设置为"普通"，其余三个操作参数可以不予设置。第二个操作为 OpenReport；对应的操作参数为："报表名称"设置为"图书借阅数据分析报表"，"视图"设置为"打印预览""窗口模式"设置为"普通"，其余三个操作参数也不予设置。

完成如图 9-1 所示的设计之后，可以关闭宏设计视图，并将这个 Access 宏对象命名为"预览图书借阅数据分析报表"，即设计成功了一个 Access 宏对象，这个宏对象包含两个操作：顺序打开"借阅数据分析"窗体运行视图和"图书借阅数据分析报表"的预览视图。

如果需要执行一个宏对象中包含的各项操作，应该在数据库设计视图的导航窗格内选定这个宏对象并双击，即可得到这个宏对象中所包含的各项操作顺序执行的结果。

通过这个例子可以看到，一个 Access 宏对象的作用就是顺序执行一系列的操作，而一个宏对象的设计，则应该是合理地设置各项操作以及相应的操作参数。

回顾第 6 章所述，我们可以看到，多数对象的事件处理方法也是顺序执行一系列的操作，但都是采用 VBA 编程实现的。那么，在 Access 数据库应用系统中，在什么样的情况下应该使用宏对象来提供处理事件的方法，在什么样的情况下应该使用 VBA 程序来提供处理事件的方法呢？

这应该取决于需要完成的任务的复杂程度。一般而言，对于较简单的事件处理方法，可以采用设计相应的宏对象来提供处理事件的方法。由于宏对象的设计是在宏对象设计视图中通过人机对话方式完成的，因此操作方便，且容易学习。

另外，宏对象独立于窗体对象、查询对象等能够感受事件的 Access 对象，因此，只要宏对象设计完美，其操作代码的公用性可能会很好。

最后，宏对象还有一些不可替代的功能，比如启动 Access 数据库时自动运行、响应某些组合式功能键等。关于这一点，将在 9.6 节中加以介绍。

9.2.2 将宏对象转换为 VBA 程序模块

宏是用来自动完成特定任务的操作或操作集，即一个或多个操作的有序集合，其中每个操作执行特定的功能。用户可以通过创建宏对象来自动执行一系列重复的或者较为繁杂的操作，进而完成一个指定的任务。通过宏的自动执行重复任务的功能，可以保证工作的一致性，还可以避免由于忘记某一操作步骤而引起的错误。但是，宏对象的执行效率较低，Microsoft 建议将宏对象转换为 VBA 程序模块，以提高代码的执行效率。

在 Microsoft Access 中，可以利用数据库设计视图菜单栏上的文件另存为功能，将指定的宏对象转换为 VBA 程序模块。其操作过程为：选定欲转换的宏对象，在窗口菜单上单击"文件"→"另存为"，在随即弹出的"另存为"对话框中，为 VBA 模块命名并指定保存类型为"模块"，即可将指定的宏对象转换为 VBA 模块对象。

下面以刚刚建立的"预览图书借阅数据分析报表"宏对象为例，介绍这个操作过程。

在 LIBMIS 数据库设计视图导航窗格中选定"预览图书借阅数据分析报表"对象，然后在数据库设计视图功能区的"文件"选项卡上，单击"对象另存为"命令按钮 对象另存为，即出现如图 9-2 所示的"另存为"对话框，将 VBA 模块命名为"预览图书借阅数据分析报表的

VBA 模块",再将保存类型定义为"模块",单击对话框上的"确定"按钮就完成了将宏对象转换为 VBA 程序模块的操作。

应该比较一下这两个具有同一功能的不同对象,VBA 模块对象"预览图书借阅数据分析报表的 VBA 模块"的程序代码如下:

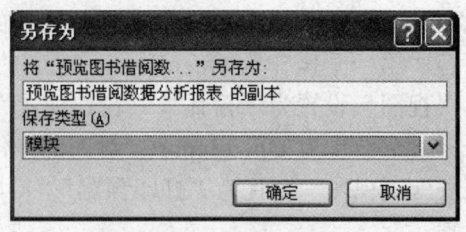

图 9-2 "另存为"对话框

```
Function 预览图书借阅数据分析报表()
On Error GoTo 预览图书借阅数据分析报表_Err
    DoCmd.OpenForm "借阅数据分析", acNormal, "", "", , acNormal
    DoCmd.OpenReport "图书借阅数据分析报表", acViewPreview, "", "", acNormal
预览图书借阅数据分析报表_Exit:
    Exit Function
预览图书借阅数据分析报表_Err:
    MsgBox Error$
    Resume 预览图书借阅数据分析报表_Exit
End Function
```

可见,尽管 VBA 代码将获得较高的运行效率,但是其代码结构却显得复杂得多。因此,在有些操作比较简单的情况下,还是可以考虑用宏对象来完成某些序列的操作。

9.3 创建宏对象

创建一个 Access 宏对象需要在其设计视图中进行,实质上是一种编写程序的过程,但由于采用的是人机对话方式,因而不同于常规的编程。在创建宏对象的过程中,完全不需要设计宏的代码,也没有太多的语法需要去掌握,甚至可以不需要记忆各种命令。真正需要去做的就是在宏的操作设计列表中进行合适的操作选择,并为所选定的操作设置必要的参数。本节介绍创建宏对象的操作方法。

9.3.1 在宏设计视图中创建宏对象

在这一节,我们以 9.2 节所见到的"预览图书借阅数据分析报表"宏对象的创建过程为例,介绍 Access 宏对象创建的操作方法。

1. 进入宏设计视图

在数据库设计视图功能区中选定"创建"选项卡,然后单击"宏与代码"命令组项中的"宏"按钮 ,即进入 Access 的宏对象设计视图。如图 9-3 所示。在这个宏对象设计视图中,我们可以逐一设定宏对象中所包含的操作及其参数。

2. 设定第一个宏操作

创建一个 Access 宏对象的第一步操作,应该是设定第一个宏操作。我们可以在宏设计视图中的"添加新操作"组合框 添加新操作 上,单击右侧的下拉按钮,即可得到 Access 提供的所有宏操作列表。根据"预览图书借阅数据分析报表"宏对象的第一个操作要求,我们应该选定"OpenForm"宏操作。如图 9-4 所示。

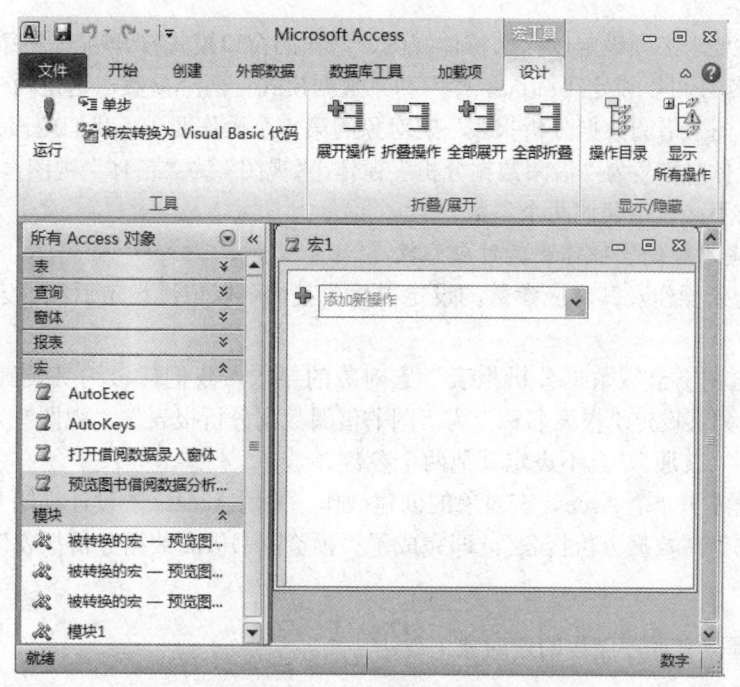

图 9-3 进入宏设计视图

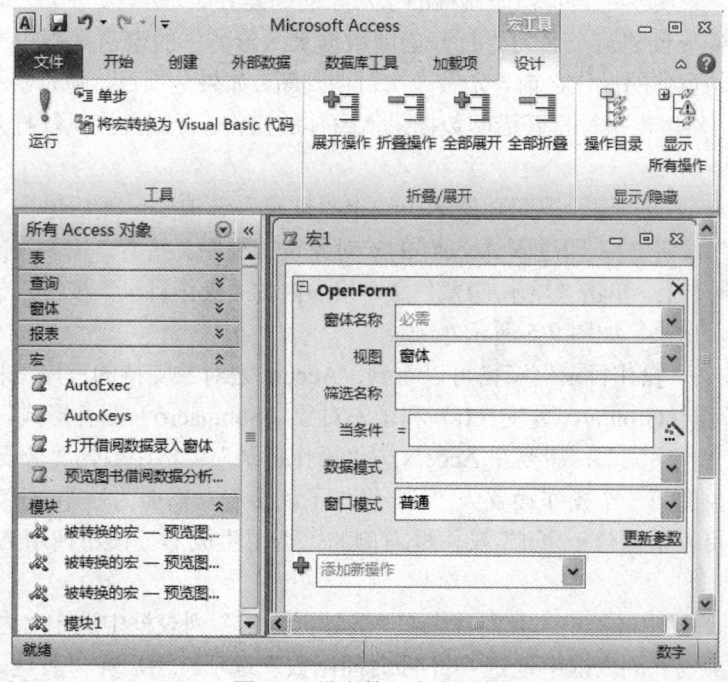

图 9-4 设定第一个宏操作

3. 设定第一个宏操作的参数

设定第一个宏操作以后,需要在宏设计视图中为这个宏操作设定相应的操作参数。不同的宏操作将要求不同的操作参数。观察图 9-4 可以看到,OpenForm 宏操作必须设定"窗体名称"、"窗体视图"和"窗口模式"三个参数。这是因为,OpenForm 宏操作将打开一个 Access

窗体对象，这就要求必须设定以什么窗体视图、怎样的窗口模式打开哪一个窗体。除此以外，OpenForm 宏操作还可以设定"筛选条件"和"数据模式"两个参数，这是两个非必设参数。

根据"预览图书借阅数据分析报表"宏对象的第一个操作要求，我们应该为"OpenForm"宏操作设定"窗体名称"为"借阅数据分析"窗体，"视图"为"窗体"视图，"窗口模式"为"普通"模式，不必设定其他两个参数。

4. 依次设定后续的宏操作及其对应参数

完成第一个宏操作及其对应参数的设定以后，我们可以依次设定后续的宏操作及其对应操作参数。

根据"预览图书借阅数据分析报表"宏对象的要求，我们应该为其设置第二个宏操作 OpenReport，并为其设定"报表名称"为"图书借阅数据分析报表"，"视图"为"打印预览"，"窗口模式"为"普通"，且不设定其他两个参数。

至此，即完成了一个 Access 宏对象的创建操作。关闭 Access 宏设计视图并保存，将其命名为"预览图书借阅数据分析报表"，即完成了"预览图书借阅数据分析报表"宏对象的创建工作。

9.3.2 创建具有程序流程的宏对象

在一个宏对象的执行过程中，也可以设置简单的程序流程。本节以一个具有分支程序流程的宏对象为例，说明一个具有程序流程的宏对象的创建方法。

例如，我们需要创建一个名为"打开借阅数据录入窗体"的宏，其程序流程为：在执行打开借阅数据录入窗体的操作之前，先做一次日期判断，如果是周日，则先显示一个对话框提示周日的慰问语，然后再执行打开借阅数据录入窗体的操作；否则直接执行打开借阅数据录入窗体的操作。

为此，应该在数据库设计视图功能区中选定"创建"选项卡，然后单击"宏与代码"命令组项中的"宏"按钮，即进入 Access 的宏对象设计视图。接着，需要在宏设计视图功能区的"设计"选项卡上，单击"显示/隐藏"命令组项内的"操作目录"按钮，令 Access 宏"操作目录"窗格显示出来，如图 9-5 所示。

观察 Access 宏"操作目录"窗格可以看到，Access 宏对象支持的程序流程可以包含注释（Comment）、分组（Group）、分支（If）和子宏对象（Submacro）四种形式。

为了设置分支程序流程，需要在 Access 宏"操作目录"窗格中双击"分支"选项 If。如此，即将宏对象的第一个操作设置为"if"操作了。接着，需要为这个"if"操作确定判断的条件。为此，可以单击位于"if"操作框右侧的"调用生成器"按钮调用 Access 表达式生成器。

在 Access 表达式生成器中，我们首先在"表达式元素"列表框中选定"内置函数"选项，接着在"表达式类别"列表框中选定"日期/时间函数"选项，然后在"表达式值"列表框中选定"Weekday"函数，最后将"Weekday"函数需要的两个参数分别设定为"Date()"和"2"，并设置其函数值为"=7"。如此设置的含义为：如果"If"今天"Date()"是一周"Weekday()"的第七天"=7"。设置完成以后，单击 Access 表达式生成器中的"确定"按钮，即返回宏设计视图。

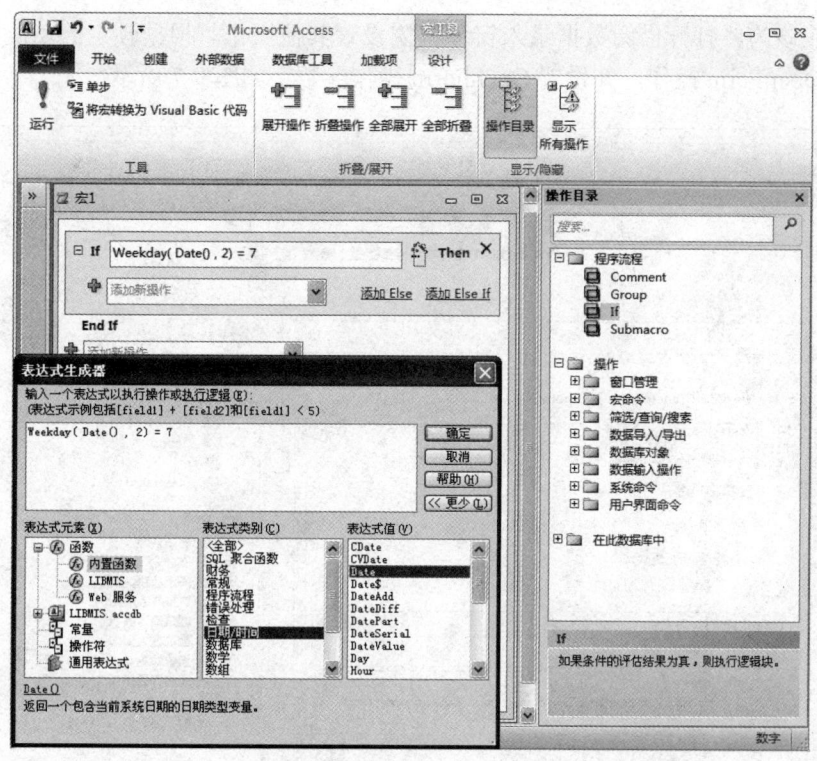

图 9-5　为"打开借阅数据录入窗体"宏设置分支程序流程

接着，我们可以设置条件满足情况下的操作。根据预定的功能需求，应该在此处设置"MessageBox"操作，并设置"MessageBox"操作参数，如图 9-6 所示。

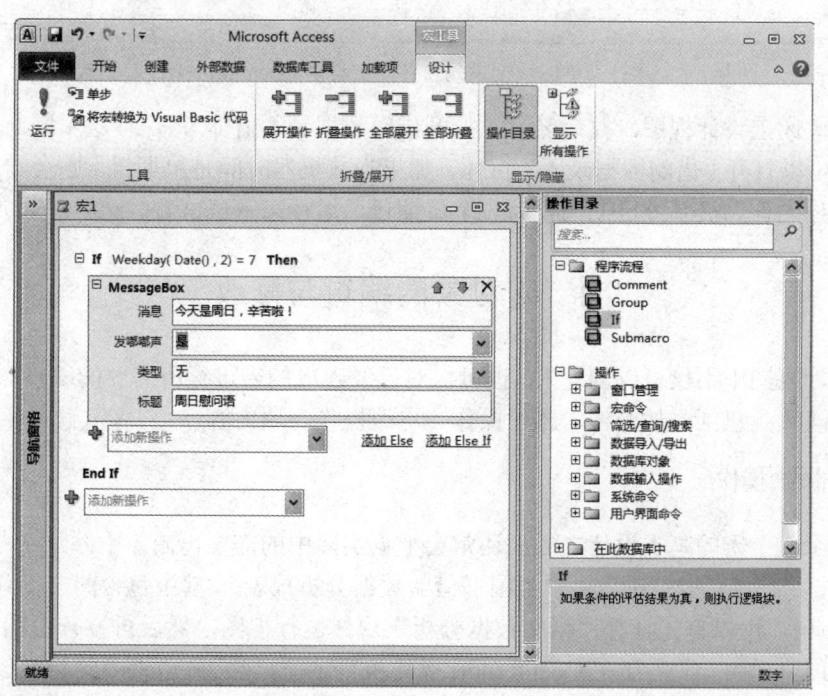

图 9-6　为"打开借阅数据录入窗体"宏设定"MessageBox"操作及参数

然后，应该为"打开借阅数据录入窗体"宏设置其他操作。根据预定的功能需求，应该在此处设置 OpenForm 操作，并设置 OpenForm 操作参数，如图 9-7 所示。

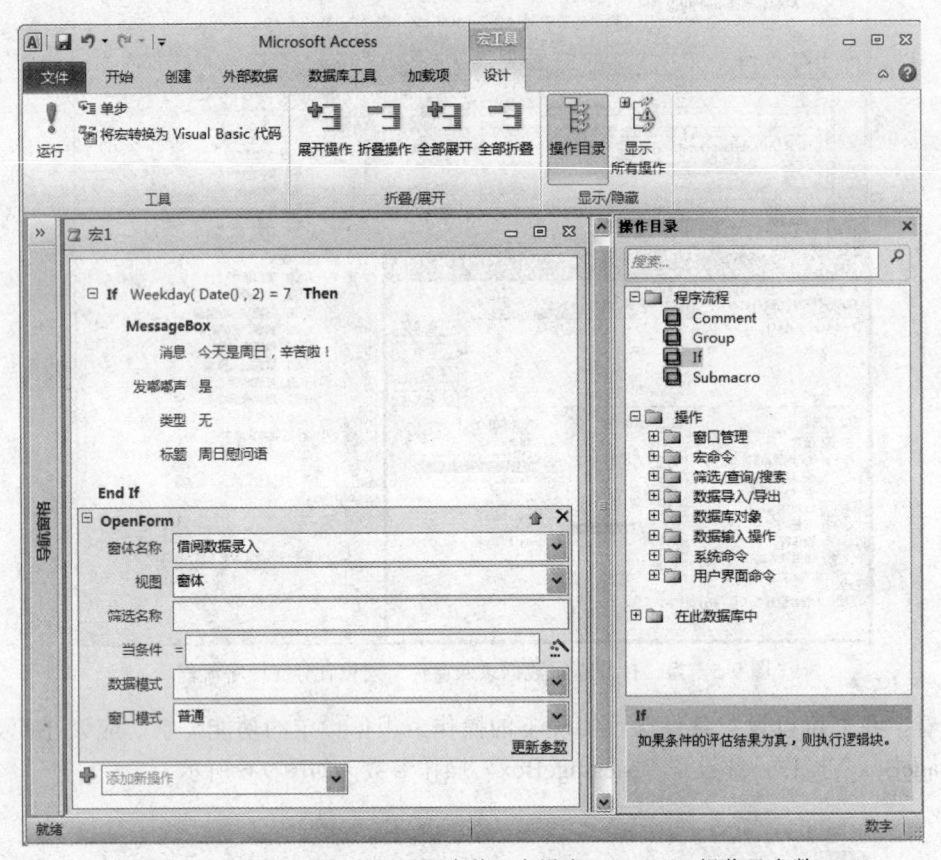

图 9-7　为"打开借阅数据录入窗体"宏设定 OpenForm 操作及参数

最后，关闭宏设计视图，并命名为"打开借阅数据录入窗体"，保存这个宏对象。运行这个宏对象，可以打开"借阅数据录入"窗体，如果当前机器时间是星期日，则会给出一个信息框。可以将你的计算机系统日期调整为一个星期日，运行一下试试看。

9.4　宏对象的编辑与修改

在宏设计视图中不仅可以创建宏，也可以对已经建成的宏进行所需要的编辑与修改。所进行的编辑修改大致包括添加操作、删除操作、更改操作三项内容。

9.4.1　添加操作

当完成了一个宏的基本设计之后，还常会根据实际中的需要再向宏中添加一些新的操作。例如，对于一个已经创建好的宏"预览图书借阅数据分析报表"，其中包含两个操作 OpenForm 和 OpenReport，用以首先打开"借阅数据分析"窗体运行视图，然后再打开"图书借阅数据分析报表"预览视图。现需要在 OpenReport 操作执行之前，增加一个操作 MessageBox，用以在打开报表预览视图之前提供一个提示信息，使得操作者能够理解执行这个宏将会产生的动作。下面的介绍就以此为例，说明在宏对象中添加操作的方法。

1. 进入"预览图书借阅数据分析报表"宏设计视图

在数据库设计视图导航窗格内选中"预览图书借阅数据分析报表"宏对象并右击，在随即弹出的快捷菜单中单击"设计视图"菜单项，即进入"预览图书借阅数据分析报表"宏设计视图。

2. 添加新操作 MessageBox 并设定其操作参数

宏设计视图的最后一行是一个添加新操作的组合框，单击这个组合框右端的下拉箭头，可在随之显示的操作列表中选取要使用的操作 MessageBox，然后在其对应的操作参数区中填写所需的参数值，如图 9-8 所示。

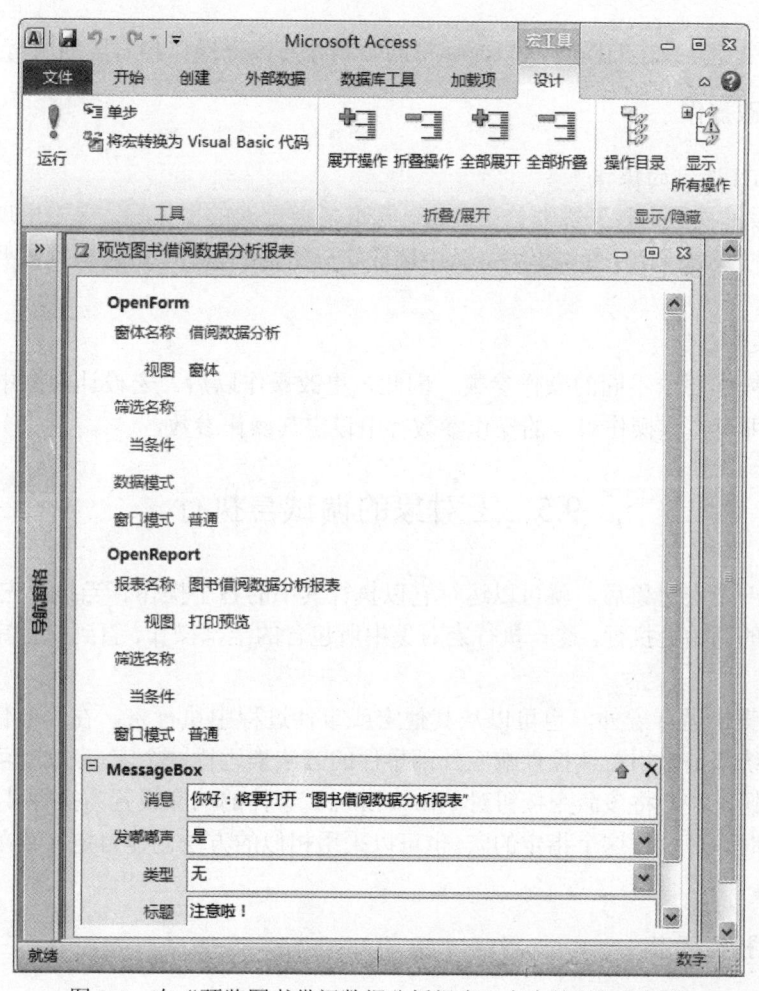

图 9-8 在"预览图书借阅数据分析报表"宏中的添加新操作

3. 重排操作顺序

根据预定的设计目标，我们要求 MessageBox 操作在 OpenReport 操作之前执行。因此，需要将 MessageBox 操作移到 OpenReport 操作之前。为此，可以在宏设计视图中，单击 MessageBox 操作框右侧的"上移"按钮 ⬆。采用这样的方式，我们可以根据需要进行必要的操作顺序调整与排列，因此可以将一个新增的操作插入到我们所需要任何位置。

9.4.2 删除操作

如果觉得宏中的哪一个操作是多余的，可以删除它。下面介绍在宏设计视图中删除一个操作的过程。

首先打开宏设计视图，并选中需要删除的操作。接着，可以采用三种方式实现这个宏操作的删除。

（1）单击操作框右侧的"删除"按钮 ✕；

（2）按下键盘上的 Delete 键；

（3）在宏设计视图功能区上的"开始"选项卡内，单击"剪贴板"命令组项中的"剪切"按钮 ✂。

在宏中删除一个操作的同时，Access 将同时删除与该行操作相对应的所有操作参数。

9.4.3 更改操作

1. 更改已经选定的操作

在"宏"设计视图中打开需要修改的宏，选取需要更改的操作行，单击出现在该行右侧的下拉箭头 ▾ 以打开对应的下拉式列表，从中选取实际所需的操作，则可根据需要实现宏操作的更改。

2. 修改操作参数

不同的宏操作要求不同的操作参数。因此，更改操作以后，宏设计视图中将显示对应的操作参数行，即可在该操作对应的操作参数行中设定其操作参数。

9.5 宏对象的调试与执行

设计完成一个宏对象后，就可以运行它以执行其中的各个操作。当执行宏时，Access 会从一个宏对象的开始处执行，逐一执行宏对象中所包含的全部操作，直到执行完这个宏的最后一个操作。

除了可以直接运行宏外，也可以从其他宏或事件过程中执行宏。在一般情况下，Access 数据库应用系统都是采用窗体控件响应外部事件的方法来运行一个宏。例如，可以将宏附加到窗体的命令按钮上，即将该命令按钮对单击（Click）事件的响应设置为执行某一个宏。这样，当单击该按钮时即可执行这个指定的宏。也可以采用相似的方法创建自定义菜单命令或工具栏按钮来运行宏。

9.5.1 直接运行宏

直接运行一个宏的方法有 2 种，其目的一般都是为了观察宏的执行效果，用以确定宏设计的正确性，这 2 种方法是：①在数据库设计视图的导航窗格内，双击相应的宏对象名，即可运行这个宏对象；②在宏设计视图功能区的"设计"选项卡上，单击"工具"命令组项内的的"运行"按钮 ❗。

通常情况下，直接运行宏只是进行测试。通过测试确保宏的设计无误之后，再将宏作为窗体、报表等容器对象中控件对于事件的响应方法使用，以对事件做出相关的处理。

9.5.2 单步执行宏操作

为了测试一个宏对象设计的正确性，往往需要逐个观察宏中每一个操作执行的情况，这就需要设定宏操作的单步执行状态。

使用单步执行宏可以观察到宏的流程和每一个操作的执行结果，据此，我们可以找到导致错误或产生非预期结果的处理方法。下面说明如何设定宏的单步执行状态、如何进行宏的单步执行以及如何观察单步执行过程中各个操作的执行情况。

1. 设定宏的单步执行状态

在宏设计视图功能区的"设计"选项卡上，"工具"命令组项中有一个"单步"按钮 ![单步] 。初始状态下，这个按钮呈凸起形式，表示宏处于连续执行状态。单击这个"单步"按钮 ![单步] ，使其呈凹下形式，即可设定宏的单步执行状态。

2. 单步执行宏中的各个操作

在已经设定了宏的单步执行状态的情况下，执行任一个宏都是以单步方式执行的。例如，可以打开"预览图书借阅数据分析报表"宏对象设计视图，单击"单步"按钮 ![单步] 设定单步执行状态。然后，单击"运行"按钮 ![!] ，这时即出现"单步执行宏"对话框，如图9-9所示。

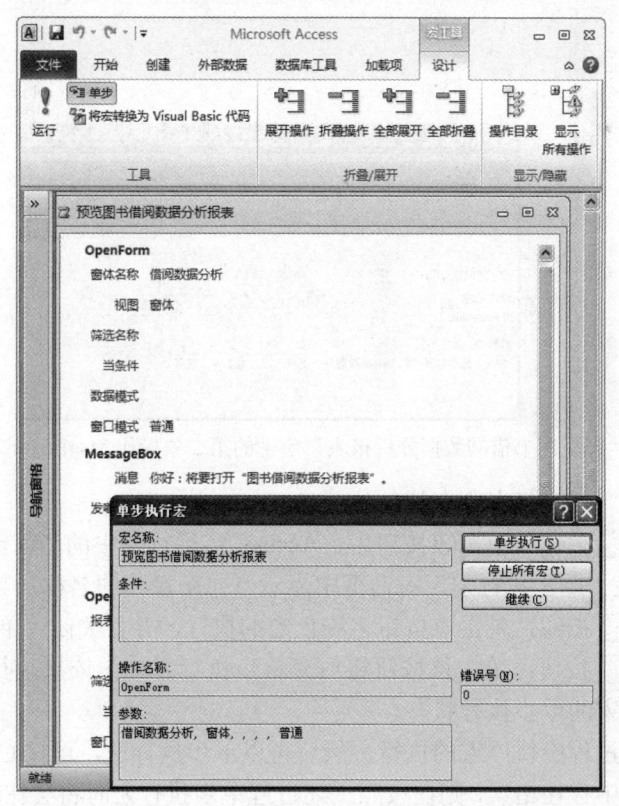

图 9-9　"单步执行宏"对话框

3. 观察每一个操作执行前的状态

在宏的单步执行状态下，执行宏中的每一个操作之前，Access 都会显示一个"单步执行宏"对话框。在这个对话框中显示当前待执行操作的各项操作参数及其操作条件的逻辑值，据此可以观察一个操作执行前的执行状态。图 9-9 所示即为"预览图书借阅数据分析报表"宏中第一个操作 OpenForm 的执行参数,它表明:执行条件为"真",并将以普通窗体形式打开"借阅数据分析"窗体。

在图 9-9 所示的对话框中单击"单步执行"按钮,即可执行 OpenForm 操作。接着将准备执行"预览图书借阅数据分析报表"宏中第二条操作 MessageBox,这时,在"单步执行宏"的对话框中显示操作 MessageBox 的执行参数,如执行条件为"真"等,如图 9-10 所示。

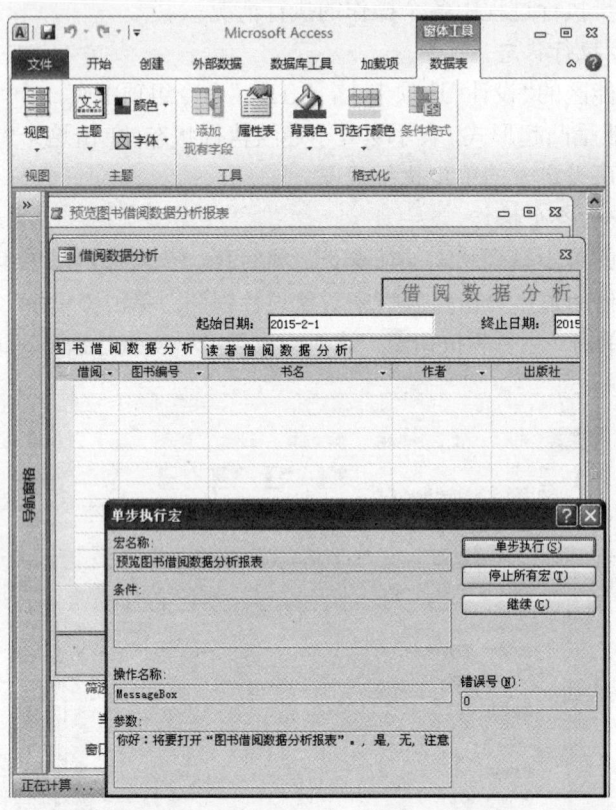

图 9-10 "预览图书借阅数据分析报表"宏中的第二条操作 MsgBox 的执行参数

4. "单步执行宏"对话框中各个按钮的功能

【单步执行(S)】按钮:单击该按钮后,Access 将运行宏中的当前操作,如果没有错误发生,则 Access 将在"单步执行宏"对话框中显示下一个操作的名称及其操作参数。

【停止所有宏(T)】按钮:单击该按钮将终止宏的执行,并且关闭"单步执行宏"对话框。

【继续(C)】按钮:单击该按钮将放弃单步执行方式,依次执行宏中所有未执行的其他操作,同时取消宏的单步执行状态。

如果要在宏执行过程中暂停宏的执行,然后再以单步执行宏,可按 Ctrl+Break 组合键。

如果在宏的设计中存在错误,则在按照上述过程单步执行宏时将会在窗口中显示"操作失败"对话框。Access 将在该对话框中显示出错操作的操作名称、参数以及相应的条件。利用该对话框可以了解出错的操作,然后单击"暂停"按钮进入"宏"设计视图窗口中,以便对错误进行相应的编辑修改。

宏中的各个操作全部执行完毕之后,"单步执行宏"对话框自动关闭。记住:如果不再需要测试宏了，必须进入宏对象设计视图，在宏设计视图功能区的"设计"选项卡上，单击"工具"命令组项中的"单步"按钮 单步，使其呈凸起形式，以此取消宏的单步执行状态。

9.6　应用宏对象

Access 数据库中的宏对象具有多种应用方式。例如，可以利用宏来生成 VBA 程序，利用一个特殊的宏来使某一数据库对象被打开时即可首先执行一系列特定的操作，利用宏来响应组合式快捷键等。

9.6.1　利用宏生成 VBA 程序代码

由于宏的设计过程是一个人机对话的过程，它不要求设计者刻意地记忆命令、参数及其相关语法，因此是一种非常方便的编程工具。实际上，宏本身就是程序，只不过是一种控制方式简单的程序而已。它由若干操作组成，一般情况下采用顺序执行的方式运行，也可以通过设置操作执行的条件来实现操作执行顺序的跳转。

既然如此，自然会考虑能否利用宏设计视图以人机对话的方式设计宏，然后将其转换为对应的 VBA 程序呢？答案是肯定的。Access 数据库管理系统为此提供了两种方式，第一种方式已经在 9.2 节中介绍过了，此处介绍第二种方式。

首先在数据库设计视图的导航窗格内选中需要转换为 VBA 程序的宏对象，打开这个宏对象的设计视图。然后，在这个宏对象设计视图功能区的"设计"选项卡上，单击"工具"命令组项内的"将宏转换为 Visual Basic 代码"命令按钮，随即弹出"转换宏"对话框，如图 9-11 所示，单击其上的"转换"按钮，即完成了将宏转换为 VBA 程序的过程。

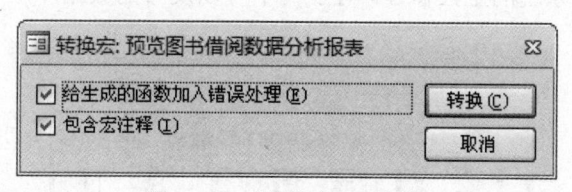

图 9-11　"转换宏"对话框

例如，可以将 LIBMIS 数据库中的宏"预览图书借阅数据分析报表"转换为对应的 VBA 程序。其操作过程为：打开"预览图书借阅数据分析报表"宏对象设计视图，在这个宏对象设计视图功能区的"设计"选项卡上，单击"工具"命令组项内的"将宏转换为 Visual Basic 代码"命令按钮，随即弹出"转换宏"对话框，单击"转换"按钮，即可将宏对象"预览图书借阅数据分析报表"转换成为一个名为"转换宏——预览图书借阅数据分析报表"的模块对象，其间包含与宏"预览图书借阅数据分析报表"功能完全相同的 VBA 程序代码。

在"转换宏"对话框中有两个选项，其含义依次为：转换形成的 VBA 程序中包含进行出错处理的 On Error 子程序段；转换形成的 VBA 程序中包含关于宏对象的注释。

关于宏"预览图书借阅数据分析报表"，我们已经在 9.4 节中介绍过了，此处来看看转换成的 VBA 程序代码，其间包含出错处理程序段和宏注释。

```
Function 预览图书借阅数据分析报表()
On Error GoTo 预览图书借阅数据分析报表_Err
```

```
        DoCmd.OpenForm "借阅数据分析", acNormal, "", "", , acNormal
        DoCmd.OpenReport "图书借阅数据分析报表", acViewPreview, "", "", acNormal
预览图书借阅数据分析报表_Exit:
        Exit Function
预览图书借阅数据分析报表_Err:
        MsgBox Error$
        Resume 预览图书借阅数据分析报表_Exit
    End Function
```

注意，由宏转换成的 VBA 程序段是一个 VBA 函数 Function，其调用方式不同于 VBA 子程序 Private Sub。

9.6.2 启动时自动运行的宏 AutoExec

如果在一个 Access 数据库中创建一个命名为 AutoExec 的宏对象，将得到这样一种效果：一旦这个数据库被打开，AutoExec 宏对象中的第一个宏将得到执行。这是因为，只要 Access 得到打开一个数据库的操作指令，它将在打开这个数据库后立即去寻找其中是否存在一个命名为 AutoExec 的宏对象，如果找到，则运行它。

合理地使用这个名为 AutoExec 的特殊宏，可在首次打开数据库时执行一个或一系列的操作，包括某些应用系统初始参量的设定、打开应用系统操作主窗口等。

在本书实例"图书馆管理信息系统"数据库中，设计有一个名为 AutoExec 的宏对象，如图 9-12 所示，其间包含一个操作：

```
        OpenForm "图书馆管理信息系统", acNormal, "", "", , acNormal
```

这就使当打开 LIBMIS 数据库时，自动打开数据库窗体"图书馆管理信息系统"，而这个窗体是整个数据库应用系统的主控窗体。对于一个可以发布的数据库应用系统，这一项功能是非常必要的。

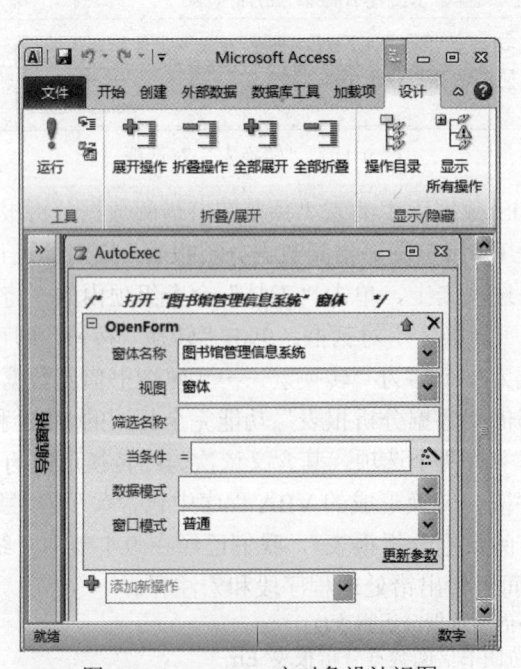

图 9-12 AutoExec 宏对象设计视图

对于一个包含 AutoExec 宏的 Access 数据库，如果想在打开数据库时阻止自动运行 AutoExec 宏，可在打开数据库时按住 Shift 键不放开，以此来阻止 Access 自动运行 AutoExec 宏。

9.6.3 响应组合键的宏组 AutoKeys

在一般的 Windows 应用程序中，为了使用剪贴板进行对对象的复制粘贴操作，除了可以利用菜单选项或工具按钮实现以外，可能很多人都知道"^C"是复制操作的组合式快捷键、"^V"是粘贴操作的组合式快捷键，且非常习惯使用它们。那么，在一个 Access 数据库应用系统中，是否也可能出现对这种组合式快捷键的应用需求呢？如果确实有这样的需求，又该如何满足它呢？（此处所写"^C"表示同时按下 Ctrl 键和 C 键，后述均同此义）

为了满足这种对于组合式快捷键的应用需求，Access 提供了另一个特殊的宏对象名 AutoKeys。在命名为 AutoKeys 的宏对象中，我们可以采用宏组的形式定义某些组合键按下后应该进行的操作，从而为 Access 数据库应用系统提供一整套组合式快捷键功能。

例如，在 LIBMIS 数据库中，可以设计一个名为 AutoKeys 的宏对象，其间包含三个宏，每个宏包含一个 RunMacro 操作，其中定义了用"^g"组合键运行宏"预览图书借阅数据分析报表"，用"^j"组合键运行宏"打开借阅数据录入窗体.打开借阅数据分析窗体"，用"^k"组合键运行宏"打开借阅数据录入窗体.打开借阅数据录入窗体"。在这个宏对象的支持下，按下上述任一组组合键即可运行相应的宏，而这些宏又都分别包含打开某一个窗体对象的操作，因此使打开相应窗体对象的操作可以采用上述快捷键的方式进行，从而方便了操作者的操作过程。

LIBMIS 数据库中的宏对象 AutoKeys 设计视图及其对应操作参数设置如图 9-13 所示。

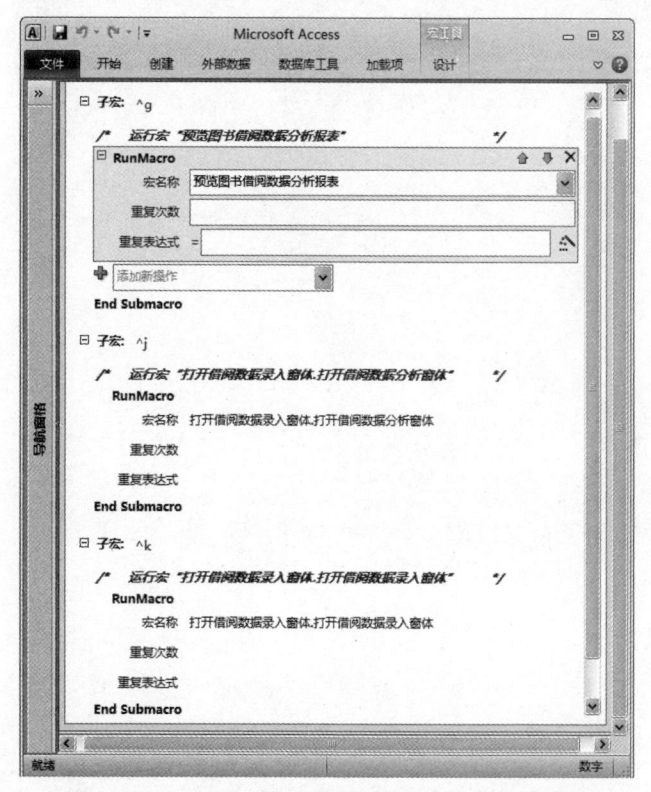

图 9-13 AutoKeys 设计视图及其对应操作参数设置

值得注意的是，Access 本身已经具有一些默认的组合式快捷键功能，如果利用 AutoKeys 宏对象定义的组合式快捷键与某些 Access 默认的组合式快捷键功能冲突，则利用 AutoKeys 宏对象定义的组合式快捷键功能有效，而那些 Access 默认的组合式快捷键功能无效。

习题 9

1. 请分别说明记录操作类中各项操作名及其所需的相关操作参数与功能。
2. 请写出打开窗体与关闭窗体、打开报表与关闭报表的操作命令格式，以及操作中各项参数的取值与作用。
3. 请说明 MessageBox 操作中各项操作参数取值的作用。
4. 请说明宏对象的概念及其作用。
5. 可以将宏对象转换为相同功能的模块对象吗？进行这种转换的意义何在？如何进行这种转换操作？
6. 在什么样的情况下，需要设置操作的执行条件？应该如何进行条件设置操作？
7. 如何在一个宏中插入一个操作？如何在一个宏中删除一个操作？
8. 请分别说明宏名为 AutoExec 与 AutoKeys 的宏功能以及各自的适用场合。

第 10 章 LIBMIS 数据库集成与测试

本章学习目标

- 归纳 LIBMIS 数据库中所有对象的设计参数
- 学习集成各个数据库对象的方法
- 学习 LIBMIS 数据库应用系统测试数据集的简单设计方法

通过前面 9 章的学习与实践，我们已经逐步掌握了 Access 数据库各类对象的设计与使用方法。并且，作为本书贯穿始终的数据库应用系统开发实例，"图书馆管理信息系统"（LIBMIS）中的各个数据库对象都已经设计完成。本章将归纳 LIBMIS 数据库中的各个主要数据库对象的设计参数，介绍 LIBMIS 数据库系统集成、系统运行测试以及应用系统发布的方法，最终完成这个小型数据库管理信息系统的全面设计工作。

10.1 LIBMIS 表对象集成

LIBMIS 数据库中的数据表对象有五个，它们的作用及其参数的设置操作方法均已经在第 3 章中做了介绍，本小节将对其进行全面的归纳，用以帮助读者整体归纳前面所介绍的所有知识。

10.1.1 "读者数据表"对象

1. "读者数据表"对象的功用

"读者数据表"对象用于存储 LIBMIS 数据库中的读者基本数据，即系统中的所有读者基本数据均应保存在这个数据表中。它包括："读者编号"、"姓名"、"单位"和"类别"共四个字段。

"读者数据表"对象所存储的数据是整个数据库最基础的数据之一，因此，"读者数据表"对象是 LIBMIS 数据库的基础数据之所在。只有记录于"读者数据表"中的人员，才具有在本图书馆借阅图书的资格。"读者数据表"中记录着每一位读者的姓名、单位与身份，这些数据构成了判断借阅图书的册数限制与期限限制的依据，即使某一位读者已经离开学校，但只要他还借阅有尚未归还的图书，就不可以将其从"读者数据表"中删除。

"读者数据表"中索引字段的设置是为了满足其他各项系统检索的需求，而组合框字段的设置则是为了方便直接在表上操作数据的需要。

2. "读者数据表"对象的设计参数

"读者数据表"对象的设计参数如表 10-1 所示。

表 10-1 "读者数据表"对象的设计参数

基本参数		常规参数				查阅参数	
字段名	数据类型	字段大小	格式	小数位	索引	显示控件	行来源
读者编号	文本	8			主索引	文本框	
姓名	文本	8			无	文本框	
单位	文本	10			无	文本框	
类别	文本	10			无	组合框	读者类别

10.1.2 "图书数据表"对象

1. "图书数据表"对象的功用

"图书数据表"对象用于存储 LIBMIS 数据库中所有图书的全部编目数据，即图书馆中的所有图书编目数据均应该记录在这个数据表中。它包括："图书编号"、"书名"、"作者"、"出版社"、"出版日期"、"定价"、"馆藏数量"和"内容简介"共八个字段。

与"读者数据表"对象相同，"图书数据表"所存储的数据也是整个数据库最基础的数据之一。只有记录在"图书数据表"中的图书，才可以提供给读者借阅。

"图书数据表"中索引字段的设置是为了满足其他各项系统检索的需求，而为"出版社"字段设置的组合框属性则是为了方便直接在表上操作数据的需要，是为了减轻这个字段数据输入量并提高数据输入的准确性。

2. "图书数据表"对象的设计参数

"图书数据表"对象的设计参数如表 10-2 所示。

表 10-2 "图书数据表"对象的设计参数

基本参数		常规参数				查阅参数	
字段名	数据类型	字段大小	格式	小数位	索引	显示控件	行来源
图书编号	文本	20			主索引	文本框	
书名	文本	40			无	文本框	
作者	文本	28			无	文本框	
出版社	文本	20			无	组合框	出版社
出版日期	日期/时间		短日期	0	无		
定价	数字	单精度型	货币	2	无	文本框	
馆藏数量	数字	整型			无	文本框	
内容简介	文本	255			无	文本框	

10.1.3 "借阅数据表"对象

1. "借阅数据表"对象的功用

"借阅数据表"对象用于存储 LIBMIS 数据库中的图书借阅/归还事务相关数据，类似于一般账务处理中的流水账。即每发生一次图书借阅事务，就在"借阅数据表"中记录一笔；而每发生一次图书归还事务，则在"借阅数据表"中更改一条借阅记录数据。

为了实现系统功能的要求，"借阅数据表"必须包括"借阅序号"、"图书编号"、"读者编号"、"借阅状态"、"借阅日期"、"应归还日期"、"实归还日期"和"处罚记录"共八个字段。其中，"借阅序号"为数据表的主关键字段，设置为"自动编号"数据类型。

有一点必须注意，为了能够准确地与"读者数据表"和"图书数据表"实施关联，必须保证"借阅数据表"中"读者编号"和"图书编号"字段的数据类型、字段大小设计参数分别与"读者数据表"和"图书数据表"中对应字段相一致。

2．"借阅数据表"对象的设计参数

"借阅数据表"对象的设计参数如表10-3所示。

表10-3 "借阅数据表"对象的设计参数

基本参数		常规参数				查阅参数	
字段名	数据类型	字段大小	格式	小数位	索引	显示控件	行来源
借阅序号	自动编号	长整型			主索引		
图书编号	文本	20			有（有重复）	文本框	
读者编号	文本	8			有（有重复）	文本框	
借阅状态	是/否		是/否		无	文本框	
借阅日期	日期/时间		短日期		无		
应归还日期	日期/时间		短日期		无		
实归还日期	日期/时间		短日期		无		
处罚记录	文本	255			无	文本框	

10.1.4 "读者类别"和"出版社"表对象

1．"读者类别"和"出版社"表对象的功用

这两个表对象的功用是相似的，它们主要用于提供列表框或组合框控件的数据行来源，用以保证在直接对"读者数据表"和"图书数据表"进行操作时，数据输入的正确性与便捷性。除此之外，"读者类别"表对象存储的数据还确定了各类读者的借阅图书册数限制和借阅图书期限限制，用以保证读者数据记录的规范化。

为了满足系统功能的要求，"读者类别"表对象必须包含"读者类别"、"册数限制"和"借阅期限"共三个字段，而"出版社"表对象仅需设置"出版社"一个字段。

其中，"读者类别"表对象中的"读者类别"字段为主关键字段，需与"读者数据表"中的"类别"字段设置相同。"出版社"表对象中的"出版社"字段为主关键字段，需与"图书数据表"中的"出版社"字段设置相同。

2．"读者类别"和"出版社"表对象的设计参数

"读者类别"和"出版社"表对象的设计参数如表10-4所示。

表 10-4 "读者类别"和"出版社"表对象的设计参数

表名	字段名	数据类型	字段大小	小数位数	索引
读者类别	读者类别	文本	10		主索引
	册数限制	数字	整型	0	
	借阅期限	数字	整型	0	
出版社	出版社	文本	20		主索引

10.2 LIBMIS 查询对象集成

LIBMIS 数据库中主要包括六个查询对象，本小节将对其进行全面的归纳，用以帮助读者整体归纳前面所介绍的所有知识。

10.2.1 "读者基本数据查询"对象

1. "读者基本数据查询"对象的功用

基于数据库规范化设计的要求，LIBMIS 数据库中的读者基本数据分别存储于"读者数据表"和"读者类别数据表"内。这两个数据表依据"读者类别"字段相互关联。

如此设计的结构导致，凡是在需要使用全部读者基本数据的场合，都必须依靠一个 Access 查询对象，用以实现读者数据记录的连接，使得读者基本数据得以完整地表述。这就是"读者基本数据查询"对象的主要功用。

因此，"读者基本数据查询"对象应该是一个选择查询对象，它负责将"读者数据表"和"读者类别"数据表内的关联记录连接形成一个完整的读者基本数据记录。

2. "读者基本数据查询"对象的设计参数

显然，根据上述对"读者基本数据查询"对象功用的分析，所需要的"读者基本数据查询"对象运行视图如图 5-8 所示，其采用 SQL 语句描述的设计参数如下：

```
SELECT 读者数据表.读者编号, 读者数据表.姓名, 读者数据表.单位, 读者数据表.类别,
       读者类别.册数限制, 读者类别.借阅期限
FROM 读者类别 INNER JOIN 读者数据表 ON 读者类别.读者类别 = 读者数据表.类别
ORDER BY 读者数据表.读者编号;
```

10.2.2 "读者借阅数据查询"对象

1. "读者借阅数据查询"对象的功用

为了保证数据库的规范化设计，LIBMIS 数据库中的"借阅数据表"中关于图书数据与读者数据均只是存储了对应的"图书编号"和"读者编号"字段。在实际应用场合，操作者总是希望能够看到对应图书的"书名"、"作者"、"出版社"、"出版日期"和"定价"等相关数据。为此，必须为之设计一个 Access 查询对象，以保证借阅数据描述的完整性。这就是"读者借阅数据查询"对象的功用。

因此，"读者借阅数据查询"对象应该是一个选择查询对象，它负责将"借阅数据表"中的"图书编号"和"图书数据表"中的关联记录连接形成一个完整的读者借阅数据记录。

2. "读者借阅数据查询"对象的设计参数

显然，根据上述对"读者借阅数据查询"对象功用的分析，所需要的"读者借阅数据查询"对象运行视图如图 5-10 所示，其采用 SQL 语句描述的设计参数如下：

SELECT 借阅数据表.图书编号, 借阅数据表.读者编号, 图书数据表.书名, 图书数据表.作者,
       图书数据表.出版社, 图书数据表.出版日期, 图书数据表.定价, 借阅数据表.借阅状态,
       借阅数据表.借阅日期, 借阅数据表.应归还日期
FROM 借阅数据表 INNER JOIN 图书数据表 ON 借阅数据表.图书编号 = 图书数据表.图书编号
WHERE (((借阅数据表.借阅状态)=True));

10.2.3 "图书归还数据查询"对象

1. "图书归还数据查询"对象的功用

"图书归还数据查询"对象的功用在于，当图书管理员接受读者归还图书时，检索到这本借阅图书的相关记录，然后修改这条图书借阅记录，使其成为归还状态并记录归还日期。

为此，需要依据"借阅数据表"的数据记录完整地描述这一位读者的借阅数据。这就要求必须建立一个 Access 查询对象，其数据源为"借阅数据表"和"图书数据表"，两个数据表之间根据"图书编号"字段保持关联。

另外，"图书归还数据查询"对象还应该实现筛选当前呈借阅状态图书的功能。

因此，"图书归还数据查询"对象应该是一个选择查询对象，它负责将"借阅数据表"中那些"借阅状态"值为 True 且"借阅数据表"中的"图书编号"和"图书数据表"中的关联记录连接形成一个完整的借阅数据记录集合。

2. "图书归还数据查询"对象的运行视图

根据上述对"图书归还数据查询"对象功用的分析，所需要的"图书归还数据查询"对象运行视图如图 10-1 所示，其 SQL 语句参见 5.3.4 节。

图 10-1 "图书归还数据查询"对象运行视图

10.2.4 "图书借阅数据分析查询"对象

1. "图书借阅数据分析查询"对象的功用

"图书借阅数据分析查询"属于具有分类汇总功能的查询对象，其功用在于满足图书管理员分析各类图书借阅次数的需求，具体地说，就是用以统计在一段指定时间内各类图书的被借阅次数。当图书管理员需要进行图书借阅数据分析时，他指定一段日期的起始点与终止点，然后可以看到在这一段日期内各类图书外借次数的统计结果。

因此，“图书借阅数据分析查询”对象应该是一个选择查询对象，它首先基于“借阅数据表”完成针对“借阅日期”字段的筛选，并实现依据“图书编号”字段的分类汇总计算，且依据这个分类汇总数据进行排序，最后连接“图书数据表”中的相同“图书编号”对应的字段数据，形成图书借阅数据分析结果。

2. “图书借阅数据分析查询”对象的运行视图

根据上述对“图书借阅数据分析查询”对象功用的分析，所需要的“图书借阅数据分析查询”对象运行视图如图 10-2 所示，其 SQL 语句参见 5.3.2 节。

图书借阅数据分析查询

借阅次数	图书编号	书名	作者	出版社	出版日期	定价	借阅日期
3	TP311.13/17	数据库应用教程	黄志军	科学出版社	2011-1-1	￥36.00	2014-7-29
2	TP311.138/L335N2	Access 2003应用技术	李禹生	中国水利水电出版社	2005-1-1	￥27.00	2014-7-29
2	TP311.138/91	SQL Server 2008数据库应用技术	梁爽	清华大学出版社	2013-7-1	￥42.00	2014-7-29
2	TP311.13/45	数据库应用基础实验教程	姚家奕，刘世峰	电子工业出版社	2007-9-1	￥32.00	2014-7-29
1	TP311.138AC/2	数据库应用	张晓华	重庆大学出版社	2007-1-1	￥31.00	2014-7-29
1	TP311.138/Z6	数据库应用程序设计基础教程	周山芙，黄京莲	清华大学出版社	2004-6-1	￥29.00	2014-7-29
1	TP311.138/Y215N2	Oracle 11g数据库应用简明教程	杨少敏，王红敏	清华大学出版社	2010-1-1	￥31.00	2014-7-24
1	F713.36/I57	电子商务中的数据仓库技术	W. H. Inmon[等]	机械工业出版社	2004-1-1	￥35.00	2014-7-29

记录：第 1 项(共 8 项) 无筛选器 搜索

图 10-2 “图书借阅数据分析查询”对象运行视图

10.2.5 “读者借阅数据分析查询”对象

1. “读者借阅数据分析查询”对象的功用

“读者借阅数据分析查询”对象的功用与“图书借阅数据分析查询”对象的功用相同，都属于具有分类总功能的查询对象。“读者借阅数据分析查询”对象的功用在于帮助图书管理员分析各位读者借阅图书的次数，具体地说，就是用以统计在一段指定时间内各位读者到图书馆来借阅图书的次数。

当图书管理员需要进行读者借阅数据分析时，他首先指定一段日期的起始点与终止点，然后可以看到在这一段日期内各位读者到图书馆来借阅图书的次数统计。

因此，“读者借阅数据分析查询”对象应该是一个选择查询对象，它首先基于“借阅数据表”完成针对“借阅日期”字段的筛选，并实现依据“读者编号”字段的分类汇总计算，且依据这个分类汇总数据进行排序，最后连接“读者基本数据查询”中的相同“读者编号”对应的字段数据，形成读者借阅数据分析结果。

2. “读者借阅数据分析查询”对象的运行视图

根据上述对“读者借阅数据分析查询”对象功用的分析，所需要的“读者借阅数据分析查询”对象运行视图如图 10-3 所示，其 SQL 语句参见 5.3.4 节。

读者借阅数据分析查询

借阅次数	读者编号	姓名	单位	类别	册数限制	借阅期限	借阅日期
4	T00123	周昕宇	数计学院	教工	9	100	2014-7-29
3	S1409201	钱正阳	经管学院	本科生	5	60	2014-7-29
3	M1305921	程昆杉	数计学院	硕士研究生	7	60	2014-7-29
2	D1401903	张绍明	食品学院	博士研究生	9	90	2014-7-24
1	M1405905	李志强	数计学院	硕士研究生	7	60	2014-7-24

记录：第 1 项(共 5 项) 无筛选器 搜索

图 10-3 “读者借阅数据分析查询”对象运行视图

10.2.6 "超期归还数据查询"对象

1. "超期归还数据查询"对象的功用

每一个图书馆都会遇到某些读者由于种种原因未能按期归还所借阅的图书的情况,图书管理员希望能够阶段性地向这些读者发出催促归还图书的通知,"超期归还数据查询"对象就是为了实现超期归还图书数据处理的需求。

为此,必须设计一个 Access 查询对象,用以筛选出那些应该催促其归还图书的读者名单,并明确这些读者截至当前为止尚有哪些图书应该归还而尚未归还。这就构成了"超期归还数据查询"对象的功用。

因此,"超期归还数据查询"对象也应该是一个选择查询对象,它完成的功能是基于"借阅数据表"中的"应归还日期"字段实现小于当前日期的借阅记录的筛选。

2. "超期归还数据查询"对象的运行视图

根据上述对"超期归还数据查询"对象功用的分析,所需要的"超期归还数据查询"对象运行视图如图 10-4 所示,其 SQL 语句参见 5.3.4 节。

图 10-4 "超期归还数据查询"对象运行视图

10.3 LIBMIS 窗体对象集成

LIBMIS 数据库中主要包括 6 个功能窗体对象和一个主界面窗体对象。本节将集中描述各个窗体的功能及其运行视图操作要点,用以帮助读者整体归纳前面所介绍的相关知识。

10.3.1 "读者数据录入"窗体对象的功能与操作

"读者数据录入"窗体对象用于为图书馆管理员提供录入新的读者数据或者删除那些已经离开学校的读者数据时调用的操作界面。

在这个窗体操作界面上增加新的读者数据记录时,操作者首先必须输入"读者编号"、"读者姓名"和"读者单位"三项数据,而后在"读者类别"组合框中选定这一位读者的类别。这时,窗体上的"册数限制"和"借阅期限"文本框内将自动显示这一类读者的对应数据,而且不允许直接更改。

完成上述操作之后,操作者应该单击窗体上的 添加到读者数据表 按钮,即可将这一位新读者的数据添加到读者数据表中。

当需要删除一位读者的数据记录时,应该在这个窗体操作界面上选定这一位读者的数据记录,然后单击窗体上的 删除当前读者记录 按钮,即可完成删除当前指定读者记录数据的操作。

当需要退出读者数据录入与删除操作时,操作者单击"读者数据录入"窗体上的"退出"按钮,即可关闭"读者数据录入"窗体的运行视图。

10.3.2 "图书数据录入"窗体对象的功能与操作

"图书数据录入"窗体对象设计形式类似于"读者数据录入"窗体，其功能在于为图书馆管理员提供一个操作界面，以便于他能够方便地录入新的图书编目数据，或者删除那些已经销毁了的图书数据。

当图书馆购入新的图书时，图书管理员应该运行这个窗体操作界面，首先输入"图书编号"、"书名"和"作者"三项数据，而后在"出版社"组合框中选定这本图书的出版单位，最后输入"出版日期"、"定价"、"馆藏数量"和"内容简介"等文本框中的相关数据。

完成上述操作之后，操作者应该单击窗体上的 [添加到图书数据表] 按钮，即可将这一本新图书的编目数据添加到图书数据表中。

而当需要删除一本图书的数据记录时，应该在这个窗体操作界面上选定这一本图书的数据记录，然后单击窗体上的 [删除当前图书记录] 按钮，即可删除当前指定的图书数据记录。

当需要退出图书数据录入与删除操作时，操作者应该单击"图书数据录入"窗体上的"退出"按钮，即可关闭"图书数据录入"窗体的运行视图。

10.3.3 "借阅数据录入"窗体对象的功能与操作

"借阅数据录入"窗体对象的功能在于为图书馆管理员提供办理图书借阅事务的操作平台。

当一位读者需要借阅一本图书时，他必须到图书管理员这里办理图书借阅手续。这时，图书管理员应该调用"借阅数据录入"窗体运行视图。首先，图书管理员应该在"借阅数据录入"窗体的"读者编号"文本框中输入这位读者的"读者编号"数据，如果该读者是图书馆的合法读者，即可看到这位读者的个人信息，包括"读者姓名"、"读者单位"、"读者类别"、"册数限制"以及"借阅期限"等数据。同时，图书管理员还可以在窗体中部看到这位读者所有尚未归还的借阅图书数据记录。

依据上述数据，图书管理员可以确定这位读者是否有资格继续借阅图书。然后，即可在"借阅数据录入"窗体中的"图书编号"文本框中输入这位读者希望借阅的图书编号。接着，图书管理员即看到对应图书的"书名"、"作者"、"出版社"、"出版日期"和"定价"等数据。

最后，图书管理员应该单击"借阅数据录入"窗体上的 [确定借阅数据] 按钮，将这本书记录到该读者的图书借阅记录中，完成图书借阅数据录入的操作事务。

当需要退出"借阅数据录入"窗体的操作时，操作者应该单击"借阅数据录入"窗体上的"退出"按钮，即可关闭"借阅数据录入"窗体的运行视图。

10.3.4 "图书归还数据录入"窗体对象的功能与操作

1. "图书归还数据录入"窗体对象的功能分析

"图书归还数据录入"窗体对象的功能在于为图书馆管理员提供办理图书归还事务的操作平台。

当一位读者需要归还一本图书时，他必须到图书管理员这里办理图书归还手续。这时，图书管理员应该调用"图书归还数据录入"窗体运行视图。

在"图书归还数据录入"窗体运行视图中，图书管理员应该在"图书归还数据录入"窗体的"读者编号"文本框中输入这位读者的"读者编号"数据，即可看到这位读者的个人信息，包括"读者姓名"、"读者单位"、"读者类别"、"册数限制"和"借阅期限"等数据。同时，图书管理员还可以在窗体中部看到这位读者所有尚未归还的借阅图书数据记录。

如果图书有破损或者归还超期，图书管理员应该在"处罚记录"文本框内填写相关文字。然后在"图书归还数据录入"窗体运行视图中的定位本次归还的图书记录，单击窗体上的 确定归还图书记录 按钮，即可完成这一本图书的归还事务操作。

当需要退出"图书归还数据录入"窗体的操作时，操作者应该单击"图书归还数据录入"窗体上的"退出"按钮，即可关闭"图书归还数据录入"窗体的运行视图。

根据以上对于"图书归还数据录入"窗体对象功用的分析，其窗体运行视图如图 1-8 所示。

2. "图书归还数据录入"窗体对象的设计

为了实现上述"图书归还数据录入"窗体对象的各项功能，可以采用如下步骤进行设计：

（1）设计主窗体结构

首先，进入 Access 窗体设计视图，设定窗体数据源为"读者基本数据查询"。

然后，在窗体页眉区域内设置一个标签控件，令其标题属性为"图书归还数据录入"，再设置一个文本框控件，令其伴随标签标题为"读者编号"。

接着，将数据源中的所有字段均安放在窗体页眉区域内的合适位置上。将数据源中的"读者编号"字段所对应的文本框设置成与窗体底色相同，使其看不见。将所有数据源字段对应的文本框控件的"是否锁定"属性均设置为"是"，以保证操作者不能在窗体运行视图中更改这些数据。

最后，在窗体页脚区域内设置两个命令按钮控件，均应该使用 Access 向导完成各项设置。第一个命令按钮控件的"标题属性"为"确定归还图书记录"，暂时令其对"单击事件"的处理方法为"查找记录"。第二个命令按钮控件的"标题属性"为"退出"，令其对"单击事件"的处理方法为"关闭窗体"。

完成这些操作后，应该保存窗体设计，并将窗体命名为"图书归还数据录入"。

（2）设计子窗体

设计"图书归还数据录入"中的子窗体，应该使用 Access 子窗体向导进行。子窗体数据源需设置为"图书归还数据查询"。子窗体向导的应用请参阅 6.2.2 节。

（3）设计事件处理程序

"图书归还数据录入"窗体需要有能力处理三个事件，亦即需要编写三段 VBA 程序代码。

首先，需要伴随标签为"读者编号"的文本框能够处理失去焦点事件，其 VBA 程序代码应为（假定该文本框控件的"Name"属性值为"Text0"）：

```
Private Sub Text0_LostFocus()
On Error GoTo Err_Text0_LostFocus
    Me![读者编号].SetFocus
    DoCmd.FindRecord Me![Text0], , True, , True
    Me![Text2].SetFocus
Exit_Text0_LostFocus:
    Exit Sub
Err_Text0_LostFocus:
    MsgBox Err.Description
    Resume Exit_Text0_LostFocus
End Sub
```

然后，需要更改"标题属性"为"确定归还图书记录"的命令按钮单击事件的处理方法，其VBA程序代码应为（假定该命令按钮控件的"Name"属性值为"Command14"）：

```
Private Sub Command14_Click()
On Error GoTo Err_Command14_Click
    Me![图书归还数据查询子窗体].SetFocus
    Me![图书归还数据查询子窗体]![借阅状态] = False
    Me![图书归还数据查询子窗体]![实归还日期] = Date
    Me![图书归还数据查询子窗体]![处罚记录] = Me.Text2
Exit_Command14_Click:
    Exit Sub
Err_Command14_Click:
    MsgBox Err.Description
    Resume Exit_Command14_Click
End Sub
```

"图书归还数据录入"窗体中的最后一段VBA程序代码为"标题属性"为"退出"的命令按钮单击事件的处理方法，其VBA程序代码由Access窗体控件向导生成，无须再加以修改（假定该命令按钮控件的"Name"属性值为"Command13"）：

```
Private Sub Command13_Click()
On Error GoTo Err_Command13_Click
    DoCmd.Close
Exit_Command13_Click:
    Exit Sub
Err_Command13_Click:
    MsgBox Err.Description
    Resume Exit_Command13_Click
End Sub
```

至此，"图书归还数据录入"窗体设计完毕。

10.3.5 "借阅数据分析"窗体对象的功能与操作

"借阅数据分析"窗体对象的功能在于为图书馆管理员提供分别统计图书借阅数据和读者借阅数据的操作界面。

在"借阅数据分析"窗体对象运行视图上，图书管理员可以输入需要进行统计的时段的起始日期和终止日期，然后得到在这一段时间内的各类图书借阅次数以及各位读者借阅图书的次数，并根据借阅次数由大到小的次序列表显示。统计得到的图书借阅次数可以作为图书采购的选择依据，而统计得到的读者借阅次数则可以作为图书馆鼓励读者借阅图书的依据。

"借阅数据分析"窗体应使用一个包含两个"页"控件的"选项卡"控件，令每一个页控件内包含一个子窗体，用于显示所需要的统计数据。操作员在设定统计日期时段后，即可单击选项卡中的一个页控件，得到相应的统计结果。并可在页控件上单击置于其上的命令按钮，调阅对应的报表预览视图。

"借阅数据分析"窗体对象运行视图的"图书借阅数据分析"页如图1-9所示，而"读者借阅数据分析"页如图10-5所示。

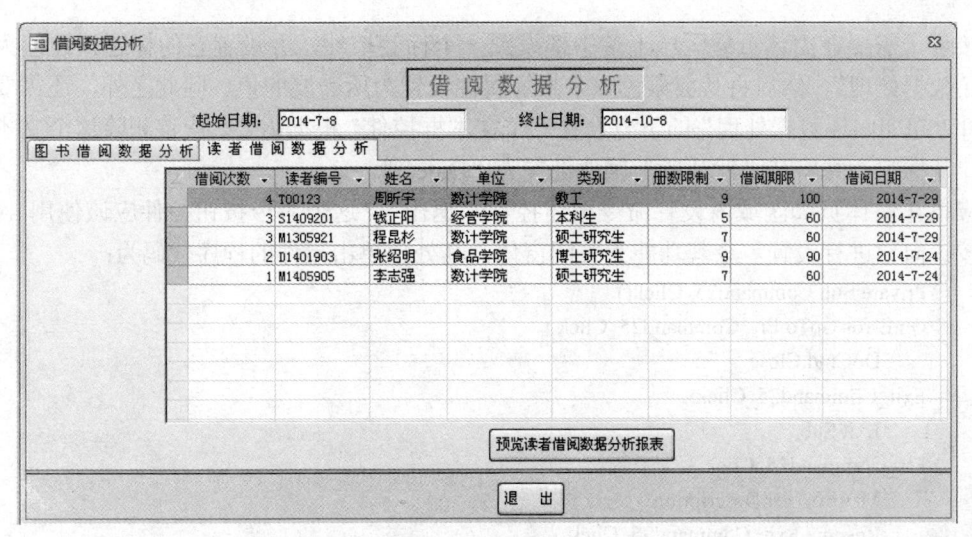

图 10-5 "借阅数据分析"窗体运行视图中的"读者借阅数据分析"页

10.3.6 "超期归还数据处理"窗体对象设计

1. "超期归还数据处理"窗体对象的功能分析

"超期归还数据处理"窗体的功能在于为图书馆管理员调阅存在超期未归还图书的读者信息,并为驱动"催还书通知单"标签打印提供一个操作界面。

当图书馆需要查询那些由于种种原因未能按期归还所借阅图书的读者时,图书管理员即可调用"超期归还数据处理"窗体运行视图。这时,即可得到截至当天为止的所有应该归还而尚未归还的图书及其读者的数据。如果需要,图书管理员可以单击"超期归还数据处理"窗体上的 预览催还书通知单 按钮,以驱动"催还书通知单"标签报表打印/预览的操作界面。

当需要退出超期归还数据处理操作时,操作者应该单击"超期归还数据处理"窗体上的"退出"按钮,即可关闭"超期归还数据处理"窗体的运行视图。

"超期归还数据处理"窗体运行视图如图 1-10 所示。

2. "超期归还数据处理"窗体对象设计

为了实现上述"超期归还数据处理"窗体对象的各项功能,可以采用如下步骤进行设计:

(1) 应用 Access 窗体向导初创窗体

"超期归还数据处理"窗体数据源为"超期归还数据查询",属于单一数据源窗体。由于"超期归还数据处理"窗体需以数据表的形式显示超期归还数据,所以需在 Access 窗体向导询问窗体布局时,确定设置为"数据表"选项。使用 Access 窗体向导创建窗体对象完毕后,须将其命名为"超期归还数据处理"。

如此创建的"超期归还数据处理"窗体肯定不能满足实际应用需要,必须进入窗体设计视图完善其设计。

(2) 应用 Access 窗体设计视图完善窗体设计

首先,进入"超期归还数据处理"窗体设计视图,可以看到由 Access 窗体向导创建的所有控件的尺寸及其位置几乎都不能满足需要。这时,必须细心地逐个调整这些标签和文本框控件的尺寸和位置属性,直至满意为止。

接着，需要在窗体页眉区域上端中部设置一个标签控件，并设置它的标题属性值为"超期归还数据处理"，然后将其前景色、字号等属性设置为所需要的值。除此之外，还需要在标签控件"超期归还数据处理"的下方设置一个文本框控件。根据需要，应该删除这个文本框控件的伴随标签，并将其"默认值"属性设置为"Date()"。

应该在窗体页脚区域内设置命令按钮控件"退出"。这个命令按钮控件应该使用 Access 命令按钮向导进行设置，令其功能为关闭窗体，其处理单击事件的程序代码为：

```
Private Sub Command25_Click()
On Error GoTo Err_Command25_Click
    DoCmd.Close
Exit_Command25_Click:
    Exit Sub
Err_Command25_Click:
    MsgBox Err.Description
    Resume Exit_Command25_Click
End Sub
```

最后，应该在窗体页脚区域内设置命令按钮控件"预览催还书通知单"。这个设计任务可以等到设计完成 LIBMIS 数据库中的"催还书通知单"报表对象之后进行，此处仅说明其设计方法。使用 Access 命令按钮向导完成"预览催还书通知单"命令按钮控件的设置，令其功能为以预览方式驱动"催还书通知单"标签报表对象，其处理单击事件的程序代码为：

```
Private Sub Command26_Click()
On Error GoTo Err_Command26_Click
    Dim stDocName As String
    stDocName = "催还书通知单"
    DoCmd.OpenReport stDocName, acPreview
Exit_Command26_Click:
    Exit Sub
Err_Command26_Click:
    MsgBox Err.Description
    Resume Exit_Command26_Click
End Sub
```

10.3.7 "图书馆管理信息系统"窗体对象

1. "图书馆管理信息系统"窗体对象的功用

"图书馆管理信息系统"窗体是 LIBMIS 数据库的主界面窗体，用于申明版权，实现系统内各个功能窗体的调用功能。

在"图书馆管理信息系统"窗体的操作界面上有 6 个命令按钮，单击其中的一个按钮，即可调用一个功能窗体进入运行视图状态。窗体下部的命令按钮为"退出"按钮，单击它即可退出 LIBMIS，并返回至 Access 数据库设计视图窗口中。

这个主界面窗体由一个名为 AutoExec 的宏对象驱动，一旦进入 LIBMIS 数据库，宏 AutoExec 即自动执行，并驱动"图书馆管理信息系统"窗体运行。

2. "图书馆管理信息系统"窗体对象的运行视图形式

"图书馆管理信息系统"窗体对象的运行视图如图 10-6 所示。

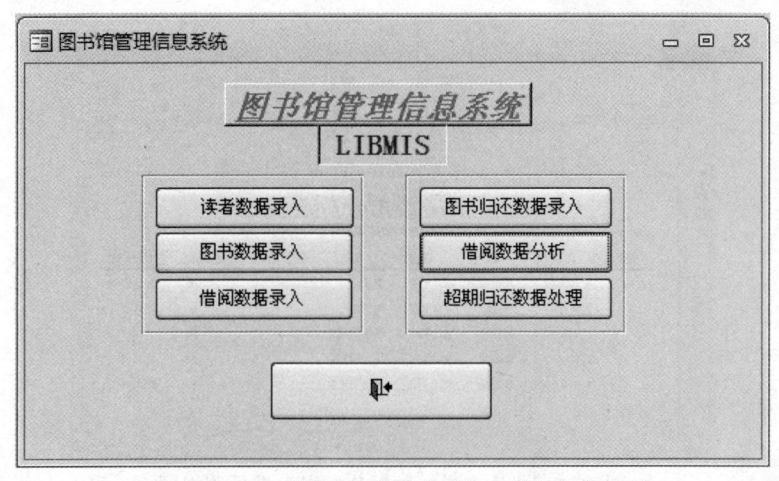

图 10-6 "图书馆管理信息系统"窗体的运行视图

10.4 LIBMIS 报表对象集成

LIBMIS 数据库中包括 3 个报表对象,其中两个报表对象的作用及其参数的设置方法均在第 8 章中作了介绍,本节将对其进行全面的归纳,以帮助读者进行整体归纳。

10.4.1 "图书借阅数据分析报表"对象

"图书借阅数据分析报表"对象由"借阅数据分析"窗体对象中"图书借阅数据分析"页控件上的 预览图书借阅数据分析报表 按钮控件驱动,用以实现报表的打印预览。

"图书借阅数据分析报表"设计需严格遵循系统需要的报表格式要求,包括每一条表格线,每一个数据的位置、字体、字型、字号等参数的设定。LIBMIS 设计的报表格式完全是根据本系统的需求分析设计的,读者可以根据自己的理解加以调整。

10.4.2 "读者借阅数据分析报表"对象

1. "读者借阅数据分析报表"对象的功用

"读者借阅数据分析报表"对象由"借阅数据分析"窗体对象中"读者借阅数据分析"页控件上的 预览图书借阅数据分析报表 按钮控件驱动,用以实现报表的打印预览。

"读者借阅数据分析报表"设计需严格遵循系统需要的报表格式要求,包括每一条表格线,每一个数据的位置、字体、字型、字号等参数的设定。LIBMIS 设计的报表格式完全是根据本系统的需求分析设计的,读者可以根据自己的理解加以调整。

2. "读者借阅数据分析报表"对象的预览视图

如同第 8 章中所述,报表对象中的控件个数很多,它们的主要属性值多数都集中在格式属性中,这里仅列出其预览视图,以便于观察它们的格式属性取值,如图 10-7 所示。

图 10-7 "读者借阅数据分析报表"预览视图

10.4.3 "催还书通知单"标签报表对象

1. "催还书通知单"标签报表对象的功用

"催还书通知单"标签报表对象是一个包含若干个相互独立数据单元的报表对象,其中的每一个数据单元构成一张向某一位读者催促归还某一本图书的通知单。所有催还书通知单集合形成一个报表对象。图书管理员在需要发出催还书通知单时,可以打印这个报表,然后裁剪出一份份催还书通知单。

2. "催还书通知单"标签报表对象的设计视图

如同第 8 章中所述,可以采用 Access 标签向导进行"催还书通知单"标签报表的初始创建工作。然后进入 Access 报表设计视图加以完善修改。设计完成的"催还书通知单"标签报表设计视图如图 10-8 所示。

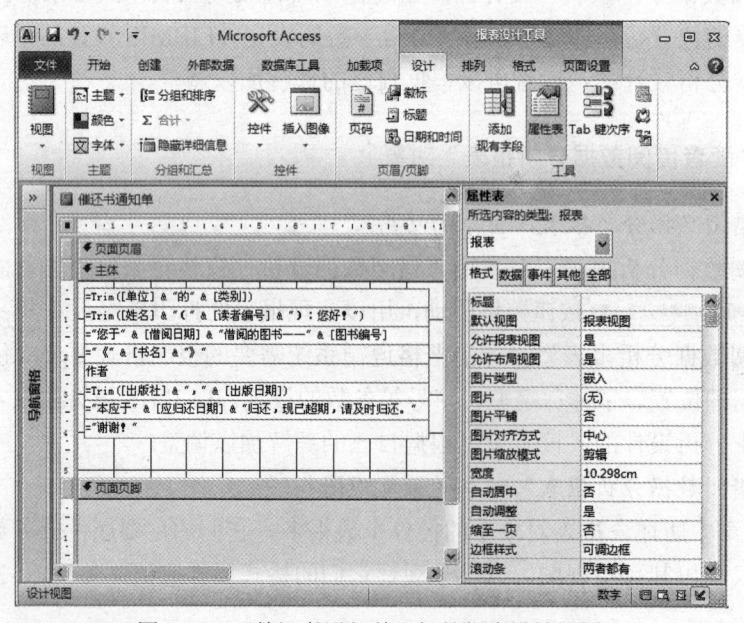

图 10-8 "催还书通知单"标签报表设计视图

10.5　LIBMIS 宏对象设计参数

命名为 AutoExec 的宏对象是 Access 数据库中的一个特殊功能宏。每次打开一个 Access 数据库时，Access 将首先自动寻找这个宏对象，如果找到了的话，Access 就会去执行这个宏所指定的操作序列。

基于 Access 的这一特性，LIBMIS 数据库中也创建了这个名为 AutoExec 的特殊宏，以保证一旦打开 LIBMIS 数据库，能立刻执行这个宏所设定的操作。

实际上，LIBMIS 数据库中的 AutoExec 宏只包含一项打开窗体的操作：

　　　　OpenForm "图书馆管理信息系统", acNormal, "", "", , acNormal

这个操作用于在打开 LIBMIS 数据库时，自动打开 LIBMIS 的主控窗口"图书馆管理信息系统"，使得发布的数据库应用系统得以顺利启动。

LIBMIS 数据库中的 AutoExec 宏对象设计参数如图 10-9 所示。

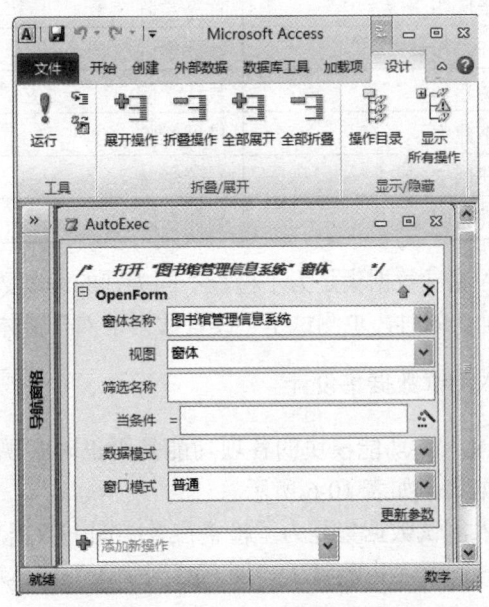

图 10-9　AutoExec 宏对象设计视图

10.6　测试数据集的设计

一个数据库应用系统设计开发的最后一项工作是进行软件测试，这是对数据库应用系统软件从需求分析、系统设计到系统实现的最终复审，是软件系统质量保证的关键步骤。如果给软件测试下定义的话，可以这样讲：软件测试是为了发现错误而执行程序的过程。实际上，对于数据库应用系统的开发设计而言，测试数据集的设计是进行软件测试的基础工作。

进行软件测试可以采用两种不同的测试方法：黑盒测试与白盒测试。黑盒测试意味着要根据软件的外部特性进行。也就是说，把测试对象看作一个黑盒子，测试过程完全不考虑程序内部的逻辑结构和内部特性，只是依据程序设计的目标来检查各项程序功能是否都已全部得以实现。白盒测试则意味着要对软件内部的过程性细节做细致的检查，也就是说，把测试对象看成一个打开的盒子，然后通过测试数据去检查程序内部的逻辑结构和内部特性。

关于软件测试方面的知识，在软件工程和管理信息系统等相关学科领域的书籍中都有非常详尽的讲解。

此处，以"图书馆管理信息系统"为例介绍其测试数据集的设计结果，从而使读者对于数据库应用系统设计开发的软件测试工作及其实施方法有一个基本的了解。

10.6.1 读者数据录入测试数据集设计

为了测试"读者数据录入"功能模块的各项功能是否正确实现，可以设计一批读者数据构成读者数据录入测试数据集，如表10-5所示。

表10-5 读者数据录入测试数据集

读者编号	姓名	单位	类别
D1301923	张庆明	食品学院	博士研究生
M1405926	齐志杉	数计学院	硕士研究生
S1405313	吴建华	数计学院	本科生
T03742	李建强	机械学院	教工
T01672	郑炳宁	经管学院	教工
Z1405635	刘铭明	数计学院	专科生

如此设计读者数据录入测试数据集是为了检查不同类别的读者数据录入时，"读者数据表"中的数据改变能否保持正确。同时，也测试了"读者数据录入"窗体运行的正确性和可靠性。

10.6.2 图书数据录入测试数据集设计

为了测试"图书数据录入"功能模块的各项功能是否正确实现，可以设计一批图书数据构成图书数据录入测试数据集，如表10-6所示。

如此设计图书数据录入测试数据集是为了检查在各类图书数据录入时，"图书数据表"中的数据改变能否保持正确。同时，也测试了"图书数据录入"窗体运行的正确性和可靠性。

表10-6 图书数据录入测试数据集

图书编号	书名	作者	出版社	出版日期	定价	馆藏数量	内容简介
TP311.138/Z433	数据库及其应用	肖慎勇	清华大学出版社	2009-1-1	￥32.00	5	262页
TP312/G212	网络数据库技术与应用	王姝	科学出版社	2009-1-1	￥49.00	3	317页
TP311.13/P913	面向对象数据库的并行查询处理与事务管理	王意洁	国防科技大学出版社	2005-7-1	￥42.00	6	
TP312/W193N2	Visual Basic 数据库系统开发完全手册	王春才	人民邮电出版社	2006-1-1	￥52.00	4	
TP311.138/Z286N2	数据库及其应用系统开发：Access 2003	张迎新	清华大学出版社	2006-1-1	￥26.00	6	

10.6.3 借阅数据录入测试数据集设计

为了测试"借阅数据录入"功能模块的各项功能是否正确实现,可以设计若干读者的借阅图书事务数据。模拟图书借阅过程,逐批次地输入这些数据,并及时地查看每一次图书借阅事务处理完成时的"借阅数据表"表中数据的变化。

这就是说,每输入一批图书借阅数据,应该即刻查看"借阅数据表"中数据的变化。因为图书借阅过程是一个动态过程,只有通过即时地查看,方能够真正观察到数据动态变化的过程,也才能查出相关程序中可能存在的各种错误。

借阅数据录入测试数据集可以参照表 10-7 所示的数据进行设计。如此设计借阅数据录入测试数据集是为了检查在不同的读者借阅不同的图书时,其借阅数据是否能够正确保存。同时也测试了"借阅数据录入"窗体运行的正确性和可靠性。

表 10-7 借阅数据录入测试数据集

读者编号	姓名	图书编号	书名	作者	出版社	出版日期	定价
D1301923	张庆明	TP311.138/Z433	数据库及其应用	肖慎勇	清华大学出版社	2009-1-1	¥32.00
M1405926	齐志杉	TP312/G212	网络数据库技术与应用	王姝	科学出版社	2009-1-1	¥49.00
S1405313	吴建华	TP311.13/P913	面向对象数据库的并行查询处理与事务管理	王意洁	国防科技大学出版社	2005-7-1	¥20.00
T03742	李建强	TP312/W193N2	Visual Basic 数据库系统开发完全手册	王春才	人民邮电出版社	2006-1-1	¥52.00
T01672	郑炳宁	TP311.138/Z286N2	数据库及其应用系统开发:Access 2003	张迎新	清华大学出版社	2006-1-1	¥26.00
Z1405635	刘铭明	TP312/G212	网络数据库技术与应用	王姝	科学出版社	2009-1-1	¥49.00

在测试过程中,必须逐步检查每一个操作过程完成后的数据变化是否达到预期的目标,以保证能够检测出某一些程序逻辑上的错误。并且,可以有意识地进行一些误操作,例如"读者编号"或"图书编号"输入有误等,以便发现问题,加以修改。一定应该理解:软件测试是为了查找错误而进行的程序运行。

习题 10

1. 请分析为什么"读者数据表"中没有"册数限制"和"借阅期限"字段,而"读者数据录入"窗体运行时却显示有"册数限制"和"借阅期限"字段数据?这样的效果是采用什么方法实现的?采用这种方法有什么好处?

2. 请说明软件测试的目的是什么?

3. 请自行设计一套测试数据,实际测试在读完本书后建立的 Access 数据库应用系统。

参考文献

[1] 科教工作室．Access 2010 数据库应用．北京：清华大学出版社，2011．
[2] Roger Jennings．深入 Access 2010．北京：中国水利水电出版社，2012．
[3] 张满意．Access 2010 数据库管理技术实训教程．北京：科学出版社，2012．
[4] 郑纬民．计算机应用基础－Access 2010 数据库应用系统．北京：中央广播电视大学出版社，2012．
[5] 易叶青．Access 2010 数据库应用技术．北京：中国水利水电出版社，2014．
[6] 施兴家．Access 2010 数据库应用基础教程．北京：清华大学出版社，2013．
[7] 赵洪帅．Access 2010 数据库上机实训教程．北京：中国铁道出版社，2013．
[8] 刘卫国．Access 2010 数据库应用技术．北京：人民邮电出版社，2013．
[9] 黄磊．Access 2010 中文版应用基础教程．北京：北京交通大学出版社，2013．
[10] 李禹生．数据库应用技术——Access 及其应用系统开发．北京：中国水利水电出版社，2008．